KB268296

과학은 반역이다
The Scientist As Rebel

과학은 반역이다
The Scientist As Rebel

THE SCIENTIST AS REBEL

Copyright © 2006, Freeman Dyson
All rights reserved

No part of this publication may be used or reproduced in any form or by any means
without written permission except in the case of brief quotations embodied in critical
articles or reviews.

Korean Translation Copyright © 2026 by Mr. Back Co., Ltd
Korean edition is published by arrangement with The Wylie Agency, London through
BC Agency, Seoul.

이 책의 한국어판 저작권은 BC 에이전시를 통해 저작권자와 독점계약한 (주)미스터백에 있습니다.
저작권법에 의해 한국 내에서 보호를 받는 저작물이므로 무단전재와 복제를 금합니다.

과학은 반역이다

프리먼 다이슨 지음 / 김학영 옮김

물리학의 거장, 프리먼 다이슨이 제시하는 과학의 길

반니

일러두기

1. 인명과 지명은 외래어표기법에 따르는 것을 원칙으로 했다.

2. 러시아의 국가명은 볼셰비키 혁명(1917년) 이전에는 제정러시아(혹은 러시아), 혁명 이후
   부터 1990년까지 소련(소비에트 연맹), 그 후 현재까지는 러시아로 번역했다. 다만 러시아
   의 역사와 언어, 문화 등을 시대 구분 없이 통칭할 때는 '러시아'로 명명했다.

3. 본문에 언급된 도서명은 한국어로 출간된 경우에는 한국어판 제목으로, 미출간된 경우에
   는 영어 원제를 임의로 번역해 실었다.

4. 본문에서 인용된 시·편지·책의 구절은 기본적으로 임의 번역했으며, 《지혜의 일곱 기
   둥》(최인자 옮김, 뿔, 2006)의 시 한 구절과 《우주의 구조》(박병철 옮김, 승산, 2005)에서 인용
   된 세 단락은 한국어 번역서에서 발췌해 실었다.

5. 각 장의 말미에 추가된 후기는 모두 2006년에 작성된 글이다.

차례

· 들어가는 글 9

1부 과학의 현안들

1 과학자가 반역자여야 하는 이유   21

2 과학이 야기한 윤리적 문제와 불평등   41

3 현대 과학에는 이단자가 필요하다   57

4 미래의 신기술에 대한 원칙   65

5 생물권은 중요하다   81

6 전쟁이 남긴 두 개의 집단기억   97

2부 전쟁과 평화, 그 불안한 줄타기

1 묵시록적 경고와 국가주의　103

2 파괴를 숭배한 군인정신의 딜레마　109

3 러시아인들에게 새겨진 전쟁의 상흔　129

4 정치강령으로서 평화주의가 나아갈 길　143

5 전쟁금지와 핵금지　163

6 과학자가 가져야 할 국제평화의 책임　169

7 누구를 위한 전쟁이었나　177

3부 과학의 역사와 과학자들

1 20세기의 물리학자와 수학자　197

2 에드워드 텔러에 대한 재발견　207

3 아마추어 과학자들에게 박수를　215

4 입체적으로 바라본 뉴턴의 삶　229

5 아인슈타인과 푸앵카레　245

6 두 개의 세상, 고전역학과 양자역학　259

7 오펜하이머, 그는 누구인가 277

8 20세기 핵물리학이 걸어온 길 293

9 천재였던 노버트 위너의 삶과 비극 309

10 대중이 열광했던 물리학자, 리처드 파인만 325

4부 개인적이고 철학적인 소회

1 세상, 육체 그리고 악마 345

2 과학과 종교의 문제 365

3 파인만을 기리며 379

4 초자연현상과 과학적 방법의 연관성 383

5 여러 개의 세상, 다중우주론 399

6 종교, 어떻게 바라볼 것인가 405

· 주 421
· 참고문헌 430

들어가는 글

벤저민 프랭클린^{Benjamin Franklin, 1706~}
1790은 그 누구보다 뛰어난 과학자이며, 위대한 반역자의 품성을 갖춘 사람이다. 그는 정규 교육도 받지 못했고 물려받은 재산도 없는 과학자였다. 하지만 박식한 유럽 귀족들이 규칙을 정한 게임에서 승리했다. 그 승리는 프랭클린 자신과 미국 시민들에게 군사전략과 국제 정세에 어두워도 전쟁과 외교에서 유럽 귀족들을 이길 수 있다는 강한 신념을 심어주었다. 반역자로서 그가 거둔 승리는 단순한 충동에서가 아니라 다년간 심사숙고한 끝에 이룬 결과였다. 그는 인생의 거의 대부분을 영국 국왕의 충직한 신하로 살았다. 펜실베이니아 영연방 대표로서 런던에서 영국 정부를 상대하는 동안에도 프랭클린은 미래의 적이 될 그들을 면밀히 주시했다.

프랭클린은 런던에 머무는 동안, 예술상공진흥협회의 회원으로 활동했다. 지금도 막강한 영향력을 행사하는 이 협회는 재정지원과 포상을 통해 발명 활동과 제조업을 장려했다. 명목상 영국인이든 미국인이든 국왕의 국민이라면 모두 상을 받을 수 있었지만, 대부분 협회의 마음에 드는 식민지 기업가들에게 상이 돌아가곤 했다. 프랭클린은 1755년 협회에 첫발을 들여놓았을 때만 해도 발명을 장려하는 협회의 노력을 열렬히 후원했다. 그러는 것이 본인이 미국에서 창립한 철학협회Philosophical Society의 노력들과도 상보된다고 여겼기 때문이다. 독립전쟁 기간은 물론이고 임종 때까지도 정식 회원 자격을 유지했지만, 해가 갈수록 프랭클린의 태도는 비판적으로 바뀌었다. 어떤 책 한 귀퉁이에 적은 메모에서, 프랭클린은 협회의 포상과 지원금 시스템에 대한 솔직한 심경을 드러냈다.

영국 의회와 협회가 제공하는 장려금이라는 것이, 사실 우리에게 던지는 미끼에 불과하다. 수지가 더 잘 맞는 직업을 그만두고, 그들이 주는 장려금이나 바라보며 별 볼일 없는 일에 종사하도록 만들기 위한 것이다. 우리에게 이익이 되는 사업은 접고, 그들에게 이득이 될 만한 일들을 하도록 만들려는 것, 그것이 바로 장려금의 진짜 속셈이다.

프랭클린이 이 메모를 적은 것은 1770년, 독립전쟁이 일어나기 5년 전이었다.

프랭클린은 마침내 때가 되었고 비용도 감당할 만하다고 판단하고서야 반역자가 되었다. 그는 기존의 사회질서를 파괴하기보다 가능하면 질서를 유지하려는 보수주의적 입장을 견지했다. 외교관 자격으로 파리를 방문했을 때에도 혁명 전 기존 프랑스 사회의 질서에 기꺼이 적응했다. 10년 후 조르주 자크 당통Georges Jacques Danton과 로베스피에르Robespierre가 이끄는 혁명기의 프랑스였다면, 그렇게까지 잘 적응하지 못했을 것이다. 프랭클린이 구상한 반역은 열정과 증오가 아닌, 합리적인 이성과 논리적 계산에 바탕을 둔 신중한 반역이었다.

이 책은 《과학은 반역이다》라는 제목과 달리, 반역을 일으킨 과학자들만을 이야기하지 않는다. 서평과 서문들, 다양한 주제에 대한 논평들을 모아놓은 책이다. 서평 전문지인 〈뉴욕 리뷰 오브 북스 The New York Review of Books〉에 실렸던 내용들이 이 책의 주를 이룬다. 이것들을 책 한 권으로 묶자는 제안과 함께, 다른 지면에 실렸던 내용들까지 추가할 수 있도록 허락해준 〈뉴욕 리뷰 오브 북스〉 측에 감사한다. 〈뉴욕 리뷰 오브 북스〉와의 작업이 즐거운 이유는 상당히 긴 서평을 허락한다는 점이다. 보통 서평기고자에게 4,000자 분량의 서평을 의뢰하는데, 그 분량이면 책 한 권에 대한 간략한 촌평을 넘어 주제와 관련된 한 편의 에세이도 쓸 수 있다. 이 책에 실린 서평들 중 짧은 글들은 그 외의 매체들에 실렸던 것들이다.

이 책은 주제에 따라 크게 4부로 나뉘고 각 부의 장들은 연대순으로 배열했다. 각 장의 출처는 책 말미에 참고문헌으로 따로 정리했다. 1부에서는 과학과 기술로 야기된 정치적 현안들을 다룬다. 2부에서는 전쟁과 평화와 관련된 문제들, 3부에서는 과학의 역사 그리고 4부에서는 개인적이고 철학적인 생각들을 이야기할 것이다. 의도하지는 않았지만, 각 부마다 반역적인 과학자들이 적어도 한 명씩은 등장한다. 하지만 존 콕크로프트 John Cockroft, 1897~1967와 어니스트 월턴 Ernest Walton, 1903~1995처럼, 반역과는 거리가 먼 과학자들의 이야기도 있다(3부 8장). 또 과학자보다는 군인과 더 관련 있는 맥스 헤이스팅스 Max Hastings의 《아마겟돈 Armageddon》에 대한 서평도 실려 있다(2부 7장).

이 책을 샌드위치에 비교한다면 〈뉴욕 리뷰 오브 북스〉에 실렸던 12개의 서평들이 가운데에 두툼하게 들어가는 패티라고 볼 수 있다. 이 서평은 주로 3부에서 만날 수 있다. 나머지 1부, 2부, 4부의 글도 고기 패티를 이루는 요소이지만, 〈뉴욕 리뷰 오브 북스〉에 실렸던 것은 아니다. 4부의 1장은 〈버널 강연Bernal Lecture〉에 기고했던 글이다. 그 책은 외계의 지적 존재와의 통신을 주제로 열린 한 학회 회보의 부록으로, 칼 세이건Carl Sagan, 1934~1996이 임시 발행한 것이다. 2부의 2장, 3장, 4장은 절판된 내 책 《무기와 희망Weapons and Hope》에서 발췌했다. 소련의 몰락으로 수많은 무기들과 희망이 무용지물이 되었지만, 이 세 편의 글은 역사적 측면에서 보존할 만한 가치가 있을 것이다.

이 책의 첫머리에 실린 '과학자가 반역자여야 하는 이유'는 1992년 11월 영국 케임브리지에서 과학자들과 철학자들에게 했던 연설이 그 원본이다. 연설은 영국 교육제도의 정점에서 최고의 영예를 누리고 83세를 6개월 앞둔 채 명을 달리한 러시홀름Rusholme의 제임스 경Lord James에게 바치는 헌사였다. 사망 후 신문에 실린 부고는 그를 요크 대학의 설립에 주도적인 역할을 한 사람으로 묘사했다. 그뿐 아니라 1962년부터 1973년까지 부총장으로 역임했던, 뛰어난 조직가이자 행정가로 설명했다. 교육 측면에서는 보수주의적인 관점에서 전통적인 학문과 대학의 엄격함을 신봉하며, 요크 대학을 학자들의 공동체이자 옥스퍼드 수준의 지식발전소로 만들기 위해 고투했다고 묘사했다. 부고에는 제임스 경이 했던 말도 인용되어 있다. '세 과목에서 A레벨(영국의 대학입학 준비생들이 치르는 과목별 상급 시험 - 옮긴이)을 받고 여러 입학 조건들 중 하나라도 충족한다면, 아울러 대학의 첨탑 밖에서도 공부할 각오가 있다면, 무명의 주드Jude the Obscure(《무명의 주드》는 토머스 하디Thomas Hardy

의 소설로, 대학 입학을 거절당하고 좌절하는 주인공 주드를 통해 대학의 배타성을 비판했다-옮긴이)는 높디높은 대학의 상아탑과 첨탑을 절망스럽게 바라볼 필요가 없다.' 그는 요크 대학을 돈이나 사회적 계급이 아니라 경쟁시험을 통과한 명석한 지성들의 산실로 만들고자 노력했다. 제임스 경의 엘리트주의적 교육관은 1950년대와 60년대를 지배하던 정치 흐름과 충돌했다. 당시에는 A레벨 시험을 통과하든 못하든 마땅히 대학에 들어가야 한다는 관점이 대세였다. 똑똑한 사람뿐만 아니라 누구에게나 고등 교육의 문을 열어줘야 한다는 것이다. 결국 제임스 경은 자신이 바보 취급하던 정치가들과 공연한 싸움을 한 셈이었다. 그는 엄격한 학문적 기준을 세우려던 싸움에서 질 때마다 매슈 아널드^{Matthew Arnold}의 시구를 즐겨 인용했다.

승자들이여, 그대들이 올 때
바보들의 성채가 무너지면
무너진 담 옆에서 바보들의 시체를 보리라!

나는 제임스 경에게 '반역자로서의 과학자'라는 칭호를 헌정했다. 그도 프랭클린처럼 과학자이면서 반역자였다. 낡은 사회를 파괴하기보다 새 사회를 건설하고자 했던 제임스 경은 반역자로서 위대한 일을 성취했다. 그리고 프랭클린처럼 마침내 제도를 확립했다. 그는 새로운 대학을 설립하겠다는 목표를 이룬 후에 보수주의적 행정가가 되었다.

내가 제임스 경을 알게 된 건 30년 전이었다. 그때는 그가 언젠가 영국 상원의원이 되리라고는 상상도 하지 못했다. 당시 그는 에릭 제임스^{Eric James}라고 불리던 평범한 교사였다. 에릭은 내가 소년 시절을 보낸 원체스터의 한 학교에서 화학을 가르치고 있었다. 그가 쓴 《물리화학의 기초 *Elements of Physical Chemistry*》는 여러 학교에서 교과서로 채택할 정도로 훌륭한 책이었다. 에릭은 과학자였고 반역자였으며 아웃사이더였다. 그는 구태의연한 격식에 얽매인 윈체스터 칼리지의 숨 막히는 교실에 신선한 바람을 몰고 왔다. 그러나 전통의 가치도 잘 알고 있었다. 그는 그림의 양쪽을 모두 볼 수 있을 만큼 도량이 큰 사람이었다. 지적 전통을 당연하게 여기던 윈체스터에서 우리가 본 에릭은 개혁가였다. 반면 1960년대, 사방에서 학문적 기준들을 공격하던 요크에서 우리가 본 에릭은 전통주의자였다. 에릭은 윈체스터와 요크 사이 17년 동안 맨체스터 그래머 스쿨의 고등부 교장을 역임했다. 그리고 그곳에서 전후 여러 해 동안 사회 재건을 위해 교육에서 타협안을 찾았다. 맨체스터는 그에게 재능있는 아이들을 위한 교육과 사회 재건이라는, 삶의 두 가지 목표를 결합할 기회를 주었다.

가장 생생한 에릭에 대한 기억은 1941년 여름으로 거슬러 올라간다. 당시는 평범한 농사꾼들도 군인으로 징병되던 시절이라, 방학이면 학생과 교사들이 농사일을 거들어야 했다. 우리는 비가 줄기차게 내리는 햄프셔 외각의 허스트본 프라이어스에서 2주 동안 야숙하며 비에 젖은 밀과 귀리를 추수했다. 당시에는 헛간을 건조시키는 장비나 기술이 없었으므로, 8월의 비는 추수를 망쳤다는 것을 의미했다. 우리는 낮에 들에서 일하고, 밤에는 막사에서 존재의 의미에 대해 토론했다. 에릭과 그의 부인 코델리아 *Cordelia*는 베르톨트 브레히트 *Berthold Brecht* 작품들의 주해서들을 우리에게 보여주었다. 나는 그 주해서들을 통해 학교라는 고치에서 벗어나 세상을 만났다. 돌이켜보면 그 2주가 내게는 학창 시절 최고의 시간이었다.

에릭과 코델리아는 허스트본 프라이어스에서, 우리가 일했던 땅의 소유주인 리밍턴 경Lord Lymington과 자주 의견 충돌했다. 리밍턴 경은 제임스 글릭James Gleick의 아이작 뉴턴Issac Newton, 1642~1727 전기서평(3부 4장)에 나오는 바로 그 사람이다. 그는 뉴턴의 친필 원고들을 상속받았으나 경매로 분할 판매하는 바람에, 세상 여기저기로 흩어지게 만든 경솔하기 그지없는 사람이었다. 밤이면 에릭과 코델리아는 리밍턴 경의 카랑카랑한 목소리와 어수룩한 말투를 똑같이 흉내 내서 우리를 즐겁게 해주었다.

에릭 제임스가 숨을 거둔 1992년, 극장에서는 〈죽은 시인의 사회Dead Poets Society〉가 상영되고 있었다. 영화는 미국의 일류 사립학교에서 기존의 교과과정을 따르지 않고 문제를 일으킨 영어 교사에 관한 이야기였다. 영화의 테마는 반역이었다. 기존의 교과과정은 황당무계했고, 교장은 격식에 얽매인 사람이었다. 그런 학교의 결점을 상쇄해준 사람은 영어 교사와 용기 있는 몇 명의 반항아들뿐이었다. 에릭을 기념하기에 더 없이 훌륭한 영화였다. 윈체스터에 있는 우리 학교도 영화 속 학교와 다르지 않았다. 숨 막힐 듯한 분위기, 반항적인 소년들, 말만 번드르르한 교장선생님마저도 똑같았다. 영화처럼 밤에 동굴에서 회합하는 일은 없었지만, 우리는 전시 등화관제를 틈타 학교 지붕이나 부속 예배당 탑 위로 올라갔다. 불온한 영어 선생님 대신 우리에게는 불온한 화학 선생님이 있었다. 영화 속 그 선생님처럼, 에릭 제임스도 시에 대한 열정이 남달랐다. 에릭은 화학박사 학위까지 갖고 있었지만, 교과서만 읽어도 훤히 다 아는 화학반응식들로 우리를 지루하게 만들만큼 꽉 막힌 사람이 아니었다. 그래서 그는 산화제일철과 산화제이철 따위는 한쪽으로 치워놓고, 위스턴 휴 오든Wystan Hugh Auden(과격한 발언과 실험적 시법의 개척자-옮긴이)과 크리스토퍼 이셔우드 Christopher Isherwood (영국 출신의 작가-옮긴이), 딜런 토머스 Dylan Thomas (신낭만주의의 대표 시인-옮긴이)와 세실 데이루이스 Cecil Day Lewis (아일랜드 출신의 시인 겸 비평가-옮긴이)의 최신 시들을 읽어주었다. 이들은 이른바 제2차 세계대전 내내 좌절과 절망에 빠져 있던 젊은 세대를 대변하는 시인들이었다.

40년 후, 나는 요크 대학의 한 파티에서 부총장에서 은퇴한 에릭 제임스를 만났다. 학창시절 이후에 처음으로 다시 만난 자리였다. 나는 40년 전 그가 들려주었던 시의 한 구절을 읊으면서 인사를 대신했다. 스페인 전쟁을 그린 데이루이스의 시였다.

그들에겐 아름다운 삶이 허락되지 않았지.
불길한 예감을 느끼며 전장으로 갔지,
죽음이 찾아오리라고.
그렇게 그들은 죽어갔네.

에릭은 곧바로 기억을 더듬어 시의 뒷부분을 읊었다.

억센 뼈들 위로
비스케이 만의 파도가 넘실거리네.
바람은 탄식하고
녹슨 배처럼,
감옥의 둥근 벽 안에서 그들의 목숨도 다해가네.
바스크의 사내들이여, 비스케이 만의 아들들이여.

다행히 우리 교장은 영화 속 교장보다는 조금 더 현명해서 에릭에게 자율권을 용인했다. 영국의 교육조직으로부터 인정을 받은 에릭은 교장이 되었고, 훗날 대학을 설립했다. 정부는 그 공로를 인정해 에릭에게 남작작위를 수여했다. 미국에서 사립학교 화학교사가 그렇게 고상하게 경력을 마무리한다는 것은 상상하기 어려운 일이다. 에릭은 마음 깊은 곳에 반역 기질을 간직하고 있었다. 그는 열정적이고 창조적인 삶을 살았던 40년 동안 이 세상을 아수라장으로 만들었던, 그리고 아직까지도 우리 삶의 일부로 남은 1940년대의 비애와 격정을 한시도 잊지 않았다. 에릭 제임스를 위대한 교사로 만들어준 것도 그 비애와 격정이었다.

에릭 제임스의 삶은 학문분야에서 최고가 되기 위한 끈질긴 집념과 반역정신이 서로 상충되지 않는다는 사실을 명백히 보여주었다. 과학의 역사에는 반역 기질과 지적 역량이 일치하는 경우가 많았다. 이 책의 몇몇 장은 반역자였던 명망 있는 과학자들의 이야기로 채워져 있다. 토머스 골드 Thomas Gold, 1920~2004 는 뛰어난 천문학자였고, 많은 문제들에 대해 이단적인 견해를 갖고 있었다(1부 3장). 조지프 로트블랫 Joseph Rotblat, 1908~2005 은 독일의 원자폭탄 위협이 사라졌다는 사실을 깨닫고 로스앨러모스 프로젝트를 제 발로 걸어 나온 유일한 과학자였다(2부 6장). 노버트 위너 Norbert Wiener, 1894~1964 는 도덕적 이유로, 정부나 기업과 관련된 모든 일을 거절한 위대한 수학자였다(3부 9장). 존 데즈먼드 버널 John Desmond Bernal, 1901~1971 은 분자생물학의 창시자 중 한 명이기도 하지만, 충성스러운 공산당 당원으로 마르크스주의를 열렬히 신봉했던 사람이었다(4부 1장). 3부 10장과 4부 2장, 3장은 나의 스승 리처드 파인만 Richard Fynman, 1918~1988 을 위한 장이다. 그는 에릭 제임스와 가장 닮은 물리학자였다. 파인만은 과학에 대한 엄숙한 헌신과 세상에 대한 유쾌한 모험정신을 겸비한 또 한 명의 반역자였다.

과학에서 반역자의 역할이 무엇인지 가장 호소력 있게 보여준 사람은 고생물학자 로렌 아이슬리Loren Eiseley, 1907~1977였다. 애석하게도 이 책에서는 아이슬리를 다루지 못했다. 아이슬리는 《광대한 여행 The Immense Journey》과 《낯선 우주 The Unexpected Universe》를 통해 작가로도 널리 알려져 있다. 아이슬리는 이 두 권의 저서에서 자연학자이자 화석사냥꾼으로 활동하는 동안 만났던, 현존하거나 멸종한 모든 생물들의 가슴 시린 이야기를 들려준다. 그의 가장 내밀한 이야기는 자서전 《그 모든 낯선 시간들 All the Strange Hours》에 담겨 있다. 아이슬리는 이 책에서 자신이 왜 반역자이며 시인인지 그리고 왜 학술동료들보다 눈 속에서 시체를 찾아 헤매는 비운의 탈옥수에게 더 끈끈한 유대감을 느끼는지 설명한다. 아이슬리가 그렸던 눈 속에서 피 흘리는 탈옥수의 이미지나, 데이루이스가 그렸던 프랑스 감옥에서 썩고 있는 스페인 선원의 이미지는 모두 우리 인간이 처한 바로 그 상황이다. 60년 전이나 지금이나 변함없이.

프린스턴에서 프리먼 다이슨

1부

과학의 현안들

1

과학자가 반역자여야 하는 이유

시의 관점이 하나가 아닌 것처럼, 과학에도 유일한 관점 같은 것은 없다. 과학은 불완전하고 모순적인 관점들로 이뤄진 모자이크다. 그러나 불완전하고 모순적인 관점들에도 한 가지 공통요소가 있다. 동서양을 막론하고 지역의 우세한 문화가 강요하는 제약들에 맞서는 것, 즉 '반역'이다. 과학적 관점은 서양에 한정된 것이 아니다. 서양의 과학이 아랍이나 인도, 일본이나 중국에 비해 특별할 것도 없다. 실제로 아랍과 인도, 일본과 중국은 현대 과학의 발전에 큰 역할을 했다. 2천 년 전, 고대 과학은 그리스뿐만 아니라 바빌로니아와 이집트에서도 시작되었다.

과학은 동양과 서양, 남반구와 북반구, 흑인과 황인과 백인을 전혀 개의치 않는다. 과학은 배우고자 하는 열의가 있는 모든 이의 것이다. 이것은 시에서도 진리다. 시는 서양에서 창조되지 않았다. 인도에는 호메로스Homer의 시보다 더 오래된 시가 있으며, 아랍과 일본 문화에서 시의 역사는 러시아와 영국의 시의 역사만큼이나 길다. 내가 영어로 시를 인용한다고 해서, 그 시들의 관점이 반드시 서양적인 것은 아니다. 시와 과학은 인류 모두에게 주어진 선물이다.

아랍의 위대한 수학자이자 천문학자인 오마르 하이얌Omar Khayyam, 1048~1131에게 과학은 이슬람의 지적 구속에 저항하는 반역이었다. 그는 다음의 빼어난 시에서 반역을 보다 직설적으로 표현하고 있다.

저 엎어놓은 사발을 하늘이라 부른다.
그 아래 갇혀 우리는 한생을 살다 간다.
하늘을 향해 도움을 구하는 손을 내밀지 말지니,
하늘도 그대와 나처럼 무력하게 돌고 있을 뿐이다.

19세기 일본의 1세대 과학자들에게도 과학은 전통적인 봉건주의 문화에 대한 반역이었다. 금세기 인도의 위대한 물리학자 라만Raman, 보세Bose, 사하Saha에게 과학은 이중의 반역이었다. 하나는 영국의 통치에 대한 반역이었으며, 또 하나는 힌두교의 운명론에 대한 반역이었다. 서양에도 갈릴레오 갈릴레이Galileo Galilei, 1564~1642에서 알베르트 아인슈타인Albert Einstein, 1879~1955에 이르기까지, 반역자였던 위대한 과학자들이 있다. 아인슈타인은 자신의 경험담을 이렇게 고백했다.

뮌헨의 루이폴트 김나지움 7학년 때, 담임선생님이 나를 불러 학교를 그만뒀으면 좋겠다고 말씀하셨다. 선생님은 아무런 잘못을 저지르지 않았다는 나의 항변에 이렇게 대답하셨다. "네가 우리 반에 있다는 사실만으로도 나에 대한 학급의 존경심이 더럽혀진다."

아인슈타인은 기꺼이 선생의 뜻을 따라 15세에 학교를 그만두었다. 우리는 아인슈타인뿐만 아니라 수많은 사례들에서, 과학이 서양의 철학이나 방법론의 규칙에 반항하는 모습을 보게 된다. 젊은 영혼들을 구속하는 모든 문화의 압제에 저항하는 자유로운 영혼들의 동맹, 그것이 과학이다. 한 사람의 과학자로서 우주를 바라보는 나의 시각은 환원주의도 아니고 반환원주의도 아니다. 솔직히 나는 서양의 그 어떤 '주의'도 탐탁하지 않다. 고생물학자 로렌 아이슬리의 말처럼, 나는 자연과 철학의 역사보다 길고 우주의 역사보다 긴 '광대한 여행'의 여행자일 뿐이다.

몇 년 전, 뉴욕의 자연사박물관에서 구석기 시대 동굴예술 전시회가 열렸다. 프랑스의 박물관 십여 곳에 분산되어 있던 구석기 예술품들을 한자리에서 감상할 수 있는 멋진 기회였다. 대부분 약 1만 4천 년 전 마지막 빙하기가 끝날 무렵, 구석기의 예술적 감흥이 꽃피던 짧은 시기 동안 프랑스에서 조각된 것들이다. 조각들은 대단히 아름답고 섬세했다. 평범한 사냥꾼들이 동굴 모닥불 앞에서 재미삼아 돌을 쪼아 만들었다고는 도저히 볼 수 없었다. 수준 높은 문화의 뒷받침을 받은 숙련된 예술가들이 아니고서는 나올 수 없는 작품들이었다.

무엇보다 가장 놀라웠던 점은, 그들의 문화가 서양의 것이 아니라는 사실이었다. 조각들은 만 년 후에 메소포타미아와 이집트 그리고 크레타에서 등장한 원시예술과 조금도 닮지 않았다. 만약 그 동굴작품들이 프랑스에서 발견되었다는 사실을 몰랐다면, 나는 아마 일본에서 발견되었다고 생각했을 것이다. 조각양식이 유럽보다 오늘날 일본의 것과 비슷했다. 그 전시회는 만 년이라는 기간 동안 서양과 동양 그리고 아프리카 문화를 구분하는 것이 무의미하다는 사실을 깨닫게 해주었다.

10만 년 전에 우리는 모두 아프리카인이었다. 그리고 3억 년 전에는 말라가는 연못에서 낯설고 험악한 육지로 마지못해 기어 올라온 양서류였다. 과거를 바라보는 이 긴 안목은 미래를 바라보는 로빈슨 제퍼스 Robinson Jeffers의 더 긴 안목과 닿아 있다. 이처럼 긴 안목으로 볼 때, 유럽문명뿐 아니라 인간이라는 종 자체는 덧없다. 로빈슨 제퍼스는 〈양날의 도끼 The Double Axe〉에서 이렇게 말한다.

이리 오라, 어린 소년이여.

너는 여우와 누런 늑대 새끼에 지나지 않으나,

내 너에게 지혜를 주노라.

오, 미래의 아이여, 고난이 닥칠지니

현재의 세상은 암초 위를 항해하고 있으나

너는 태어나고 훗날에도 살아가리라.

지구가 스스로의 유익을 찾고 미소 지으며

인류를 쓸어버릴 날도 오리라.

그러나 너는 그 전에 태어날 것이다.

그 시간은 명백히 올지니,

태양도 사멸할 때

행성들도 얼고 그 위의 공기도 얼고

얼음 같은 기체들, 공기의 새하얀 조각들은

먼지가 되리라

먼지를 뒤섞어줄 바람도 없으리니

희미한 별빛 속에서 반짝이는 먼지만 있을 뿐.

생명을 잃은 바람은

죽은 은하가 남긴 새하얀 시체.

은하수의 빛도, 우리의 우주도, 이름을 가진 모든 별들도 생명을 잃는다.

광막한 밤이여, 너는 어찌 그리 광막한지,

너의 높디높은 빈 동공으로 걸어가리라![1]

　로빈슨 제퍼스는 과학자는 아니었지만, 과학의 관점을 훌륭하게 표현한 시인이었다. 그는 국가적 교만과 문화적 금기를 경멸한 아인슈타인처럼, 풍자적이고 초연하게 자연만을 경외했다. 그는 제2차 세계대전이라는 어처구니없는 만행을 앞장서서 반대했다. 그의 시는 애국적 광기로 점철된 그 시절에 출판되지 못했다. 〈양날의 도끼〉는 편집자와 오랜 논의를 거치고 1948년이 되어서야 비로소 세상의 빛을 보게 되었다. 그로부터 30년 뒤, 내가 제퍼스의 시를 발견했을 때에는 전쟁의 고통과 광기도 희미해져 있었다. 다행히 그의 작품들은 아직 절판되지 않았으니 누구든지 찾아서 읽을 수 있다.

　과학에서 반체제의 역사는 매우 길다. 감옥에 갇혔던 과학자들, 그들을 구하기 위해 애썼거나 우연히 그들의 목숨을 구한 과학자들은 헤아릴 수 없을 만큼 많다. 현 세기에도 우리는 소련의 감옥에 수감되었던 물리학자 레프 란다우Lev Landau, 1908~1968와 목숨을 걸고 스탈린에게 란다우의 사면을 호소한 표트르 카피차Pyotr Kapitsa, 1894~1984를 기억하고 있다. 1939년에서 1940년까지의 겨울전쟁 동안 핀란드의 감옥에 수감되었던 수학자 앙드레 베유André Weil, 1906~1998와 그를 구해준 수학자 라르스 알포르스Lars Ahlfors, 1907~1996도 알고 있다. 내가 몸담았던 프린스턴 고등연구소Institute for Advanced Study의 역사에서 제일 감동적인 순간은 1957

년에 있었다. 미국 국립과학재단^{National Science Foundation}을 통해 정부로부터 경제적 지원을 받게 된 동시에 수학자 챈들러 데이비스^{Chandler Davis, 1926~}를 연구소 회원으로 임명했던 순간이었다. 당시 데이비스는 하원반미활동위원회^{House Un-American Activities Committee}의 심문을 받던 중에 동료를 밀고하라는 요구를 거절한 죄로 유죄 판결을 받은 상태였다. 그는 심문에 응하지 않고 의회를 모욕했다는 이유로 유죄 판결을 받자 대법원에 항소했다. 데이비스는 항소심이 진행되는 동안에도 프린스턴에서 계속 수학을 연구했다. 과학이 체제에 반항한 좋은 본보기였다. 고등연구소 임기를 마친 후, 데이비스는 항소심에서 졌고 6개월간 감옥에 수감되었다. 지금은 토론토 대학에서 학생들을 훌륭하게 지도하고 있으며, 억울한 수감자들을 석방하는 일에도 적극적으로 참여하고 있다.

전복을 꾀한 과학의 또 다른 예는 안드레이 사하로프^{Andrei Sakharov, 1921~1989}(소련인권위원회를 결성해 반소 활동을 벌인 대표적인 반체제 지식인-옮긴이)에게서 찾아볼 수 있다. 데이비스와 사하로프는 16세기와 17세기의 조르다노 브루노^{Giordano Bruno, 1548~1600}와 갈릴레오, 18세기의 벤저민 프랭클린과 조지프 프리스틀리^{Joseph Priestley, 1733~1804}로 이어져온 반체제의 오랜 전통을 잇는다. 만약 과학이 권위에 대한 반역을 멈춘다면, 총명한 어린이들의 재능을 탐할 자격이 없다. 운 좋게도 나는 어린 시절에 일종의 저항 활동에 참여하면서 과학에 입문했다. 의무적으로 배워야 했던 라틴어와 축구에 저항한다는 취지에서 과학협회를 조직한 것이 그 계기였다. 오늘날의 어린이들에게도 과학이 빈곤과 부패, 군국주의와 경제적 불평등에 대해 어떻게 반역하는지 알려주도록 노력해야 한다.

반역으로서 과학의 관점은 1923년 2월 4일에 생물학자 존 버든 샌더슨 홀데인^{John Burdon Sanderson Haldane, 1892~1964}이 케임브리지의 소모임 '이

단자들Society of Heretics'을 위해 강연했던 연설에서도 명쾌하게 드러난다. 이 강연은 《다이달로스Daedalus》라는 소책자로 출간되었다. 여기서 과학자의 역할에 대한 홀데인의 관점을 잠깐 옮겨보겠다. 실례를 무릅쓰고 홀데인의 연설을 약간 요약하고 라틴어와 그리스어로 인용된 부분은 생략했다. 안타깝게도 현재 케임브리지의 '이단자들' 조차도 그 언어들을 유창하게 구사하지 못할 것 같아서다.

보수파는 열정에 이성이 굴복당한 사람을 두려워하지 않는다. 하지만 이성을 가장 위대하고 가장 숭고한 열정으로 삼은 사람 앞에서는 꼼짝 못한다. 그들은 노후한 제국과 문명을 의심하고 분쇄하고 파괴했을 뿐만 아니라 신을 죽인 자들이기 때문이다.

과거에는 볼테르Voltaire, 1694~1778, 벤담Bentham, 1748~1832, 탈레스Thales, 기원전 547년경~기원전 546년경, 마르크스Marx, 1818~1883가 그런 사람들이었다. 하지만 과학분야에서 준엄한 이성을 가장 확실하게 보여준 사람은 찰스 다윈Charles Darwin, 1809~1882이다. 이성은 오늘날에도 다른 어떤 분야보다 과학에서 더욱 자유롭게 기능한다. 뿐만 아니라 그 효과도 정치나 철학, 문학보다 과학을 통해 한층 더 크게 나타나고 있다. 앞으로 과학계에 더 많은 다윈이 등장할 것이다. 그리고 이러한 현상이 더욱 뚜렷해지리라 생각한다.

우리는 과학을 세 가지 관점에서 봐야 한다. 첫째, 과학은 이성과 상상력이라는 신성한 재능을 가진 인간의 자유로운 활동이다. 둘째, 과학은 다수가 요구하는 부와 안락과 승리에 대한 소수의 대답이며, 평화와 안전과 불황에 대한 대가로 허락되는 선물이다. 셋째, 과학은 공간과 시간, 더 나아가 인간을 포함한 지상의 모든 생물들 그리고 종국에는 인간의 영혼을 예속하고 있는 어둠과 악까지 차례로 정복하는 과정이다.[2]

앞에서도 분명히 밝혔지만, 나는 환원주의적 견해를 옹호하지 않는다. 환원주의로 과학을 설명하는 것은 기껏해야 무관한 것으로 결론나거나 최악의 경우에는 오해를 불러일으키기 십상이다. 환원주의의 실패를 보여준 명백한 증거도 있다. 모두 익히 알고 있는 이야기일 것이다. 바로 수학자 다비트 힐베르트David Hilbert, 1862~1943의 이야기다. 그는 수학의 변경에서 매우 창조적인 업적을 이룬 위대한 수학자였다. 하지만 30년 후 환원주의의 어두운 뒷골목으로 걸어 들어가버렸다. 말년에 그는 몇 개의 알파벳 기호와 제한된 공리들, 추론된 규칙들만 이용해서 수학 전체를 환원하는 공식화 작업에 매달렸다. 수학을 몇 개의 기호들로 환원하는 한편, 그 기호에 의미를 부여한 개념과 응용의 맥락은 의도적으로 무시했다. 그의 공식화 작업은 말 그대로 환원주의를 가장 정확하게 실천한 작업이었다. 힐베르트는 보편적인 과정을 발견해서 수학의 문제들을 해결하자고 제안했다. 보편적인 과정이란 수학적 기호들로 이뤄진 모든 공식적 명제들이 참인지 거짓인지를 결정할 수 있는 과정을 말한다.

힐베르트는 이 보편적 과정을 발견하는 문제를 '결정문제Entscheidungs-problem'라고 명명했다. 그는 결정문제를 풀게 되면 수학의 유명한 난제들도 모두 풀 수 있다고 믿었다. 결정문제를 해결하면 필생의 역작이 될 것은 당연지사였다. 그는 한 번에 하나씩 문제들을 풀었던 초기 수학자들의 업적들을 다 합친 것보다 훨씬 뛰어난 위업으로 인정받으리라 믿었다.

힐베르트가 했던 작업의 핵심은 순전히 기계적인 방식으로 기호들에 작동하는 보편적 과정을 발견하는 것이었다. 기호들의 의미 따위는 이해할 필요도 없었다. 수학을 기호들의 집합으로 환원하는 것이므로,

그 결정 과정 역시 본래 기호들을 잉태하고 있던 불완전한 인간의 직관이 아니라 오로지 기호들만 염두에 두어야 했다. 하지만 힐베르트와 제자들의 지난한 노력에도 불구하고, 결정문제는 결코 풀리지 않았다. 더 심오하고 흥미로운 개념들은 모두 배제된 채, 매우 한정된 수학의 영역에서만 성공적으로 풀렸을 뿐이었다. 힐베르트는 희망을 포기하지 않았을지 모르지만, 해를 거듭하면서 그의 작업은 실제 수학과는 연관성이 거의 없는 형식논리학의 연습문제로 전락해버렸다.

마침내 힐베르트가 70세가 되었을 때, 쿠르트 괴델Kurt Gödel, 1906~1978은 탁월한 분석을 통해 힐베르트의 방식으로는 결정문제를 결코 풀 수 없다는 사실을 증명해 보였다. 일반적인 산술규칙들을 포함해 모든 수학의 공식화에는 명제들의 참과 거짓을 구별하는 결정적인 과정이 존재할 수 없음을 입증한 것이다. 동시에 그는 참이나 거짓을 증명할 수 없는, 유의미한 산술적 명제들도 존재한다는 사실을 증명했다. 이것이 그 유명한 '괴델의 정리Gödel's theorem'다. 괴델의 정리는 순수수학에서 환원주의가 작동하지 않는다는 사실을 결정적으로 보여준다. 명제들을 기호들로 환원하고, 그 기호들의 작용을 연구하는 것으로는 수학적 명제가 참인지 거짓인지 결정할 수 없다. 몇 가지 사소한 예외가 있지만, 명제의 참과 거짓은 더 넓은 수학적 개념의 세계에서 명제의 의미와 맥락을 연구해야만 결정할 수 있다.

가장 위대하고 창조적인 몇몇 과학자들이 자유로운 상상력으로 중대한 위업을 이뤄놓고, 말년에는 환원주의 철학에 사로잡혀 무기력해지는 것은 참으로 기이한 역설이다. 힐베르트는 이 역설을 가장 명백하게 보여주었다. 그런 또 한 사람으로 아인슈타인이 있다. 힐베르트와 마찬가지로, 그도 40세까지는 환원주의의 경향을 보이지 않고 위

대한 업적을 이뤄냈다. 그의 최고 업적인 중력에 관한 일반상대성이론
은 자연에서 일어나는 물리적 현상을 깊이 통찰한 가운데 나온 것이다.
아인슈타인은 중력을 이해하기 위해 10년간 고투했다. 그런 끝에, 통
찰한 결과를 몇 개의 장방정식^{field equations}으로 만들어 환원하려 했다. 힐
베르트처럼, 아인슈타인도 나이가 들면서 장방정식의 형식적 특성에
점점 집착했다. 그럴수록 장방정식을 있게 해준 광범위한 우주의 개념
에 대해서는 흥미를 잃어갔다. 아인슈타인은 생애 마지막 20년 동안
물리학 전체를 통합할 수 있는 방정식들을 찾는 일에만 매달려 무익하
게 보냈다. 자신이 만든 통일장이론^{unified theory}(일반상대성이론을 확장해 중력,
전자기력, 핵력核力, 약력弱力의 힘을 하나로 통합해 논하려는 이론-옮긴이)이라면 마땅
히 설명돼야 하는 실험적 발견들이 속속 등장했지만, 그는 그런 현실
을 외면했다. 여기서 더 이야기하지 않아도, 제한된 기호들로 물리학을
환원하려 했던 아인슈타인의 고독한 시도에 대해서는 이미 잘 알려져
있다. 그의 시도는, 힐베르트가 수학에서 했던 시도와 마찬가지로 참담
하게 끝났다. 그보다 나는 아인슈타인의 노년을 다른 측면에서 논의해
보고자 한다. 아인슈타인은 신기하리만치 블랙홀 개념을 혐오했다.

블랙홀 개념은 율리우스 로버트 오펜하이머^{Julius Robert Oppenheimer,}
^{1904~1967}와 하틀랜드 스나이더^{Hartland Snyder, 1913~1962}가 1939년에 발견했다.
아인슈타인의 일반상대성이론에서 출발한 오펜하이머와 스나이더는
무거운 별이 핵에너지를 다 소진했을 때 벌어지는 일을 설명하는 아인
슈타인 방정식들의 해를 찾았다. 핵에너지를 소진한 별은 중력에 의해
붕괴되면서 강력한 중력장만을 흔적으로 남기고 가시적인 우주에서
사라진다. 항구적인 자유낙하 상태로 남게 된 별은 끝없는 중력의 구
멍 속으로 영원히 붕괴한다. 오펜하이머와 스나이더가 찾아낸 아인슈

타인 방정식의 해는 완전히 새로웠다. 이것은 훗날 우주물리학의 발전에 심대한 영향을 미친다.

현재 우리는 태양 질량의 수십만 배에서 수십억 배에 이르는 것까지, 다양한 블랙홀들이 실제로 존재하며 우주의 질서에 지배적인 역할을 한다는 사실을 알고 있다. 나는 블랙홀이 일반상대성이론의 가장 흥미롭고 가장 중요하며 가장 빼어난 결과물이라고 생각한다. 블랙홀은 우주에서 일반상대성이론이 결정되는 장소다. 그러나 아인슈타인은 자신이 만든 작품을 인정하지 않았다. 그는 블랙홀 개념에 회의적이었을 뿐만 아니라 지독하게 혐오하기까지 했다. 그에게 블랙홀의 해는 관찰로 검증돼야 할 결과가 아니라, 더 단순한 수학공식이 됐어야 할 자신의 방정식을 지저분하게 만든 오점이었다. 아인슈타인은 하나의 개념으로서든 물리학적 가능성으로서든 블랙홀에 대해 관심을 내비친 적이 없었다. 아주 묘하게도 오펜하이머 역시 자신의 가장 중요한 과학적 업적이 블랙홀임에도 불구하고 말년에는 블랙홀에 냉담했다. 노년의 아인슈타인과 노년의 오펜하이머는 블랙홀의 수학적 아름다움에만 눈이 멀어서, 그것의 실제 존재 여부에는 관심을 두지 않았다.

왜 그들은 그토록 맹목적이고 냉담했을까? 아인슈타인과는 이 문제를 터놓고 이야기해볼 기회가 없었지만, 오펜하이머와는 몇 번의 기회가 있었다. 내 생각이지만, 아인슈타인의 대답도 그와 비슷하지 않았을까 한다. 말년에 오펜하이머는 진정한 이론물리학자라면 반드시 물리학의 기본 방정식을 발견해야 한다고 생각했다. 아인슈타인도 분명 같은 생각을 했던 것으로 보인다. 정확한 기본 방정식을 발견하는 것, 오로지 그것만이 중요했다. 그것만 발견되면, 그 방정식의 개별적인 해들을 찾는 것은 삼류 물리학자나 대학원생들에게도 누워서 떡먹기가 될 터였다. 오펜하이머가 보기에, 자신과 아인슈타인이 개별적인 해들의 자잘한 부분까지 신경 쓰는 것은 귀중한 시간을 낭비하는 일이었다. 이런 식으로 오펜하이머와 아인슈타인은 환원주의 철학에 빠져 길을 잃었다. 그들은 모든 물리적 현상들을 몇 개의 기본 방정식들로 환원하는 것을 물리학의 유일한 목표로 삼았다. 그러니 블랙홀과 같은 특정한 해들을 찾는 일은 원대한 목표에 집중하지 못하게 만드는 방해물일 뿐이었다. 힐베르트처럼, 두 사람도 한 번에 하나씩 특정한 문제를 해결하는 것으로는 만족하지 못했다. 오펜하이머와 아인슈타인은 근본적인 문제들을 한 번에 해결하려는 꿈에 젖어 있었다. 그러나 그들도 결국 말년에는 단 한 문제도 해결하지 못했다.

과학의 역사를 더듬어보면, 환원주의적 접근이 눈부신 성공을 거뒀던 예도 적지 않다. 대개의 경우, 부분을 이해하지 못하면 복잡한 계系를 전체로서 이해할 수 없다. 하지만 하나의 기본 방정식을 발견함으로써 과학의 한 분야에 대한 이해의 수준이 순식간에 도약하는 경우도 있다. 1926년 슈뢰딩거 방정식Schrödinger's equation과 1927년 디랙 방정식Dirac's equation이 그러했다. 이전 원자물리학이 설명하지 못한 모호한 과정들에 기막힌 질서를 부여함으로써 그런 도약이 일어난 것이다. 에르빈 슈뢰딩거Erwin Schrödinger, 1887~1961와 폴 디랙Paul Dirac, 1902~1984의 방정식은 환원주의의 승리였다. 어지러울 정도로 복잡한 화학과 물리학의 특성들이 단 두 줄의 대수기호로 환원된 것이다. 오펜하이머의 마음속에는 슈뢰딩거와 디랙의 승리가 있었다. 그래서 자신이 발견한 블랙홀을 가벼이 여겼던 것이다. 디랙 방정식의 이론적인 아름다움과 단순성에 비해, 블랙홀의 해는 거추장스럽고 복잡할 뿐만 아니라 무의미해 보였다.

그러나 과학의 역사에는 어떤 계의 작동방식을 전체로서 이해하지 못하면 그 계를 구성하는 부분들을 이해할 수 없게 되는 예들도 그에 못지않게 많다. 그뿐 아니라 방정식의 자잘한 해들을 이해하지 못하면 방정식의 수학적 특성을 이해할 수 없는 경우도 빈번하다. 블랙홀이 그 본보기다. '블랙홀이 발견되기 전에는 일반상대성이론의 방정식도 매우 피상적인 수준에서만 이해되었다'는 말도 결코 과장이 아니다. 블랙홀의 발견 이후 50년 동안, 블랙홀의 해가 시공간의 기하학적 구조에서 근본적인 역할을 한다는 사실이 밝혀지면서 비로소 시공간의 기하학적 구조를 수학적으로 이해하기 시작했다. 전체에서 부분으로, 부분에서 전체로, 지식의 폭이 양방향으로 넓어질 때 발전하는 학문이 바로 과학이다. 지식이 한 방향으로만 성장한다고 독단하는 환원주의 철학은 과학에 어울리지 않는다. 실제로 독단적인 철학적 신념들은 과학의 테두리 안에 설 곳이 없다.

과학은 그 안에서 일상적으로 수행되는 일들을 보면 철학보다 예술에 더 가깝다. 불완전성 정리에 대한 괴델의 증명에서도 철학적 주장은 보이지 않는다. 괴델의 증명은 마치 샤르트르 대성당처럼 아름다운 건축물에서 하늘을 찌를 듯 솟아 있는 첨탑과 같다. 괴델은 힐베르트가 공식화한 수학의 공리들을 벽돌로 삼아서 높고 고귀한 개념들의 건물을 지었다. 그리고 마침내 지붕 아치에 결정 불가능한 산술명제들을 쐐기돌로 박아 넣었다. 그의 증명은 환원이 아니라 구축된 위대한 예술작품이다. 괴델의 증명은 수학을 몇 개의 방정식으로 환원하려는 힐베르트의 꿈을 부쉈고, 개념들이 끊임없이 더해지는 수학에 더욱 원대한 꿈을 안겨주었다. 괴델은 수학에서 전체는 항상 부분의 총합보다 위대하다는 사실을 증명했다.

아인슈타인 방정식의 블랙홀 해 역시 예술작품이다. 괴델의 증명만큼 장엄하진 않지만 예술작품의 중요한 특징들을 갖고 있다. 바로 독창성과 아름다움 그리고 의외성이다. 오펜하이머와 스나이더는 아인슈타인의 방정식으로, 정작 아인슈타인은 상상도 하지 못했던 건축물을 완성했다. 영원한 자유낙하 상태의 물질이라는 개념은 아인슈타인의 방정식 속에 숨어 있었다. 하지만 오펜하이머와 스나이더가 찾은 해로 베일이 벗겨지기 전까지 아무도 그 개념을 발견하지 못했다. 그들에 비할 바는 아니지만, 이론물리학자로서 내가 하는 활동들도 그와 비슷한 특징을 갖는다. 나 역시 연구에 몰두할 때면 방법론을 따른다기보다 기술을 연마한다는 생각이 든다. 젊은 시절, 도모나가 신이치로Tomonaga Sin-Itiro, 1906~1979와 줄리언 슈윙거Julian Schwinger, 1918~1994, 리처드 파인만Richard Feynman, 1918~1988의 이론들을 한데 모아서 양자전기역학이라는 분야를 수립함으로써 연구 이력에서 가장 중요한 정점을 찍었을 때, 나는 의식적으로 내가 하는 연구를 다른 일에 비유하곤 했다. 바로 다리를 연결하는 일이었다. 도모나가와 슈윙거는 무지의 강 이편에 단단한 토대를 구축했고, 파인만은 강 저편에 견고한 토대를 구축했다. 내가 할 일은 강 양편의 토대들이 가운데서 만나도록 캔틸레버를 설계하고 만드는 것이었다. 이 비유는 아주 적절했다. 내가 구축한 캔틸레버 다리는 40년이 지난 지금도 양편을 효율적으로 이어주고 있다. 스티븐 와인버그Stephen Weinberg, 1933~와 압두스 살람Abdus Salam, 1926~1996이 성취한 통합연구 역시 다리를 잇는 비유로 설명된다. 두 사람은 전기역학과 약한 상호작용 사이의 간극을 연결해 통합적으로 연구했다. 이처럼 통합작업을 거친 후의 전체는 부분의 합을 능가한다.

최근 몇 년 동안 과학사학자들 사이에서 굉장한 논쟁이 벌어졌다. 과학이 사회적 요구로 작동한다는 진영과, 과학은 사회적 요구를 능가하며 그 자체에 내재된 논리와 자연의 객관적 사실들로 작동한다는 진영이 충돌한 것이다. 전자는 사회의 역사를 쓰는 역사가들이었고, 후자는 지성의 역사를 쓰는 역사가들이었다. 나는 과학자라면 모름지기 사회적 요구나 철학적 원리보다는 본능에 충실한 예술가 또는 반역자가 되어야 한다고 믿는다. 그런 나로서는 위의 두 견해 중 어느 것에도 전적으로 동의하기 어렵다. 그럼에도 불구하고 과학자는 사회역사가들에게 관심을 가져야만 한다. 우리는 특히 사회역사가들에게 배워야 할 게 많기 때문이다.

여러 해 전, 스위스의 극작가 프리드리히 뒤렌마트^{Friedrich Dürrenmatt}의 〈물리학자들^{The Physicists}〉이라는 연극을 취리히에서 관람할 기회가 있었다. 뉴턴과 아인슈타인 그리고 뫼비우스로 분장한 극중 인물들은 각 시대의 의상을 입고 있었으나, 어딘가 기괴하게 희화시킨 모습이었다. 연극은 이 세 물리학자가 환자로 입원해 있는 정신병원을 배경으로 진행된다. 1막에서 세 환자들은 간호사들을 살해하고 즐거워했고, 2막에서는 세 사람의 정체가 경쟁국의 정보부 소속 비밀요원이라는 사실이 밝혀진다. 연극은 재미있었지만, 한편으로는 심기가 불편했다. 무대 위의 우스꽝스러운 인물들도 실제 물리학자들과 닮은 데가 전혀 없었다. 연극이 끝나자, 함께 관람한 스위스의 물리학자 마르쿠스 피에르츠^{Markus Fierz, 1912~2006}에게 등장인물들이 비현실적이라며 투덜거렸다. "자네, 인물만 본 겐가?" 피에르츠는 이렇게 되묻고는 말을 이었다. "저 연극의 핵심은 말이지. 과학자들이 다른 사람들에게 어떻게 비춰지는지를 말하려는 걸세."

그가 옳았다. 진리에 헌신하는 고결하고 도덕적인 이미지, 과학자들이 대중에게 비춰지는 그 고전적인 이미지는 이제 신뢰를 잃었다. 대

중은 세속의 현자로 그려진 과학자들의 고전적인 이미지가 거짓이라
는 걸 알아차리고, 인간의 생명을 갖고 노는 무책임한 악마로 상상한
다. 뒤렌마트는 과학자들 앞에 거울을 들이대고 대중의 눈에 비친 우
리의 모습을 보여준 것이다. 지금 과학자가 해야 할 일은 성자도 악마
도 아닌, 똑같은 약점들을 공유하고 있는 인간일 뿐이라는 사실을 보
여주는 것이다. 대중 앞에 그 사실을 보여줌으로써 환상적 이미지들을
일소해야 한다.

　과학의 초월성을 믿는 역사가들은 과학자를 세속적인 현실사회를
초월해 위대한 지성의 세계에 살고 있는 사람으로 그려놓았다. 그런
고상한 이미지만 추종하는 과학자는 선의를 빙자한 사기꾼이라는 비
웃음을 받기 쉽다. 방송용 전도사들이나 정치인들처럼, 과학자들도 권
력과 돈의 사악한 힘에는 면역력이 없다. 종교가 그렇듯, 과학의 역사
도 권력과 돈을 둘러싼 다툼들로 얼룩져 있다. 하지만 그 다툼들이 역
사의 전부는 아니다. 종교에서든 과학에서든 때때로 진정한 성자들이
나타나 중요한 역할을 한다. 아인슈타인은 과학의 역사에서 중요한 인
물이었으나, 그 누구보다 초월성을 확고히 믿었던 사람이다. 아인슈타
인에게 과학이 세속적인 현실의 탈출구였다는 말은 거짓말이 아니다.
비록 타고난 천재성에서는 아인슈타인에게 미치지 못할지언정, 권력
이나 돈보다는 자연의 초월적인 아름다움을 엿볼 기회를 가장 큰 보상
으로 여기는 과학자들은 많다.

　과학과 역사에는 다양한 형식들과 목적들이 존재할 수 있다. 과학의
초월성과 사회 역사의 현실성이 반드시 모순되는 것은 아니다. 어떤
이들은 과학의 마지막 발언은 결국 자연이 할 것이라고 믿으면서도,
그 마지막 발언이 발표되기 전까지는 과학을 수행하는 인간의 자만심

과 부도덕이 막대한 역할을 할 것이라고 생각한다. 어떤 이들은 역사가의 일이란 권력과 돈의 은밀한 힘을 폭로하는 것이라고 믿으면서도, 자연의 법칙은 결코 왜곡될 수 없으며 권력과 돈으로 더럽혀지지 않으리라 생각한다. 과학의 역사는 인간의 나약함과 자연법칙들의 초월성을 나란히 배치했을 때 가장 돋보일 것이다.

프랜시스 크릭Francis Crick, 1916~2004은 금세기 최고의 과학자 중 한 사람이다. 그는 말년에 자신이 주동했던 미생물학 혁명에 대한 개인적인 해설을 책으로 출간했다. 존 키츠John Keats의 시구에서 제목을 빌린 《열광의 탐구What Mad Pursuit》가 그것이다. 그 책에서 크릭이 참여한 두 가지 발견, 즉 DNA의 이중나선구조와 콜라겐 분자의 삼중나선구조를 비교·설명한 부분이 내겐 가장 인상적이었다. 유전정보를 전달하고 인간의 몸을 유지한다는 점에서 DNA와 콜라겐은 생물학적으로 중요한 분자들이다. 두 분자의 발견은 동원된 과학기술도 같았고, 과학자들 사이에서 최초로 구조를 밝히려는 열띤 경쟁을 유발했다는 점도 닮았다. 크릭은 그 두 발견이 경중을 따질 수 없을 만큼 모두 흥미로웠을 뿐만 아니라 연구하는 기쁨도 똑같았다고 말한다. 과학이 순전히 사회의 한 구조라고 믿는 역사가들은 두 발견에 동일한 의미를 부여했다. 그러나 크릭이 경험한 과학의 역사에서는 두 나선 구조의 발견이 결코 동일할 수 없었다. 이중나선구조는 새로운 과학을 탄생시킨 원동력이 되었지만, 삼중나선구조는 그 분야의 전문가들에게 그저 흥미로운 각주에 불과했다. 크릭은 두 나선구조의 운명이 왜 다른지 묻는다. 그리고 이렇게 답한다. 인간과 사회의 영향력으로는 두 운명의 차이를 설명할 수 없고, 오로지 이중나선구조의 초월적인 아름다움과 그 유전적 기능으로만 설명할 수 있다고. 무엇이 중요한지는 자연이 결정하는 것

이지, 과학자가 결정할 일이 아니다. 이중나선구조의 역사에서 초월성
은 실재했다. 중요한 문제를 결정하는 선택권은 크릭이 쥐고 있었지
만, 그의 말마따나 그것이 얼마나 중요한 의미를 갖는지는 자연만이
알고 있다.

내가 하고 싶은 말은 이것이다. 과학도 인간이 하는 일이기에, 과학
을 수행하는 인간 개개인을 이해하는 것이 과학을 이해하는 최선의 방
법이라고. 과학은 철학적 방법이 아니라 예술의 한 형식이다. 과학의
위대한 도약은 새로운 교리가 아니라 새로운 도구의 발명에서 시작된
다. 과학을 환원주의 같은 하나의 철학적 관점 속에 억지로 끼워 맞추
면 안 된다. 그것은 나그네의 몸이 침대에 맞지 않는다고 다리를 자른
프로크루스테스^{Procrustes}의 짓과 다를 바가 없다.

과학은 그 위에 덧입혀진 선입견에서 벗어나 모든 도구를 자유롭게
사용할 수 있을 때 가장 번창할 수 있다. 새로운 도구를 도입할 때마다
늘 뜻밖의 새로운 발견들이 이어진다. 자연의 상상력은 우리 인간의
상상력보다 훨씬 더 풍부하기 때문이다.

후기

이 논평은 1992년 한 회의에서 했던 강연 원고를 옮긴 것이다. '다가오
는 21세기에 자연을 이해하는 열쇠로서 환원주의의 지속적인 우월성'을
논하는 회의였다.

나는 강연을 통해 환원주의를 그토록 오랫동안 공격했던 이유를 해명했
다. 나중에 알았지만 참석자의 상당수가 나의 견해에 동의했다.

이 논평이 〈뉴욕 리뷰 오브 북스〉에 실린 후, 수많은 편지가 날아왔다. 동의하는 사람도 있었고, 반대하는 사람도 있었다. 그중 최고는 수학계의 전설 손더스 매클레인^{Sunders MacLane, 1909~2005}에게서 받은 편지였다. 그와 주고받은 편지는 1995년 10월 5일자 〈뉴욕 리뷰 오브 북스〉에 공개되었다. 그는 위대한 수학자 힐베르트가 말년에 아무런 성과도 내지 못하고 무기력해졌다는 나의 견해를 맹렬히 반대했다. 매클레인과 힐베르트는 개인적으로도 친분이 두터웠고 학문적으로도 가까웠다.

매클레인의 편지는 이렇게 결론을 내리고 있었다.

'당신은 환원주의와 그것이 추구하는 심오한 목표를 전혀 이해하지 못하고 있다. 힐베르트는 결코 무기력하지 않았다.'

나는 답신을 이렇게 썼다.

'1930년대 힐베르트의 공식화 작업의 폐허에서 싹튼 엄청난 수학적 이해의 깊이에 나 역시 들뜨고 고무되었다. 다만 당신은 '토대 위에'라는 말을 썼을 뿐이고, 나는 '폐허에서'라는 단어를 썼을 뿐이다. 견고한 토대와 영락零落한 희망은 모순이 아니다. 둘 다 힐베르트가 후학들에게 남겨준 중요한 유산이다. ……나는 추상적인 대수학의 공리와 정리들이 보여주는 환원주의 과학의 힘과 아름다움을 부정하지 않는다. ……그러나 괴델의 불완전성 정리가 보여주는 구조주의 과학에도 그와 동일한 힘과 아름다움이 존재한다고 확신한다. ……물론 힐베르트는 두 종류의 수학에서 모두 뛰어난 대가였다.'

2

과학이 야기한 윤리적 문제와 불평등

내가 좋아하는 기념비 중 하나는 텍사스 주 샌안토니오 알라모에 있는 새뮤얼 곰퍼스^{Samuel Gompers, 1850~1924}의 석상이다. 석상 아래에는 곰퍼스가 했던 연설의 한 구절이 적혀 있다.

노동자는 무엇을 원하는가?

우리는 감옥보다는 교사校舍를

총보다 책을

범죄보다 배움을

탐욕보다 여가를

복수보다 정의를

우리의 훌륭한 본성을 배양시켜줄 기회를 더 원한다.

새뮤얼 곰퍼스는 미국노동총동맹^{American Federation of Labor}을 설립하고 초

대 회장을 역임했던 사람이다. 그는 미국의 노동자와 경영자 간 실무 협상의 전통을 확립함으로써 노동조합이 성장하고 발전할 수 있는 시대를 열었다. 곰퍼스가 죽은 지 70년이 지난 지금, 노동조합은 쇠락했고, 그의 (총보다 책을, 탐욕보다 여가를, 감옥보다 교사를 바라던) 꿈도 소리 없이 폐기되었다. 사회정의가 실종되고 자유시장 이데올로기만 남은 사회에서는 총과 탐욕 그리고 감옥이 이길 수밖에 없다.

50년 전 영국에서 수학을 공부할 때, 훌륭한 수학자인 고드프리 해럴드 하디Godfrey Harold Hardy, 1877~1947는 나의 스승 중 한 명이었다. 그는 《어느 수학자의 변명A Mathemetician's Apology》에서 일반인에게 수학자가 어떤 일을 하는지 설명한 작가로도 유명하다. 하디는 응용할 데도 없는 아주 쓸모없는 추상적인 예술작품을 창조하는 데 인생을 허비했노라고 당당하게 선언했다. 그는 기술에 대해 매우 강경한 견해를 갖고 있었는데, 다음과 같은 말로 일갈했다. '부의 분배에 불평등을 강화하는 쪽으로 기술이 발전하거나 삶의 파괴를 더 노골적으로 조장할 때, 흔히들 과학이 쓸모 있다고 말한다.' 사방에서 전쟁의 포성이 귀청을 찢고 있을 때, 하디는 이 말을 썼다.

그러나 기술에 대한 하디의 관점은 평화로운 시기에도 생각해볼 가치가 있다. 오늘날 기술은 마치 경쟁하듯 매우 빠르게 공장과 사무실의 노동자들을 대체하고 있다. 또한 주주는 더 부유하게, 노동자는 더 가난하게 만들면서 사실상 불평등한 부의 분배를 가속하고 있다. 게다가 하디가 살았던 시대에 그랬던 것처럼, 오늘날에도 치명적인 무기를 만들어내는 기술들이 돈벌이가 되고 있다. 시장은 실질적인 효율성, 즉 작업을 성공적으로 수행하는지의 여부로 기술을 평가한다. 그러나 가장 눈부신 성공을 이룬 기술이라 할지라도 언제나 그 배경에는 윤리적 문제가 도사리고 있다. 다시 말해 기술이 의도한 작업들이 실제로 수행할 만한 '가치'가 있느냐 하는 것이다.

그나마 윤리적 문제를 거의 일으키지 않는 기술은 인간 규모에서 작동하면서 개개인의 삶을 윤택하게 만든다. 모든 세대마다 운이 좋은 개인들은 자신들의 요구에 부합하는 기술을 발견한다. 90년 전 나의 아버지 시대의 기술은 오토바이였다. 아버지는 제1차 세계대전이 발발하기 수년 전에 영국에서 성장기를 보낸 가난한 음악가였다. 오토바이는 그에게 곧 해방이었다. 아버지는 말투마저 계급주의의 속물근성에 물들었던 한 지방의 노동자 가정에서 태어났다. 젠틀맨처럼 말하는 법을 배웠으나 그 세계에는 속하지 못했다. 하지만 오토바이는 훌륭한 평등장치였다. 오토바이에 앉으면 젠틀맨과 동등해졌다. 상류계급의 소득은 물려받지 못했지만 유럽을 일주하는 원대한 여행을 할 수도 있었다. 아버지는 친구 세 명과 함께 오토바이를 사서 유럽 전역을 돌아다녔다. 아버지는 오토바이를 사랑했고, 오토바이와 관련된 기술들을 즐겁게 습득했다. 그는 로버트 피어시그 Robert Pirsig의 《선과 모터사이클 관리기술 Zen and the Art of Motorcycle Maintenance》이 출간되기 60년 전에 이미 오토바이의 숭고한 특징들을 이해하고 있었다. 아버지 시대에는 도로도 엉망이었고, 오토바이 수리점도 여간해서 찾기 힘들었다. 먼 거리를 여행하려면 공구상자와 부품들은 필수였고, 오토바이를 재조립할 각오가 없으면 안 됐다. 외진 곳에서 고장 나면 그야말로 대수술이 필요했다. 외과의사가 환자의 해부학과 생리학적 지식을 갖고 있어야 하는 것처럼, 라이더라면 오토바이의 각 부분과 기능을 완벽하게 숙지하고 있어야 했다. 아버지와 친구들은 오토바이를 난생처음 보는 마을에 들를 때도 있었다. 그런 마을에서 공짜 저녁이라도 얻어먹을 요량으로 동네 꼬마들에게 오토바이를 태워주곤 했다. 오토바이라는 형태의 기술은 우애이자 자유였다.

아버지 시대에서 50년이 지난 후, 나는 핵융합원자로라는 형태에서 환희의 기술을 발견했다. 1956년, 전시기밀이었던 기술이 느닷없이 세상에 공개되고 일반 국민들도 접할 기회가 열렸다. 나는 처음으로 평화적인 핵에너지 기술에 흠뻑 취했다. 나로서는 도저히 거부할 수 없는 기회였다. 그때는 핵에너지가 훌륭한 평등장치처럼 보였다. 50년 전 계급이 지배하던 영국에서 오토바이가 빈부를 막론하고 모두에게 이동의 자유를 선사한 것처럼, 핵에너지는 부자와 가난한 사람 모두에게 저렴하고 풍부한 에너지를 공급할 수 있을 것 같았다.

나는 샌디에이고의 제너럴 아토믹General Atomic사에 합류했다. 친구들은 이미 그곳에서 신기술을 주물럭거리고 있었다. 우리는 안전성이 내장된 소형원자로 트리가TRIGA를 개발했다. 원자로가 고유안전성inherent safety을 갖는다는 말은 원자로에 문외한인 사람이 조작해도 오작동할 가능성이 전혀 없다는 의미다. 제너럴 아토믹사는 40년 동안 꾸준히 트리가를 제작 판매했으며, 지금도 진단을 목적으로 단수명 동위원소short-lived isotopes를 생산해야 하는 병원이나 의료시설 등에 원자로를 판매하고 있다. 트리가는 아직까지 오작동하거나 위험을 초래한 적이 없다. 병원이나 인근의 주민들이 안전성과 상관없는 사상적인 이유로 설치를 반대했던 몇몇 지역을 제외하고, 트리가가 문제를 일으킨 경우는 없었다. 대형 병원이 감당할 수 있는 적절한 가격의 트리가를 설계했다는 점에서, 우리는 성공한 셈이었다. 1956년에 트리가의 가격은 25만 달러였다. 우리는 트리가를 연구하고 개발하면서 즐거웠다. 그 까닭은 몇 가지가 있다. 바로 그 기술이 정치적 문제나 관료사회와 엮이기 전에 그리고 핵에너지가 결코 훌륭한 평등장치가 될 수 없다는 사실이 명백해지기 전에, 연구개발을 마칠 수 있었기 때문이다.

트리가가 개발되고 40년 후, 나의 아들 조지George는 또 다른 신나고 유익한 기술을 발견했다. 컴퓨터 응용설계 및 제조기술인 CAD-CAM이다. CAD-CAM은 핵 이후 세대의 기술이며, 핵에너지가 실패한 후에 성공한 기술이다. 조지는 카약 제작자다. 전시용이 아니라 실제 항해용 카약을 제작한다. 아들은 신소재를 이용해서 알류트Aleut 족의 전통 배를 복원하고 있다. 알류트 족은 수천 년의 시행착오를 거쳐 고유한 배를 제작하고 북태평양을 가로지르며 엄청난 거리를 항해했던 민족이다. 아들이 만든 배는 속도도 빠르거니와 튼튼하고 내항성耐航性이 뛰어나다. 아들은 25년 전 처음 배를 제작하기 시작했을 때, 알류트 족의 삶을 체험하기 위해 북태평양 해안을 오가며 유목민처럼 살았다. 그리고 알류트 족처럼 배의 모든 부분들을 손으로 일일이 다듬고 꿰매어 배를 완성했다. 그 당시 아들은 도시를 등지고 야생의 생활에 흠뻑 빠진 자연인이었다. 자신의 배는 물론이고 친구들에게 배를 만들어주기도 했다. 물론 사업으로 시작한 것은 아니었다. 세월이 흐르는 동안, 조지는 반항기 넘치는 십대에서 듬직한 시민으로 품위를 갖춰갔다. 결혼을 하고 딸 하나를 낳았으며, 벨링햄 시내에 집도 한 채 갖고 있다. 해안가에 버려진 선술집을 개조해 배를 제작하는 작업실도 만들었다. 배 제작은 이제 그의 사업이 되었다. 그리고 아들은 CAD-CAM에서 환희의 기술을 발견했다.

아들의 작업실에는 수작업 도구들보다 컴퓨터와 프로그램들이 훨씬 더 많다. 손으로 일일이 배를 만들던 시절에서 오랜 시간이 흘렀다. 지금 아들은 설계도를 CAD-CAM 프로그램으로 전환하고 부품별 담당 제작자들의 컴퓨터로 전송한다. 그리고 모든 부품들이 도착하면 취합하고 조립설명서를 첨부해 단골 구매자들에게 우편으로 발송한다. 아주 가끔 특별 제작을 원하는 부유층 고객들에게는 완제품으로 조립해서 배달하기도 한다. 아들은 조선사업에 시간을 많이 투자하지는 않는다. 북태평양의 민족지학과 역사 연구와 관련해서 학회도 운영하고 있다. CAD-CAM 기술은 아들에게 돈과 여가를 선물했다. 그 덕분에 아들은 알류트 족이 살고 있는 섬들을 찾아가 부족의 젊은이들에게 사라진 조상들의 기술을 다시 전수하고 있다.

40년 후에는 어떤 신기술이 우리 손자들의 삶을 즐겁고 풍성하게 해줄까. 어쩌면 손자들은 키우고 싶은 개나 고양이를 설계할지도 모른다. 대규모 제조회사들에서 시작된 CAD-CAM 기술이 아들과 같은 개인에게도 유용한 것처럼, 생명공학기업과 영농기업들이 갖고 있던 유전자 조작기술도 머지않아 우리 손자들에게까지 전파될 것이다. 각 가정에서 개와 고양이를 설계하는 것이 해안가 작업실에서 배를 설계하는 것처럼 쉬워질 터이다. 우리는 CAD-CAM 대신 컴퓨터 응용선택 및 복제기술인 CAS-CAR를 갖게 될지도 모른다. CAS-CAR 프로그램으로 갖고 싶은 애완동물의 색이나 습성을 설계하고 인공수정실험실의 생산장치로 전송하면, 12주 후에 원하던 애완동물을 갖게 될 것이다.

최근에 나는 버몬트의 어린이박물관에서 그런 가능성에 대해 강연을 한 적이 있었다. 그런데 강연을 듣던 한 젊은 여성에게 폭언을 들었다. 그녀는 동물의 권리를 침해한다면서, 평생 재미 삼아 동물을 고문하는 잔인한 과학자의 전형이라고 나를 비난했다. 그저 가능성만을 이야기했을 뿐이고, 내가 하는 연구는 개나 고양이를 설계하는 일과 거리가 멀다고 해명했지만 소용이 없었다. 사실 그 여성의 항의는 타당했다. 개와 고양이를 설계하는 일은 윤리적으로 모호한 사업이다. 배를 설계하는 일처럼 떳떳할 수는 없다.

시간이 지나 CAS-CAR 프로그램이 상용화된다면, 그래서 누구나 자유롭게 프로그램을 이용해 분홍색과 보라색 반점이 있는 강아지를 주문하거나 수탉을 닮은 까마귀를 주문할 수 있게 된다면, 우리는 어려운 결정을 내려야 할 것이다. 시민들 누구나 개들의 무리에 편입될 수 없는 기묘한 개를 만들 수 있도록 해야 할까? 그럴 수 없다면 동물의 정통 혈통과 변칙적으로 창조된 괴물을 구별하는 선을 그어야 할까? 우리의 아이들에게는 대답하기 어려운 질문이 될 것이다. 나는 버몬트의 청중들에게 개나 고양이보다 장미나 난초를 설계하게 될 것이라고 말해야 했는지도 모른다. 장미와 난초의 존엄성을 마음 깊이 신경 쓰는 사람은 별로 없을 테니까. 사람들은 식물에게 권리가 없다고 생각한다. 개와 고양이는 인간과 너무나 가깝고 감정을 갖고 있는 동물이다. 우리의 손자들이 만약 자신들만의 개와 고양이를 설계할 수 있게 된다면, 아마도 그다음 단계는 CAS-CAR 프로그램을 이용해서 아기를 설계하게 될 것이다. 손자들은 그 단계에 이르기 전에 프로그램이 야기할 수 있는 결과들을 아주 신중하게 고민해야 할 것이다.

20세기 말에 발견한 기술의 사악한 결과를 선하게 바꾸려면 무슨 일을 해야 할까? 과학이 인간사회에서 선하거나 악하게 작동할 수 있는 방식은 많고도 다양하다. 여러 가지 예외가 있겠지만, 일반적으로 부자들을 위한 장난감을 만들 때 과학은 악하게 작동한다. 빈자들을 위한 필수품을 만들 때는 선하게 작동한다. 저렴한 가격은 중요한 가치다. 오토바이가 선하게 작동한 까닭은 가난한 교사들도 살 수 있을 만큼 저렴했기 때문이다. 핵에너지가 대개 악하게 작동하는 까닭은, 부유한 정부와 부유한 기업들이 주무를 수 있는 장난감이기 때문이다. '부자들을 위한 장난감'은 실제 장난감을 의미하는 것이 아니다. 소수의 사람들만 이용할 수 있고, 배제된 다수는 공동체의 경제 및 문화적 삶에 참여하기 어렵게 만드는 기술적 이기利器를 의미한다. '빈자들을 위한 필수품'은 식량과 주택, 적절한 공중의료 서비스, 대중 교통수단 그리고 제대로 된 교육과 직업의 기회 등을 의미한다.

19세기부터 20세기의 초반 50년 동안, 과학의 발달이 가져온 결과는 부자와 빈자에게 골고루 혜택이 돌아갔고 사회 전체에 전반적으로 이로웠다. 전기·전화·냉장고·라디오·텔레비전·합성섬유·항생제·비타민·백신 같은 것은 사회적 평등장치였다. 거의 모든 이의 삶을 편안하고 안락하게 만들어주었으며, 부자와 빈자 사이의 간극을 좁혀주었다. 그런데 현세기에 들어선 지 불과 50년 만에 이 혜택의 균형이 깨지기 시작했다. 지난 40년 동안 순수과학은 일상과 거리가 아주 먼 심원한 문제들에만 집중했다. 입자물리학, 저온물리학 그리고 은하계 밖을 연구하는 천문학은 그 원형들에서 점점 더 멀어지고 있는 순수과학의 예시들이다. 이런 과학분야들이 집중하는 연구들은 부자나 빈자 모두에게 그다지 악하지도, 또 그다지 선하지도 않게 작동한다. 순수과학이 사회에 제공하는 주요한 혜택은 과학자와 엔지니어들을 위한 복지 프로그램으로 돌아간다.

한편 지금까지 응용과학은 이윤을 내고 팔 수 있는 상품연구에 모든 노력을 쏟았다. 가난한 사람들보다 부자들이 신상품에 더 많은 돈을 낼 수 있으므로, 시장주도형 응용과학은 앞으로도 부자들을 위한 장난감 개발에 더욱 전념할 것이다. 개인용 컴퓨터와 전화는 가장 최근에 등장한 부자들의 장난감이다. 고소득 직종들 대부분은 인터넷을 통해 구인광고를 내고 있는 실정이지만, 인터넷을 사용할 수 없는 가난한 사람들은 그런 직업에 아예 접근할 수조차 없다. 과학이 최근 수십 년간 가난한 사람들에게 혜택을 주지 못하게 된 까닭은 두 가지 현상이 복합적으로 작용했기 때문이다. 순수과학을 연구하는 과학자들이 인간의 현실적 요구로부터 점점 더 멀어지고 있는 현상이 한 이유요, 응용과학을 연구하는 과학자들이 점점 더 즉각적인 이윤에 집착하고 있는 현상이 또 한 가지 이유다.

순수과학과 응용과학이 정반대의 방향을 지향하고 있는 것처럼 보여도, 사실 두 분야는 근본적으로 하나의 힘에 좌우된다. 바로 과학 활동을 관리하고 재원을 결정하는 위원회의 힘이다. 순수과학의 경우, 위원회는 상호검토 절차를 수행하는 과학 전문가들로 구성된다. 그 위원회가 다수결로 연구 프로젝트를 결정하는 경우, 유행에 뒤떨어진 분야보다는 최신 분야의 연구들을 지원한다. 그러다보니 지난 수십 년간 최신 분야는 우리가 보거나 만질 수 있는 것과는 거리가 먼 영역들로 더 깊이 들어가고 있다. 반면 응용과학의 위원회는 전문 경영인과 관리자들로 구성된다. 이런 부류의 사람들은 대개 자신들과 비슷한 부유층이 구매할 수 있는 상품연구에 지원한다.

헨리 포드^{Henry Ford}처럼 자기 사업에 독재적 권한을 행사하는 성미 고약한 기업인이나 돼야 눈치 안 보고 모험적인 시도를 할 수 있다. 즉 독단적으로 자동차 가격을 낮추고 급료를 높여서, 수많은 노동자들도 자동차를 구매할 수 있게 시장을 개척할 수도 있다. 하지만 순수과학과 응용과학 모두 위원회의 통제하에서는 유행에 뒤떨어지는 연구나 대담하게 모험적인 연구를 하기가 어렵다. 이런 우선순위를 바꾸려면 과학자와 기업인 모두가 가난한 사람들과 가난한 국가들이 쉽게 이용할 수 있는 신기술들을 개발하고 촉진할 자유를 주장해야 한다. 과학에 의해 선과 악의 범위가 달라진 것과 발맞춰, 과학자들의 윤리적 기준도 바뀌어야만 한다. 홀데인과 아인슈타인의 말마따나, 결국 윤리적 진보만이 과학의 발달로 야기된 폐해를 치료할 수 있다.

핵무기 경쟁은 끝났지만, 비군사적 기술이 야기한 윤리적 문제들은 여전히 남아 있다. 이제는 '새로운 시대'에서 비롯된 윤리적 문제들이 마치 해일처럼 현대 사회를 덮치고 있다. 새로운 시대는 세 가지 기술로 요약할 수 있다. 첫 번째 시대는 컴퓨터와 디지털 메모리 기술에서 출발해 지금도 진행 중인 '정보시대'를 말한다. 두 번째 시대는 '생명공학시대'다. DNA 염기서열분석법과 유전공학이 만들어갈 이 시대는 다음 세기 초반 즈음이면 진가를 발휘할 것이다. 세 번째 시대는 '신경기술시대'다. 신경 센서의 개발과 더불어 인간의 감정과 성격의 내면적 작동방식이 밝혀짐에 따라 다음 세기 말쯤 현실이 될 것이다. 그런데 이 세 가지 신기술의 파괴력은 자못 심각하다. 이 세 가지 신기술들은 실제로 우리를 공장과 농장과 사무실의 고된 노동에서 해방시켜주고 있으며, 이 기술들을 이해하고 조작할 수 있는 사람들에게 부와 권력을 안겨주고 있는 것도 사실이다. 하지만 과거의 기술들에 의존하는 산업들을 파괴하고, 그런 기술들에 훈련된 사람들을 쓸모없게 만들 것이다. 이 세 가지 신기술의 보상은 가난한 사람들을 우회해 부자들에게 돌아갈 것이다. 80년 전에 헤럴드 하디가 말했던 것처럼, 이 신기술은 불평등한 부의 분배 구도를 더욱 가속할 게 뻔하다. 설령 핵기술처럼 인간의 삶을 직접적으로 파괴하지 않는다 하더라도.

전 세계 인구의 반을 차지하는 가난한 사람들에게는 품질과 미학적 기준을 충족시키면서 쉽게 이용 가능한 저가의 주택, 의료 서비스, 교육 등이 절실하다. 다음 세기에 벌어질 인간사회의 근본적인 문제는 신기술의 새로운 물결과 가난한 사람들이 필요로 하는 요구 사이의 부조화가 될 것이다. 지금도 기술과 사람들의 요구 간에 간극이 크지만, 시간이 갈수록 점점 더 커질 것이다. 기술이 지금처럼 가난한 사람들을 외면하고 부자들에게만 혜택을 몰아주며 발전해간다면, 머지않아 가난한 사람들은 기술의 폭정에 반란을 일으킬 수 있다. 결국 비이성적이고 폭력적인 해결책들에 의지하게 될 게 뻔하다. 이런 반란은 과거에 그랬던 것처럼, 미래에도 부자와 빈자 모두를 더 불행하게 만들 가능성이 크다.

커진 간극을 메울 길은 윤리밖에 없다. 우리는 지난 30년 동안 윤리의 힘을 수없이 목격했다. 윤리적 신념에 바탕을 둔 전 세계적인 환경운동은 기업들의 부와 기술의 교만에 대항해 여러 차례 승리를 거뒀다. 환경운동가들의 가장 위대한 승리는 미국을 비롯해 여러 국가들에서, 원자력발전을 필두로 핵무기에 이르기까지 전반적인 원자력산업을 몰락시킨 것이다. 핸포드^{Hanford} 단지의 플루토늄 생산기지에서 핵탄두개발기업인 로키 플래츠^{Rocky Flats}까지, 미국 핵무기 제조업체들의 문을 닫게 만든 것도 이들이었다. 윤리는 정치나 경제보다 훨씬 더 강력한 힘이 될 수 있다.

그런데 안타깝게도 지금까지의 환경운동은 기술이 이루지 못한 선善보다 기술이 야기한 악에 초점을 맞추고 있다. 바라건대, 다음 세기의 녹색운동들은 기술의 부정적인 측면보다는 긍정적인 측면에 눈을 돌려야 할 것이다. 기술의 어리석음을 지적하는 것이 윤리적 승리의 끝이 아니다. 우리에게 필요한 윤리적 승리는 사회정의를 추구하는 데

기술이 긍정적인 역할을 하도록 이끄는 것이다.

토머스 제퍼슨^{Thomas Jefferson, 1743~1826}이 자명한 이치라고 주장했던 말이 있다. 모든 인간은 동등하게 창조되었고, 양도할 수 없는 권리를 부여받았으며, 그 권리에는 생명과 자유 그리고 행복을 추구할 권리가 포함되어 있다는 것이다. 이 말에 동의한다면, 수백만 명이 실직과 빈곤에 내몰리고 있는 지금의 현실이 원자력발전소들 버금가게 이 지구의 가치를 심각하게 훼손한다는 것도 자명한 이치로 받아들여야 할 것이다. 환경운동이 가진 윤리적 힘이 강력하다면, 그 힘으로 가난한 사람들이 부담 없이 살 수 있는 것들을 제공하는 방향으로 기술의 발전을 조장하지 못하란 법이 없다. 바로 이 일이, 다가오는 세기에 우리가 기술로 이뤄야 할 가장 중대한 과업이다.

자유시장이 자진해서 가난한 사람들을 위해 기술을 생산할 리는 없을 것이다. 오직 바람직한 윤리를 따르는 기술만이 그 일을 할 수 있다. 윤리의 힘은 환경운동을 통해서, 환경운동에 관심 있는 과학자·교사·기업가들의 협력을 통해서 발휘돼야 한다. 시야를 좀 더 넓혀 사회 정의를 구현하기 위한 공동노력에 종교라는 항구적인 힘을 참여시킬 수도 있다. 과거에도 종교는 성당건축에서부터 어린이 교육과 노예제 폐지에 이르기까지 수많은 선한 대의에 매우 큰 공헌을 했다. 앞으로도 종교는 과학 못지않은 힘을 유지할 것이고, 장기적으로도 삶의 조건을 개선하는 데에 과학 못지않은 역할을 할 것이다.

수세기 동안 종교의 세계에는 종말의 선지자와 희망의 선지자들이 존재했지만 결국 희망이 우세했다. 과학도 종말의 경고와 희망의 약속들을 내놓지만, 그 둘은 따로 떼어놓을 수 없다. 정직한 과학의 선지자들이라면 좋은 소식과 나쁜 소식을 잘 조화시켜야 할 것이다. 정직한 과학의 선지자였던 홀데인은 이렇게 말한다. 과학이 저지른 악행들은 불가피한 운명이 아니라 극복할 수 있는 도전이라고. 그는 1923년《다이달로스》에 이렇게 썼다. ‘지금 우리는 생물학에 거의 완벽할 정도로 무지하다. 생물학자들은 종종 이 사실을 간과한 채, 생물학의 현재를 말할 때는 너무 잘난 체한다. 반면 생물학의 미래를 말할 때는 지나치게 겸손하다.’ 1923년 이후로 생물학은 놀라운 발전을 이뤘지만, 홀데인의 말은 아직도 유효하다.

아직까지 우리는 인간에게 가장 직접적으로 영향을 미치는 생물학적 과정들(신생아의 언어능력과 사회성 발달, 기분과 감정의 상호작용, 어린이와 성인의 학습과 이해력, 노화의 시작과 생애 말 정신의 쇠락)에 대해 아는 바가 거의 없다. 앞으로 십수 년 안에 이런 과정들이 밝혀질 것 같지는 않지만, 다음 세기에서라면 가능하다. 이런 과정들이 밝혀지면 인간의 조건들을 개선하고 비극을 막아줄 희망적인 신기술도 등장할 것이다. 인간이 완벽해질 수 있다는 낭만적인 꿈을 믿는 사람은 별로 없겠지만, 인간이 개선될 수 있다는 사실에는 우리들 대다수가 동의한다.

오늘날 생명공학과 관련된 공개토론장에서는 인위적으로 인간을 개선한다는 개념에 대해 비난하는 말들이 사방에서 빗발친다. 이 개념이 적대감을 불러일으키는 까닭은 유대인에게 불임시술을 실시하고 장애아동을 살해한 나치 의사들의 망령을 불러올 것 같아서이다. 강제불임과 안락사를 비난하는 데에는 여러 가지 타당한 이유들이 있다. 그러나 생물학적 과정들이 소상히 밝혀지고 그 가능성이 커지면, 좋든 싫든, 인간을 인위적으로 개선하는 일은 우리의 호불호와 상관없이 현실이 될 것이다. 자신과 자녀들의 건강을 개선해줄 기술적 수단들이 제공된다면, 개인이 생각하는 개선의 의미와 상관없이 많은 사람들이 그 수단들을 수용할 것이다. 개선은 단순히 건강을 증진시키는 의미 외에도 수명연장이나 더 긍정적인 성격, 더 강한 심장, 더 똑똑한 두뇌를 뜻할 수도 있다. 록스타나 야구선수 또는 경영인으로서 연봉을 올릴 수 있는 능력을 의미할는지도 모른다. 개선 기술을 봉쇄하거나 지연시키기 위한 규제들이 등장할는지도 모른다. 하지만 언제까지 규제로 묶어둘 수는 없다. 공식적으로 승인이 되든 안 되든, 또는 법률로 금지하거나 혹은 터부시되는 한이 있어도, 인간개선은 널리 시행될 것이다. 수백만에 이르는 시민들이 이 기술을 과거의 제약과 불평등으로부터의 해방으로 여길 것이기 때문이다. 그들에게 선택의 자유를 영구적으로 불허할 수는 없다.

200년 전, 윌리엄 블레이크^{William Blake}는 〈천국의 문^{The Gates of Paradise}〉을 판화로 새기고, 그 판화들과 시를 엮어 작은 책을 내놓았다. 그중 '늙은 무지^{Aged Ignorance}'라는 제목의 판화에는 학자풍의 안경을 쓴 채 커다란 가위를 들고 있는 노인이 등장한다. 노인 앞에는 날개 달린 알몸의 아이가 떠오르는 태양을 향해 달려가는 자세를 취하고 있다. 노인은 태양을 등지고 앉아 회심의 미소를 지으며 아이의 날개를 가위로 자르려고 한다. 이 삽화에는 짧은 시 한 편이 적혀 있다.

시간의 바닷속으로
늙은 무지가 깊이 잠겨가면
거룩하고 냉정하게,
달 아래 있는 모든 것들의
날개를 자르리.[1]

이 삽화는 이제 막 도래한 시대의 인간을 형상화한 것이다. 강렬한 빛을 내며 떠오르는 태양은 생물학을 의미한다. 날개 달린 아이는 바로 우리 인간으로, 과학이 던져준 빛 속에서 처음으로 자신의 실체와 가능성을 깨닫고 있다. 노인은 과거의 무지로 점철된 낡은 인간사회를 나타낸다. 우리의 법과 충성심, 공포와 증오, 경제와 사회적 불평등은 과거에 깊이 뿌리를 두고 있다. 생물학적 지식의 발전은 낡은 제도와 자기개선을 꿈꾸는 인간의 새로운 욕망 사이의 충돌을 필연적으로 야기할 것이다. 낡은 제도들은 새로운 욕망의 날개들을 잘라내려 할 것이다. 물론 어느 시점에 이르면 경계도 해야 하고 사회적 제약들도 필요해질 것이다. 신기술은 자유만큼이나 위험해질 수 있기 때문이다. 그러나 결국 사회적 제약들은 새로운 현실에 굴복할 수밖에 없다. 인류는 영원히 날개가 잘린 채로 살 수 없다. 윌리엄 블레이크와 새뮤얼 곰퍼스가 각각 선언했던 자기개선의 비전은 지구상에서 사라지지 않을 것이다.

후기

이 논평을 쓴 지 9년이 지난 지금, 부자와 빈자 사이의 간극은 더 커졌다. 신기술은 줄곧 주주들을 더욱 부유하게, 노동자들은 더욱 가난하게 만들어왔다. 윤리적 진보를 동반하지 않는 기술적 진보는 선보다 악을 더 조장한다는 것이 이 논평의 핵심 주제다. 이러한 현상은 1997년보다 지금 훨씬 더 뚜렷하게 나타난다.

몇 가지 문장들은 수정이 필요하다. 전화는 이제 더 이상 부자들만의 장난감이 아니라 모두의 필수품이 되었다. 최근에 트렌턴에 있는 사회보장국 대기실에서 뉴저지의 가난한 시민들 틈에 앉아 있었던 적이 있었다. 그런데 수많은 사람들이 휴대폰을 들고 있었다. 그 모습에 내 마음이 흐뭇했다.

나의 아들 조지는 여전히 벨링햄에서 배 제작사업을 하고 있다. 하지만 지금은 작가와 역사가로 더 유명해졌다.

3

현대 과학에는 이단자가 필요하다

토머스 골드를 처음 만난 것은 1946
년, 인간의 청력을 연구하는 실험실에서였다. 골드는 실험자였고 나는
일종의 실험용 쥐였다. 인간은 음높이를 놀라울 만큼 잘 구분한다. 또
한 1퍼센트 내외의 미세한 순음의 진동수도 쉽게 구분할 수 있다. 어떻
게 가능할까? 골드는 이 질문에 대한 답을 찾으려 했다. 여기에는 두 가
지의 답이 있을 수 있었다. 내이가 입사된 소리에 반응해 진동하며 소
리의 강약과 고저를 분석하는 미세조정공명기 한 벌로 구성되어 있다
는 것이 첫 번째 답이었고, 공명하지 않고 입사된 소리를 신경신호로
곧바로 바꿔 뇌로 보내면, 아직 알려지지 않은 뇌의 신경작용에 의해
순음으로 분석된다는 것이 두 번째 답이었다.

1946년에 귀의 해부학과 생리학에 정통한 생리학자들은 후자가 맞
는 답이라고 생각했다. 음의 고저를 구분하는 일은 귀가 아니라 뇌에
서 일어난다고 믿은 것이다. 내이가 말랑한 살과 물로 채워진 작은 동

공이라고 간주했으니, 첫 번째 답은 인정할 수 없었다. 그들이 보기에 귓속의 말랑한 작은 막이 하프나 피아노의 현처럼 공명한다는 것은 있을 수 없는 일이었다.

골드는 그 전문가들이 틀렸다는 걸 입증하기 위해 실험을 계획했다. 실험은 단순하고 고상했으며 독창적이었다. 제2차 세계대전 때 골드는 영국 해군에서 무선통신과 전파탐지 업무를 담당했다. 그는 전후에 해군의 잉여 전자공학 부품들과 헤드폰 몇 개를 사서 독자적인 실험장비를 만들었다. 골드는 순음의 짧은 파동으로 이뤄진 신호를 일정한 간격을 두고 헤드폰으로 송신했다. 신호 사이 무음 간격은 순음파동을 송신하는 시간보다 최소한 10배 길게 유지했다. 파동의 형태는 일괄적으로 같았지만, 파동의 위상은 임의대로 뒤집어 보낼 수 있었다. 파동의 위상을 뒤집는다는 것은 헤드폰 내부 스피커의 진동 방향을 뒤집는 것을 의미한다. 파동의 위상이 뒤집혔을 때, 스피커는 공기를 밖으로 밀어내고, 정상 파동일 때는 공기를 안쪽으로 끌어당긴다. 골드는 모든 파동의 위상을 똑같이 보내기도 하고, 때로는 위상을 교대로 바꿔가면서 보내기도 했다. 한 가지 위상을 갖는 규칙적인 파동과 반대의 위상을 갖는 변칙적인 파동을 만든 것이다.

당시 내가 한 일은 헤드폰을 머리에 쓰고 앉아서 골드의 신호들을 듣고는, 그 소리의 위상이 규칙적인지 불규칙적인지 말해주는 것이었다. 파동 사이의 무음 간격이 순음의 시간보다 10배 길게 했을 때만 해도 차이를 구별하기가 쉬웠다. 그런데 내가 들은 소리는 마치 모기들이 윙윙거리는 소리와 비슷한 잡음이었다. 규칙적인 파동에서 불규칙적인 파동으로 위상이 바뀔 때는 소리의 성질이 뚜렷하게 달라졌다. 우리는 무음 간격을 더 길게 해 실험을 반복했다. 무음 간격이 순음 시간보다 30배 길어졌을 때에도 그 차이를 구별할 수 있었다. 실험용 쥐는 나 혼자만이 아니었다. 골드의 몇몇 친구들도 같은 신호를 듣고 비슷한 결과를 보여주었다. 골드의 실험은 순음 시간보다 30배 길게 무음 간격을 유지했을 때에도, 인간의 귀가 신호의 위상을 기억한다는 사실을 증명했다.

위상을 기억한다는 것은 귀가 미세조정공명기로 구성되어 있다는 것을 의미한다. 그뿐만 아니라, 이 공명기는 무음 간격 동안에도 끊임없이 진동한다는 사실을 의미한다. 골드의 실험은 음의 고저 구분이 뇌가 아니라 주로 귀에서 이뤄진다는 사실을 증명한 것이다. 귀가 공명할 수 있다는 사실을 실험적으로 증명한 것 외에도, 어떻게 말랑하고 소모적인 물질들로 미세조정공명기가 만들어질 수 있는지를 이론적으로 설명했다.

그의 이론에 따르면, 내이는 전기적 피드백 시스템을 보유하고 있다. 전기의 힘으로 작동하는 센서와 드라이버에 연결된 공명기계는 일종의 전기기계 시스템으로, 섬세하게 조정되는 앰프와 같다. 전기부품들에서 공급되는 정궤환^{positive feedback}(자동제어계나 증폭기 따위에서, 출력회로의 전력 일부가 입력회로에 대해 그 입력 전력을 증가하도록 가해지는 것-옮긴이)은 기계부품들의 마모로 발생하는 진동의 감폭을 상쇄한다. 비록 센서나 드라이버에 해당하는 귀의 해부학적 구조에 대해서는 정확히 알지 못했지만, 전기 엔지니어로서 경험이 있던 골드에게 이 이론은 꽤나 설득력 있게 보였다. 1948년에 골드는 두 편의 논문을 발표했다. 하나는 실험결과를 보고한 논문이었고, 다른 하나는 위의 이론을 설명한 논문이었다.

실험에 참여한 당사자이자 골드에게 이론에 대한 설명까지 들었던 나로서는, 그가 옳다는 데 추호의 의심도 없었다. 반대로 청각생리학

자들은 골드가 틀리다는 데 추호의 의심도 없었다. 그들은 골드의 이
론이 터무니없고 실험도 신뢰할 수 없다고 생각했다. 그리고 골드를
제대로 된 교육은커녕 연구할 자격도 없으면서 자신들의 분야를 침범
한 무식한 아웃사이더로 치부했다. 그렇게 청력에 대한 그의 연구는
30년 동안 묵살되었고, 그의 관심도 다른 쪽으로 옮겨갔다.

30년 후, 신세대 청각생리학자들이 더욱 정교한 장비들로 귀를 탐험
하기 시작했다. 그리고 골드가 1948년에 주장했던 모든 이론들이 사
실임을 발견했다. 내이의 전기 센서와 드라이버들이 지금은 모두 밝혀
졌다. 센서와 드라이버는 두 종류의 유모세포로, 골드가 생각한 방식
대로 기능하는 세포들이었다. 결국 생리학자들은 골드의 연구논문이
발표된 지 40년 만에 그 논문의 중요성을 인정했다.

청각 메커니즘을 연구했던 그의 방식은 골드의 전형적인 연구방식
이었다. 그는 5년에 한 번씩 새로운 연구분야를 침범하고 터무니없는
이론을 제안하곤 했다. 그 분야의 전문가들로부터 거센 반발을 받았지
만, 골드는 그들이 틀렸다는 사실을 입증하기 위해 맹렬히 연구에 몰
두했다. 그의 연구가 매번 성공한 것은 아니었다. 때로는 전문가들이
옳고, 그가 틀리기도 했다. 하지만 골드는 틀리는 것을 두려워하지 않
았다.

그는 적어도 두 번 자명하게 틀렸던 적이 있었다. 그 하나가 바로 정
상우주론steady-state universe이다. 이 이론에 따르면, 우주는 항상 팽창하고
있지만 끊임없이 물질을 생성해 밀도를 일정하게 유지한다는 것이다.
또 한 번의 유명한 오류는, 달이 정전기로 부양하는 먼지로 덮여 있기
때문에 우주비행사들이 달 표면을 밟는 순간 푹 꺼질 것이라고 예측했
던 이론이다. 하지만 골드는 자신이 틀렸다고 판명 났을 때도 멋진 유

머로 패배를 시인했다. 골드의 말마따나, 결코 틀리지 않는다면 과학이 무슨 재미가 있겠는가. 골드의 틀린 이론들은, 그가 옳았던 중요한 이론들에 비하면 아주 사소한 것들이었다.

골드가 옳았던 중요한 개념들 가운데 하나가 바로 펄서^{pulsar}에 관한 이론이다. 1967년 전파천문학자들은 일정한 주기로 방출되는 펄스상狀의 전파를 발견했는데, 골드는 이 전파의 출처가 자전하는 중성자별이라고 생각했다. 그의 대다수 이론들과 달리, 펄서 이론은 학계로부터 즉시 인정을 받았다.

골드가 옳았던 또 다른 이론은 청각이론보다 더 오랫동안 학계로부터 배척당했다. 바로 지구의 자전축이 90도 뒤집힌다는 이론이었다. 1955년 골드는 '지구 자전축의 불안전성^{Instability of the Earth's Axis of Rotation}'이라는 제목의 매우 혁명적인 논문을 발표했다. 요약하자면, 지구의 자전축이 100만 년에 한 번꼴로 90도 각도로 회전해 이전의 북극과 남극이 적도가 되고, 적도의 두 지점이 각각 양극으로 이동할 수도 있다는 것이다. 지구 자전축의 90도 회전은 이전의 자전축을 불안정하게 만들고 새로운 자전축을 안정화시켜주는 물질의 대규모 이동으로 촉발될 가능성이 크다. 예컨대 북극과 남극의 거대한 빙원이 그런 변화를 야기할 수도 있다.

골드의 이 논문은 40년간이나 전문가들로부터 멸시를 받았다. 당시 전문가들은 대륙의 표류현상과 판구조론에 관심이 쏠려 있었다. 골드의 이론은 대륙의 표류나 판구조와는 전혀 관련이 없었기 때문에 전문가들의 관심을 끌지 못했다. 골드가 예언한 자전축의 회전속도는 대륙의 표류속도보다 훨씬 더 빠르지만, 대륙들의 상대적인 위치에는 아무런 변화를 일으키지 않는다. 자전축의 90도 회전은 오로지 자전축에 대한 대륙들의 위치만 변화시킨다.

1997년 캘리포니아 공과대학의 암석자기학의 대가였던 조셉 커시빙크 Joseph Kirschvink는 한 편의 논문에서 캄브리아기 초기에 지질학적으로 매우 짧은 시간 동안 지구의 자전축이 실제로 90도 회전했다는 증거를 제시했다. 이것은 생명의 역사에서도 매우 중대한 의미를 갖는 발견이었다. 왜냐하면 자전축의 90도 회전이 일어난 시기가 캄브리아기 폭발 Cambrian Explosion과 일치했기 때문이다. 캄브리아기 폭발은 짧은 기간 동안 대다수의 고등생물들이 화석기록에 별안간 폭발적으로 늘어난 사건을 의미한다. 자전축의 90도 회전으로 대양들의 환경이 극단적으로 바뀌었고, 그로 인해 새로운 형태의 생명의 진화를 촉발했을 가능성이 크다. 커시빙크는 자신의 관찰을 뒷받침해주는 자전축 회전이론에 대해 골드의 공로를 인정했다. 골드의 이론이 40년 동안 멸시받지 않았다면 그 이론을 확증해줄 증거들도 더 빨리 수집되었을 것이다.

골드의 이론들 중 가장 큰 논쟁을 불러일으킨 것은 천연가스와 석유의 기원이 비생물학적 물질이라는 이론이다. 골드는 천연가스와 석유가 지구 깊은 곳에 응축된 물질의 잔존물이라고 주장한다. 석유에서 발견되는 유기분자들은 생물에 의해 오염되었다는 증거일 뿐, 석유가 생물로 이뤄졌다는 증거는 아니라는 것이다. 이 이론 역시 청각이론과 자전축 회전이론처럼, 전문가들이 굳게 다져놓은 정설과 대치된다. 또한 번 골드는 무지한 분야를 침범한 침입자로 찍혔다. 사실 골드가 침입자인 것은 맞지만 무지하지는 않다. 그는 천연가스나 석유의 화학적 성질과 지질학에 대해 매우 상세히 알고 있었다. 그뿐만 아니라 그가 주장한 이론도 엄청난 양의 사실적 정보를 바탕으로 하고 있다. 어쩌면 40년 후에나 이 이론의 진위가 밝혀질는지도 모른다. 비생물학적 기원이론이 궁극적으로 옳다고 판명되든 틀린 이론으로 판명되든, 그것을 검증하기 위해 수집한 증거는 지구와 지구의 역사에 대한 현재의 지식에 엄청난 보탬이 될 것이다.

마지막으로 가장 최근에 골드가 제시한 혁명적인 이론은 그의 저서 《깊고 뜨거운 생물권 *The Deep Hot Biosphere*》[1]의 주제이기도 하다. 골드는 지표의 수 킬로미터 아래에도 생물들이 서식하는 또 다른 생물권이 있다고 설명한다. 우리가 지구의 표면에서 보는 생물들은 전체 생물권의 일부에 불과하며, 생물권의 더 크고 오래된 부분은 깊고 뜨거운 곳에 있다는 것이다. 이 이론을 뒷받침하는 증거는 상당히 많다. 그의 책에 자세히 설명되어 있으므로 여기서 따로 열거하지는 않겠다. 골드 본인의 설명을 들어보는 것이 좋다고 생각한다. 다만 깊고 뜨거운 생물권 이론이 골드의 삶과 연구의 전반적인 패턴과 얼마나 일치하는지 이야기하고 싶어서 운을 뗐다.

골드의 이론들은 언제나 독창적이고, 한결같이 중요하며, 대부분 논쟁의 대상이 된다. 그리고 대개 옳다. 50년 동안 친구이자 동료로서 골드를 관찰해본 결과, 나는 깊고 뜨거운 생물권 이론이 이 모든 조건들을 다 갖추고 있다고 믿는다. 그의 생물권 이론은 독창적이고 중요하며 논쟁적이고 또 옳은 이론일 것이다.

후기

토머스 골드는 2004년 6월에 운명했다. 그가 사망하기 얼마 전에 워싱턴 카네기 연구소의 지구물리학 실험실에서 천연가스가 지구 맨틀 깊은 곳에서 생성되었다는 골드의 이론을 검증하기 위해 실험이 진행되었다.[2] 다이아몬드 앤빌 셀diamond anvil cell(고압발생장치-옮긴이) 안에 소량의 맨틀 성분을 넣고 고온과 고압을 가하자 다량의 메탄이 생성되었다. 논문의 저자들은 골드가 죽기 사흘 전에 그의 이론이 확증되었다는 소식을 전했다.

4

미래의 신기술에 대한 원칙

《먹이*Prey*》[1]는 마이클 크라이튼^{Michael} Crichton의 다른 소설들처럼, 구성과 전개가 빼어나고 무척 흥미로운 스릴러 소설이다. 소설의 화자는 주인공 잭과 그의 아내 줄리아다. 명랑한 세 아이의 부모인 잭과 줄리아는 최첨단의 실리콘밸리 세계에서 화려한 경력과 행복한 가정생활이라는 두 마리 토끼를 다 잡은 사람들이다. 줄리아는 나노로봇을 개발하는 자이모스사의 직원이다. 나노로봇은 자율적으로 움직이고 기능하는 작은 기계인데, 개미집단처럼 서로 협력하도록 프로그래밍되어 있다. 잭은 미디어트로닉스사에서 자율적인 나노로봇 요원들의 집단행동을 조정하는 프로그램을 개발한다. 잭이 개발한 프로그램은 줄리아가 만든 로봇에 지능과 적응력을 부여한다.

문제는 잭이 직장을 잃고 자녀들을 돌보기 시작하면서 시작된다. 한편 실험실에서 지내는 시간이 길어진 줄리아는 상대적으로 가족에 대한 관심이 식어간다. 줄리아는 나노로봇에 비밀 항공정찰 시스템을 장착해 미군에게 판매하기 위한 비밀 프로젝트에 가담한다. 그녀는 시스템의 성능과 동력을 높이기 위해 나노로봇에 살아 있는 박테리아를 삽입하는데, 그때부터 나노로봇은 빠르게 복제하고 진화하기 시작한다. 잭이 개발한 최신 자율로봇 프로그램으로 시스템을 다시 프로그래밍하자, 나노로봇은 경험을 통해 학습하는 수준까지 진화한다.

이러한 진전에도 불구하고 나노로봇은 미군의 특수한 사양을 충족하지 못했고, 결국 자이모스사는 미군의 자금줄을 잃게 된다. 사태가 이렇게 되자, 줄리아는 항공정찰 시스템을 질병진단 시스템으로 전환해 민간 의료시장에 판매하려는 2차 계획에 필사적으로 매달린다. 그녀의 계획은 인간의 몸속에 나노로봇을 침투시켜 몸속을 조사하도록 훈련시키는 것이었다. 그것이 가능해지면 X선이나 초음파 장비로 진단하는 것보다 훨씬 더 정확하게 종양의 위치를 알아내거나 병리학적 상태를 진단할 수 있을 터였다. 줄리아는 나노로봇의 의학적 응용성을 실험하기 위해 급기야 자신을 실험 대상으로 이용했고, 그 결과 중독 증세를 보이기 시작한다. 나노로봇은 줄리아의 몸속에서 공생자共生者로 살아가는 방법을 터득하고 차츰 그녀의 정신을 조종한다. 줄리아는 정신착란 상태에서 나노로봇을 함께 연구하던 동료 세 명에게 나노로봇을 감염시킨다. 그뿐 아니라 나노로봇 한 무리를 야생에 풀어주는데, 이 로봇들은 야생의 생물을 먹이로 삼아 빠르게 증식하게 된다.

소설은 줄리아와 그녀가 가담한 프로젝트에 뭔가 심각한 문제가 발생했다는 사실을 잭이 깨닫게 되면서 클라이맥스로 치닫는다. 잭이 줄리아의 변신이 의미하는 공포의 전모를 이해했을 때, 상황은 이미 돌이킬 수 없는 지경에 이르러 있었다. 의리 있는 여자친구의 도움으로 줄리아와 대결하게 된 잭은 그녀의 몸속에 있는 박테리아에 치명적인 살균 바이러스를 흠뻑 뿌린다. 하지만 줄리아와 그녀의 동료들은 자신들의 정신을 조종하는 공생자 나노로봇이 없으면 더 이상 생존할 수 없다. 그들은 살균바이러스에 젖자마자, 《오즈의 마법사》에서 도로시가 서쪽 마녀에게 물을 한 양동이 부었을 때처럼 녹아내리면서 죽어간다. 줄리아가 소멸된 후, 잭과 그의 여자친구는 화염분사기와 고성능 폭탄으로 실험실 안팎의 나노로봇들을 파괴하면서 비극을 끝낸다. 마지막 장면에서 잭은 나노로봇이 아주 사라진 건지, 자이모스사가 또 다른 악몽을 초래할 제2의 나노로봇 개발 프로젝트를 준비하는 건 아닌지 불확실한 상태로 아이들에게 돌아온다.

우리는 이 가공의 이야기를 어떻게 받아들여야 할까? 소설을 바라보는 관점은 두 가지다. 하나는 현실이 되리라는 걱정 따위는 접고 한 편의 소설로 즐기는 것이요, 또 하나는 현재의 기술적 진보가 계속될 때 야기될 수 있는 위험에 대한 절박한 경고로 바라보는 것이다. 저자는 '21세기의 인공적 진화'라는 제목의 서문에서 소설을 쓴 의도를 명백히 밝힌다. 자신의 이야기가 진지하게 읽히길 바란다고.

소설의 자잘한 기술적 오류들을 증명하기는 그리 어렵지 않다. 가령 나노로봇의 크기만 해도 그렇다. 자이모스사의 의료진단 시스템을 홍보하는 프레젠테이션 자리에서 줄리아는 이렇게 말한다. "적혈구 세포보다 더 작은 카메라로 우리는 모든 것을 할 수 있습니다." 카메라는 줄리아가 만든 나노로봇 중 하나다. 줄리아가 설명한 대로, 카메라가 모세혈관 속을 유영하려면 적혈구 세포보다 작을 수밖에 없다. 모세혈관의 폭은 적혈구 세포 하나가 간신히 통과할 정도밖에 되지 않기 때문이다. 그런데 책의 말미에서 잭은 마치 개미나 벌떼처럼 공중에서 자신을 추격하는 나노로봇 무리와 마주친다. 이 나노로봇들은 잭과 비슷한 속도로 공중을 날아다닌다. 잭에게는 다행이고 소설에는 불행한 일이지만, 물리학법칙에서는 아주 작은 생물들이 빠르게 날아다니는 걸 허락하지 않는다. 공기와 물의 마찰저항은 작은 물체일수록 더 커지기 때문이다. 적혈구 세포만 한 나노로봇이 공중을 날아가는 것은, 인간이 당밀 속을 헤엄치는 것만큼 힘들다. 간단히 말해서 유영이나 비행의 최고 속도는 물체의 길이에 비례한다. 나노로봇의 비행이나 유영 속도는 아무리 넉넉하게 잡아도 초당 0.254㎝다. 이 속도로는 간신히 달팽이를 추격할까 말까. 곤충 떼처럼 움직이는 나노로봇이라면, 크기도 당연히 곤충만 해야 한다.

찾아보면 또 다른 기술적 오류도 쉽게 눈에 띈다. 공중을 날아가는 나노로봇 벌레들은 태양에너지로 동력을 공급받는다. 그러나 나노로봇처럼 극히 작은 물체에 공급되는 태양에너지는 동력으로 쓰기에는 턱없이 부족하다. 심지어 나노로봇에게 태양에너지를 100퍼센트 이용할 수 있는 비상한 능력이 있다고 해도 그렇다.

이런저런 이유들을 들어 과학적으로 불가능한 기술적 세부 사항들을 열거하자면 끝이 없지만, 그렇게 한다면 이 소설의 핵심을 놓친다. 이 소설에서 기술적인 세부 사항들은 중요하지 않다. 이 소설의 핵심은 나노로봇이 아니라 인간에 대한 이야기다. 이야기의 요점은 줄리아라는 인물이 얼마든지 있을 법한 평범한 인간이라는 것이다. 줄리아는 회사의 명운을 짊어지고 맡은 바 책임을 다 하는, 유능하고 악의 없는 한 시민이다. 그녀는 파산 위기의 회사를 구하기 위해 위험하고 무모한 기술일망정 밀어붙이는 수밖에 없다고 판단했다. 회사와 자신의 경력이 무너지는 것을 견딜 수 없던 줄리아는 위험을 무릅쓰고 실험을 강행한다. 그녀는 도저히 잃을 수 없는 큰 판돈을 걸고 게임을 하는 도박사였다. 결국 그녀는 회사와 자신의 경력뿐 아니라 가족과 삶을 송두리째 잃어버린다. 이 소설은 충분히 있을 수 있는 인간의 이야기를 들려주고 있다.

《먹이》는 1957년에 출간된 네빌 슈트 Nevil Shute 가 방사능 전쟁으로 멸망하는 세계를 그린 《해변에서 On the Beach》를 떠올리게 한다. 슈트는 평범한 사람들의 목소리를 통해 세상의 종말적 재앙을 덤덤하게 들려준다. 그의 책은 세계적인 베스트셀러가 되었고 영화로도 성공을 거두었다. 그의 책과 영화는 핵전쟁에 대한 불후의 신화를 창조했고, 그 신화는 핵전쟁에 대한 대중의 상념 속에 의식적으로든 무의식적으로든 깊이 각인되었다. 소설은 핵전쟁을 소리 없이 다가오는 불가항력적인 파멸로 그린다. 북반구에서 시작된 방사성 코발트가 서서히 남반구의 하늘로 퍼져 내려오면서 죽음의 그림자를 드리운다. 그 죽음에는 탈출구가 없다. 북반구 전체가 절멸한 후에도 호주 시민들은 담담하면서도 묵묵하게 남은 삶을 살아간다. 호주 정부는 시민들에게 방사능 병의 증세가 악화될 때 사용하라고 안락사용 알약을 지급한다. 부모들에게는 자녀들이 병으로 고통 받기 전에 알약을 먹이라고 권고한다. 생존을 바라는 사람은 없다. 방사성 코발트가 붕괴될 때까지 지하에 노아의 방주 같은 것을 지어 지상의 생물을 보존하자고 말하는 사람도 없다. 슈트는 침착하게 종말을 받아들이는 인간의 모습을 보여준다.

《해변에서》에도 여러 가지 기술적 오류들이 있다. 소설에서 묘사하는 세부적인 사항들은 거의 대부분 틀렸다. 사실 방사성 코발트는 수소폭탄의 치사율을 엄청나게 높일 수 없다. 또한 방사성낙진도 시간적으로나 공간적으로 산발적으로 떨어지지, 광범위한 면적에 고르게 떨어지지 않는다. 땅속 몇 미터 아래로 피신하면 방사능 피해를 막을 수도 있을 것이다. 게다가 소설에서는 핵전쟁이 1961년에 발발했다고 나오는데, 아무리 가장 사악한 국가라 할지라도 지구 전체를 절멸시킬 정도로 파괴력이 큰 핵무기를 갖추기에는 시간적으로 너무 촉박하다. 기술적 오류들에도 불구하고, 이 소설의 신화는 슈트의 의도대로 작동한다. 인간이면 누구나 알아들을 수 있는 단순한 사실, 즉 핵전쟁은 곧 죽음을 의미한다는 사실을 세상에게 들려주고 있다. 그리고 세상은 그의 이야기에 귀를 기울였다.

《해변에서》만큼 충격적이지는 않지만, 《먹이》도 우리에게 중요한 메시지를 전하고 있다. 21세기의 생명공학은 20세기의 핵기술만큼 위험하다는 것이다. 그 위험은 나노로봇이나 자율요원들 같은 특정한 기계장치들 속에 숨겨져 있지 않다. 바로 생명의 기본적인 작동방식을 비가역적으로 이해하는 우리의 지식에서 비롯된다. 《먹이》는 무책임하게 응용된 생물학적 지식은 곧 죽음을 의미한다는 메시지를 전한다. 그리고 지금 우리는 이 세상이 그 메시지를 듣기를 바란다. 그 점에 있어서 나는 《먹이》의 메시지에 공감한다. 현 세기 동안 성장하게 될 생물학적 지식들이 인류사회와 지구의 생태계를 위험에 빠뜨릴 수도 있다고 생각하기 때문이다.

이 위험은 아직은 확실하지 않고 모호하다. 하지만 이 위험을 누그러뜨리기 위해 우리가 반드시 해야 할 일들을 무엇일까? 우리는 이 위험에 어떻게 대응해야 할까? 공중보건상의 위험과 환경적 위험들을 평가하고 규제하는 게 가장 먼저일 것이다. 하지만 이 문제를 해결하는 방법에 있어서 두 가지 주장이 팽팽하게 맞서고 있다. 하나는 사전 예방 원칙이 먼저라는 주장이다. 그들은 대재앙을 일으킬 일말의 가능성이라도 있다면 어떠한 행위도 금지되어야 한다고 말한다. 만일 어떤 행위가 상당한 이점을 갖고 있더라도 일말의 위험성을 동반하고 있다면, 위험과 이점을 저울질해서도 안 되며, 금지비용이 얼마가 들든 대재앙의 위험을 수반할 수 있는 모든 행위는 무조건 금지해야 한다는 것이다. 이에 맞서는 견해는, 위험이 불가피하고 행동이든 비행동이든 그 위험을 제거할 가능성이 없다면, 이점과 비용 대비 위험을 저울질해 이에 근거한 신중한 행동방침을 세워야 한다는 것이다. 특히 위험한 과학과 기술을 금지하고자 할 때는 그로 인해 손실되는 인간의 자유비용을 반드시 감안해야 한다.

나는 전자의 주장을 '경계'로, 후자의 주장을 '자유'로 본다. 2000년 4월, 굴지의 컴퓨터 대기업 선마이크로시스템스^{Sun Microsystems}의 공동설립자이자 수석연구원이었던 빌 조이^{Bill Joy}는 〈와이어드^{Wired}〉에 '왜 미래는 우리를 필요로 하지 않는가'라는 제목으로 칼럼 한 편을 발표했다. 그 칼럼에는 이런 부제가 달려 있었다. '21세기의 가장 강력한 기술, 로봇공학·유전공학·나노기술은 인간을 절멸 직전의 종으로 만들고 있다.' 첨단기술 산업의 좌장이 잠정적 위험을 고려해 기술의 속도를 늦추자고 강력하게 주장한다는 것 자체가 놀라웠다. 빌 조이는 '경계'를 주장하는 측의 대변인이 되었다.

그로부터 9개월 후 2001년 6월, 스위스 다보스에서 세계경제포럼^{World Economic Forum, WEF} 연례회의가 개최되었다. 원래 이 포럼에는 주로 산업계의 지도자들, 각종 재단의 이사장들, 각국의 정부각료들이 참석한다. 그러나 2001년에는 회의에 지적 자극을 더하자는 취지에서 과학자, 작가, 예술가들도 초청되었다. 빌과 나는 '우리의 기술은 통제 불능인가?'라는 주제의 토론자로 초대되었다. 토론의 박진감을 높이기 위해 빌은 '경계' 주장을 극단적으로 옹호하는 입장을, 나는 '자유' 주장을 강력히 지지하는 입장을 대표해달라고 부탁받았다. 다음은 우리가 토론했던 내용을 요약한 글이다.[2] 빌의 주장을 오도하지 않기 위해 〈와이어드〉에 쓴 그의 글을 발췌해 옮기겠다.

21세기 유전학, 나노기술, 로봇공학은 너무 막강해서 완전히 새로운 차원의 사고와 남용을 낳을 수 있다. 가장 위험스러운 점은 역사상 최초로, 그러한 사고와 남용이 개인이나 소규모 집단 수준에서도 광범위하게 일어날 수 있다는 사실이다. 이러한 기술들은 대규모 설비나 희귀한 재료를 필요로 하지 않는다. 지식만 있으면 얼마든지 활용할 수 있는 기술들이다.

따라서 이제는 대량살상 무기뿐 아니라 지식 기반의 대량파괴knowledge-enabled mass destruction, KMD의 가능성도 열렸으며, 이 파괴력은 자기복제의 힘으로 더욱 크게 증폭될 것이다.

현재 우리는 더욱 극단적인 악으로 치달아갈 수 있는 출발선에 서 있다. 이 말은 전혀 과장이 아니다. 대량파괴 무기들이 국민국가에게 부여했던 악의 가능성은 이제 그 경계를 넘어 극단적인 개인에게도 놀랍고도 끔찍한 권한을 부여하게 될 것이다.

이 글은 2001년 9·11테러가 발발하기 1년 반 전에 쓴 것이다. 당시에 빌이 오사마 빈 라덴Osama bin Laden을 염두에 두고 있었는지 알 길은 없다. 빌은 틀림없이 화학적 폭발물보다는 유전학적으로 조작된 미생물로 사회에 보복하려는 연쇄 소포 폭탄테러범을 염두에 두고 있었을 것이다.

두 번째로 빌은 나노기술의 선도자 에릭 드렉슬러Eric Drexler, 1955~의 말을 인용한다. 드렉슬러는 나노기술의 활용을 장려하는 동시에, 오용을 경고하기 위해 포어사이트 인스티튜트 Foresight Institute를 설립했다. 다음은 드렉슬러의 말이다.

닥치는 대로 먹어치우는 합성박테리아는 진짜 박테리아를 압도할 수도 있다. 이것들은 꽃가루처럼 바람에 날려 퍼질 수도 있고, 빠르게 복제해 수일 내에 생물권을 초토화시킬 수도 있다. 이 위험한 복제자들은 아주 작고 억세고 빠르게 퍼지기 때문에 막을 수가 없다. 적어도 우리가 아무런 준비가 안 되어 있다면 그렇다. 우리는 바이러스와 초파리들을 제어하는 일로도 충분히 지쳤다. 현재로서는 복제하는 어셈블러 assembler가 일으킬 특정한 종류의 사고들을 감당할 수 없다.

나노기술은 한마디로, 기능면에서는 생물세포와 비슷하나 구성성분이 달라서 세포보다 훨씬 강인하고 다재다능한 미시 규모의 기계를 만드는 기술이다. 어셈블러도 그중 하나다. 어셈블러는 쉽게 말해 스스로를 복제할 뿐 아니라 다른 기계를 제조할 수 있는 아주 작은 공장이다. 드렉슬러는 자기복제하는 어셈블러가 선한 쪽으로든 악한 쪽으로든 엄청난 힘을 발휘할 수 있는 도구라는 사실을 처음부터 알고 있었다. 다행인지 불행인지 모르지만, 나노기술이 드렉슬러의 예상만큼 빠르게 발전하지는 않았다. 아직까지 어셈블러와 조금이라도 닮은 기계는 등장하지 않았다. 지금까지 나노기술이 내놓은 가장 유용한 제품은 컴퓨터 칩이다. 컴퓨터 칩은 다른 기계를 만들기는커녕 자기복제 능력도 없다.

마지막으로 빌이 〈워싱턴포스트 The Washington Post〉에 기고한 글을 인용하고자 한다. 이 글에서 빌은 자신이 예측한 위험들을 피할 수 있는 행동방침을 제시한다.

　우리는 신기술의 발달에 연루된 이상, 재앙을 차단하기 위해 최선의 노력을 다하지 않으면 안 된다. 다음 목록은 대량파괴 무기들의 역사에서 암시를 얻어 작성한 첫 단계 방침들이다.

　하나, 히포크라테스 선서의 맥을 이어, 과학자와 기술자들 그리고 기업의 지도자들은 대량파괴 기술과 관련해 잠재적이거나 실질적인 연구 일체를 하지 않겠다고 서약한다.

　둘, 신기술의 위험성과 윤리적 문제를 공개적으로 검증하는 국제기구를 설립한다.

　셋, 민간부문에 엄격한 채무 개념을 도입해, 기업들이 결과에 대한 책임을 지게 한다.

　넷, 잠재력이 크지만 상용화하기에 너무 위험한 지식과 기술에 대해서는 국제적 제재를 가한다.

　다섯, 위험한 지식과 기술을 추구하고 발전을 도모하는 행위도 강력하게 금지한다. 지식의 추구와 기술의 발전이 긍정적이기는 하지만, 강력히 금지하지 못했던 생물학적 무기들이 어떤 결과를 초래했는지 역사가 보여주기 때문이다.

나는 빌이 언급한 위험들이 실재한다는 데에는 동의했지만, 세부적인 몇몇 내용에 대해서는 동의하지 않았다. 또한 그가 제시한 해결책들에 대해서도 강력히 반대했다. 나는 생물학 무기의 역사와 유전자 접합실험들 그리고 이 모든 것들을 성공적으로 규제한 사례들과 실패한 사례들을 설명하며 반론을 시작했다.

빌은 위험한 기술들을 효과적으로 규제하고 금지하기 위한 행동방침들을 실천하고 있는 국제 생물학계의 오랜 노력을 외면하고 있다. 1975년 DNA 조작기술이 발견된 이래로, 수많은 국가들이 유전자 접합실험에 뛰어들었다. 생물학을 선도하던 맥신 싱어^{Maxine Singer, 1931~}와 폴 버그^{Paul Berg, 1926~}는 이 실험의 위험성이 신중하게 평가되기 전까지 모든 실험을 일제히 중지하는 모라토리엄^{moratorium}을 발효하자고 제안했다. 대중의 건강을 위협할 수 있는 위험은 명백히 존재했다. 가령 인간사회에 흔한 박테리아에 치명적인 독소의 유전자를 삽입할 수도 있었다. 전 세계의 생물학자들은 즉각적으로 모라토리엄에 동의했고 10개월간 모든 실험을 중지했다. 그러는 동안 허용할 실험과 금지할 실험의 가이드라인을 정하기 위해 두 차례 학회가 열렸다. 학회는 단계별로 위험의 수준을 정하고, 허용된 실험에 대해서도 제재를 가할 수 있는 규칙들을 가이드라인으로 명시했다. 가장 위험한 실험들은 전면 금지되었다. 생물학자들은 자발적으로 가이드라인을 수용했다. 그 후의 새로운 발견들에 대해서도 제재 수위를 조절하면서 꾸준히 가이드라인을 준수하고 있다. 그 결과 25년 동안, 생물학실험으로 인한 심각한 위험은 발생하지 않았다. 이는 과학자들이 과학의 자율성을 지키는 동시에 대중의 건강을 위험으로부터 보호할 수 있음을 증명한 증거이고, 책임 있는 시민의식을 보여준 훌륭한 본보기다.

생물학 무기의 역사는 이보다 더 복잡하다. 미국, 영국, 소련은 제2차 세계대전 때부터 줄곧 생물무기를 개발하고 비축하기 위해 대규모 프로젝트를 실행했다. 그러나 이들의 프로젝트는 핵무기 개발 프로그램에 비하면 상당히 제한적인 시도였다. 핵무기 개발 프로그램을 열정적으로 주도한 물리학자들과 달리, 생물학자들은 생물무기 개발에 동조하지 않았다. 거의 대다수의 생물학자들은 무기 개발과 무관했고, 생물무기 개발에 연루된 극소수의 생물학자들 역시 개발을 반대하는 입장이었다.

미국에서 가장 강경하게 생물무기 개발을 반대한 사람은 매슈 메셀슨Matthew Meselson, 1930~이었다. 운 좋게도 메셀슨은 1968년 닉슨Nixon이 대통령에 당선될 당시에 헨리 키신저Henry Kissinger, 1923~의 친구이자 이웃이었다. 곧 헨리 키신저는 닉슨 대통령의 국가안보보좌관이 되었다. 메셀슨은 기회를 노려, 미국의 생물무기 프로그램은 잠정적인 적에게보다 미국에 훨씬 더 위험하다고 키신저를 설득했다. 그 이야기를 들은 키신저는 닉슨을 설득했다. 미국이 생물무기를 사용할 수밖에 없는 상황은 좀체 일어날 것 같지 않지만, 생물무기가 테러리스트의 손에 들어갈 수 있는 상황은 얼마든지 일어날 수 있었다. 마침내 1969년 닉슨은 미국의 생물무기 프로그램을 전면 중단하고 비축된 무기도 파기하겠다고 대담하게 선언했다. 이 선언은 국제적 합의나 미국 의회의 승인을 거치지 않은 일방적인 조치였다. 예상대로 무기 개발은 중단되었고 기존의 무기들도 파기되었다. 영국도 발 빠르게 이 조치에 동참했다. 닉슨이 내린 결단의 결과로 1972년 미국, 영국, 소련은 생물무기 개발을 영구적으로 금지하는 국제협약을 체결했다. 그 후 여러 국가들의 동참 서명이 이어졌다.

하지만 소련은 1972년에 합의한 생물무기금지협약Biological Weapons Convention을 광범위하게 위반했고, 1991년 붕괴되기 전까지 새로운 무기를 꾸준히 개발하고 비축했다. 연방체제가 붕괴된 후, 러시아는 협약을 충실히 이행할 것을 선언했고 소련의 프로그램들도 모두 중단했다고 밝혔다. 하지만 소련에서 진행하던 연구들과 생산기지들은 여전히 비밀의 장막 어딘가에 남아 있으며, 러시아는 지금까지 프로그램의 중단을 입증할 만한 설득력 있는 증거를 제시하지 않고 있다. 러시아를 비롯한 몇몇 국가들이 여전히 생물무기를 비축하고 있을 가능성은 꽤 크다. 그럼에도 불구하고 1972년 협약은 법적으로 유효하며, 대부분의 국가들이 조인한 상태다. 비록 협약 준수 여부를 증명할 수 없고 심한 경우 위반할 가능성도 있겠지만, 협약이 없는 것보다는 있는 것이 훨씬 바람직하다. 그것마저 없다면 생물무기 프로그램이 발각되어도, 이에 대한 대응조치나 제재를 가할 법적 근거가 없기 때문이다. 물론 협약이 있다고 생물무기의 위험이 완전히 사라지는 것은 아니지만, 위험을 낮춰주는 것만은 분명하다. 각국 정책들의 이해관계와 국제적 경쟁이 맞물린 현실세계에서 이런 협약을 이끌어낼 수 있었던 바탕에는 대다수의 생물학자들, 특히 메셀슨의 공로가 크다.

빌 조이의 주장에 대한 나의 마지막 반론은, 우리 모두가 인정하는 그 위험들에 대한 대책과 관련된 것이다. 빌의 요점은 위험하다고 판단된 지식에 대해 국제적 제재를 가하고, 그것을 추구하는 행위도 금지하는 것이 바람직하다는 것이다. 즉 국제적 또는 국가적 권한으로 과학연구를 검열해야 한다는 의미다. 당연히 나는 이런 식의 검열에 반대한다. 새로운 생물들이 세상에 유출되면 돌이킬 수 없다는 점을 들어, 흔히 현대 생명공학은 역사상 전무후무한 위험을 가지고 있다고 말한다. 그러나 돌이킬 수 없는 위험들을 정부가 훌륭히 막아낸 사례는 분명히 있었다.

359년 전, 시인 존 밀턴^{John Milton}은 영국 의회에서 발표하기 위해 '아레오파지티카^{Areopagitica}'라는 제목의 연설문을 작성했다. 밀턴은 출판의 허가제도를 없애 출판의 자유를 보장해야 한다고 주장했다. 영혼을 좀먹는 책들이 유발하는 비도덕적 전염과 전염성 미생물이 유발하는 육체적 전염에 대한 공포는 닮은 것처럼 보인다. 17세기와 21세기의 공포 모두 타당한 근거와 이유가 있는 것은 맞다. 밀턴이 이 연설문을 작성한 1644년 영국은 피비린내 나는 내전으로 오랫동안 신음하고 있었고, 독일도 30년 전쟁으로 황폐해지고 있었다. 17세기의 전쟁들은 서로 다른 교리들이 주축이 된 종교전쟁이었다. 당시 책은 영혼을 타락시킬 뿐 아니라 몸까지도 망칠 수 있었다. 영국 의회는 나쁜 책들이 활개를 치게 내버려두면 돌이킬 수 없는 위험을 자초할 것으로 보았다. 밀턴은 그럼에도 불구하고 그 위험들을 감수해야 한다고 주장한 것이다. 그의 연설문에서 '책'이라는 단어를 '실험'으로 바꾸면, 21세기를 사는 우리도 귀담아들을 만하다.

밀턴은 이렇게 말했다.

교회와 영연방이 가장 크게 우려하는 바이겠지만, 사람을 타락시킬 뿐 아니라 그 자체로도 품위 없다고 판단되는 책들은 그때부터 철저히 감시하고 제한과 몰수조치를 내려야 할 것입니다. 우리가 범인을 재판하듯, 그런 책들은 엄중한 법의 심판을 받아야 합니다. 그런 책은 신화에 나오는 용의 이빨처럼 생명력이 왕성해서, 땅에 풀어놓으면 잡초처럼 무성하게 번질 것입니다.

이 연설문에서 핵심은 '그때부터'이다. 실제로 책이 어떤 위험을 야기하기 전까지 제한되거나 몰수되어서는 안 된다. 밀턴이 반대한 것은 세상의 빛을 보기도 전에 사전검열해서 출판을 금지하는 것이다. 이어서 밀턴은 문제의 핵심, 즉 '선과 악에 똑같이 불확실하게 작용하는 것'을 규제할 때의 어려움을 이야기한다.

　이런 식으로 죄악을 물리친다고 가정하면, 우리는 죄악과 함께 그만큼의 미덕도 물리친다는 사실을 알아야 합니다. 죄악과 미덕은 어느 하나를 물리치면 둘 다 제거됩니다.

　이는 신의 고결한 섭리와도 일치합니다. 신은 우리에게 중용과 정의와 절제를 명령하면서, 우리 앞에 온갖 욕망의 대상들을 쏟아놓고 모든 경계와 만족을 넘나들 수 있는 정신까지 허락했습니다. 어찌하여 우리는 기꺼이 허락된 미덕과 진실을 검증하는 수단들을 박탈하고 위축시켜, 신과 자연의 방식을 거스르면서까지 곤궁함을 자초해야 합니까? 선과 악에 똑같이 불확실하게 작용하는 것들을 억제하려 한다면, 법도 품위를 잃게 될 것임을 알아야 합니다.

마지막 인용문은 17세기 영국의 지적 생명력에 대한 밀턴의 애국적 자긍심을 그대로 보여준다. 이것은 21세기의 미국인들도 한 번쯤 생각해봐야 할 자긍심이다.

　영국의 상원과 하원은 자신들이 속한 국가가 어떤 국가이고, 자신들이 속한 정부가 어떤 정부인지 명심해야 합니다. 이 국가는 아둔하거나 어리석지 않고, 영리하고 독창적이며 날카로운 통찰력을 갖고 있습니다. 발명에 탁월하고 담론에 명석하고 박력 있으며, 인간의 능력이 오를 수 있는 가장 높은 곳에 이르기에 조금도 부족함이 없습니다. 엄숙하고 검소한 트란실바니아에서, 러시아의 거친 산악지대에서 그리고 헤르시니아의 황무지에서 점잖은 신사들이 우리의 언어와 신학적 예술을 배우러 오는 것은 공연한 일이 아닙니다.

어쩌면 개인의 자유와 공공의 안전을 조화시켜야 하는 끈질긴 문제에는, 300년도 훨씬 전에 남긴 위대한 시인의 지혜가 더 나은 답이 될는지도 모른다.

토론은 그렇게 끝났다. 승자와 패자를 결정하는 투표 따위는 없었다. 토론의 목적은 이기는 것이 아니라 교훈을 주기 위함이었다. 빌 조이와 나는 여전히 친구다.

5

생물권은 중요하다

우리의 행성과 생명에 대한 사실들로 가득 찬 책은 언제나 나를 자극한다. 특히 정치적 문제들로 그 사실이 모호해지거나 호도되는 것을 용납하지 않는 저자의 책은 내 정신을 퍼뜩 들게 한다. 바츨라프 스밀Vaclav Smil, 1943~ 은 인간 활동이 기후와 생물의 다양성에 어떤 영향을 미치는지 잘 알고 있는 과학자다. 그는 그 영향을 둘러싸고 한창 진행 중인 정치적 논쟁들에 대해 잘 알고 있다. 그러나 스밀은 《지구의 생물권: 진화, 역학 그리고 변화*The Earth's Biosphere: Evolution, Dynamics, and Change*》[1]에서 의외로 그런 논쟁들에 대해 관심을 드러내지 않는다. 그는 지식의 엄청난 빈틈들, 관찰의 빈약함, 이론의 피상성에 더 역점을 둔다. 스밀은 현재 지구의 상태를 정확히 진단하려면 행성 진화의 여러 측면들에 관심을 기울여야 한다고 못 박는다. 우리가 이 행성을 보살피고자 한다면, 의사가 환자를 돌보듯 치료에 앞서 정확한 진단을 내려야 한다는 것이다.

스밀의 책은 대주제와 소주제로 나뉘어 있다. 대주제는 생물권이다. 생물권은 서로 상호작용하며 얽혀 있는 식물과 암석, 균류와 토양, 동물과 해양, 미생물과 공기의 망이다. 즉 이 행성에 존재하는 생명의 서식지들을 일컫는다. 생물권을 제대로 이해하려면 전체를 통합적인 시스템으로 바라보는 거시적 관점도 필요하고, 세부적인 면들을 파고드는 미시적 관점도 필요하다. 스밀의 책은 생물학적 세부 사항들을 포괄적으로 설명하면서, 이 시스템을 하나로 묶어주는 물질과 에너지의 지구적 순환을 간략하게 요약하고 있다. 모든 세부 사항들과 순환들에 대한 내용은 전문서적들을 참고했다. 이 책에는 1686년 출간된 존 레이^{John Ray, 1627~1705}의 《식물의 역사 *History of Plants*》부터 2001년 발표된 '기후변화에 관한 정부 간 패널^{Intergovernmental Programme on Climatic Change}'의 보고서에 이르기까지, 무려 3천여 권 이상의 참고문헌 목록이 40쪽에 걸쳐 실려 있다. 참고문헌만으로도 이 책은 학생과 교사들에게 유용한 자료가 될 것이다. 책의 내용은 비단 학생과 교사뿐 아니라 환경문제에 진지한 관심을 가진 일반 시민들도 흥미롭게 읽을 만하다.

소주제에서는 블라디미르 버나드스키^{Vladimir Vernadsky, 1863~1945}의 생애와 연구를 다룬다. 버나드스키는 '생물권'이라는 용어를 고안하지 않았지만, 생물권이라는 개념을 중심으로 지구과학과 생명과학을 최초로 통합한 러시아의 과학자다. 서구에는 버나드스키라는 이름이 낯설겠지만, 러시아에서는 20세기 과학을 선도한 인물로 추앙하고 있다. 바츨라프 스밀은 프라하에서 교육받고 캐나다에 살면서 스스로 동서양을 잇는 가교임을 자처했다. 그는 자신의 책을 통해 버나드스키를 새롭게 조명하고 서구에 그의 이론을 소개하고자 했다. 스밀은 《지구의 생물권: 진화, 역학 그리고 변화》에서 거의 모든 장에 걸쳐 버나드스키의 《생물권 *The Biosphere*》을 인용한다. '이론의 진화'라는 제목의 첫 번째 장도 버나드스키의 말로 시작한다. '우주의 강력한 힘이 이 행성에 새로운 특징을 부여했다. 지구로 쏟아지는 방사선들은 생명 없는 행성 표면에 진귀한 특성들을 갖는 생물권을 탄생케 했고, 그렇게 지구의 얼굴을 변화시켰다.' '문명과 생물권'이라는 제목의 마지막 장 역시 버나드스키의 말을 인용한다. '오로지 인간만이 기존의 질서를 위반한다.'

이 마지막 인용문의 의미는 맥락 속에서 이해해야 더욱 분명해진다. 인간은 석탄과 석유를 소모하고 경작과 제초를 함으로써 생물권의 질서를 해친다. 버나드스키는 다음과 같이 썼다.

문명화된 인간이 경작지에서 잡초들을 솎아내 순수한 작물을 거두기 위해서는 엄청난 수고비가 든다. 지구상에 인간이 출현하기 전에, 식물은 어디서나 번성하면서 수세기에 걸쳐 평형상태를 유지해왔다. 지금도 러시아의 일부 원시 스텝 지역에는 이런 평형상태가 존재한다. ……인간의 시력이 닿을 수 있는 모든 곳에는 나래새^{feather grass}(키가 1미터 정도이며 가축의 먹이로 쓰는 볏과의 여러해살이풀-옮긴이)가 무성하다. 허리 높이까지 자라는 나래새는 태양의 열기로부터 지표를 보호하면서 끝없이 펼쳐져 있다. 열기가 닿지 않는 나래새 그늘 아래의 흙은 습기를 머금고 있다. 그곳에서 이끼류와 지의류가 습기를 양분 삼아 푸르게 자란다.

오로지 인간만이 경작을 함으로써 생물권의 질서를 위반하고 평형상태를 깨뜨린다. ……인간은 들판을 경작하기 위해 그곳에 서식하는 작은 생물들을 몰아낼 수밖에 없다. 하지만 생물들은 이에 저항하며 평형상태를 유지하려고 압력을 행사한다. 우리가 세심한 눈길로 자연의 세계를 살펴보면 녹색식물들이 평형상태를 유지하기 위해 얼마나 은밀하고 무자비하게 생존싸움을 하는지 목격할 수 있다. 그러한 움직임에서 우리는 스텝 지역을 침범하는 숲의 맹공을 현실로 경험하게 될지도 모른다. 또한 툰드라 지대로부터 밀고 들어오는 지의류로 숲이 서서히 질식하고 있는 현실을 만날지도 모른다.

우리는 이 말에서 버나드스키의 진심 어린 목소리를 듣는다. 그의 목소리는 마치 안톤 체호프^{Anton Chekhov}의 희곡 《바냐 아저씨 ^{Uncle Vanya}》의 미하일 아스트로프를 닮았다. 체호프는 정확한 과학적 사실들을 희곡과 시의 언어로 표현한 극작가다. 그는 자신의 희곡에서 지식인 사회를 신랄하게 묘사했다. 버나드스키와 체호프는 동시대인으로, 모두 철학적인 지식인 사회에 속해 있었다. 공교롭게도 체호프가 극중에서 일류 과학자로 그린 인물은 버나드스키가 그 모델이었다.

지구화학자였던 버나드스키는 1863년 키예프^{Kiev}에서 정치경제학 교수의 아들로 태어났다. 1889년에는 파리에서 피에르 퀴리^{Pierre Curie}의 제자로 연구에 참여했고, 1902년에는 모스크바 대학의 전임 교수가 되었다. 1905년 제1차 러시아혁명이 일어났고, 제정러시아 황제 차르^{Tsar}의 통치권한 일부가 두마^{Duma}(1906년부터 1917년에 존속했던 제정러시아의 입법의회-옮긴이)로 이양되었다. 버나드스키는 그때 정치적으로도 중요한 인물이 되었다. 그 후 일명 카데트^{Kadet}로 널리 알려진 입헌민주당의 창립에도 관여했다. 카데트 정당은 유혈사태 없이 성취하고자 했던 전면적인 정치개혁에서 러시아의 핵심 야당이 되려고 노력했다. 하지만 불행히도 지식인 대다수는 사회주의 혁명 정당들을 지지했고 점진적 개혁을 믿지 않았다.

1908년부터 1918년까지 버나드스키는 카데트 정당의 핵심 의원으로서, 차르의 관료들과 사회주의 혁명가들의 협공에 맞서 러시아에 민주주의 정부를 수립하고자 분투했다. 볼셰비키 혁명 후에 대부분의 카데트 정당 지도자들은 형장의 이슬로 사라졌다. 하지만 버나드스키는 유명한 과학자인데다 레닌Lenin의 핵심 측근을 친구로 두고 있었던 덕에 사형을 면했다. 파리로 망명해서 몇 년 동안 소르본 대학에서 지구화학을 가르쳤고, 그때 《생물권》을 썼다. 1926년 62세에 조용히 고국으로 돌아온 버나드스키는 레닌그라드에서 《생물권》을 출판했다. 공산당 입당 제안은 거절했으나, 1945년 사망하기 전까지 소련 과학계의 원로 정치인으로 존경받았다.

소련에서는 버나드스키의 생물권 개념을 중심으로 지구화학과 생물학이 하나로 통합되었다. 사후에도 그의 책과 논문들은 후학들에게 꾸준히 읽히고 연구되었다. 소련의 생물학자들은 행성의 변화와 생태계를 통합해 생물을 이해하고자 했다. 반면에 서구의 생물학은 생명을 유전자와 분자로 세분화해 이해하고자 하는 환원주의의 강력한 입김 속에서 발전해갔다. 환원주의 생물학은 엄청난 성공을 거둬 서구 생물학자들의 사고를 지배하게 되었다.

사실 환원주의와 통합생물학은 충분히 양립할 수 있다. 유전자와 분자, 생태계와 생물권은 이 세계를 이루고 있는 중요한 부분들이다. 이 세계를 제대로 이해하기 위해서는 두 생물학이 모두 필요하다. 과학이 정치로 오염되지 않았다면, 생물학에 대한 환원주의적 접근과 통합적 접근은 버나드스키 시대에 조화를 이뤄 생물권에 대한 균형 잡힌 관점으로 동화되었을 것이다. 그러나 1930년대 소련의 생물학은 멘델의 유전학을 결사적으로 반대한 트로핌 리센코Trofim Lysenko, 1898~1976 때문에 거의 다 망가졌다. 소련에서는 환원주의 생물학이 금지되었고, 서양에서는 소련의 통합생물학이 설 자리를 잃었다. 서양은 버나드스키의 이론을 무시했고 그의 책조차 읽지 않았다. 《생물권》의 영어완역본은 1998년에야 출간되었다.[2] 환원주의 생물학이 주류로 올라서고 70년이 지난 지금, 버나드스키의 언어는 진기한 골동품처럼 보인다.

만약 유럽의 정치인들이 1914년 세르비아 위기를 평화적으로 해결할 만큼 지혜로웠다면, 역사는 달라졌을지도 모른다. 제1차 세계대전이 일어나지 않았다면, 1905년부터 1914년까지 급속히 성장한 제정 러시아의 경제는 더욱 발전했을 것이다. 어쩌면 볼셰비키는 지지자도 별로 없는 불법모임 주동자로 전락해 권력을 쟁취할 기회조차 얻지 못했을지도 모른다. 차르 정부는 건설적으로 군주제를 발전시키고, 카데트 정당은 자유입헌제도의 총아로 떠올랐을 것이다. 그리고 버나드스키는 러시아의 총리가 되어 조국의 경제와 과학을 발전시키면서 하나의 공동체로 완전한 통일을 이뤘을 것이다. 그의 글 몇 편을 읽고나니, 버나드스키가 기회만 있었다면 정계에 머물렀으리라는 데에 추호의 의심도 들지 않았다. 만약 그랬다면, 그는 과학자로서 연구를 재개하거나 《생물권》을 쓸 여유가 없었을지도 모른다. 과학의 새로운 분야를 창설하는 대신, 자신의 조국을 구원했을 테니까.

버나드스키와 그의 꿈들에서 이제 스밀이 쓴 책의 대주제로 돌아와, 지구적 규모에서 생물권의 습성을 이해하는 어려운 문제를 논해보자. 날씨와 기후를 지배하는 비생물적인 작용들도 이해하기 어려울진대, 숲과 대양의 생산력을 지배하는 생물적 작용들은 더욱 이해하기 어려울 것이다. 일례로 대기 중의 이산화탄소 생물권의 효과만 살펴봐도 그 어려움이 어느 정도인지 짐작이 된다. 물론 이산화탄소 생물권도 스밀의 책에서 다루는 주제들 중 하나이긴 하다. 하지만 여기서 이산화탄소 생물권을 예로 드는 것은 작가가 아닌 서평자로서 나의 의도임을 밝힌다. 석탄과 석유의 연소, 자동차와 그 밖의 인간 활동들의 결과로 대기 중의 이산화탄소는 해마다 0.5퍼센트씩 증가하고 있다.

모두 알다시피, 이산화탄소의 증가는 두 가지 중대한 결과를 야기한다. 이산화탄소는 온실가스이기 때문에 태양빛은 투과시키지만, 지표에서 우주로 에너지를 내보내는 열복사는 투과시키지 못한다. 하지만 이산화탄소는 지상과 해양식물에게는 필수 영양분이다. 따라서 이산화탄소 증가는 대기를 통한 에너지 이동과 식물의 성장, 번식에 중대한 변화를 가져온다. 그렇다면 이산화탄소의 물리적 효과와 생물적 효과 중에 어느 것이 더 중요할까? 두 효과는 개별적으로든 통합적으로든 이로울까 아니면 해로울까? 이 중대한 두 질문들에 대해서는 견해들이 엇갈린다. 스밀은 마지막 두 장에서 이 질문들과 관련된 증거들을 간략하게 설명한다. 하지만 그 증거들을 질문에 대한 답변으로 간주하지는 않는다.

이산화탄소의 물리적 효과는 강우량과 구름의 양, 바람의 세기와 기온의 변화에서 알 수 있다. 통상 이러한 변화들은 '지구온난화'라는 말로 뭉뚱그려 잘못 표현되고 있다. 이산화탄소의 온실효과로 인한 온난화가 지구 전체에 고르게 분포된 현상이 아니기 때문이다. 열복사에 미치는 이산화탄소의 온실효과는 습한 대기에서 그리 중요하지 않다. 오히려 수증기로 인한 온실효과가 훨씬 더 크기 때문이다. 이산화탄소의 온실효과는 건조한 지역에서 더 중요하다. 일반적으로 추운 지역의 대기가 더 건조하므로, 온난화는 주로 춥고 건조한 지역에서 나타난다. 열대지방보다는 극지방, 여름보다는 겨울, 낮보다는 밤에 주로 나타난다. 온난화 문제는 사실이지만, 보통 더운 곳을 더 뜨겁게 하기보다는 추운 곳을 따뜻하게 만든다. 지역적인 온난화를 지구에서 평균적으로 벌어지는 문제처럼 말하는 것은 잘못된 표현이다. 고위도 지역의 온난화는 정도가 크지만, 그것이 지구 평균기온에 미치는 영향은 극히 미미하다. 기온의 변화보다는 증가든 감소든 지역적인 강우량의 변화가 훨씬 더 중요하다. 따라서 이산화탄소의 물리적 효과를 설명할 때는 '지구온난화'라는 표현보다 '기후변화'라는 표현이 더 정확하다.

이산화탄소가 식물에 미치는 생물적 효과는 식물의 성장속도, 뿌리 대 잎의 비율, 용수량의 변화로 알 수 있다. 그 효과는 식물 종에 따라 다르게 나타나고, 어떤 한 종의 식물군에서 다른 종으로 생태계 변화를 유발할 수도 있다. 식물군에 일어난 변화는 그에 종속된 미생물과 동물군에도 영향을 미친다. 생물적 효과를 정확히 측정할 수는 없지만 틀림없이 클 것이다. 온실에서 이산화탄소량을 의도적으로 증가시켜 실험해보면, 대략 이산화탄소량의 제곱에 비례해 작물의 생산량이 증가한다. 야외에서 재배되는 작물에도 이 실험의 결과가 그대로 나타난다고 가정하면 어떻게 될까? 최근 60년간 화석연료의 연소로 30퍼센트가량 증가한 이산화탄소가 전 세계 식량 공급량을 15퍼센트가량 증가시킨 셈이 된다. 전 세계에서 생산되는 모든 종류의 생물량^{biomass}도 그와 비슷한 수준으로 증가했을지도 모른다. 생물량이란 식물과 동물, 미생물을 비롯한 모든 생물과 그 생물들의 유기물 잔해들까지 모두 합한 것이다. 스밀은 7장에서 생물권의 계절성 변화를 유발하는 다양한 종류의 생물량을 조사해 자료를 제시한다.

이산화탄소량을 늘렸을 때, 실제 야외 작물 재배지에서도 식물의 생산량이 증가한다고 단언할 수는 없다. 작물의 생산량은 이산화탄소량 말고도 여러 가지 요소들로부터 영향을 받기 때문이다. 식물의 성장에 영향을 주는 요소로 흔히 꼽는 것은 수분의 양이다. 그런데 가뭄이 들 때처럼 수분 공급에 제한을 받는 경우에는 이산화탄소량이 증가할수록 식물에게 유익하다. 식물은 잎에 있는 작은 기공들을 열어두고 이산화탄소를 포집한다. 하지만 이산화탄소 분자 하나가 기공으로 들어올 때마다 물 분자 100여 개를 잃어버린다. 따라서 공기 중에 이산화탄소가 충분하면 기공들을 다 열어둘 필요가 없기 때문에 수분의 손실도 어느 정도 줄일 수 있다. 수분 손실이 줄어든 식물은 본래의 성장속도를 유지할 확률이 크다.

대기 중 이산화탄소량이 생물학에 매우 중요한 까닭은, 이산화탄소가 결핍된 상황에서 더욱 뚜렷하게 드러난다. 태양빛이 내리쬐는 밭의 옥수수는 지상 1미터 이내의 이산화탄소를 5분 만에 모두 소비한다. 공기가 대류와 바람을 타고 계속 순환하지 않는다면 옥수수는 성장할 수 없다. 대기 중 이산화탄소 함유량 전체를 생물량으로 바꿔본다면 지구의 대륙들을 2.5센티미터 정도도 덮지 못한다. 실제로 대기 중 이산화탄소의 약 1/10이 해마다 여름에 생물량으로 전환되고, 가을에 대기 중으로 되돌아간다. 이처럼 화석연료의 연소 효과는 생물의 성장과 부패의 효과와 따로 떼어놓을 수 없다.

단기간에 생물학적으로 이용 가능한 탄소를 저장하고 공급하는 저장고는 다섯 가지가 있다. 수천 년이 걸려야 접근이 가능한 탄산염암과 심해는 여기에 포함시키지 않겠다. 이 다섯 가지의 저장고는 대기, 지상식물, 표층토, 해양식물이 성장하는 해수면, 마지막으로 화석연료 매장지다. 이중 최대 저장고는 화석연료 매장지이고, 최소 저장고는 대기다. 하지만 실제로 다섯 가지의 저장고는 저장량에서 큰 차이가 없다. 모든 저장고는 서로 강력하게 상호작용한다. 쉽게 말해, 하나의 저장고를 이해하려면 나머지 저장고를 모두 이해해야 한다. 지구생태학이 화학처럼 딱 떨어지는 과학이 아닌 것도 바로 이러한 연유다.

다섯 가지의 이산화탄소 저장고가 어떻게 상호작용을 하는지, 대기와 표층토의 관계를 예로 들어보겠다. 이산화탄소량을 늘린 온실실험을 보면 여러 종의 식물들에서 잎보다 뿌리의 비율이 증가한다. 즉 식물이 줄기나 잎보다는 뿌리의 성장에 더 노력을 기울인다는 의미다. 잎이 공기 중에서 포집하는 탄소와 토양에서 뿌리가 흡수하는 미네랄 사이에 균형을 유지해야 하기 때문에 이러한 변화가 생긴 것으로 보인다. 이산화탄소가 풍부한 공기는 균형을 깨뜨린다. 그래서 식물로 하여금 잎의 비율은 낮추고 뿌리의 비율은 높이도록 만든다. 이제 식물이 성장기를 지난 후, 잎이 떨어지고 시들 때 뿌리와 싹에서 어떤 일이 벌어질지 생각해보자. 새로이 증가한 생물량은 부패되어 균류나 미생물에게 먹힌다. 그중 일부는 대기로 돌아가고 일부는 표층토가 된다.

보통 식물의 지상 부분은 대기로 더 많이 돌아가고 땅속 부분은 표층토에 더 많이 흡수된다. 따라서 잎보다 뿌리의 비율이 높은 식물은 대기로부터 얻은 이산화탄소를 표층토로 더 많이 돌려보낸다. 다시 말해서, 화석연료의 연소로 대기 중에 이산화탄소가 증가하면 넓은 면적에 걸쳐 식물의 뿌리 대 잎의 평균 비율도 높아지고 결과적으로 표층토 저장고에 적지 않은 영향을 미치게 될 것이다. 아직 우리는 이 효과가 얼마나 큰지, 측정은 고사하고 짐작도 할 수 없다. 한 나라의 표층토에 있는 총 생물량은 쉽게 측정할 수 있는 양이 아니다. 하지만 측정할 수 없다고 해서 무시해도 좋다는 의미는 결코 아니다.

어림잡아 알래스카와 하와이를 제외한 미국 본토의 절반은 산악과 사막 그리고 주차장·고속도로·건물들로 이뤄져 있고, 나머지 절반은 식물과 표층토가 차지한다. 표층토의 증가가 얼마나 중요한지 알고 싶다면 이렇게 한번 가정해보자. 뿌리 대 잎의 비율의 증가가 미국의 표층토 생물량을 매년 평균 약 0.254센티미터씩 증가시킨다고 말이다. 대충 계산하면 대기에서 표층토로 이동하는 탄소의 양은 매년 50억 톤이나 된다. 대기 중에 이산화탄소 형태로 매년 40억 톤씩 증가하는 탄소와 비교하면 엄청난 양이다. 따라서 지구 전체 대기에 증가한 이산화탄소량은 미국의 표층토에 걸쳐 매년 0.254센티미터씩 증가하는 표층토 생물량으로 전환된다.

매년 약 0.254센티미터씩 증가하는 표층토의 양은 측정하기가 실로 어렵다. 현재로서는 미국의 표층토가 증가하는지 감소하는지도 알 수 없다. 대규모 벌목과 침식을 감안하면, 세계 전반에 걸쳐 표층토 저장고는 감소하고 있을 확률이 크다. 매년 40억 톤씩 표층토 저장고를 늘리는 것이 대기 중 이산화탄소의 증가를 멈추는 현명한 토지관리법인지, 우리는 아직 모른다. 한 가지 분명한 것은 이론적으로 충분히 가능성 있을 뿐만 아니라 진지하게 연구할 가치가 있는 방법이라는 점이다.

스밀은 진지하게 고려해야 할 문제가 또 있다고 주장했는데, 바로 해수면 상승에 관한 문제다. 주장의 핵심은, 이대로 해수면 상승이 가속화된다면 재앙을 초래할 수도 있다는 것이다. 과학자들이 해수면의 높이를 정확하게 측정한 것은 200여 년 전이다. 1800년부터 현재까지 관찰한 바에 따르면 해수면의 높이는 꾸준히 상승해왔다. 그런데 50년 전부터는 그 속도가 더 빨라지고 있다. 최근에 해수면 상승이 가속화된 원인으로는 인간 활동으로 대기 중 이산화탄소가 급격히 증가했기 때문이라는 견해가 보편적이다. 그러나 1800년에서 1900년까지 나타난 해수면 상승은 인간 활동의 결과로 볼 수 없다. 19세기 동안 산업

활동의 규모는 전 지구에 영향을 미칠 만큼 크지 않았기 때문이다. 해수면 상승의 주된 원인은 틀림없이 다른 데 있을 것이다. 1만 2천 년 전 빙하기가 끝날 무렵, 북반구의 대륙빙하가 소실되면서 지구의 모양이 서서히 바뀐 것이 해수면을 상승시킨 유력한 원인으로 보인다. 엄청난 양의 빙하가 녹은 것도 또 하나의 원인으로 꼽힌다. 이것도 인간이 기후에 막대한 영향을 미치기 오래전에 시작된 현상이다. 따라서 우리가 그 원인을 명확히 규명하기 전까지는 환경 위험의 규모를 예단할 수 없다.

해수면 상승을 부추긴 가장 우려할 만한 원인은 서남극 대륙빙하의 급격한 붕괴 현상일 것이다. 이 대륙빙하는 남극의 일부로서, 기저 부분이 해수면보다 깊이 가라앉아 있다. 따뜻해진 해수가 남극 가장자리를 휘감으면서 빙원을 아래쪽부터 서서히 침식시켜 대양 속으로 무너뜨렸을 수도 있다. 서남극 전체가 빠르게 붕괴하면 5미터까지 해수면이 상승해 수십억의 사람들에게 재앙을 줄 수 있다. 하지만 최근에 측정한 바에 따르면, 빙원은 해수면 상승에 중대한 영향을 미칠 정도로 소실 속도가 빠르지 않다. 오히려 남극 주변의 따뜻한 해수는 빙원 전반에 강설량을 늘려주고 있는 것으로 보인다. 강설량이 늘어나면서 빙하 상층부에 쌓인 눈은 가장자리 침식으로 인한 빙하의 소실을 상쇄한다. 여기서도 우리는 인간 활동으로 얼마나 많은 환경 변화가 일어났는지, 우리가 통제할 수 없는 장기적인 자연작용이 얼마나 많은지 알 수 없다.

또 다른 환경적 위험은 새로운 빙하기가 시작될 가능성이다. 이 가능성에 대해서는 사실 거의 아는 바가 없다. 신新빙하기가 도래한다면, 북아메리카의 절반과 유럽의 절반이 거대한 빙상으로 덮일 것이다. 우리는 지난 80만 년 동안 자연이 꾸준히 순환했다는 사실을 알고 있다. 그 주기는 10만 년 단위로 반복된다. 10만 년마다 9만 년의 빙하기와 1만 년의 간빙기가 있었다. 지금 우리는 1만 2천 년 전에 시작된 간빙기를 지나고 있는데, 다음 빙하기가 조금 연착된 모양이다. 인간 활동이 기후에 영향을 미치지 않는다면, 신빙하기는 향후 2천 년 이내에 언제든지 시작될 수 있다. 아니, 어쩌면 이미 시작되었는지도 모른다. 우리는 가장 중요한 다음 질문에 대해 답을 알지 못한다. 화석연료의 연소가 신빙하기를 앞당길까 아니면 늦출까?

이 질문을 놓고 두 진영이 흥미로운 논쟁을 벌이고 있다. 한쪽 진영에서는 증가한 이산화탄소량이 신빙하기를 지연시킬 거라고 주장한다. 그들은 과거 간빙기의 대기 중 이산화탄소량이 빙하기 때보다 훨씬 낮았다는 것을 가지고 그렇게 예측한다. 다른 진영의 선봉에 있는 해양학자 윌러스 브뢰커Wallace Broecker, 1931~[3]는 현재 유럽의 따뜻한 기후는 대양의 순환에 기인한다고 주장한다. 대양의 표층부에서 멕시코 만류가 북쪽으로 흐르며 유럽에 온기를 전해주는 반면, 대양의 심층부에서는 차가운 물이 남쪽으로 역류한다. 따라서 차가운 심층수가 역류되지 못하면 언제든지 신빙하기가 시작될 수 있다. 기후가 따뜻해져 북극의 강우량이 증가하면 해수의 염도가 낮아질 수 있다. 북극에서 차가워진 표층수가 염도가 낮아져 심층부로 가라앉지 못해도 역류는 중단될 수 있다. 이처럼 브뢰커는 북극의 따뜻한 기후가 아이러니하게도 빙하기의 시작을 촉진한다고 주장한다. 팽팽히 맞서는 양 진영의 설득력 있는 주장 앞에서, 우리는 무지를 인정하는 것 말고는 선택의 여지가 없다. 빙하기의 원인이 상세하게 밝혀지지 않는 한, 증가하는 이산화탄소량이 신빙하기를 앞당길지 늦출지 정확히 판단할 수 없다.

생물권은 우리 인간이 다뤄야 할 가장 복잡한 문제다. 지구생태학은 역사가 짧고 아직 미개척 분야다. 정직하고 박식한 전문가들의 견해가 서로 엇갈리는 것도 놀랄 일이 아니다. 그러나 사실에 대한 견해차 너머에는 가치에 대한 골 깊은 견해차가 있다. 지나치게 단순화시킨 것 같지만, 가치에 대한 견해차는 자연주의자와 인문주의자 간의 충돌로 묘사할 수 있다. 자연주의자들은 자연이 모든 것을 가장 잘 알고 있다고 생각한다. 그들이 생각하는 최고의 가치는 자연의 질서에 대한 존중이다. 자연환경을 훼손하는 인간의 모든 행위는 악이다. 따라서 과도한 화석연료의 연소와 그로 인한 이산화탄소의 증가는 무조건 나쁜 행위다.

인문주의자들은 인간도 자연의 중요한 일부로 여긴다. 생물권은 인간의 정신을 통해 독자적으로 진화해나갈 능력을 획득했다. 지금은 우리 손에 그 진화가 달려 있다. 인간에게는 인간과 생물권이 함께 생존하고 번영할 수 있도록 자연을 재건할 책임이 있다. 인문주의자들에게 최고의 가치는 인간과 자연의 지혜로운 공존이다. 가장 큰 악은 전쟁과 빈곤, 저개발과 실업, 질병과 기아 등 기회를 박탈하고 자유를 속박하는 고통이다. 베르톨트 브레히트가 《서푼짜리 오페라*The Threepenny Opera*》에 쓴 것처럼 '먹는 게 첫째요, 도덕은 둘째'다. 배를 주린 사람에게 생물권을 지키자고 할 수는 없다. 결국 생물권 보존은 이 세상 모든 이가 온당한 삶의 요건들을 갖추고 있을 때라야 가능하다. 인문주의자의 윤리는 대기 중 이산화탄소 증가를 악으로 간주하지 않는다. 그것이 전 세계의 경제를 발전시키고, 인류의 굶주린 절반에게 그 이득을 공평하게 나눈 대가라면 말이다.

스밀이 묘사한 것처럼, 버나드스키는 인문주의자였다. 그는 생물권이 '인간생활권noosphere'으로 점차 변화될 것이라 예견했다. 인간생활권이란 인간의 지성으로 설계되고 유지되는 지구 생태계를 의미한다. 버나드스키는 인간생활권이 실재한다고 믿었다. '대지를 적시는 물뿐만 아니라 대지를 덮고 있는 공기는 물리적으로 또 화학적으로 변한다.' 버나드스키는 인간생활권을 유지할 책임은 인간에게 있다고 생각했다. 동시에 인간은 그 책임을 충분히 감당할 수 있다고 확신했다. 버나드스키의 주장과 스밀의 결론은 간단하고 명쾌하다. 생명은 복잡하다. 그러므로 생명의 모든 작용을 단순한 용어로 설명하려는 이론은 틀릴 확률이 크다.

후기

이 서평을 발표한 후, 바츨라프 스밀은 또 한 권의 책 《에너지 디자인 *Energy at the Crossroads: Global Perspectives and Uncertainties*》(MIT Press, 2003)을 발표했다. 그 책은 에너지의 공급과 수요와 관련된 실질적인 문제들을 다룬다. 그는 이 책에서 생태계라는 큰 틀에 실질적인 정책들이 맞춰져야 한다고 설명한다. 스밀의 새로운 책은 《지구의 생물권》을 훌륭히 보완했다. 내게 신간을 보내준 스밀에게 감사하며 이 서평을 쓰기 전에 읽지 못한 점, 양해를 구한다.

6

전쟁이 남긴 두 개의 집단기억

토머스 레벤슨^{Thomas Levenson}은 다큐멘터리 영화제작자다. 그는 극적인 사건과 인물들의 세밀한 부분도 놓치지 않는 날카로운 눈을 갖고 있으며, 역사에 생명을 불어넣을 줄 아는 사람이다. 그의 책 《알베르트 아인슈타인 Einstein in Berlin》[1]은 1914년부터 1933년까지 20년 동안 아인슈타인이 베를린에 살았던 시절의 독일 역사를 그리고 있다. 그는 책에서 아인슈타인의 눈을 통해 베를린이 안고 있는 문제들을 더욱 분명하게 보여준다. 아인슈타인은 열정적으로 살았지만 정서적으로는 늘 고립된 채 지냈던 베를린을 예리하게 관찰한다. 그는 스위스에 살고 있는 옛 친구들과 독일에서 새로 사귄 친구들에게 보낸 편지에서, 도시에서 일어나는 사건들과 거기서 느낀 희망과 공포를 세세히 설명한다. 이따금씩 자신의 일상적인 삶과 활동들에 대해서도 썼지만, 주된 테마는 따로 있었다. 바로 1914년에 시작되어 1918년까지도 끝나지 않았던 제1차 세계대전의 비극이었다. 이 비극은 1918년에서 1933년까지 베를린 시민들에게 끊임없이 고통을 주었고, 결국 아돌프 히틀러 Adolf Hitler, 1889~1945의 손에 독일의 운명을 맡기게 했다. 히틀러는 그 고통의 기억을 지워주고 독일이 통일국가로 번영했던 제국 시절의 행복을 되찾아주겠노라 약속했다. 그리고 그 약속 덕분에 쉽게 권력을 쥘 수 있었다.

아인슈타인의 개인적이고 정치적인 삶을 비롯해, 철학자이자 과학자로서 그의 다양한 측면들은 이미 여러 전기작가들이 상세하게 묘사하고 분석해놓았다. 아인슈타인의 전기는 이미 차고 넘친다. 그런데 다행히도 레벤슨의 책은 전기가 아니다. 그는 이미 출간된 아인슈타인의 편지글과 기존의 전기들에서 필요한 모든 부분들을 발췌하고, 진심 어린 감사의 글과 함께 참고문헌에 출처를 일일이 밝혔다. 레벤슨의 책이 참신하고 독창적인 까닭은, 아인슈타인이 등장하는 배경에 있다. 책은 1914년 아인슈타인이 도착한 시점부터 그가 머물렀던 1932년까지, 베를린을 지배하고 있던 사회 병리현상을 적나라하게 보여준다.

이 책은 2막으로 이뤄져 있다. 1막은 제1차 세계대전을 배경으로 하고, 2막은 바이마르 공화국 시절이 배경이다. 1막에서 가장 눈에 띄는 점은 당시 베를린에 있던 아인슈타인의 친구들 대부분이 전쟁의 승리를 확신했다는 사실이다. 전쟁이 강대국으로서 독일의 위상을 확고히 해줄 거라는 인식이 널리 퍼져 있었다. 아인슈타인의 눈에는 거리의 평범한 시민들보다도 학계의 친구들과 동료들이 애국주의라는 고상한 망상에 더 집착하는 것처럼 보였다. 아인슈타인은 스위스 친구 로맹 롤랑 Romain Rolland 과 1915년에 나눈 대화에서 베를린이 어떻게 출정하게 되었는지 소상하게 설명했다. '민중은 대단히 순종적이었고, 교화되었다.' 그리고 '엘리트들은 더 심했다. 그들은 권력에 대한 욕구와 힘에 대한 사랑으로 눈이 멀었고 정복의 야욕에 굶주렸다.' 서부전선에서 독일의 최후 공격이 무참히 패배한 1918년 여름까지도 독일의 학계를 이끌던 수많은 엘리트들은 승리를 확신하고 있었다.

베를린 고위 공무원들의 생각은 연합군의 생각과 매우 달랐다. 파리에서는 생존을 위한 필사적인 싸움으로 전쟁을 인식하고 있었다. 서부전선의 총성은 너무 가까워서 파리 시민들의 귀에도 들릴 지경이었다. 영국에서는 누가 승리하든 상관없이, 전쟁을 영국과 유럽의 문명을 돌이킬 수 없이 황폐하게 만든 비극으로 보았다. 1918년 11월 전쟁이 끝났을 때, 영국의 대중들은 어떤 상황에서도 다시 일어나서는 안 될 극도의 공포라고 전쟁을 회상했다. 하지만 전쟁에 대한 독일 시민들의 기억은 달랐다. 국내의 배신자들에게 허를 찔리지만 않았다면 충분히 승리할 수 있었던 힘의 시험대였다. 레벤슨은 독일에게 치명타를 안긴 그 배신감이 어떻게 자라게 되었는지 설명한다.

2막에서는 바이마르 공화국이 서서히 몰락하고 그 후 급부상한 히틀러의 이야기가 전개된다. 아인슈타인은 공화국을 강력하게 지지하면서도 시류를 주시했다. 2막의 이야기 전체를 한눈에 보여주는 에피소드가 하나 있다. 바로 에리히 레마르크^{Erich Remarque}의 《서부전선 이상 없다 ^{Im Westen Nichts Neues}》에 관한 에피소드다. 1929년에 출간되자마자 세계적인 베스트셀러가 된 이 책은 서부전선의 대학살 현장에서 무의미하게 죽어간 독일 젊은이들의 눈을 통해 제1차 세계대전을 묘사한 가장 탁월한 전쟁소설이다. 1930년에 이 소설은 할리우드에서 같은 제목의 영화로도 제작되었다. 전 세계가 이 영화를 상영했으나 독일만은 예외였다. 영화배급사가 베를린에서 상영을 시도했을 때, 히틀러의 친구 요제프 괴벨스^{Joseph Goebbels}는 계획적으로 극장에서 폭동을 일으켰다.

그 후에도 영화 상영을 반대하는 나치의 시위와 폭력적인 항의가 잇따랐다. 그러자 바이마르 정부는 독일 전역에서 이 영화의 상영을 금지했다. 바이마르 권세가들은 독일 대중들이 그 영화를 보는 것을 용납할 수 없었다. 나치의 눈에는 그 영화가 비애국적으로 보였기 때문이다. 나의 가족에게도 이 에피소드와 비슷한 일화가 있었다. 지금은 94세인 친척 한 분은 평생 독일에서 살면서 어릴 때 바이마르 시절을 겪었다. 여러 해가 지난 후에 그분께 레마르크의 책을 드렸더니, 무척 감동스럽게 읽고 이렇게 말씀하셨다. "정말 감동적인 책이에요. 이 책이 출판되었을 때는 왜 읽지 못하게 했을까요? 히틀러가 등장하기 전이었는데도 다들 이 책이 역겹고 수치스럽다고 했어요. 점잖은 시민들은 읽으면 안 된다고들 했지요." 그분 세대의 점잖은 독일 시민들은 심지어 나치 당원이 아니더라도 레마르크의 책을 읽지 않았던 것이다. 늘 찜찜했던 의문이 비로소 풀린 셈이다.[2]

2부

전쟁과 평화, 그 불안한 줄타기

1

묵시록적 경고와 국가주의

1945년 10월 16일, 레슬리 그로브스 Leslie R. Groves 장군은 로버트 오펜하이머에게 육군 장성의 증서를 건넸다. 증서에는 로스앨러모스 연구소의 연구에 대한 정부의 감사가 적혀 있었다. 오펜하이머는 다음 연설문으로 답장했다.

저는 로스앨러모스 연구소와 전심전력으로 연구에 매진한 연구원들을 대신해, 감사와 경의를 표하는 정부의 증서를 받았습니다. 이후에도 우리는 이 증서와 이것이 의미하는 모든 것들을 자랑스럽게 여기게 되기만을 바랍니다.

이제 우리는 그 자랑이 교만으로 자라지 않도록 누그러뜨려야 합니다. 교전 중이거나 전쟁을 계획하고 있는 국가의 무기고에 원자폭탄이 추가된다면, 인류는 로스앨러모스와 히로시마의 이름을 저주하게 될 것입니다.

이 세상 모든 사람들은 연합하지 않으면 파멸을 면치 못할 것입니다. 지구의 많은 부분들을 유린한 이 전쟁이 바로 그 증거입니다. 원자폭탄은 모두가 이해하기 쉽게 그것을 똑똑히 보여주었습니다. 다른 시대에, 다른 전쟁에서, 다른 무기들로 싸웠던 사람들도 같은 말을 했습니다. 그러나 그들은 연합하지 못했습니다. 인류 역사에 대한 그릇된 판단에 호도되어 오늘날에도 연합하지 못하리라고 생각하는 사람도 있습니다. 우리는 법과 인류에게 이 공공의 위기가 닥치기 전에 위임받은 연구들로 세상의 연합에 힘쓸 것입니다.

이 연설문과 1939년 영국의 기억을 나란히 놓고 보자. 1939년 영국의 젊은 세대에게는 연합하지 않으면 모두 멸망한다는 믿음이 팽배해 있었다. 당시 우리는 임박해 있는 히틀러와의 전쟁이 가치 있는 모든 것들을 파괴할 것이라는 절망에 젖어 있었다. 영국의 집단기억은 제1차 세계대전의 무자비한 잔학성에서 벗어나지 못했고, 제2차 세계대전이 그보다 덜 잔인하고 덜 파괴적일 것이라고 아무도 믿지 않았다. 제1차 세계대전이 영국 사회를 몰락시키고 소련의 볼셰비키에게 승리를 안겨주었듯이, 제2차 세계대전 역시 영국에게 같은 결과를 안길 것이라는 예측이 난무했다.

1939년 네빌 체임벌린Neville Chamberlain이 히틀러에게 선전포고를 하면서 제일 먼저 한 일은 런던 병원들에서 환자들을 내쫓고 병상을 비우는 일이었다. 체임벌린은 당장이라도 대규모 공습이 시작될 것이라고 생각했다. 그는 런던의 모든 병원에게 전쟁 개시 후 2주 안에 25만 명의 민간인 사상자들을 수용할 준비를 하도록 지시했다. 완전히 실성해버릴 사람도 25만 명이나 될 것으로 예측했다. 이 예측은 막연한 추측이 아니었다. 독일의 루프트바페Luftwaffe(제2차 세계대전 당시 독일 국방군의 공중전 담당 군대-옮긴이)가 소규모 병력으로 스페인과 에티오피아에서 승리했던 사례를 근거로 삼아 군사전문가들이 추산한 수치였다. 군사전문가들 모두가 이 수치에 동의한 것은 아니지만, 전반적인 피해 범위에 대해서는 의견이 일치했다. 신문과 잡지들의 선정적인 기사에 겁먹은 대중들은 임박한 전쟁을 훨씬 더 심각한 종말론적 관점에서 바라보았다.

1939년의 젊은 세대들은 전쟁이든 항복이든 어느 쪽도 받아들이기 어려웠다. 어느 쪽으로 결판이 나든 미래의 희망을 앗아가기는 마찬가지라고 생각했다. 이 딜레마에서 벗어나기 위해, 대다수 젊은이들은 비폭력 저항을 통해서만 이상을 수호할 수 있다는 간디Gandhi의 가르침에서 위안을 찾았다. 지금까지도 역사는 1930년대 말 영국의 평화주의 운동을 호의적으로 다루지 않는다. 하지만 그것은 비겁한 것도 아니었고 몽매한 짓도 아니었다. 우리의 실수는 단 하나였다. 당시 영국의 젊은이들 중 누구도 히틀러에 대항한 전쟁에서 영국이 살아남고, 우리가 지키고자 했던 정치적 목표들을 대부분 이룰 수 있으며, 사상자의 수도 제1차 세계대전의 1/3 수준에 그치리라고 예상하지 못했다는 것, 그것뿐이다. 또한 독가스와 생물학 무기들이 무차별적으로 이용되지도 않을 것이며, 결국 우리의 도덕적이고 인도적인 가치들이 손상되지 않을 것이라고 낙관하지 못했다는 점도 실수라면 실수였다. 1933년에 영국의 젊은이들을 이끌고 전쟁에 임한 체임벌린 역시 우리들만큼이나 암울한 결과를 예상했다. 그는 다른 명예로운 대안이 없다는 절박함에 자신의 결정을 밀고 나갔을 뿐이었다.

나는 이제야 비로소 핵전쟁의 결과를 철저하고 솔직하게 묘사한 톰 스토니어Tom Stonier의 《핵 재앙Nuclear Disaster》[1]을 읽었다. 스토니어는 생물학자인데, 바로 그 점이 기존의 물리학자들의 초기 연구에서는 볼 수 없었던 폭넓은 분석을 가능케 했다. 정량적인 결론을 내리지는 않지만, 그의 결론은 명쾌하고 냉혹하다. 그는 미국이 소련과 수소폭탄을 대량으로 주고받고나면, 미국은 현재의 모습을 결코 유지할 수 없을 것이라고 주장했다. 그는 만신창이가 된 국토에서 생존자들이 겪을 의학적, 생태적, 사회적 문제들을 상세하게 열거했다. 비록 각각의 문제들은 강력하고 조직적인 조치로 극복할 수도 있겠지만 모든 문제들을 종합적으로 해결할 방법은 여간해서 찾기 어려울 것이며, 생존자들은 수세대에 걸쳐 '불결하고 야만적이며 짧은' 생애를 살 것이라고 결론을 내린다. 핵폭발의 물리 및 생물학적 영향에 대한 스토니어의 지식은 탄탄하고 전문적이다. 경제와 사회에 미치는 영향에 대한 설명도 전반적으로 설득력 있다. 그럼에도 불구하고, 핵전쟁의 장기적인 효과에 대한 평가가 전적으로 스토니어 개인의 판단에 근거하고 있다는 점은 지적하지 않을 수 없다. 사람들이 전례 없는 공포와 궁핍에 무기력하게 절망할지 아니면 용감하게 극복할지, 지금으로서는 섣불리 판단할 수 없다. 역사적으로 비견할 만한 사례가 전무한 상황에서, 사람들이 심리적으로나 도덕적으로 또는 정신적으로 어떻게 반응할지 미리 예단하기는 힘들다.

스토니어는 1845년에서 1848년까지의 아일랜드 감자기근과 그 후에 일어난 일들을 상세히 설명하고 있다. 그의 묘사는 흥미진진하지만, 핵전쟁의 결과에 대입하기에는 기껏해야 추측일 수밖에 없다. 결국, 문명을 되찾기까지 오랜 시간이 걸릴 것이라는 스토니어의 우울한 예언을 인정하고 안 하고는 그 책을 읽을 독자들의 몫이다.

스토니어의 결론이 매우 주관적인 판단에 근거하고 있다는 점에서, 그의 책을 좀 더 넓은 역사적 관점에서 봐야 할 필요가 있다. 오펜하이머의 연설과 1930년대의 기억으로 이번 장을 시작한 것도 그런 이유 때문이다. 우리는 1930년대에 전쟁에 대해 스토니어와 매우 비슷한 시각을 갖고 있었다. 그러나 결국 우리의 시각은 틀린 것으로 판가름 났다. 1939년에 폭격의 실효성을 극도로 과대평가했던 전문가들은 여러 가지 기술적인 실수를 범했지만, 그들의 가장 큰 실수는 심리적인 측면에 있었다. 그들은 전쟁에 직접 연루된 국가의 시민들이 정신적으로 더욱 강해지고 사회적으로 더욱 단결하리라는 사실을 전혀 예측하지 못했다. 시민들이 공격을 받는 와중에 보여준 뜻밖의 강인함과 질서는 비단 영국에서만이 아니라, 독일과 일본 그리고 소련에서도 두드러졌다. 미국 시민들도 핵전쟁이 일어나면 그와 같은 면모를 보여줄까? 스토니어는 그렇게 생각하지 않았다. 나도 장담할 순 없다.

그래서 우리는 다시 오펜하이머의 연설문에 나온 단순하고 심오한 말을 생각해봐야 한다. 1939년에 발발한 제2차 세계대전에서 우리는 승리하지 못할 것이라고 생각했다. 그러나 1939년부터 1945년까지 배운 것은 국가정신이 파괴되지 않고도 얼마든지 전쟁에서 싸워 이길 수 있다는 사실이었다. 위협에 굴복하는 것이 더 큰 악이라는 교훈을 배웠고, 그 교훈 덕에 우리 대다수가 살아 있다. 만약 그의 책에서 1964년 소련을 상대한 미국에 이 교훈을 적용한다면, 미국은 '인류 역사에 대한 그릇된 판단'에 호도되는 것일까? 우리가 수소폭탄보다 인류애보다 더 강력한 힘이 국가주의라고 믿는 것이 '인류 역사에 대한 그릇된 판단'에 호도되는 것일까? 이 질문들은 스토니어의 책에서 답을 찾을 수 없다.

오펜하이머는 기본적인 직관에서 틀림없이 옳았다. 역사는 1945년에 방향을 틀었다. 지금까지 제2차 세계대전과 같은 대규모 전쟁은 다시 일어나지 않았다. 마치 제2차 세계대전의 교훈들이 아직도 유효하기라도 하듯, 도처에서 국제적 정책들이 실현되고 있다. 역사는 설령 방향이 바뀔지언정 예전처럼 천천히 앞으로 나아간다. 적의에 찬 국가주의에서 연합된 세계로의 전환은 앞으로 수세기 동안 유지될 것이 분명하다. 그러는 동안 우리는 스토니어의 묵시록적인 경고와 인류역사에 대해 그릇된 것일지도 모르는 인식 사이에서 불안한 줄타기를 하며 살아야 한다.

모든 불확실성에도 불구하고, 스토니어가 상상한 대재앙의 가능성은 부인할 수 없다. 우리는 이 위험들을 상기하고 있어야 하며, 냉철하고 신중하고 감명적인 책으로 그 위험들을 일깨워준 스토니어에게 감사해야 한다.[2]

2

파괴를 숭배한 군인정신의 딜레마

1946년 8월 31일 오후 2시 30분, 뉘른베르크 전범재판소에서는 독일군의 작전 참모부장 알프레트 요들 Alfred Jodl의 최후 변론이 있었다.

대통령 각하와 재판장님. 저는 언젠가 역사가 군 최고 지휘관들과 그 부하들에 대해 객관적이고 공정한 판단을 내릴 것이라 믿어 의심치 않습니다. 독일의 지휘관들과 모든 군대는 불가해한 상황을 맞닥뜨렸습니다. 부하들을 믿지 않는 최고 지휘관, 최고 지휘관을 신뢰하지 못하는 부하들, 자신들이 지켜온 오랜 신조와 자주 배치되는 전략들, 명령에 철저히 복종하지 않는 군대와 경찰병력들, 적에게 정보를 빼돌리는 일부 정보부 요원들. 그런 악조건 속에서 우리는 모두가 원하지 않았던 전쟁을 벌여야 했던 것입니다. 그럼에도 우리에게는 이 전쟁이 조국의 존망을 결정할 수도 있다는 명백한 인식이 있었습니다. 독일의 군대는 지옥의 노예도 아니었고, 범죄의 하수인도 아니었습니다. 우리는 조국과 국민들을 위해 싸웠습니다.

저는 인간이라면 자신의 위치에서 달성할 수 있는 최고의 목표를 위해 투쟁하는 것이 최고의 값진 일이라 믿습니다. 저는 지금까지 그 원칙에 따라 행동했습니다. 그리고 그 원칙은 재판장님이 어떤 판결을 내리시든, 제가 이 법정에 처음 들어올 때처럼 고개를 당당히 들고 법정을 떠날 수 있는 명분이기도 합니다. 누군가 저를 독일군의 명예로운 전통을 배반하고 사사로운 야욕으로 직위를 지켰다고 말한다면, 그 사람이 바로 진실을 외면하는 배반자입니다.

이 전쟁에서 수만 명의 여자와 아이들이 융단폭격으로 목숨을 잃었습니다. 참전국들은 효율적이라는 명분 아래, 양심의 가책도 없이 수단과 방법을 가리지 않았습니다. 국제법에 따르면 문제가 될지언정, 엄중히 평가하면 우리의 전쟁은 도덕과 양심을 거스르는 범죄가 아닙니다. 저는 국민과 조국에 대한 의무는 다른 모든 것에 우선한다고 믿기 때문입니다. 그 의무의 이행은 제게 명예이자 최고의 법이었습니다. 그 일을 해낸 것이 자랑스럽습니다. 장차 더 행복한 미래에는 그 의무가 더욱 고결한 의무로 대체될 것입니다. 바로 인류에 대한 의무로 말입니다.

그해 10월 10일에 요들은 독일군 친구에게 마지막 편지를 썼다.

친애하는 벗이자 동료에게.

뉘른베르크 재판이 진행되는 몇 달 동안, 나는 독일과 독일의 병사들을 위해 역사의 증인이 되었네. 나를 둘러싸고 있는 죽음과 삶들에서 힘과 용기를 얻었지. 재판의 판결은 내게 불리하게 내려졌네. 그런 판결이 내려진 것도 놀랍지 않아. 자네의 말이 내게는 진정한 판결이었어. 지금까지는 단

한 번도 내 삶이 자랑스럽지 않았네. 하지만 오늘 나는 자부심을 느꼈고 앞으로도 그럴 것이네. 자네에게 감사하네. 언젠가 독일도 자네에게 고마워하겠지. 조국이 죽음을 원할 때, 조국의 가장 충직한 아들이 되어 도망치지 않았기 때문이야. 앞으로 자네의 삶에 슬픔과 증오 따윈 없을 거네. 이 야만의 전쟁에서 법의 부름을 받고 죽어간 병사들을 생각할 때처럼, 존경과 자랑으로 나를 기억해주길 바라네. 그들은 독일을 더욱 강력하게 만들기 위해 목숨을 희생했네. 그러니 자네는 그들의 죽음이 독일을 더 나은 국가로 만들었다고 믿어야 하네. 이 믿음을 굳게 지키고, 여생도 이 믿음을 위해 헌신하길 바라네.

10월 15일에는 부인에게도 마지막 편지를 썼다.

마지막으로 당신에게 할 말은 슬픔을 극복하고 살아남아야 한다는 거요. 사랑을 널리 전하고 도움이 필요한 이를 외면하지 마오. 과거의 나보다 또는 내가 원했던 것보다 나를 더 중시할 필요는 없소. 당신이 반드시 믿고 알아야 할 게 있소. 나는 독일의 정치인들을 위해서가 아니라 독일을 위해서 일했고 싸웠다는 사실이오. 오, 할 말은 많은데 지금 내 귀에는 소등나팔 소리가 들려오는구려. 그리고 귀에 익은 노랫소리도. 나의 사랑, 당신도 이 노래가 들리오? '병사는 반드시 돌아온다'는 노래가.

이튿날 새벽 2시, 요들은 교수형에 처해졌다.

알프레트 요들은 프러시아인이 아닌, 바바리아인이었다. 어쩌면 그 때문에 히틀러가 그를 참모부장으로 발탁하고 전쟁 내내 측근으로 뒀는지도 모른다. 요들은 미덕과 악덕을 불문하고 전통적인 프러시아 군인의 기질을 유감없이 발휘했다. 뉘른베르크 재판소의 피고석에 요들과 나란히 섰던 알베르트 슈페어^{Albert Speer}는 나중에 요들에 대해 이렇게 썼다. '요들의 단호하고 냉정한 변론은 매우 인상적이었다. 요들은 그 상황을 초월한 사람처럼 보였다.' 요들은 6년 동안 수백 만 명의 목숨을 앗아가게 될 작전들을 계획하고 조직하는 데 매달렸다. 그는 히틀러에게 직책에서 물러나 최전선의 예하사령부로 발령을 내달라고 여러 차례 간청했다. 하지만 히틀러는 거절했고, 요들은 끝까지 히틀러에게 맹종했다. 요들은 군인의 명예를 걸고 히틀러를 최고 지휘관으로 받들며 복종할 것을 맹세했다. 요들에게 군인으로서 맹세한 충성은 결코 깰 수 없는 것이었다. 그것은 자신을 성장시켜준 가톨릭의 신념보다 거룩하고, 자신을 희생해서라도 지켜야 한다고 믿은 강력한 계약이었다. 독일군이 폴란드를 침공하기 일주일 전, 요들은 작전참모로서 임무를 수행하기 위해 베를린에 입성했다. 그날 그는 부인에게 이렇게 말했다. "이번에는 진짜 현실이 될까봐 두렵소. 나도 확신할 수 없다오. 하지만 다행스럽게도 이건 정치인들의 문제지, 우리 군인의 문제는 아니오. 한 가지 분명한 사실은, 일단 이 배에 오른 이상 내릴 수 없다는 것이오."

요들의 종교와 윤리강령은 한 단어로 요약된다. 바로 '군인의식^{Soldatentum}'이다. 이 단어는 독일어인데, 영어에서 동의어를 찾는다면 '군인다움'을 뜻하는 'soldierliness'이겠다. 하지만 독일어에서 풍기는 엄숙함은 느껴지지 않는다. 군인의식은 영어의 '군인정신^{militarism}'과도 의미가 약간 다르다. 독일어의 '군인의식'은 거의 종교에 준準하는 군인 직업정신이다. 이 말에 대한 정서적 분위기는 앞에 인용한 요들의 글에도 잘 나타나 있다. 영어에서 '기사도 정신^{chivalry}'이라는 단어가 그와 비슷한 분위기를 풍긴다. 하지만 기사들이 말에 올라타 싸우던 시절이라면 모를까, 지금은 고풍스러운 은유에 지나지 않는다.

우리에게는 다행히 미망인 루이제^{Luise}가 쓴 요들의 전기가 남아 있다.[1] 루이제 요들은 독일군의 참모본부에서 남편 못지않게 헌신적으로 일했다. 그녀도 직업에 대해 요들에 버금가는 자긍심과 도덕률을 갖고 있었다. 뉘른베르크 재판 동안에는 변호사들을 도와 남편의 변호를 준비했다. 요들이 사망한 후, 루이제는 남편에 대한 기억이 흐려지기 전에 그의 전기를 썼다. 그 책이 가치 있는 까닭은 알프레트 요들을 진정성 있게 묘사했을 뿐 아니라, 루이제 자신의 모습도 보여주기 때문이다. 그녀는 강인한 성품을 가졌고 지적이었다. 하지만 '군인의식'이라는 이상에 사로잡혀 불행해진 여인이었다. 그녀의 책은 T. S. 엘리엇^{Eliot}의 〈리틀 기딩^{Little Gidding}〉에 나온 한 구절로 시작한다.

> 그리고 그대가 찾으려 했던 것은
> 의미의 껍질일뿐,
> 껍질이 채워진다면
> 껍질의 존재 이유도 사라진다.
> 그대에게 삶의 이유가 없는
> 삶의 이유가 그대가 그린 한계를
> 초월해 있든
> 채우지 않으면 바뀌지 않는다.

그녀는 책의 제목도 엘리엇의 시구 '한계 너머^{Beyond the end}'에서 빌려왔다. 엘리엇은 전쟁의 초반 즈음, 영국을 무겁게 누르던 전시의 정적

속에서 이 구절을 썼다. 루이제 요들은 이 시의 다음 구절도 알고 있었던 게 분명하지만 인용하지는 않았다.

> 또 다른 곳들도 있으니
>
> 그곳도 세상의 끝일지니,
>
> 파도가 밀려오는 바다에
>
> 또는 검은 호수 위에
>
> 사막이나 도시에 있을지도…….

'또 다른 곳들' 중 하나는 뉘른베크였다. 그녀는 1946년 10월에 그곳에서 전쟁의 폐허를 뒤지며 남편의 불명예스러운 죽음에서 의미를 추리고, 남편의 단편적인 조각들을 찾았다.

양쪽 진영을 통틀어 제2차 세계대전에서 가장 눈부신 활약을 펼친 야전지휘관은 독일의 헤르만 발크Hermann Balck였을 것이다. 그는 1940년 프랑스 돌파작전에서 기갑보병 연대를 이끌고 과감하게 선봉에 섰다. 후에는 동부전선에서 싸우면서 예측불허의 움직임과 전술들로 소련군을 쩔쩔매게 하기도 했다. 1945년 봄, 발크는 독일의 최후 공격을 지휘했는데, 소련군과 헝가리에서 오랜 대치 끝에 오스트리아로 퇴각했다가 결국 미군에게 패했다. 최전방 전투에서 병사들과 함께 싸운 그는 요들과 달리, 진짜 프러시아인이었다. 하지만 그는 전범으로 유죄판결을 받지 않았다. 1979년 84세의 발크는 자신의 회고록을 바탕으로 미국의 한 방송과 인터뷰를 했다.[2]

질문 프러시아에 대해:

발크 무엇보다 유럽에서 프러시아의 입장을 알아야 합니다. 프러시아는 강대국들로 둘러싸인 작은 나라였죠. 따라서 우리는 적보다 한 수 앞을 내다보고 한 발 더 빨리 움직여야 했습니다. 어쩌면 로이텐 전투에서 우리의 군사보다 두 배가 넘는 오스트리아군을 철저하게 패배시킨 프리드리히 2세 때부터 그래야 했을 겁니다. 우리 프러시아군은 적군보다 더 영리해야 했고, 훨씬 더 신속한 기동력을 갖춰야 했습니다.

질문 1940년 뫼즈^{Meuse} 강 도하작전에 대해:

발크 우리는 도하작전渡河作戰이 불가피하다는 것을 사전에 알았습니다. 이미 모젤레^{Moselle} 강에서 병사들과 도하작전 훈련도 마쳤죠. 훈련 중에 두 가지 기발한 아이디어가 떠올랐습니다. 우선 지상작전에 쓰이지 않는 기관총들을 모두 공중방어에 동원한다는 것이었죠. 또 하나는 모든 대대원들에게 고무보트 훈련을 시키는 것이었습니다. 우리가 뫼즈 강에 도착할 때쯤 도하작전을 지원할 기술자들이 대기하고 있을 예정이었죠. 하지만 기술자들은 없었습니다. 고무보트들만 있더군요. 병사들을 훈련시키지 않았다면, 뫼즈 강 도하작전은 결코 실행될 수 없었을 겁니다. 보병들을 다방면으로 훈련시키는 것이 결코 헛되지 않는다는 사실을 증명한 작전이었죠.

그 작전은 프랑스군의 대대적인 포격을 받았습니다. 프랑스 전초부대와 몇 차례 짧은 전투를 치른 후에 대대 하나를 뫼즈 강 쪽으로 진격시켰습니다. 그리고 전방지원 대대와 함께 뫼즈 강 전면에 연대지휘소를 구축했죠. 애송이 병사들이 겁먹고 작전을 포기할까 싶어서, 저도 전방지원 대대와 함께 연대지휘소를 지켰습니다. 아시다시피 지휘관이 가장 결정적인 지점을 직접 지킨다는 것이 전방지원 대대의 핵심이었죠. 그러지 않았다면 작전은 실패했을 겁니다.

질문 1942년 소련에서 있었던 전차전에 대해 :

발크 저는 제11 기갑사단과 함께 공격에 여념이 없었어요. 그날 저녁 7시에 사단본부에서 연락이 왔습니다. 우리 왼편 20킬로미터 밖의 저지선이 무너졌으니 서둘러 돌파를 막으라는 전언이었죠. 저는 이렇게 말했습니다. "우선 이곳 상황부터 해결한 다음에 돌파를 막든지 하겠습니다." 사단본부에서는 "안 되오. 왼쪽 상황이 심각하오. 당장 공격을 중단하고, 가능한 한 신속하게 돌파를 저지하시오"라고 응답하더군요. 저는 그 즉시 명령에 따라 공격을 중단했고, 사단을 이끌고 20킬로미터 떨어진 지역으로 이동해 반격을 준비했습니다. 우리는 다음 날 오전 5시에 반격을 개시했고, 우리 편 전차는 단 한 대도 잃지 않고 소련군 전차 75대를 넝마로 만드는 쾌거를 이뤘습니다. 물론 제가 대대와 함께 행군했기 때문에 그 먼 거리를 신속히 이동할 수 있었던 것이죠. 어쨌든 대대원들 모두가 거의 죽을 지경처럼 녹초가 되었어요. 저는 행군하는 병사들 앞뒤를 오가면서 행군과 죽음 중에서 선택하라고 다그쳤죠. 우리의 행군 속도와 소련군의 이동 속도를 대충 비교하니, 우리가 10시간에 이동할 수 있는 거리를 소련의 전차대대는 적어도 24시간이 걸리겠더군요. 미군을 상대로는 경험이 거의 없었기 때문에, 그저 소련군보다 미군이 약간 더 빠를 것이라고 추측했습니다.

질문 공격과 방어에 대해 :

발크 대부분의 사람들은 공격이 더 많은 사상자를 낼 거라고 생각해요. 공격이 훨씬 더 저렴한 작전이라고 생각하는 사람은 거의 없습니다. 중요한 것은 어쨌든 심리적인 문제입니다. 실제로 공격을 수행하는 사람은 한 대대에서 서너 명이면 됩니다. 나머지는 그 뒤를 따르죠. 하지만 방어에서는 모든 대대원들이 각자의 위치를 지켜야 합니다. 옆 사람을 돌볼 겨를이 없어요. 앞에서 뭐가 날아오는지 신경 쓰기에도 바쁘니까요. 대개는 그것도 잘 감당하지 못합니다. 그러니 쉽게 무너질 수밖에요. 따라서 가능하면 언제든지 공격을 해야 합니다. 공격의 단점은 단 하나예요. 모든 부대원과 지휘관들이 한꺼번에 이동하고 공격해야 한다는 겁니다. 상당히 지치죠. 방어할 땐 적당한 참호 하나를 골라서 쪽잠이라도 잘 수도 있을 테지만 말입니다.

질문 전투지휘 능력에 대해 :

발크 불변의 계획은 있을 수 없습니다. 똑같은 상황이란 존재하지 않으니까요. 군의 역사에 대한 연구가 극단적으로 위험할 수 있는 것도 그 때문입니다. 여기에는 또 다른 원칙이 따릅니다. 같은 일을 두 번 하지 말라. 설령 어떤 작전이 효과적이었다고 해도, 두 번째에는 적도 적응할 겁니다. 그렇기 때문에 반드시 새로운 것을 생각해내야 합니다. 미켈란젤로를 똑같이 흉내 낸다고 해서 뛰어난 화가라고 할 수 없지 않습니까. 마찬가지로, 아무개의 전략을 모사하는 것으로는 훌륭한 지휘관이 될 수 없습니다. 자신의 내면에서 나와야 합니다. 최근의 분석을 보면 군사지휘도 예술이라고 하더군요. 누군가 한 사람은 할 수 있지만, 나머지 대다수는 결코 따라할 수 없는 일이죠. 어쨌든 이 세상에 라파엘^{Raphael}은 단 한 명뿐이니까요.

발크는 전범으로 수감 중일 때, 역사 프로그램에 회고록을 기증해달라는 미국 정부의 부탁을 단호하게 거절했다. 30년이 지나서야 성격이 온화해진 발크는 인터뷰에 응했다. 군인으로 사는 동안 끊임없이 발크가 견지했던 과제는 최소의 노력으로 최고의 효율을 내는 것이었다. 그는 늘 적과 후방의 관료들을 교란시킬 작전들을 고안했다. 내가 만약 발크의 전기에 제목을 붙인다면 T. S. 엘리엇의 시는 쓰지 않을 것이다. 그보다 몰던 전투^{Battle of Maldon}를 노래한 고대 영국의 영웅시 한 구절을 인용할 것이다.

병력이 약해지거든, 생각은 더욱 단호하게,

심장은 더 격렬하게, 용기는 더욱 크게 가져라.

991년 몰던에서 데인 족에 맞서 싸운 색슨 족의 전사들처럼, 발크는 군인의식보다도, 기사도 정신보다도, 훨씬 더 오래된 군인의 전통을 수호한 사람이었다. 발크는 싸움을 즐기고 싸울 줄 알았기 때문에 잘 싸울 수 있었다. 그는 용병처럼 자신의 임무를 진지하고 엄숙하게 수행했다.

요들과 발크는 극단적인 두 가지 스타일의 군인 프로 정신을 보여주는 표상이다. 두 사람은 상반된 군사 전문성을 보여준다. 한 사람은 진지하고 관료적이었고, 다른 한 사람은 가볍고 인간적이었다. 요들은 끈덕지게 책상에 앉아 히틀러의 정복야욕을 그날그날의 병력과 장비의 대차대조표로 해석했다. 하지만 발크는 병사들을 중히 여기고, 유머 감각을 잃지 않으면서 수많은 곤경들을 가뿐하게 헤쳐 나갔다. 요들에게 히틀러는 독일의 운명이었고, 옳고 그름으로 재단할 수 없는 초인적인 권력자였다. 하지만 발크는 그렇지 않았다. 발크에게 히틀러는 권력은 쥐었으나 탁월한 정치인은 될 수 없는 사람으로 보였다. 낙하산 부대를 동원해 코카서스 산맥 남부까지 독일군을 진격시키자는 히틀러의 계획에 반대할 때, 요들은 가슴이 미어지는 것 같았다. 발크는 탱크와 트럭을 지원하는 데 혼선을 없애달라고 히틀러에게 직접 호소할 때, 히틀러에게 그 상황을 해결할 능력이 없다는 사실을 알고 있었다. 발크는 "나중에 밝혀지긴 했지만, 히틀러는 애초부터 산업계를 통제할 능력이 없었다"고 말했다. 요들이 최후까지 싸운 까닭은 히틀러의 뜻을 최고의 법으로 삼았기 때문이었다. 발크가 전투에 참여한 까닭은 전쟁 말고는 다른 어떤 이유도 없었다.

군인 프로 정신의 본보기를 독일에서 찾은 이유는 제2차 세계대전의 참전국들 중에서 독일만큼 도덕적 딜레마를 가장 극명하게 보여준 나라가 없기 때문이다. 요들과 발크는 모두 나쁜 대의를 위해 헌신한 사람들이었다. 두 사람 모두 자신의 전문적인 능력을 정복과 파괴에 썼다. 자신들이 분투한 결과가 유럽에 고통을 가중했을 뿐이라는 사실을 알고 난 후, 두 사람은 오랫동안 도피하는 수완을 발휘했다. 그들은 이웃집을 탱크로 부수고 불태우면서도 이웃의 고통에는 무관심했다. 하지만 뉘른베르크 법정은 두 사람에게 각각 다른 판결을 내렸다. 뉘른베르크 조사위원회가 국제법에 따라 적절하게 구성이 되었든 아니든, 그 판결은 나치 독일에 대한 인류의 여론을 대변했다. 요들은 교수형에 처해졌고, 발크는 자유의 몸이 되었다. 그리고 그 판결을 흥미롭게 지켜본 대다수의 사람들도 정의가 실현되었다는 데 동의했다. 대략적으로 말하면, 뉘른베르크 법정은 전략과 전술의 차이를 구분해서 각각 다른 판결을 내린 것이었다. 대중도 이에 동의했다. 전술 차원에서 전쟁에 적극적으로 가담한 발크는 용서받았다. 하지만 전략 차원에서 가담한 요들은 유죄 판결을 받았다.

법정의 관점에서 볼 때, 살상과 전복·파괴 작전을 구상한 군인은 죄인이다. 하지만 그러한 작전들을 수행하기 위해 임무를 다한 군인은 죄인이 아니다. 옳든 그르든 대중은 여전히 군인의 프로 정신이라는 전통을 인정하면서, 나쁜 명분에서일지라도 용감하게 싸운 군인에게 존경과 경의를 표한다.

요들과 발크의 차이점이 비단 전략과 전술에서만 드러나는 것은 아니다. 비록 뉘른베르크의 판사들이 요들에게 유죄를 선고할 때 거론하지는 않았지만, 두 사람에게는 또 다른 중요한 차이점이 있었다. 바로 군인으로서의 소임과 군인의식의 차이다. 일종의 직업으로서 군인의 소임을 다하는 것과 광신적인 군인의식은 엄연히 다르다. 너무 진지한 타입이 아니었던 발크는 호감 가는 인물이었다. 그는 군인으로서 당연히 전쟁에 이겨야 한다고 생각했다. 종교를 빙자한 허세나 자만심도 없었다. 그가 전투에서 승리한 것은 타고난 능력 때문이었다. 발크는 전투에서 승리하는 것이 대단히 훌륭하고 고결한 일이라고 생각하지 않았다. 그에게 전투는 단지 임무였을 뿐이다.

하지만 군인의 소임을 인간성보다 더 높이 둔 요들은 호감 가는 인물이 아니었고, 결국에는 악당이 되었다. 그는 군인의 맹세를 신성한 서약으로 여겼다. 요들은 설령 독일을 패망으로 이끄는 한이 있더라도 군인의식이라는 이상을 실현해야 한다고 믿었다. 그에게는 그나마 온전히 남은 독일의 일부를 구하는 것보다 훌륭한 군인이 되는 것이 더 중요했다. 군인의 의무는 히틀러에 대한 충성이라고 확신했고, 결국 자신도 히틀러의 광기에 전염되고 말았다. 군인의식이라는 이상에 사로잡혀 논리와 현실과 상식으로부터 멀어져간 것이다.

　나치 독일은 군인 프로 정신이 도를 넘었을 때의 모습을 극단적으로 보여주었다. 이에 대해 뉘른베르크 판결은 뛰어난 판례로 응보應報를 보여주었다. 그러나 군지휘관들에게 높은 지위를 수여하는 모든 국가들은 독일의 광기에 전염될 위험이 내재되어 있다. 미국도 신의 은총이 없었다면 그렇게 되었을 것이다. 미국 남북전쟁에서 남부의 주들도 독일과 비슷한 광기에 전염되어 있었다. 당시 남부 연방은 독일처럼 군인다움을 숭배했다. 뛰어난 장군들이 대부분 남부 쪽에서 싸웠던 것도 우연이 아니었다. 남부의 주들은 유능한 군인이 되는 것을 최고의 덕목으로 여겼고, 남북전쟁이 시작되기 오래전부터 유능한 군인을 추켜세우는 전통이 있었다. 군인의 역량을 지나치게 존중하는 이 전통이 남부에게는 이중의 재앙이었다. 그 전통은 자만심 넘치는 열정과 군사적으로 우세하다는 환상을 심어주었고, 남부는 그 열정과 환상으로 전쟁을 시작했다. 그리고 남부 사람들을 희생적 헌신정신으로 고무시켜 최후까지 싸우게 만들었다. 전쟁은 계속되었고 결국 나라 전체가 파괴되고 황폐해졌다. 로버트 리Robert Lee는 당시 위대한 장군이자 훌륭한 신사였지만, 그의 전략적 능력과 강인한 성품은 남부 사람들을 더 고통스럽게 만들었다. 남부 주들의 시민들은 날마다 생사를 넘나드는 고통을 견디면서도 끝까지 리 장군에게 무한한 사랑과 존경을 바쳤다. 항복하고 고향인 리치몬드로 돌아왔을 때도 리 장군은 엄청난 군중들로부터 위로와 환대를 받았다. 리 장군은 위엄 있고 존경할 만한 점이 많은 군인이긴 했다. 하지만 종전 이후에도 그를 향한 영웅적 숭배는 도가 지나쳐도 한참 지나쳤다. 리 장군에 대한 신비주의는 세상을 바라보는 남부의 관점을 오랫동안 왜곡시켰다. 로버트 리는 헤르만 발크보다 뛰어난 장군이었고, 알프레트 요들보다 훌륭한 인간이었다. 하지만 역사적 관점에서 볼 때 발크와 요들처럼 자신을 사랑하는 사람들을 재앙으로 이끈 사람이었다. 군인을 우상화하는 사회는 집단적 광기로 타락하고 결국에는 비탄에 빠지기 쉽다.

영국은 영웅 선택에 있어서는 운이 좋았다. 영국에서는 해군이 수백 년 동안 상급 군대였고, 육군 장군보다 해군 제독이 더 인기 있는 영웅이었다. 내가 어렸을 때 영국에서는 육군에서 출세한 사람은 머리가 좀 모자란 사람이라고 여겼다. 연극무대에서나 현실에서나 육군 장교는 우스꽝스러운 인물이었다. 때로는 해군 장교들도 익살맞게 그려졌지만, 해군에 대한 농담은 경멸적이라기보다 호의적이었다. 아무리 불손한 젊은이들이라 해도 영국의 해군만큼은 존경했다. 우리는 제1차 세계대전 때 대영함대의 함장이었던 젤리코 제독이 한나절 만에 승자 없이 해전을 끝낸 유일한 사람이라고 알고 있다. 하지만 그는 결코 전투에서 패하지 않았다. 비록 아주 특출하거나 유틀란트^{Jutland} 해전에서 눈부신 승리를 거둔 것도 아니지만, 적어도 젤리코 제독은 서부전선의 장군들보다는 훌륭했다. 그는 냉정을 유지했으며, 불필요한 공격으로 함대를 헛되게 잃지 않았다.

영국인들이 해군지휘관을 얼마나 편애했는지 영어 단어에서도 드러난다. 영어에는 독일어의 '군인의식'에 대응하는 단어는 없지만, 그것과 비슷한 정서를 '시맨십^{seamanship}'이라는 단어에 반영해 자연스럽게 사용한다. 시맨십은 단지 배를 조종하는 기술적인 능력만 일컫지 않는다. 시맨십은 '군인의식'이라는 단어에 함축되어 있는 흐트러짐 없는 정신력과 강인한 성품을 모두 포함한다. 영국에서는 이것을 군인보다는 선원에게 필요한 덕목으로 여긴다.

물론 영국에도 군인 우상화라는 악습이 전혀 없는 것은 아니다. 100년 전쯤, 로버트 루이스 스티븐슨Robert Louis Stevenson(《보물섬》으로 유명한 미국의 소설가-옮긴이)은 〈영국 제독들The English Admirals〉이라는 에세이에서, 당시 전 세계로 확장되고 있던 대영제국의 자부심과 영광을 유창한 언어로 표현했다.

그들의 말과 행동은 나팔소리처럼 영국의 피를 휘젓는다. 인도 제국과 런던의 교역로 그리고 우리의 위대함을 상징하는 깃발들이 모조리 사라진다고 해도, 영국 제독들의 언행은 불후의 기념비로 남을 것이다. 덩컨 제독은 기함 '베너러블' 호와 단 한 척의 함선을 텍셀 항구에 정박시킨 후 네덜란드 함대가 출항하고 있다는 소식을 들었다. 그는 함장 호섬에게 기함 옆에 닻을 내리라고 말했다. 그리고 "수심은 이미 측정해놓았다. 베너러블 호가 쓰러져도 나의 상선기는 휘날릴 것이다"고 말했다. 이 사람은 선사시대의 벌거벗은 바이킹 족이 아니다. 깊이는 없을지언정 고전적인 품위를 갖추고, 망원경과 커다란 삼각모 그리고 플란넬 속옷을 입은 스코틀랜드 출신의 의회의원이다. 넬슨 제독이 여섯 개의 상선기를 휘날리며 아부키르만 해전에 출정했을 때도 그런 정신을 갖고 있었다. 그래서 설령 상선기가 모두 쓰러진다 해도 자신이 쓰러졌다고 상상하지 말라고 말했던 것이다……. 우리의 제독들은 영웅적 우월감에 차서 호기롭고 당당하게 싸웠다. 전쟁을 몹시 갈망해 마치 정부情婦처럼 전쟁의 환심을 살 수 있었다.

콜로든 함선을 이끌고 상륙한 트로브리지 함장은 아부키르만 해전에 가담하지 않을 도리가 없었다. 넬슨이 해군성에 보내는 편지에 '콜로든 함선의 장점들과 용맹스러운 트로브리지 함장은 이미 잘 알려져 있으니 굳이 말할 필요가 없습니다. 함선의 불길한 운은 암초에 걸려 사라져버렸고, 행운은 만조를 타고 더해지고 있습니다'라고 썼기 때문이다. 이것은 한 치의 거짓도 없는 탁월한 표현이었고, 아량이 넘치는 격찬이었다. 넬슨에게 '만조를 타고 온 행운'은 5,525명을 몰살한 것이었고, 그 과정에서 쇠못을 넣은 포탄 파편에 맞아 이마가 찢어졌다. 넬슨은 코펜하겐 해전에서 또 한 번 활약한다. 큰 돛대를 뚫고 날아온 탄환이 정강이뼈 근처에 박혔을 때, 넬슨은 미소 띤 표정으로 부관을 바라보고 이렇게 말한다. "악전고투로군. 어쩌면 우리 모두에게 닥칠 수 있는 최후도 이렇지 않겠는가." 그리고 갑판 통로에서 잠시 멈춰 서서 감동적인 한마디를 덧붙인다. "몸조심하게. 나는 수천 명을 두고 아무 데도 가지 않을 테니까……." 최고의 예술가는 후세에 기억되길 바라는 사람이 아니라, 자신의 예술 자체를 사랑하는 사람이다. 어떤 사람들은 장사로 떼돈을 벌어 30세에 은퇴하기보다, 영웅적인 고귀한 흥분을 갈망하기도 한다. 만약 제독들이 정부처럼 전쟁을 흠모한다면, 선원들이 전투 개시 북소리에 맞춰 즐거이 선실에서 뛰어나온다면, 그것은 전투가 다양하고 강렬한 경험을 할 수 있는 시간이기 때문이다. 그리고 넬슨의 말마따나, 자신과 똑같은 심장을 가진 사람에게 그 시간은 억만금의 가치가 있다.[3]

1890년대 영국의 어린이들은 이런 글을 읽었다. 독일의 애국 문학 작품들보다 더 나을 것도 나쁠 것도 없는 글이었다. 당시 영국과 독일에는 광포한 국가주의 분위기가 팽배해 있었다. 윈스턴 처칠Winston

Churchill과 아돌프 히틀러는 바로 그런 분위기에서 성장했다. 처칠과 히틀러는 로맨틱한 군인들이었다. 두 사람 모두 위대한 전쟁영웅이 되겠다는 사사로운 꿈들을 실행에 옮겼다. 호전적 정신을 찬미하는 것은 영국과 독일이 같았지만, 그 결과는 결코 같지 않았다. 처칠과 영국 사회는 기본적으로 분별력을 유지했다. 반면 히틀러의 군사적 비전은 자신과 독일 전체를 편집증에 사로잡히게 해 파멸을 자초했다. 영국과 독일의 이런 차이에는 역사적이든 사회적이든 수많은 원인들이 있다. 어떤 한 가지 원인으로는 이 심각한 문화적 차이를 설명할 수 없다. 그러나 두 나라의 운명을 갈라놓은 가장 중요한 원인은 해전과 육상전이라는 지리적 상황과 군사기술적 차이일지 모른다. 영국이 해상권을 장악했던 긴 기간 내내, 해상에서의 전쟁은 제한된 적과의 싸움이었다. 해군력의 기술적 한계로 승리와 패배의 결과가 달라졌다. 넬슨의 위대한 승리 중 그 어느 것도 한 지역을 모두 폐허로 만들거나, 한 국가를 무조건적으로 항복시켜 거둔 것은 없었다. 해군력의 기술에 한계가 있고 비교적 단순했기 때문에, 패전지의 피해도 그리 크지 않았던 것이다. 하지만 육상전에서는 그와 같은 한계가 없기 때문에 대규모 정복과 대량학살로 번지는 것을 막을 도리가 없었다.

역사를 돌아보면 군인 프로 정신의 바람직한 사례와 부적절한 사례를 쉽게 찾을 수 있다. 그중에서도 워싱턴과 나폴레옹의 대조적인 행적이 이를 잘 보여준다. 워싱턴은 제한된 적들과 제한적인 수단으로 싸워서, 미국에 영속적이고 안정적인 정부의 기초를 세웠다. 워싱턴이 확립한 모든 체계는 200년 동안 유지되었다. 나폴레옹은 유럽에서 가장 강력한 군사들을 이끌고 무한한 적들과 싸워 제국을 건설했으나, 그의 제국은 그가 죽기도 전에 몰락했다.

요들과 발크에서 시작해 리와 워싱턴과 나폴레옹까지, 우리는 이 군인들의 면모에서 무엇을 배워야 할까? 뛰어난 육군과 해군은 역사에서 불가피하고 명예로운 역할을 맡아왔다. 용맹스러운 군인을 존경하는 국가적 전통은 부정할 수 없는 현실이다. 어떤 국가든 자기방어의 권리를 갖고 있는 만큼, 자국의 군 지도자들을 예우할 권리도 갖고 있다. 그러나 군 지도자들에게 도덕적 권한과 기술적 수단들을 마음대로 휘두를 권한까지 준다면 인류에게 치명적인 위험을 안길 수 있다. 군사력을 도덕적 선과 결코 혼동해서는 안 되며, 군 지도자들에게 대량 살상무기들을 맡겨서도 안 된다.

19세기 영국에는 도덕적 허세도 심하지 않고, 기술적 수단도 넉넉히 갖지 못했던 군사 영웅들이 있었다. 그런 점에서 영국은 운이 좋다. 로버트 루이스 스티븐슨은 영국이 균형 감각을 잃지 않고 제국을 건설할 수 있었던 철학적 바탕을 단적으로 표현했다. '젊은 시절에 매우 탁월한 미학적 환경에 압도된 적이 있는 소수의 사람과 박애주의자들을 제외하고, 거의 모든 영국인들은 해군 제독이나 프로 권투선수를 이해하고 동정할 수 있다.' 이것이 군인으로서 명예를 추구하면서 결코 넘어서는 안 될 한계다. 훌륭한 장군이든 제독이든 더도 덜도 말고 뛰어난 권투선수만큼만 존경받아야 한다.

군인의 복종을 숭배하고 대량 살상무기를 맹신하는 것은, 근대가 낳은 가장 어리석은 짓이다. 복종에 대한 숭배로 독일은 도덕적 타락과 분단을 자초했다. 대량 살상무기에 대한 숭배는 우리 모두를 전멸시킬 수도 있다. 유감스럽게도 이 세상을 파괴주의로 이끈 주역은 영국의 항공병이었다. 전략폭격이라는 복음을 설파한 것은 1920년대 이탈리아의 줄리오 듀헤 Giulio Douhet였으나, 그 복음을 처음 실천한 사람은 영국의 휴 트렌차드 경 ^{Sir Hugh Trenchard}이었다. 트렌차드는 중폭격기들을 제작해 독일의 민간경제를 공격하자고 정부를 설득했다. 그 순간, 영국은 과거 특정한 적만을 공격했던 19세기 전쟁의 전통에서 완전히 돌아서버렸다. 19세기 해군의 제한된 군비로는 해군력을 최대한 행사한다 할지라도 적에게 큰 타격을 줄 수 없었다. 하지만 공군력은 달랐다. 전략폭격이 전쟁의 양상을 총력전으로 바꿔놓으리란 것은 불 보듯 뻔했다. 결국 영국은 전략폭격 시대의 문을 열었고, 미국이 재빨리 그 뒤를 따랐다. 1930년대에 이미 영국과 미국은 히로시마와 나가사키에 폭탄을 투하시킬 길을 열어둔 것이다. 공군사령관들은 파괴를 열렬히 숭배했고, 그들이 활약한 대가로 우리는 지금까지도 파멸의 불안감 속에서 살고 있다.

전략작전 지휘관들과 그들에게 전략이론을 제공하는 민간 전략가들은 모두 잊지 말아야 한다. 제3차 세계대전이 끝나는 날, 뉘른베르크의 피고석에서 바로 자신들이 최후변론을 하게 될 수도 있다는 사실을 말이다. 그렇게 될 때 알프레트 요들의 변론보다 더 설득력 있게 판사들에게 변론할 수 있을까? 요들은 스스로 명예로운 사나이며 훌륭한 군인이라 생각했고 그의 친구들도 그렇게 생각했다. 하지만 그는 '복종에 대한 숭배'로 수백만 명을 죽음에 이르게 했고, 사형을 언도받았다. 내가 아는 한, 전략작전 지휘관들과 전략이론가들은 명예롭고 훌륭한 사람들이다. 하지만 만약 '파괴에 대한 숭배'로 수백만 명을 죽음으로 내몬다면, 과연 전략작전 지휘관들의 형량이 덜어질까?[4]

3

러시아인들에게 새겨진 전쟁의 상흔

이오시프 시클롭스키 Iosif Shklovsky, 1916~
1985는 천문학사에서 몇 가지 중대한 발견을 한 러시아의 천재 천문학자
였다. 러시아 국민들에게는 우주천문학을 생생하고 대중적인 스타일로
설명한 작가이자 칼럼니스트로 기억된다. 과학 학회나 모임에서 자신
이 정통한 분야의 논의를 펼칠 때도 농담과 풍자를 잘 버무려 흥취를
더했던 사람이다. 천문학 외에도 다양한 분야에 관심이 많아서 어떤 주
제가 던져져도 대화를 유쾌하게 이끌었다. 이단적인 사상이나 이론들
을 좋아했고, 우주 먼 곳에서 지적 존재가 보낼지도 모를 전파신호를 듣
기 위한 국제적 노력을 촉구하는 일에도 적극적이었다. 자신의 전문 분
야에 대한 열정도 남달랐던 그는 성공한 사람의 전형이었다. 허나 사적
으로는 러시아의 많은 지성들과 마찬가지로 우울한 사람이었다. 언젠
가 한 번은 내게 자신은 고독감 속에서 산다고 말한 적도 있다. 그의 고
독감이 시작된 것은 제2차 세계대전이 끝날 무렵, 고등학교 같은 반 친

구들 중 자신이 유일한 생존자라는 사실을 알게 된 후부터였다. 과학자였던 그는 군에 입대하는 대신 기술 프로젝트에 참여했기 때문에 살아남았지만, 다른 친구들은 최전방에서 모두 사망했다. 시클롭스키와 같은 세대의 러시아 시민들은 아직도 전쟁의 상흔을 안고 산다. 그보다 더 젊은 세대들도 부모나 조부모로부터 전쟁 이야기를 들으면서 자랐다. 모두가 한결같이 의식 깊은 곳에는 무엇으로도 보상받을 수 없는 상실감과 고통스런 집단기억이 있다. 이것이 전쟁에 대한 러시아인의 관점을 형성한 결정적인 요인이다. 전쟁을 생각할 때면 러시아인들은 자신들을 전사가 아닌 피해자로 여긴다.

러시아인의 삶을 보여준 또 한 편의 일화도 있는데, 역시 전쟁이 주제다. 11월 말 모스크바에서 일주일 간 천문학학회가 열렸다. 학회를 마치고 일요일에 모처럼 자유로운 시간을 보내게 되었다. 나는 전파천문학자 니콜라이 카르다셰프^{Nikolai Kardashev, 1932~}와 함께 유서 깊은 도시 블라디미르와 수즈달로 관광을 갔다. 인파가 몰리기 전에 도착하기 위해 동 트기 전에 출발해서 어둠 속을 차로 200여 킬로미터나 달려갔다. 수즈달에 가까이 이르자, 떠오르는 태양빛을 받아 황금색으로 빛나는 수도원들이 보였다. 블라디미르와 수즈달은 몽골족과 타타르 족의 혹독한 지배를 받던 몇 세기 동안 러시아 수도사들과 예술가들의 피난처였다. 두 도시는 1238년 몽골족의 침입으로 파괴되었다. 무자비한 정복작전으로 유럽의 절반을 휩쓸었던 수부타이 군대가 지나는 길목이었기 때문이다. 두 도시의 시민들은 후에 도시를 재건하고 성당들을 세우면서 종교적인 그림들로 성당들을 가득 채웠다. 블라디미르와 수즈달은 북동쪽 끄트머리에 있는 덕분에 그 후 몇 세기 동안 키예프와 모스크바를 황폐하게 만든 침략들에서 안전할 수 있었다. 러시아의 가장 훌륭한 화가 안드레이 루블료프Andrei Rublyov도 15세기에 블라디미르에서 활동했다. 13세기의 건축과 그림들 중에도 그대로 남아 있는 것들이 있었다. 카르다셰프와 나는 학생 관람객들에 섞여서 성당들을 둘러보며 하루를 보냈다.

우리 여행의 종착점은 블라디미르 시 박물관이었다. 그곳 역시 학생들로 발 디딜 틈이 없었다. 박물관은 블라디미르 시의 고대 성문들 위에 세워진 탑 안에 있었다. 이 박물관은 예술보다 역사에 더 주안점을 둔 듯했다. 주요 전시품은 1238년 도시가 파괴되던 순간을 그대로 축소해놓은 거대 입체모형이었다. 나무와 점토를 이용해서 도시의 아주 세세한 부분들까지도 정확하게 재현해놓았다. 말을 타고 평원을 가로질러 달려온 몽골 병사들이 도시 성벽 밖의 블라디미르 시민들을 도륙하고 있다. 무장한 도시 수비군들이 성벽 위에 올라섰지만, 몽골족은 화살에 불을 붙여 수비군 뒤편의 건물들을 공격한다. 이미 도시의 성문을 부수고 들어온 몽골 기마병들은 시민들을 무차별적 살육하기 시작한다. 거리마다 피가 흐르고 성당들에서 불길이 치솟는다. 이 무시무시한 장면 윗벽을 보니 커다란 표지판이 걸려 있다. 표지판에는 '블라디미르의 용감한 시민들은 침략자에게 굴복하기보다 죽음을 택했다. 시민들의 희생정신은 같은 운명에 처할 수도 있던 서부 유럽을 구했고 유럽 문명의 몰락을 막았다'고 적혀 있다.

블라디미르 시 모형은 러시아인들의 자아의식과 역사의식에 깔린 공포와 악몽들을 한눈에 보여준다. 그 악몽의 중심에는 러시아를 무자비하게 도륙한 몽골 무리가 있다. 영어권 사람들은 그 악몽을 이해하기 어렵다. 러시아인이 경험한 몽골의 침략은 영어권 사람들에게 너무 낯설다. 그래서 '무리horde'라는 단어를 영어로 차용할 때도 러시아에서 쓰는 뜻이 아닌, 새로운 의미를 부여했다. 영어권 사람들에게 아시아인은 교역 상대이자 뛰어난 기술로 무장한 정복자들이다. 아시아에 대한 영어권 사람들의 관점은 '무리'라는 단어가 영어권 사람들에게 주는 이미지와 비슷하다. 영어에서 '무리'는 통제할 수 없이 제멋대로 운집한 군중을 말한다. 하지만 러시아어와 고대 터키어에서는 전쟁을 위해 조직된 진영이나 종족을 의미한다. 13세기 몽골의 조직화된 무리는 당시 어떤 군대조직보다 기술적으로 뛰어났다. 몽골족은 광활한 거리를 이동할 수 있었고, 장거리 의사소통 기술도 갖고 있었다. 그들은 이 세상의 어떤 군대조직과도 비교할 수 없을 만큼 신속하고 정확하게 군사작전을 수행할 수 있었다.

러시아는 3세기에 걸쳐 몽골족으로부터 수난을 당했다. 몽골족과 대등한 싸움을 벌이기까지 150년이 걸렸고, 몽골족을 결정적으로 패배시키기까지는 300년이 걸렸다. 그러는 동안 몽골 무리는 러시아인들의 기억 속에 악랄한 이민족으로 각인되었다. 몽골 무리는 조국을 휩쓸고 다니면서 물자를 약탈하고 갖은 협박과 뇌물로 지도자들의 충성심을 타락시켰다. 이것이 바로 러시아인의 뇌리에 각인된 아시아의 이미지다. 전략적으로 침범당한 적 없는 미국은 중국에 대한 러시아인의 공포를 '피해망상'이라고 일축하기 쉽다. 만약 미국도 3세기 동안 이방의 기마민족에게 휘둘렸다면 피해망상에 시달릴 수밖에 없었을 것이다.

영국에서 총리가 되면 임기를 시작하자마자 워싱턴과 모스크바를 방문해 미국과 러시아의 지도자들과 친분을 쌓는 것이 관례다. 제임스 캘러헌^{James Callahan}(1976~1979년에 총리를 역임했다-옮긴이)도 모스크바를 공식 방문했을 때, 서기장 레오니트 브레즈네프^{Leonid Brezhnev}와 두 차례 우호적인 회담을 가졌다. 두 번째 회담이 끝날 무렵, 캘러헌은 영국과 러시아 사이에 갈등을 야기할 현안이 없어서 기쁘다고 말했다. 그에 대해 브레즈네프는 단호하게 러시아어로 응대했다. 캘러헌의 통역사는 잠시 주저하다가 브레즈네프에게 다시 한 번 말해달라고 부탁했다. 브레즈네프는 했던 말을 반복했고 통역사는 그대로 번역했다. "총리 각하, 우리 앞에는 단 한 가지 문제가 있습니다. 그것은 바로 백인종이 살아남을 수 있느냐 없느냐는 것입니다." 캘러헌은 그 말에 너무 놀란 나머지, 동의도 부정도 하지 못하고 함구할 수밖에 없었다. 캘러헌이 들은 것은 바로 러시아인들의 기억 속에 여전히 메아리치고 있는 몽골족의 말발굽 소리였던 것이다.

몽골족 이후, 이번에는 서방의 침략자들이(폴란드와 스웨덴, 프랑스와 독일) 러시아로 밀려왔다. 러시아인들이 보기에 모든 침략자들은 기술력과 기동력, 용병술에서 러시아를 능가하는 전사 무리였다. 특히 1941년에 소련을 침략한 독일 무리는 오래전 몽골족의 패턴과 일치했다. 그러나 1238년에서 1941년 사이에 소련의 군사조직은 어느 정도 발전해 있었다. 몽골족을 쫓아내는 데는 300년이 걸렸지만 독일군을 쫓아내는 데는 4년밖에 걸리지 않았다.

그 몇 세기 사이에 러시아는 스스로를 피해자로 생각하면서도 사실상 전사의 나라가 되었다. 반복적인 침략을 받는 영토에서 살아남기 위해 엄청난 군대를 유지하고, 전쟁의 기술을 진지하게 연구했으며 정치적 통합과 군사적 기강을 확립할 수 있는 체제를 자발적으로 도입했다. 군인들에게는 높은 명예와 특권을 부여했고, 무기 생산에도 자원을 아끼지 않았다. 1941년 이후 독일의 침략에서 살아남은 러시아인들은 불과 몇 년 만에 지구상에서 가장 가공할 군대를 조직했다. 피해의식이 짙어질수록 더욱 가공할 군대로 변해갔던 것이다.

레프 톨스토이 Lev Tolstoi의 《전쟁과 평화 War and Peace》는 전쟁에 대한 러시아인의 관점을 대표하는 고전이다. 톨스토이는 러시아가 경험했던 전쟁의 본질을 그 누구보다 깊이 이해한 사람이었다. 그는 영국과 프랑스에 대항한 세바스토폴 전투에서 제정러시아군과 함께 싸웠고, 코카서스에서 포병대 후보생으로 임무를 수행하면서 인생에서 가장 행복한 시간을 보냈다. 톨스토이는 《전쟁과 평화》에서 나폴레옹을 패배시킨 제정러시아 정규군의 용맹과 불굴의 정신을 칭송한다. 그리고 1812년의 전투를 통해 후대의 군인들이 제2차 세계대전에서 얻은 바로 그 교훈을 이끌어낸다. 톨스토이가 본 전쟁은 무엇 하나 계획대로 되지 않고, 승리와 패배의 역사적 명분도 불확실한 즉흥적인 발악이었다.

전쟁과 승리에 대한 톨스토이의 생각은 작품 속 안드레이 공작의 말에 드러난다. 공작은 보로디노 전투가 있기 전날, 친구 피에르에게 이렇게 말한다.

"내일 우리 앞에 펼쳐질 상황은 이럴 거야. 만 명의 제정러시아군과 만 명의 프랑스군이 싸우겠지. 말하자면 2만 명의 남자들이 싸우는 거야. 가장 필사적으로 싸우고 최소한의 피해만 입은 쪽이 정복자가 되겠지. 그리고 뭐랄까, 내일 어떤 상황이 벌어지든, 2만 명의 병사들이 어떤 난장판을 벌이든 간에 우리가 승리할 거야. 무슨 일이 있어도 우리가 승리할 거야."

"그러니까 자네는 내일 전투에서 이길 거라고 생각하는군." 피에르가 말했다. "그래, 그래." 안드레이가 무심코 대답했다. "내게 권한이 있다면 하고 싶은 일이 하나 있어." 안드레이는 곧바로 말을 이었다. "포로를 생포

하지 않을 테야. 포로를 생포하는 게 무슨 의미가 있겠나? 그건 기사도 정신이지. 프랑스는 내 고향을 짓밟고 이제는 모스크바를 파괴하러 오고 있어. 그들의 잔인무도함에 매순간 치가 떨려. 그들은 나의 적이고, 모두가 범죄자들이야. 프랑스는 반드시 파멸해야 해. 전쟁은 고매한 오락이 아니라 세상에서 가장 비열한 짓이야. 그 사실을 인정하지 못하면 전쟁을 할 수가 없어. 우리는 전쟁이 피할 수 없는 공포라는 사실을 준엄하고 엄숙하게 인정해야 해."

전투는 예상대로 진행되었고, 안드레이 공작은 치명적인 부상을 입었다. 흔히 말하는 '패배'의 의미로 보면 제정러시아는 패배했다. 제정러시아군 절반이 괴멸했고, 남은 제정러시아군도 후퇴했다. 그리고 프랑스군은 진격했다. 그러나 장기적 관점에서는 안드레이가 옳았다. 보로디노 전투에서 제정러시아의 패배는 전략적인 승리였다. 나폴레옹 군대는 너무 큰 피해를 입어서 그와 같은 전투를 또 할 엄두를 내지 못했다. 그 상태로 나폴레옹은 모스크바를 향해 진격했고 그곳에서 5주 동안 차르가 항복해오길 기다렸다. 하지만 결국 와해된 군대와 함께 서쪽으로 비굴하게 도주해야 했다. 톨스토이는 이렇게 결론을 내린다. '그 태도 하나에서 지도자로서 나폴레옹의 모든 게 드러난다. 야만성을 권력처럼 포장하기 위해 뱃머리에 올려놓은 용상龍狀에 불과하다. 지금껏 그가 보여준 행동은 마차에 앉아 줄을 당기면서 자기가 마차를 끈다고 착각하는 어린애와 같다.'[1]

조지 케넌George Kennan과 거의 40년간 친구이자 동료로 지낸 나는 무척 운이 좋은 사람이다. 케넌은 인생의 절반을 러시아와 여러 동유럽 국가에서 외교관으로 보냈고, 나머지 절반은 프린스턴 고등연구소에서 역사학자로 보냈다. 그는 2005년에 101세의 나이로 이 세상을 떠났다. 정부관료와 독립심 강한 학자로 긴 세월을 보내는 동안, 케넌은 순박한 환상을 좋아하는 사람들을 위해 복잡한 진실을 재치 있는 이야기로 풀어냈다. 그런 그도 바깥세상을 잘 아는 사람들의 말에 귀 기울이지 않는 미국 정치체계의 무능에 깊은 좌절을 느끼곤 했다. 모스크바의 미대사관 직원으로 있었던 1944년, 케넌은 미국의 인식과 러시아의 현실 사이의 엄청난 간극으로 깊이 고민하고 있었다. 그는 워싱턴의 상사들을 위해 자신이 직접 체험한 러시아의 현실을 요약해 35쪽짜리 논평을 썼다. 케넌은 그 후에 논평의 마지막 문장들을 이렇게 묘사했다. '침울하지만, 나로서는 가장 예언에 가까운 구절'이었다고.

많은 사람들은 '러시아를 이해해야 할' 필요성에 대해 말할 것이다. 하지만 실제로 그 심란한 일을 기꺼이 맡으려는 미국인은 없을 것이다. 러시아 사회에서 합법적인 것이 미국인의 정서를 혼란스럽고 불쾌하게 만든다는 우려 때문이다. 누군가 미국을 위해 이 우려를 떠맡는다 해도, 정부와 대중은 그의 노력을 인정하지 않을 테니 무슨 보람이 있겠는가. 기껏해야 아무도 올라본 적도 없고, 올라올 이도 없는, 춥고 황량한 산 정상에 오른 사람처럼 혼자 고독한 기쁨에 자족할 수밖에. 그가 그 산 정상에 올랐다는 사실을 믿어줄 이도 없을 것이다.

케넌은 이 논평을 쓴 후에도 60년 동안 외교관으로서 그리고 역사학자로서 끊임없이 산 정상에 올라 우리에게 보고서를 보내왔다. 나중에야 케넌은 자신의 노력들이 마냥 헛수고가 아니었음을 알게 되었다.

산 정상에 대한 나의 관점은 케넌과의 대화에서도 영향을 받았지만,

러시아에서 열린 몇 차례의 과학 모임들과 러시아 문학작품들에서도 영향을 받았다. 그중에서도 가장 오랫동안, 가장 인상적인 영향을 미친 것은 러시아 문학작품들이다. 10대 때 나는 모리스 베링^{Maurice Baring}이 쓴 감동적인 서문에 흠뻑 빠져서 《러시아 시집 *The Oxford Book of Russian Verse*》을 독학한 적이 있다. 그 시집에서 알렉산드르 블로크^{Alexander Blok}의 시 〈쿨리코보 들판에서^{On the Field of Kulikovo}〉는 도서관에 있는 어떤 전략적 분석자료들보다 전쟁에 대한 러시아인의 관점을 탁월하게 그리고 있었다. 쿨리코보 전투는 블라디미르가 파괴된 지 150년이 지난 후에 일어난 전투였다. 하지만 블로크는 전투를 생생하게 되살려 강렬한 메시지를 전했다. 그는 쿨리코보 전투 전날 밤에 러시아(당시 모스크바 공국-옮긴이) 기병대와 함께 광활한 초원을 말달리며 이렇게 노래했다.

나는 최초의 전사도 최후의 전사도 아니다.
나의 조국의 앞날에는 기나긴 고통의 세월이 기다리고 있노라.

러시아군은 쿨리코보에서 처음으로 타타르 족 무리를 대파했다. 이 전투는 몇 백 년 동안 타타르 족에게 시달린 러시아인들에게 싸움의 끝이 아닌 시작을 알리는 전조였다. 이 시를 썼던 1908년은 평화와 번영의 시기였지만, 그는 또다시 불어닥칠 광풍의 조짐을 느끼고 있었다.

사나운 폭풍이여,
네가 다가오고 있음을 아노라.
또 한 번 적군의 막사 위로
전쟁을 알리는

백조의 날갯짓 소리가 들리나니[2]

그로부터 10년 후, 볼셰비키 정권이 들어선 지 3개월이 된 1918년 1월, 페트로그라드에는 혁명의 혼돈과 냉기가 가득했다. 그때 블로크는 가장 위대한 걸작 〈열둘 The Twelve〉을 썼다. 이 시는 러시아에 관한 그 어떤 문헌보다도 그 옛날 소련이 갖고 있던 힘의 본질을 똑똑히 보여준다. 시에서 열둘은 붉은 군대 Red Guard의 젊은 병사들을 일컫는다. 거칠고 난폭하고 불경하기 이를 데 없고 호전적인 12명의 병사들이 눈보라 속에서 도시를 행군하고 있다.

사나이답게 총을 들어라, 형제여.
우리는 거룩한 러시아,
그 옛날 소작농들이 북적이고, 풍만한 대지를 가졌던
조국 러시아를 되찾으러 돌진하자.
자유, 자유여! 십자가를 내려놓아라!

너의 지하실을 열고 쏜살같이 내려가라!
마을을 쓸어버리러 인간쓰레기들이 몰려온다.
신의 이름을 욕되게 하려고 그들이 달려온다.
열둘이여, 눈보라를 뚫고 앞으로 진격하라,
만반의 준비를 하여라.
그 무엇도 후회 없이.

이 시의 마지막 장면에서 12명의 병사들은 눈 덮인 골목에 매복하고 있던 유령 같은 형상을 뒤쫓는다. 병사들은 그 형상을 향해 항복하라고 외치며 공격을 개시한다. 병사들의 총성은 서서히 잦아들고, 다시 폭풍이 으르렁거린다.

> 군주의 걸음으로 행군하는 그들 뒤엔
>
> 굶주린 개가 어슬렁거리고,
>
> 병사들 앞에는
>
> 핏빛 깃발을 들고
>
> 아득한 눈보라를 헤치며 가는 이가 있으니,
>
> 총탄도 그를 비켜가리.
>
> 쌓인 눈 위를 소리 없이 걷는 이.
>
> 진주처럼 흩어지는 눈보라 속을 걷는 이.
>
> 흰 장미 화관을 쓴
>
> 예수 그리스도이어라.[3]

블로크는 1921년 임종 때까지 러시아에 머물렀다. 그는 사망하기 직전에 〈열둘〉에서 보여주었던 관점을 다시 한 번 확인시켜주었다.

나는 그때 썼던 시를 번복 안 한다. 그 시는 근본적인 섭리 속에서 쓰였기 때문이다. 〈열둘〉을 쓰고 나서 며칠 동안 커다란 울부짖음을 온몸으로 느끼고 들었다. 끊임없이 들려오던 그 울부짖음은 어쩌면 낡은 세계가 무너지는 탄식이었는지도……. 그 시는 아주 기이하고 짧은 순간에 탄생했다. 마치 혁명의 폭풍이 온 바다를 흔들며 지나간 후에 찾아오는 순간처럼. 자연과 인생 그리고 예술의 바다가 사납게 날뛰며 무지개 속으로 포말을 내뿜고 있었다. 나는 그 무지개를 바라보며 〈열둘〉을 썼다.

내가 개인적으로 소련의 무장혁명군을 만났던 것은 1956년 5월이었다. 혁명의 열기가 잦아들고 평온해진 시기였다. 당시 소련은 전후 최초로 모스크바에서 국제 고에너지 물리학 학회를 개최했다. 그 전까지 소련의 고에너지 물리학 연구는 비밀에 부쳐졌는데, 사실 그 이유는 군사기밀과는 아무런 관련이 없었다. 소련의 지성들은 이오시프 스탈린[Iosif Stalin]의 생애 말년 동안 공포와 침묵의 시간을 보내야 했다. 심지어 정치와 관련이 없는 물리학 분야에서조차 출판이 엄격히 제한되었고, 외국 과학자들과의 접촉은 꿈도 꾸지 못했다. 스탈린이 사망한 후에야 비로소 비밀의 빗장이 서서히 풀렸다. 일리야 에렌부르크[Ilya Ehrenburg, 1981~1967]가 1954년에 길고 암울한 겨울을 보낸 후 다시 분주해진 소련의 삶을 그린 《해빙 *The Thaw*》도 이때 출판 허가가 났다. 1956년이 되어서야 소련의 물리학자들은 전 세계의 동료들과 한자리에 모일 수 있는 대규모 학회를 개최하고 다시 돌아온 봄을 맞이했다. 학회는 소련의 학자들과 우리 모두에게 즐거운 경험이었다. 옛날의 우정이 되살아났고 새로운 우정이 싹텄다. 소련의 언론들은 이 소식을 1면 톱기사로 다루었다. 덧붙여 전 세계 일류 과학자들이 소련 과학자들의 위대한 성과를 배우기 위해 모스크바로 날아오고 있다며 자랑스럽게 전했다.

모스크바 학회가 끝난 후, 나는 몇몇 외국 과학자들과 레닌그라드를 방문했다. 우리는 국영여행사 직원 두 명의 안내를 받아 레닌그라드 서쪽의 해안을 따라 경치를 관람했다. 그러던 중에 실수로 그만 해안 경비구역으로 들어가고 말았다. 누가 봐도 그곳은 군사제한구역이었

다. 소련 해안경비병 한 명이 우리에게 손사래를 치며 다가오더니 "넬
자 Nelzya!"라고 소리쳤다. 의미인즉, '금지구역'이라는 것이었다. 그 순
간 우리를 인솔하던 여행사 직원들은 겁을 먹고는 반대쪽으로 황급히
달아나버렸다. 그 자리에 남은 우리는 어수룩한 러시아어로 해안경비
병과 대화를 주고받았다. 외국에서 온 과학자들이라고 우리를 소개하
자, 경비병은 함박웃음을 지으며 이렇게 말했다. "아, 당신들을 알고
있습니다. 모스크바 학회에 오셨군요. 파이중간자와 뮤중간자에 대해
배우러 오신 건가요?" 그러더니 주머니에서 꼬깃꼬깃한 〈프라우다
Pravda〉(소련 공산당 기관지-옮긴이)를 꺼내 보였다. 거기에는 우리의 일정이
상세하게 소개되어 있었다. 그 경비병은 우리를 초소로 데리고 가서
동료들에게 자랑스럽게 소개했다. 우리는 몇 분 동안 초소에 앉아서
경비병들에게 모스크바에서 배운 파이중간자와 뮤중간자에 대해 성
심성의껏 설명해주었다. 작별인사를 하려고 하자, 우리를 안내했던 경
비병이 다정하게 악수를 청하면서 말했다. "왜 저희 조국에 자주 오시
지 않나요? 여러분의 국민들에게, 부인과 아이들에게도 꼭 이 말을 전
해주십시오. 여러분들을 환영한다고 말입니다." 레닌그라드로 돌아오
면서 나는 이 우연한 만남을 떠올리면서 다소 우울한 생각이 들었다.
만약 미국의 해안경비병이 영어를 잘 못하는 소련의 물리학자들과 우
연히 마주친다면 어떻게 될까. 그 경비병처럼 친절하고 너그럽게 그들
을 환대해줄까?

후기

가장 최근에 러시아를 방문했던 것은 2003년 10월이다. 그곳에서 또 한 번 예기치 못한 만남이 있었다. 이번에는 젊은 여성 가이드였다. 그녀는 모스크바 북쪽 세르기예프포사트의 수도원을 안내하면서 수도원이나 유명한 예술작품들을 설명하는 대신, 신앙인으로서 영적인 경험들을 들려주었다. 고대 성인의 묘지에서 신성한 향기를 맡고 자신의 삶이 바뀌었다는 것이다. 향기를 맡는 순간, 그녀는 가이드가 되어 다른 사람들에게 고대 성인들의 영적인 힘을 가르치도록 부름을 받았다는 사실을 깨달았다고 한다. 서양인들이 기독교에 대해 갖고 있는 종교관과는 사뭇 달랐다. 그것은 성경 이야기들보다 거룩한 마법에서, 신학적 주장들보다 신비로운 꿈들에서 자란 신앙이었다.

4

정치강령으로서
평화주의가 나아갈 길

그때 나는 소련의 해안경비병에게 "당신도 미국으로 놀러 오시오"라고 무심코 말했다. 경비병은 나를 빤히 쳐다보고는 크게 웃으면서 이렇게 대답했다. "저희가 미국에 어떻게 갑니까? 불가능해요. 우리는 전사들입니다." 경비병의 입에서 튀어나온 '전사warrior'라는 단어가 생경했다. 우리와 초소 탁자에 둘러앉아 파이 중간자와 뮤 중간자에 대해 한담을 나누던 그의 모습에는 전혀 호전적인 기색이 없었다. 그러나 그 단어가 진실을 말해주고 있었다. 그는 전사였고, 그가 하는 일은 전쟁이었다. 그는 알렉산드르 블로크가 시에서 그린 고대의 전사들, 쿨리코보의 들판을 밤새도록 말을 타고 달려와 눈보라를 뚫고 황폐한 페트로그라드의 골목들을 행군했던 12명의 전사들과 깊은 형제애를 나눈 전사였다. 그의 친절과 지적 호기심, 쾌활한 유머를 다 합쳐도 그 사실을 바꿀 수 없다. 그는 군복무 기간을 마치고 민간인으로 돌아간 후에도 전사로 남을 것이다. 아마 소련의 해군이었다는 사실이 평생의 자랑일 것이다. 조국을 위해 참전하라는 부름을 받을 때마다, 넬슨과 함께 트라팔가로 항해했던 병사들처럼 주저 없이 나아갈 것이다. 도시 전체를 날릴 미사일을 발사하라는 명령을 받을 때마다, 히로시마와 나가사키를 조준했던 군인들처럼 전혀 망설이지 않을 것이다. 핵전쟁을 상상할 때면, 나는 늘 소련의 젊은이가 우리 모두를 한 방에 가루로 부숴버릴 버튼을 누르는 악몽부터 떠오른다. 버튼을 누르면서 그는 내가 오래전에 레닌그라드에서 보았던 그 웃음을 머금고 천진한 살의가 담긴 목소리로 이렇게 말할 것이다. "우리는 전사다."

정녕 다른 길은 없을까? 조국의 명예를 수호하기 위해 전장으로 행군하는 전사의 전통 말고는. 우리의 젊은이들이 따를 다른 전통은 없을까? 사실 우리에게는 명예로운 오랜 전통이 있다. 바로 평화주의 전통이다. 수백 년 동안, 전쟁은 신의 뜻을 거스르는 행위라고 여긴 종파들이 있었다. 17세기의 재세례파^{Anabaptists}(16세기에 유럽의 하층민 사이에서 생겨난 급진적인 기독교도-옮긴이)와 퀘이커교^{Quakers}(17세기 영국의 급진적 청교도 신비주의에서 출발한 프로테스탄트의 한 종파-옮긴이)는 비폭력주의 복음을 설파했고, 그런 신념 때문에 박해를 받았다. 이 오랜 비폭력주의의 전통은 정치적이라기보다 개인적이었다. 퀘이커교는 개인의 양심과 신을 갈라놓는 어떤 권위도 허락하지 않았다. 그들은 무장을 하거나 전쟁에 가담하기를 거부했다. 정치적 권력을 추구하지 않았으며, 정부의 활동을 통제하려는 시도도 하지 않았다. 퀘이커교는 양심에 위배되는 행위를 하지 않겠노라고 간명하게 선언했다. 그들이 확립한 개인적 평화주의 전통은 300년간 지속되었고 여러 나라에 뿌리를 내렸다. 개인의 윤리 강령으로서 평화주의는 전쟁과 정치적 변화의 광풍에도 끄떡없음을 스스로 증명했다.

　정치강령으로서 평화주의는 보다 최근에 등장했다. 정치적 평화주의자들은 정치운동이나 정부 시책으로서 비폭력주의 윤리를 지지한다. 평화주의 이론가들은 개인적 평화주의와 정치적 평화주의의 경계를 명확하게 가른다. 이런 구분이 쓸모 있을지 모르지만, 현실에서는 결코 뚜렷하게 구별되지 않는다. 평화주의는 개인적 신념에서 비롯된 양심적 병역 거부에서, 텔레비전 카메라 앞에서 비폭력 시위를 전개하는 정치집단의 행위에 이르기까지 하나로 이어져 있다. 평화주의는 개개인의 양심의 문제일 수도 있고 전술적 계산의 문제일 수도 있다. 대개는 이 둘이 혼합된 경우가 많다. 현대 사회에서 언젠가 평화주의가 우세해진다면, 틀림없이 개인적 평화주의와 정치적 평화주의가 조화된 결과일 것이다. 그리고 종교적으로 뿌리 깊은 평화주의 전통을 수호하는 동시에 현대의 통신수단들을 이용해 대중의 비폭력 시위를 동원하는 양상으로 나타날 것이다. 간디는 우리에게 그 가능성을 최초로 보여준 사람이자, 현대의 가장 위대한 정치적 평화주의자였다.

　정치에 깊이 개입한 간디의 평화주의와 세상의 악으로부터 멀찍이 물러서 고립된 채 살아가는 아미시파^{Amish}(재세례파 계통의 개신교 종파-옮긴이)의 평화주의 사이에는 퀘이커교가 있다. 퀘이커 신도들은 분노와 권력의 세상 한가운데에 살면서 세상의 악을 누그러뜨리려 애쓴다. 퀘이커 교리는 신도들에게 언제나 타인의 고통을 염려하라고 가르친다. 퀘이커교에서 말하는 ‘염려’는 동정심에서 더 나아가 궁핍한 사람들에게 실질적인 도움을 주고, 불공평에 적극적으로 개입하는 것을 의미한다. 수많은 퀘이커 신도들은 각종 정치 활동에 참여해 ‘염려’를 실천하면서 인도주의와 평화주의라는 이상을 실현하고 있다. 그러나 그들은 조직이 아닌 개인으로서 활동한다. 어쩌면 어떤 정부나 정당에 소속되어 있지 않기 때문에 오랫동안 평화주의를 견지하고 있는지도 모른다. 퀘이커교의 평화주의는 양심에 바탕을 둔 개인의 신념이지, 출세와 인기에 영합하려는 정치적 전략이 아니다. 간디의 추종자들과 마찬가지로, 퀘이커 신도들은 정치적 기류가 바뀌어도 평화주의 원칙에서 쉽게 이탈하지 않는다.

퀘이커교가 이룬 불멸의 위업은 노예제 폐지였다. 대중의 도덕성에 엄청난 변화의 바람이 불면서 이 사회혁명은 시작되었다. 노예제 폐지가 완료되기까지 수세기가 걸렸으며, 퀘이커교 단독으로 이룬 위업은 아니었다. 하지만 18세기 내내 퀘이커교는 영국과 미국에서 이 힘든 싸움의 견인차 역할을 했다. 처음에는 아프리카 노예 수입에 종지부를 찍고 나중에는 모든 곳에서 노예 착취를 금지하는 데 결정적인 역할을 했다. 나의 고조 숙부 로버트 헤인즈^{Robert Haynes}는 바베이도스 제도에서 여러 곳의 사탕수수 농장과 수백 명의 노예를 소유한 지주였다. 그는 1804년에 기록한 일기에서 노예제에 대항한 대중의 선동을 맹렬히 비난했다. 당시 영국에서는 노예제 반대 목소리가 커지고 있었는데, 그는 자신의 적이 누구인지 정확히 알고 있었다. '나 또한 은밀한 활동을 벌이고 있는 퀘이커 신도들이 비난받아 마땅하다고 생각한다. 우리 섬에 정착한 초기부터 매우 교묘하게 (요즘에는 아예 대놓고) 다른 사람들을 선동해 반란을 주모하는 주제에, 겉으로는 어떤 폭력도 증오한다고 떠벌인다! 게다가 양심의 가책도 없이 이 나라의 법과 변호인들을 동원해 보호까지 받고 있다. 그들이 하는 짓거리에서 역겨울 만큼 위선과 가식의 냄새가 난다.'

그 다음 내용을 보면, 그가 얼마나 감정적으로 격양되었는지 알 수 있다. '이 섬 일부 지역에서 노예들이 들고 일어나려고 했다. 신속히 제압했으나(즉각적인 징벌은 탁월하고 빠른 효과가 있었지만) 그와 동시에 야기된 전반적인 동요는 아직까지도 누그러들 기세를 안 보인다.'[1] 그로부터 4년 후, 영국 의회는 노예무역금지 법안을 통과시켰고 이를 어긴 자에게는 형사상 처벌을 내렸다. 헤인즈는 그 후에도 25년 동안 자신의 노예들에게 지배권을 행사했다. 그러나 그의 생전에 퀘이커교는 승리했고, 노예들은 해방되었다. 그리고 그 섬의 구시대적 질서는 무너졌다. 1833년 발효된 의회법에 따라 그의 노예들은 현금으로 두둑하게 보상받았고, 헤인즈도 영국 레딩으로 이주한 후 일선에서 물러나 여생을 편안하게 지냈다.

퀘이커교가 승리할 수 있었던 요인은 무엇이었을까? 첫째로, 그들에게는 도덕적 확신이 있었다. 노예제가 도덕적 범죄라는 데에 추호의 의심도 없었고, 그 확신으로 노예제에 반대했다. 그 다음은 인내심이다. 퀘이커 교도들은 실패와 좌절에도 굴하지 않고 수십 년 동안 할 일을 묵묵히 했다. 셋째는 객관성이다. 그들은 이 갈등에서 양측이 받아들일 수 있는 정확한 자료와 객관적인 통계수치들을 신중하게 수집했다. 바베이도스 섬에서 고조 숙부가 가장 격분했던 일도, 퀘이커 교도들이 사실자료들을 수집한 활동이었다. 마지막으로 그들에게는 타협의 의지가 있었다. 퀘이커교의 관심은 노예해방이지, 노예주의 처벌이 아니었다. 그들은 당시 노예가 경제적 자산으로 간주된다는 것을 알았기 때문에, 노예주들에게 그 손실에 대해 합당한 보상을 해줘야 한다는 사실을 인정했다. 노예주들에게 굴욕감을 안길 이유가 없었다. 결국 노예주들은 자존심을 누르고 조용히 합의금을 챙겼다. 1863년 미국의 유혈 노예해방과 달리, 영국은 1833년에 서인도 제도의 노예들을 평화롭게 해방시켜주었다. 노예주들의 권리를 사들이며 노력한 노예폐지론자들 덕분이었다. 영국 정부는 노예주들에게 2천만 파운드를 보상했다. 미국이 남북전쟁으로 치른 비용은 그보다 훨씬 더 컸다.

핵무기 폐지도 노예제 폐지와 맞먹는 규모의 일이다. 200년 전의 노예제와 마찬가지로, 오늘날 핵무기는 우리 사회에 깊숙이 뿌리박힌 부도덕한 제도다. 오늘날 대다수 시민들의 뇌리 속에 각인된 핵공포는 테러리스트들이 자동차에 핵폭탄을 싣고 뉴욕이나 워싱턴을 폭파시키는 상상에서 시작된다. 한 도시에서 한두 개의 핵폭탄이 터진다면 9·11테러와는 비교가 안 될 정도로 심각한 재난을 일으킬 것이다. 그러니 테러리스트 수중에 들어간 핵폭탄을 걱정하는 것도 당연하다. 그러나 진짜 우려해야 할 일은 테러리스트의 수중에 들어간 한두 개의 핵폭탄이 아니다. 다수의 국가들이 보유하고 있는 수천 개의 핵무기다. 테러리스트의 핵폭탄은 수백만 명을 죽이지만, 국가들이 보유한 핵무기는 수억 명의 생명을 앗아갈 수도 있다. 국가 소유의 핵무기들이 대규모 전쟁에 쓰인다면 미국을 포함한 참전국들 전체가 파괴될 수 있다. 미국은 가장 강력한 핵무기를 가장 많이 보유한 국가로서 핵무기 존속에 가장 막중한 책임을 져야 한다.

반전투쟁에서 승리하기 위해서는 노예제 폐지를 성공시킨 사람들의 속성을 기억해야 한다. 도덕적 확신, 인내심, 객관성 그리고 타협의 의지가 그것이다. 노예제에 대항했던 사람들은 200년 전에 역사적 타협을 이뤄냈고, 바로 그 타협이 그들에게 승리의 길을 열어주었다. 그들은 노예무역 금지에 모든 노력을 집중하기로 결정했고, 노예제의 전면적인 폐지는 다음 세대에게 양보했다. 그들의 눈에는 노예제 자체보다 노예무역이 더 악랄한 악으로 보였다. 그리고 정략적으로 공격하면 금

세 무너질 수 있으리라고 판단했다. 노예제의 완전폐지 합의는 이끌어 낼 수 없었지만, 노예무역에 대해서는 도덕적·경제적으로 이해를 같이하는 세력들은 모을 수 있었다. 오늘날 평화운동에 필요한 교훈도 이것이다. 평화운동의 궁극적인 목표는 전쟁의 완전한 금지다. 모든 전쟁이 악이지만, 핵무기 사용은 더 악랄한 악이다. 핵무기 폐지가 전쟁을 금지하는 것보다 정략적 목표로서 실현 가능성이 더 크다. 18세기의 퀘이커 교도들과 마찬가지로, 현대의 평화주의자들은 보다 무너뜨리기 쉬운 악을 첫 번째 표적으로 삼아야 할 것이다. 우리가 핵무기 폐지에 성공하면, 다음 세대들이 전쟁금지를 공략하기가 수월해질 수도 있다. 그러나 지금 우리 시야에 전쟁금지는 보이지 않는다.

정치적 대의로서 평화주의가 고전하는 까닭은 아이러니하게도 지도자들이 너무나 비범한 사람들이었기 때문이다. 이 비범한 천재들은 자기 민족에 대한 신념과 충성을 초월해 본능적으로 세계적 평화주의를 지향한다. 하지만 안타깝게도 정치에는 별로 비범하지 못하다. 천재성과 정치적 타협의 기술은 양립하기가 어렵다. 간디는 아주 드문 경우였다. 역사상 훌륭한 평화주의자들은 정치인보다는 대변자인 경우가 많았다. 유대 민족의 예수, 러시아의 톨스토이, 독일의 아인슈타인이 그러했다. 이들은 각 시대의 대중이 따를 수 있는 정치적 운동을 구상하기보다는 인류를 위한 더 높은 기준을 세웠다.

《전쟁과 평화》를 쓸 무렵, 톨스토이는 러시아의 애국자였다. 자신의 소설에 등장하는 군인들의 호전적 기백에 공감하고 그들의 용기를 자랑스러워했다. 그의 회의적 사실주의는 러시아의 애국문학에 주류로 당당히 자리를 잡았다. 그러나 톨스토이의 천재성을 펼치기에는 러시아의 애국주의가 너무나 편협했다. 50세에 이르러 톨스토이는 평화의 복음으로 개종을 결심한다. 그는 러시아를 포함한 모든 국가 정부의 통치권을 거부했고, 자신이 몸담았던 귀족주의 사회와도 관계를 끊는다. 그리고 생애 마지막 30년 동안 가장 강경한 형태의 비폭력주의를 설파했다. 톨스토이는 모든 군복무를 거부해야 할 뿐만 아니라 어떤 식으로든 정부의 강제적 활동에도 협조하면 안 된다고 주장했다. 정부에 대항하는 혁명적 행위도 금지해야 한다고 주장했다. 정부에 폭력으로 대항하는 자는 폭력을 폐지하는 일에 앞장설 자격이 없기 때문이다. 그는 예수의 말씀에 철저히 순종하는 삶을 살아야 한다고 외쳤다. '눈은 눈으로, 이는 이로 갚으라 했다는 것을 너희가 들었으나, 나는 너희에게 이르노니 악한 자를 대적하지 말라. 누구든지 네 오른편 뺨을 치거든 왼편도 돌려대라.'(마태복음 5장 38~39절)

차르 정부는 톨스토이의 입을 강제로 막을 만큼 무지하지는 않았다. 다만 그의 가르침을 따라 군복무를 거부한 젊은이들은 투옥시키거나 시베리아로 추방했다. 정작 톨스토이 본인은 야스나야 폴랴나에 있는 사유지에서 부인과 충직한 제자들과 함께 평온하게 살았다. 톨스토이는 젊은 간디와도 서신을 교환했다. 그는 전 세계 평화주의자들의 대변자이자 정신적 지도자가 되었다. 학대와 압제가 있다면 그곳이 어디든지 압제자에 저항하라고 소리쳤다. 부자와 권력자들에게는 이기심의 끝에 폭력의 재앙이 있을 것이라고 준엄하게 경고했다. "삶의 방식을 바꾸지 않으려는 사람들이 있다. 그들은 자기가 사는 동안만큼은 아무것도 바뀌지 않기만을 바란다. 죽고 난 다음에 무슨 일이 벌어지든 알 바 없기 때문이다. 그것이 바로 돈에 눈이 먼 사람들이 하는 짓이다. 그러나 시시각각으로 위험은 커지고, 끔찍한 재앙은 다가오고 있다." 돈과 권력이 있는 사람들은 그의 경고를 정중히 들으면서도 달라지지 않았다. 결국 1914년과 1917년에 대재앙을 맞이했다. 생애 말년에 톨스토이가 처한 상황은 50년 후 아인슈타인이 처한 상황과 닮았다. 두 천재작가는 흰 수염을 위엄 있게 기르고, 계급과 특권에 대한 경멸의 상징으로 허름한 작업복을 즐겨 입었다. 그리고 현실 정치인들로부터 고집불통 늙은이라고 괄시받았지만, 대중들로부터는 인류 양심의 대변자로 사랑과 존경을 받았다.

톨스토이가 회심한 지 100여 년이 지난 지금, 인간의 정신을 지배하는 국가주의의 힘은 그 어느 때보다 강력해졌다. 1914년은 유럽 여러 국가들에서 노동자 조직이 수적으로나 세력면에서 급속히 성장하던 때였다. 19세기 말에서 20세기 초에 유럽의 노동자들은 기업주들의 싸움에 총알받이가 되지 않겠노라고 공동합의를 내렸다. 어쩌면 그때가 기회였는지도 모른다. 그것은 톨스토이가 바랐던 꿈인 동시에, 노동자 조직을 키워온 지도자들의 꿈이기도 했다. 그 꿈은 사회주의와 평화주의 원칙들을 지키며 전 세계 노동자들이 하나로 연대하는 것이었다. 국제적 총파업의 꿈! 만약 총파업의 꿈이 실현되었다면 교전국 장군들만 남고 병사들은 전장을 떠났을 것이다. 지도자들은 국제적 조합을 전 세계 노동자들을 위한 현실적인 정치전략으로 여겼다. 그 지도자들의 선봉에 장 조레스^{Jean Jaurès, 1859~1914}가 있었다. 조레스는 프랑스의 노련한 정치가였다. 그는 프랑스 하원에서 사회당을 대표하며 광부들의 지지로 재선에 성공했다. 조레스는 애국심이 강한 프랑스인이었고, 단 한 번도 일방적인 군비축소나 무조건적인 평화주의를 주창하지 않았다. 그는 독일과 오스트리아의 사회주의 지도자들과도 친분이 있었고, 그들의 모호한 태도도 이해하고 있었다. 하지만 전쟁에 반대하는 국제적 총파업이 반드시 성공할 것이라고 강하게 확신했다. 하지만 그 꿈은 1914년 1월 31일에 산산조각이 났다. 독일·오스트리아·소련의 군대가 이미 전쟁에 동원되고, 각국의 노동자들도 국제적 조합을 잊고 고분고분하게 참전하기 시작한 것이다. 조레스는 비탄에 잠겨 식당에 앉아 있다가 광적인 프랑스 애국자의 총탄에 죽고 말았다.

톨스토이의 근본적인 평화주의는 유럽에서 중대한 정치적 세력이 되지 못했다. 러시아에서도 혁명 이전과 이후 그 어느 때도 거의 힘을 얻지 못했다. 그나마 전쟁에 대항해 노동자들이 힘을 행사했던 때는 딱 한 번 있었다. 1917년 독일과 교전 중이던 알렉산드르 케렌스키 Alexander Kerensky 정부의 병사들에게 레닌이 탈영을 회유한 것이다. 그때가 유일했다. 그러나 이 탈영은 국제적 반전과 총파업을 바랐던 조레스의 꿈이 실현된 것으로 보기 어려웠다. 왜냐하면 그것은 레닌이 준비한 새로운 전쟁의 서막이었기 때문이다. 권력을 손에 쥐자마자 레닌은 새로운 군대를 조직해 자신의 세력권을 지키는 데 사용했다. 그는 1918년에서 1921년까지 내전을 일으켜 구체제의 잔존자들을 숙청하려 했다. 혁명 전의 차르도, 그 후의 레닌도 피를 보는 데 주저하지 않았다. 물론 소련의 젊은이들을 공수하는 일도 전혀 어렵지 않았다. 젊은이들은 조국을 수호하기 위해 기꺼이 죽이거나 죽을 용의가 있었기 때문이다. 톨스토이의 비폭력주의 복음의 씨앗은 전 세계 모든 척박한 땅에 뿌려졌고, 그중 가장 척박했던 곳은 그의 조국 러시아였다.

비폭력주의를 대규모 정치운동으로 가장 크게 성공시킨 사람은 인도의 간디였다. 간디는 30년 동안 인도의 독립운동을 이끌며, 추종자들에게 톨스토이의 행동강령을 따르게 했다. 간디는 사티아그라하 satyagraha (진리의 힘이라는 뜻의 힌디어로, 비폭력 저항철학을 담고 있다-옮긴이)라는 개념을 고안했다. 그것은 비폭력주의 그 이상을 의미했다. 간디는 사티아그라하 정신이 민중해방에서 폭탄과 총알을 대신할 만큼 힘이 있다는 사실을 증명해 보였다.

사티아그라하는 단순히 수동적으로 저항하거나 폭력적 행동을 포기하자는 뜻이 아니다. 사회적, 정치적 목표를 성취하기 위한 무기로서 도덕적 압력을 적극적으로 이용하자는 의미다. 간디는 인도를 통치하는 영국 정치인들뿐 아니라, 비폭력을 거부하는 주총자들에게도 공평하게 사티아그라하 정신을 적용했다. 힌두교 신자인 동시에 런던에서 법을 공부한 간디는 인도의 소작농들과 제국의 정치인들의 심리를 두루 이해했고, 양편 모두를 끌어모아 자신의 의지에 굴복시키는 데 성공했다. 사티아그라하 정신을 실현시키는 데에 시민의 불복종과 단식투쟁은 주요한 도구가 되었다. 간디 본인도 자신의 요구를 관철시키기 위해 목숨을 걸고 여러 차례 단식투쟁을 했다. 넘어야 할 장애물도 많았고 때로는 폭력으로의 일탈도 있었지만 이 도구들은 효과적이었다. 사티아그라하 운동은 영국과 인도 사이에 어떤 유혈 행동도 유발하지 않고 인도의 독립을 이뤄냈다. 영국의 통치자들은 터무니없이 맹목적인 간디 때문에 부아가 치밀었지만, 그를 죽일 수도 감옥에 영원히 가둘 수도 없었다. 간디가 죽음을 각오하고 단식할 때도 그대로 내버려둘 수밖에 없었다. 간디만이 추종자들의 폭력적인 기질을 통제할 수 있다는 걸 알았기 때문이다. 사티아그라하 정신이 간디의 손에서 효율적인 무기가 될 수 있던 까닭은 톨스토이와 달리 영악한 정치인이었기 때문이다. 실제로 간디는 30년 동안 개인적으로는 영국의 권력자들과 협력해 인도의 평화를 유지하는 한편, 공개적으로는 그들을 반대했다. 간디의 이런 행보 때문에 추종자들에게 영국의 꼭두각시로 보일 일이 없었다. 사티아그라하 정신을 성공적으로 이용하기 위해서는 용기와 도덕적 위엄 외에도 현실 정치인으로서 적의 약점을 파악하는 재능도 필요하다. 더불어 유머감각과 약간의 운도 필요하다. 간디는 이 모든 재능을 갖고 있었고 최대한 활용했다.

하지만 말년에 이르러서는 간디의 운도 다했다. 간디는 인도의 독립운동을 승리로 이끈 후에 인도를 독립된 통일국가로 만들려고 노력했다. 그러기 위해서는 힌두교와 이슬람교 사이의 격렬한 분쟁을 해결해야만 했다. 그 분쟁은 유럽과 아시아 간의 권력싸움보다 훨씬 더 골이 깊었다. 사티아그라하 정신은 영국의 제국주의는 제압했으나 힌두교와 이슬람교의 국가주의는 제압하지 못했다. 인도와 파키스탄이 폭력적으로 분리독립한 지 5개월 만에 델리에서 조레스의 죽음이 재현되었다. 조레스처럼, 간디도 그의 애국심을 불신한 한 국가주의자의 총에 맞아 세상을 떠나고 말았다.

조레스도 그랬지만, 간디도 한 대륙에서 전면적으로 전쟁을 금지할 수 있다는 희망을 품고 죽었다. 독립 인도의 초대 총리인 네루^{Nehru, 1889~1964}는 사실 비폭력주의를 진심으로 믿지는 않았다. 파키스탄의 지도자들은 비폭력주의를 거들떠보지도 않았다. 인도와 파키스탄은 프랑스와 독일이 알자스와 로렌을 차지하려고 싸웠던 것처럼, 카슈미르 분쟁지역을 서로 차지하려고 싸웠다. 독립한 지 30년 동안 세 차례 전쟁이 있었다. 전쟁은 간디의 추종자들이 그에게서 배운 점이 거의 없다는 사실을 보여주었다. 인도와 파키스탄 정부는 식민군대와 해군군함, 보병연대들을 포함해 정치권력 놀음에 중독된 옛 유럽의 악습들을 그대로 이어받았다. 간디의 사티아그라하 정신은 압제자에 저항하는 피지배 국민들에게는 효과적인 무기였다. 하지만 그의 추종자들은 정부의 통치권을 획득하자마자 곧바로 사티아그라하정신을 버렸고 압제자로 돌변했다.

간디의 삶과 죽음은, 정치적 정략으로서의 평화주의가 개인 윤리로서의 평화주의보다 얼마나 지속되기 어려운지 분명하게 보여준다. 비범한 카리스마와 재능을 겸비했던 간디는 평화주의 정략으로 전 국민을 결집시킬 수 있었다. 그는 비폭력 저항운동의 내구력과 강력함을 동시에 보여주었다. 반면 간디 이후 인도의 모습은 정치적 평화주의로는 지도자를 죽음에서 구하지도 못하고 권력의 유혹에 저항할 수도 없음을 방증한다.

인도에서 간디가 비폭력 저항운동을 성공적으로 이끌고 있을 때, 영국에서도 정치적 평화주의가 유행했다. 두 차례의 세계대전 동안, 유럽의 평화주의자들은 간디에게 고무되었다. 그들은 조레스의 염원을 다시 되살리고자 했다. 그리고 국제적인 비폭력 저항동맹을 만들어 군국주의 국가들에 맞서겠다는 희망에 차 있었다. 그러나 그 희망은 처참하게 무너졌다. 여기에는 세 가지 주요한 원인이 있었다. 리더십의 부재, 뚜렷한 목표의 부재 그리고 히틀러였다. 유럽의 평화주의자들은 간디에 비견할 만한 지도자를 만들지 못했다. 평화주의자였던 아인슈타인은 히틀러의 등장으로 마음이 바뀌기 전까지는 평화주의라는 대의에 자신의 이름과 명예를 빌려주었다. 하지만 정치적 지도자가 되고 싶은 마음은 전혀 없었다. 톨스토이처럼, 아인슈타인 역시 자국민에게보다 전 세계인에게 영웅이었다. 독일에서 평화주의는 거의 힘을 얻지 못했다. 심지어 아인슈타인의 인기가 절정이었던 시기에도 그러했다. 당시 평화주의가 가장 강력한 힘을 얻었던 곳은 영국이었다. 영국에서는 조지 랜스베리^{George Lansbury, 1859년~1940}가 1931년에서 1935년까지 노동당 당수로 있었다. 그는 평화주의 신념을 확고하게 가졌던 기독교

사회주의자였다. 랜스베리는 간디처럼 대범하게 행동할 능력이 있었다. 1930년, 런던 이스트엔드 지역의 포플라 시 시장이었던 랜스베리는 정부의 탄압정책에 복종하지 않고 감옥을 택했다. 이스트엔드의 유권자들에게 그는 영웅이었다. 하지만 간디가 인도의 분위기를 주도했던 것과 달리, 랜스베리는 유럽의 분위기를 주도하려고 하지 않았다. 간디에게 뚜렷한 목표가 있다는 점은 엄청난 이점이었다. 간디는 인도의 독립이라는 대의를 가지고 열정적인 추종자들을 집결시킬 수 있었다. 하지만 랜스베리를 비롯한 유럽의 평화주의자들에게는 그런 목표가 없었다. 그들은 국제적 평화유지 권한을 갖고 있는 국제연맹^{League of Nations}을 후원했지만, 대규모 정치운동의 진원지로서는 부적격하다고 보았다. 국제연맹은 늙은 정치인들의 토론모임 정도로만 인식될 뿐이었다. 수백만 명의 유럽 사람들이 자국의 정부를 거부하고 국제연맹에 충성할 리는 만무했다. 간디가 '국가주의'라는 조류를 타며 헤엄쳤다면, 랜스베리와 그의 추종자들은 그 조류를 거슬러 헤엄친 셈이었다. 결과적으로 랜스베리 지도하에서 영국 노동당의 외교정책은 어느 쪽으로든 마이너스였다. 히틀러에 대항하기 위한 재무장이나 조치도 없었고, 그렇다고 평화주의에 전적으로 매달리지도 못했다.

평화주의 지도자로서 랜스베리의 수명은 몇 년을 못 버티고 끝났다. 그동안 히틀러는 권력자로 부상하고, 영국에서는 평화주의 운동이 큰 인기를 끌었다. 히틀러가 수상이 되기 몇 주 전, 옥스퍼드 학생들은 '어떠한 경우에도 영국 하원은 국왕과 국가를 위한 전쟁을 해서는 안 된다'라는 주제로 토론을 벌였다. 그리고 대다수 학생들은 반전에 손을 들었다. 이 투표결과는 널리 알려졌다. 이후에 주전론자^{主戰論者}들이 주장한 것처럼, 어쩌면 투표결과가 히틀러의 유럽 정복계획을 더욱 부추

겼는지도 모른다. 히틀러가 옥스퍼드 학생들의 투표에 관심이 있었든 없었든 그것은 상관없다. 다만 영국과 프랑스에 짙게 드리운 평화주의 분위기가 히틀러의 공격적 정책들을 부채질했다는 데에는 의심의 여지가 없다. 1933년 10월, 히틀러는 수상이 되기 전에 있었던 국제 군축회의Disarmament Conference의 결정을 철회하기로 한다. 이것은 독일을 재무장시킬 의도가 있음을 세계에 공식 선포한 것이었다. 그로부터 4일 후, 랜스베리는 영국 하원의사당에서 노동당을 대표해 다음과 같이 연설한다.

우리는 군비확대를 지지하지 않을 것이다. 독일에게 불이익이나 제재를 가하려는 시도에 대해서는 우리 정부뿐 아니라 다른 어떤 정부에게도 동조하지 않을 것이다. 위대한 국가들이 즉각적이고 실질적으로 무장해제하기 시작하면 마침내 전 세계적으로 군비축소가 실현될 것이다. 그렇게 되면 독일에게 불이익이나 제재를 가하자고 요구할 정부도 없어질 것이다.

하지만 그가 언급했던 '위대한 국가들'은 무장해제할 의사가 없었다. 아마 랜스베리도 예상했을 것이다. 랜스베리의 정책은 무장이든 비무장이든 아무런 조치도 취하지 않겠다는 의미였다. 그는 정치적 평화주의의 비극적인 딜레마에 빠졌다. 영국과 프랑스의 평화주의자들은 전쟁에 참여할 의사가 없음을 공언했다. 그럼으로써 히틀러의 무모함을 부추겨 전쟁을 감행하도록 만들었고, 이윽고 시작된 전쟁을 더욱 참혹하게 만들었다. 이 딜레마를 해결할 묘안은 없다. 포악한 적을 만난 국가는 효과적으로 싸울 준비를 하든지, 비폭력주의 원칙을 끝까지 고수할 것인지 양단간에 결정을 내려야만 한다. 어느 쪽으로 결정을 내리든, 진지하고 엄숙해야 하며 그 결과를 책임져야 한다. 1930년대의 영국은 평화주의를 건성으로 신봉하는 것이 평화주의에 반대하느니만 못하다는 사실을 보여준 대표적인 사례다. 진정성이 결여된 평화주의는 실제로 비겁함과 구별하기 어렵다. 결국 유럽의 평화주의는 제2차 세계대전이 시작되자마자 신뢰를 잃었다. 진정성 없는 평화주의자들은 겁쟁이나 공범자 취급을 받았다. 유럽 평화주의의 참패는 적어도 한 가지 교훈은 남겼다. 간디처럼, 진정성과 용기를 겸비하지 않으면 현대 사회의 평화주의는 승리할 수 없다는 것이다.

1935년 랜스베리는 평화주의 원칙이냐, 노동당 당수로서의 지위냐를 놓고 선택해야 했다. 정직했던 랜스베리는 평화주의 원칙을 고수하고 클레멘트 애틀리^{Clement Attlee, 1883~1967}에게 당 대표직을 넘겼다. 10년 후 총리가 되어 영국을 핵무기로 무장시키기로 결정한 바로 그 애틀리에게. 영국에서 유효한 정치적 세력으로서의 평화주의는 죽었지만, 인도에서는 여전히 살아 있다. 나처럼 기존의 권력과 제국주의에 반감을 품은 영국의 젊은이들은 간디를 영웅으로 칭송했다. 간디의 대담함은 무기력한 랜스베리, 줏대 없는 애틀리와 대비되었다. 우리는 그 대담함에 열광했다. 우리의 대화에는 평화주의를 찬양하는 미사여구들이 넘쳤다. 우리에게 간디 같은 지도자가 있다면, 주전론자들을 감옥에 가두고 정신 차리게 만들 수 있다고 호기롭게 떠들었다. 우리가 이런 대화에 빠져 있는 동안, 히틀러는 독일의 강제수용소를 포로들로 채웠고 정책에 반대하는 사람들의 입을 틀어막았다. 그리고 1940년 프랑스를 공격하고 유린했다. 우리는 1933년에 랜스베리가 그랬던 것처럼, 고질적인 평화주의 딜레마에 직면했다. 이론적으로는 비폭력주의를 신봉하면서도, 한편으로 프랑스에서 벌어지는 만행들을 보면서 비폭력 저항으로는 히틀러를 상대할 수 없다고 결론 내렸다. 우리는 울며 겨자 먹기로, 일단 국왕과 조국을 위해 싸우고 보자고 결정했다.

40년 후, 필립 할리Philip Hallie는《무고한 피를 흘리지 않기 위해Lest Innocent Blood Be Shed》[2]라는 책을 썼다. 그 책은 히틀러에 대항해 비폭력 저항의 길을 선택한 프랑스의 한 마을에 관한 이야기다. 그것은 정말이지 놀라운 이야기다. 비폭력주의도 효과적일 수 있음을, 심지어 히틀러에게도 유효하다는 사실을 보여준다. 유대인을 숨겨주면 추방이나 사형이 구형되던 시절이었다. 그럼에도 르 샹봉쉬르리뇽Le Chambon sur Lignon 마을은 수백 명의 유대인을 숨겨주었다. 이 마을 사람들은 개신교 목사 앙드레 트로크메André Trocmé를 따르고 있었다. 그는 이미 여러 해 전부터 비폭력주의를 신봉하고 있었고, 마을 사람들을 정신적·영적으로 단련시켜놓았다. 게슈타포Gestapo(독일의 비밀경찰-옮긴이)가 마을을 수시로 급습했으나, 트로크메가 미리 심어둔 스파이의 정보로 유대인 도망자들을 숲속으로 대피시킬 수 있었다. 독일의 권력자들은 그 마을의 지도자들을 체포하고 처형했지만, 저항은 멈추지 않았다. 마을 전체를 추방하거나 죽이지 않는 한 저항운동을 무력화시킬 방법은 없었다. 그 마을 인근에는 대량학살과 학대를 자행한 적이 있는 전투부대가 주둔하고 있었다. 바로 숙련된 독일 무장조직 SS 전투부대, 일명 타타르 부대Tartar Legion였다. 이 부대의 전투력은 마을을 몰살하고도 남았다. 그러나 요행히 마을은 살아남았다. 트로크메 목사 역시 우연한 행운들이 겹치면서 끝까지 살아남았다.

어떻게 마을이 생존할 수 있었는지, 트로크메 본인도 여러 해가 지난 후에 그 이유를 깨달았다. 그 마을의 운명은 독일의 선한 정신과 악한 정신을 대표하는 두 독일군의 대화로 결정되었다. 악한 쪽은 '백정'이라는 이름의 의미와도 어울리는 메츠거^{Metzger} (독일어로 도축업자, 백정이라는 뜻-옮긴이) 대령이었다. 그는 SS 전투부대를 진두지휘하면서 시민들을 학살했고, 프랑스가 해방된 후에 전범재판에서 사형을 언도받았다. 선한 쪽은 독일 구파의 점잖은 소령 슈멜링^{Schmehling}이었다. 그는 바이에른 출신의 가톨릭 신자였다. 두 사람은 르 포레스티에^{Le Forestier}의 재판현장에 함께 있었다. 포레스티에는 마을의 의사였는데, 본보기로 처형되고 만다. 후에 트로크메와 만난 자리에서 슈멜링 소령은 이렇게 고백했다. "저는 그 재판에서 르 포레스티에의 말을 경청했습니다. 기독교인이었던 그는 마을 사람들이 독일의 명령에 복종하지 않은 까닭을 아주 명쾌하게 설명하더군요. 전, 그 의사가 솔직했다고 생각합니다. 아시다시피 저는 독실한 가톨릭 신자로서 이 모든 상황들을 바라봤습니다. 하지만 메츠거 대령은 좀 강경한 사람이었습니다. 마을을 진압해야 한다고 강력히 주장했죠. 제 입장은 달랐습니다. 저는 좀 기다려야 한다고 했죠. 이런 식의 저항은 폭력적으로 진압해야 할 상황이 아니라고 말했습니다. 제가 가진 모든 인맥과 권한을 다 동원해서 부대의 진압을 극구 만류했습니다."

마을은 그렇게 살아남았다. 비폭력 저항의 고전적 개념을 이보다 훌륭히 설명할 수는 없다. 르 포레스티에와 같이, 신념을 위한 죽음은 헛되게 보일 수도 있다. 그러나 그의 죽음은 적의 마음을 움직였고, 비로소 적은 인간답게 행동하기 시작했다. 슈멜링 소령과 같은 적을 친구로 만들고, 마침내 강경하고 냉혹한 적의 마음마저도 설득해 학살을 멈추게 할 수 있었던 것이다. 이것이 그 옛날, 르 샹봉쉬르리뇽 마을에서 있었던 사건의 전모다.

비폭력 저항이 성공할 수 있었던 결정적 요인은 무엇일까? 엄청난 용기와 비범한 절제력으로 단결했던 마을 사람들이었다. 마을 사람들 모두가 지도자의 종교를 공유하지는 않았다. 하지만 그들 모두가 지도자의 도덕적 신념을 믿고 따랐고, 그랬기 때문에 목숨을 걸고 학대받는 자들에게 피난처로 제공했던 것이다. 그들은 우애와 신의, 존경으로 연대했다.

머지않아 우리에게 전쟁의 의미를 심각하게 고민해야 할 때가 올 수 있다. 그때도 비폭력이 실질적인 대안이 될 수 있느냐, 없느냐의 문제와 마주하게 될 것이다. 과연 비폭력주의가 미국처럼 거대한 국가의 외교정책에서 근간으로 채택될 수 있을까? 그때도 다수의 희생으로 목숨을 부지하는 종교적 소수자들의 개인적인 도피처에 불과할까? 나는 이 질문들에 대한 답을 알 수 없다. 내가 아는 한 그 누구도 이 질문에 대답하지 못할 것이다. 르 샹봉쉬르리뇽 마을의 이야기는 양심의 목소리를 일깨운다. 그리고 이 질문들을 회피해서는 안 된다고 말한다. 르 샹봉쉬르리뇽 마을은 '비폭력 저항'이라는 개념이 외교정책의 효과적인 토대가 되려면 무엇이 필요한지 보여준다. 그것은 바로 엄청난 용기와 비범한 절제력으로 단결된 국민의 힘이다. 요즘 같은 시대에도 그런 국가가 존재할 수 있을까? 어쩌면 압제자에 대항해 조용한 침묵으로 저항하고 있는 작은 단일민족국가라면 가능할 수도 있다. 그렇다면 미국은? 미국 국민들이 르 샹봉쉬르리뇽 마을 사람들처럼 우애와 자기희생 정신으로 단결할 수 있을까? 사실 그런 상황이 쉽게 그려지진 않는다. 그럼에도 불구하고 역사는 우리에게 이렇게 말한다. 상상할 수 없는 많은 일들이 일어났었다고. 비폭력주의에 대한 모든 논쟁은 결국 버나드 쇼^{Bernard Shaw}가 〈성녀 조안^{Saint Joan}〉 말미에 제기한 질문과 만나게 된다.

오, 이 아름다운 지구를 창조한 신이시여, 언제쯤이면 이 세상이 당신의 성인들을 받아들일 준비가 될까요? 주여, 얼마나 오래 기다려야 할까요?

후기

이 논평은 1984년에 쓴 것이다. 그 이후로 전쟁과 평화에 대한 논의의 쟁점은 국가 간 갈등에서 이른바 '테러와의 전쟁'으로 바뀌었다. 나는 테러리즘에 대항하기 위해 전쟁을 정책으로 삼는 것에 동의하지 않는다. 그것은 사실상 효과도 없고 도덕적으로도 옳지 않다. 테러리즘에 맞설 효과적인 도구는 시민의 정치적 힘과 시민방어다. 테러리즘 타파가 도덕적으로 옳은 일이라고 해서 전쟁이 정당화될 수는 없다. '테러와의 전쟁'은 어쩌면 새로운 테러리스트들을 양산할 수도 있다. 이 특별한 전쟁에 반대하기 위해 반드시 평화주의자가 될 필요는 없다.

르 샹봉쉬르리뇽 마을 이야기는 훌륭한 다큐멘터리로 제작되었다. 바로 1987년 피에르 소바주Pierre Sauvage가 제작한 〈영혼의 무기Weapons of the Spirit〉다. 다큐멘터리에는 마을 사람들의 평화적 저항 이야기와 인터뷰가 실려 있다. 소바주는 그 마을에서 태어났다. 유대인이었던 부모가 그 마을에 은신해 있을 때 그를 낳았다고 한다.

5

전쟁금지와 핵금지

몇 해 전에 나는 어떤 실험실에 들어갔다가 충격적인 광경을 보게 되었다. 수소폭탄 42개가 실험실 바닥에 널브러져 있던 것이다. 히로시마를 파괴한 것보다 10배 이상 강력한 폭탄이 심지어 사슬에 묶여 있지도 않았다. 지금도 그 장면을 떠올릴 때마다 얼마나 인간의 상황이 위태로운지 몸서리치게 된다. 이어서 어떻게 하면 나의 손자들을 지켜낼 수 있을까 심히 고민이 된다. 핵무기는 조지 케넌의 말마따나 인류에게는 가장 심각한 위험이고, 신에게는 가장 심각한 모욕이다.

미래의 고민목록에서 핵무기가 사라지는 날이 온다면, 아마 그날은 두고두고 감사해야 할 역사적 변곡점이 될 것이다. 우리는 50년 전부터 시작해 수십 년 동안, 핵무기라는 공포의 그늘에서 벗어나지 못했다. 핵무기 경쟁은 우리 시대의 가장 중요한 윤리적 문제였다. 과학자들의 윤리적 딜레마에 관해 논의할 때도 폭탄과 장거리 미사일에 집중

되었다. 핵무기 설계자는 과학의 사악한 이면의 상징이 되었다. 그런데 현재, 핵폭탄은 우리의 시야에서 조용히 그리고 느닷없이 사라져버렸다. 하지만 핵폭탄 자체가 사라진 것은 아니다. 신뢰할 수 없는 사람들이 비축하고 있는 핵무기가 인류를 위협할 가능성은 그 어느 때보다 현실적이다. 그런데도 지금 우리의 미래상에는 핵무기가 보이질 않는다. 어떻게 이런 일이 벌어질 수 있었을까?

1955년 여름, 나는 미국의 미래 핵무기비축에 관한 기술연구에 참여했다. 그 연구에는 과학자들 외에도 무기연구소의 폭탄설계 전문가 한 팀이 공동으로 참여했다. 연구의 목적은 다음 질문에 대한 답을 찾는 것이었다. 기존 핵무기들이 별도의 핵실험을 거치지 않고도, 설계 변경 없이 성능을 그대로 유지할 수 있는가? 그것이 기술적으로 가능한가? 우리의 연구에서는 성능을 신뢰할 만한 핵무기가 반드시 필요한지, 미래의 핵실험이 반드시 부적절한지와 같은 정치적인 문제들은 다루지 않았다. 연구원들도 이런 문제들에 대해 각자의 견해를 갖고 있었지만, 어쨌든 정치는 우리 소관이 아니었다. 우리는 연구의 기본 원칙을 이렇게 가정했다. '영구적으로 비축된 핵무기들은 설계를 변경하지 않더라도 구성성분들이 변질되거나 파괴될 수 있다. 그러므로 반드시 수리와 재제조과정을 거쳐야 한다.' 기존의 구성성분들을 제조하던 공장들이 문을 닫는 경우도 감안해, 새로운 성분들로 대체하게 될 상황도 고려해야 했다. 우리는 모든 유형의 무기들을 면밀히 검토했다. 구성성분들이 근소하게 달라졌을 때도 강력한 성능을 유지할 수 있는지도 검사했다. 그리고 만장일치로, 핵실험을 실시하지 않고도 성능을 신뢰할 만한 핵무기를 영구적으로 비축할 수 있다고 보고했다. 여기서 만장일치가 핵심이다.

만장일치가 가능했던 것은 7주 동안 동고동락하며 연구에 참여했던 무기설계 전문가들의 객관성과 정직함 덕분이었다. 로스앨러모스 연구소의 존 리히터John Richter와 존 카머디너John Kammerdiener, 리버모어Livermore 연구소의 시모어 삭Seymour Sack 그리고 샌디아Sandia 연구소 출신의 로버트 퓨리포이Robert Peurifoy가 그들이다. 그들은 기술력을 요하는 분야의 멋진 명공名工이었고, 폭탄을 설계하고 실험하면서 인생의 황금기를 보낸 사람들이었으며, 성패와 상관없이 모든 실험들을 낱낱이 기억하고 있었다. 매번 실험할 때마다 목적을 뚜렷이 알고 있었고, 실험이 성공하든 실패하든 교훈을 찾아냈다. 그들은 우리 연구에서 매우 중요한 존재였고 우리의 결론에 신뢰성을 더해주었다. 영웅적인 무기제작 시대를 경험한 그들은 사라져가고 있는 문화의 생존자들이었다. 그 누구도 이들을 대신하지 않을 것이며 대신할 수도 없었다. 연구를 하는 동안에도 그들은 안전한 세상을 만들기 위해 헌신적으로 우리를 도왔다.

우리의 연구가 내린 결론은 마침내 핵무기 경쟁이 끝났다는 사실을 기념하는 역사적 표석이었다. 핵무기 경쟁은 1940년대에서 1950년대까지 불과 20년 동안 맹렬하게 불붙었다. 그리고 그 후 30년 동안 세 단계에 걸쳐 서서히 열기가 식었다. 고성능 수소폭탄이 개발되었던 1960년대 동안 과학 경쟁은 쇠퇴했고, 핵무기는 과학적 도전의 대상에서 제외되었다. 신뢰할 만한 미사일과 난공불락의 잠수함이 개발된 후, 1970년대 동안에는 군비경쟁이 약화되었다. 실제 전쟁 상황에서 핵무기가 소유자에게 군사적 이점을 제공할 수 없게 된 것이다. 1980년대 동안에는 모든 당사자들이 거대 핵무기 개발산업이 환경적, 경제적으로 재앙이라는 합의에 이르렀다. 그 후 정치적 경쟁도 서서히 막을 내렸다. 핵무기 비축량은 더 이상 정치적 위상을 보여주는 상징이 아니었다. 각 단계마다 점진적 경쟁완화를 법적으로 비준하기 위한 군축협정이 맺어졌다. 1963년의 대기권 내 핵실험금지법은 과학경쟁의 종료를 알렸다. 1970년대의 탄도탄요격미사일협정ABM, Anti-Ballistic Missile Treaty과 전략무기제한회담SALT, Strategic Arms Limitation Talks은 군비경쟁의 종식을, 그리고 1980년대의 전략무기감축협정START, Strategic Arms Reduction Treaty은 정치경쟁의 종료를 선언했다.

우리는 이런 역사적 사건에서 1990년대와 그 후의 세상을 어떻게 추론해낼 것인가? 현재 미국의 안보와 군사력은 본질적으로 비핵 군사력에 달려 있다. 모든 것을 감안할 때 핵무기는 자산이라기보다는 부채다. 미국은 자국의 핵무기를 포함해 전 세계의 핵무기 배치를 전부 없애야만 안보를 확보할 수 있다. 앞으로 50년 동안 미국은 핵무기 경쟁에 후진 기어를 넣기 위해 노력해야 할 것이다. 핵무기는 그것이 가진 가치보다 위험성이 훨씬 더 크다. 따라서 동맹국과 적국에게 그 사실을 주지시켜야 할 것이다. 이와 같은 방향 전환에 가장 효과적인 조치는 핵무기의 일방적 철수다. 군비경쟁의 기어를 후진으로 바꾸는 역사적 신호탄은 전술핵무기의 일방적 철수조치였다. 1991년 조지 부시George Bush 대통령은 지상 및 해상 기지에 배치된 전술핵무기에 대해 이런 조치를 내렸다. 이에 대한 즉각적 대응으로 러시아 대통령 미하일 고르바초프Mikhail Gorbachev도 핵무기의 전면적 철수를 단행했다. 1992년의 핵실험 일시 중지 역시 같은 맥락에서 내려진 효과적인 조치였다.

핵무기 경쟁의 방향 전환을 지속하려면, 우리는 세 가지 장기적인 목표를 추구해야 한다. 전 세계 핵무기의 철수와 폐기, 핵실험 전면 중지 그리고 모든 국가의 핵 활동을 투명하게 공개하는 것이다. 이 목표들을 추구하는 과정에는 조약보다 일방적 철수조치가 더 효과적이다. 일방적 철수는 신뢰를 낳는 반면, 조약의 협상은 의혹을 낳기 때문이다.

우리의 비축 핵무기 연구는 군비경쟁을 후진시키는 기어의 역할과 잘 들어맞았다. 우리의 연구 목적은 보유하고 있는 핵무기의 기술적 안정성을 확보하는 것이었다. 또한 핵실험을 무기한 하지 않고도 기존 핵무기의 성능을 유지할 수 있는 방법들을 찾는 것이었다. 핵무기가 명예롭게 사라지기 위해선 반드시 안정성이 보장되어야 한다. 일단 기존 핵무기들을 안정적으로 유지할 수 있는 관리체제가 확립되면, 국가적으로나 국제적으로 핵무기에 대한 관심이 줄어들 것이다. 그렇게 되면 핵무기들은 안정적인 핵전쟁 억지력이라는 특성들만을 갖게 된다. 공포, 고립, 침묵이다. 그리고 21세기 초반 수십 년 안에 핵무기 문제는 서서히 사라질 것이다. 기아와 폭동, 불안으로 야기된 다른 국제질서 문제들이 그 자리를 대신할 것이다. 핵무기가 한물간 시대의 쓸모없는 유물로 전락할 시대가 올지도 모른다. 마치 귀족정치 시대에 기마병들이 타던 말처럼 의전용으로 남을 수도 있다. 서서히 핵무기가 불합리하고 부적절한 무기로 간주되기 시작하면, 언젠가는 일거에 없애버릴 날도 올 것이다.

아직은 핵무기에게 작별을 고할 날이 멀다. 너무 머나먼 이야기 같아서, 그 모습이 잘 그려지지 않을 수도 있다. 어쩌면 100년쯤 걸릴지도 모른다. 그날이 오기 전까지 우리는 핵무기들과 가능하면 평온하고 분별 있게 공존해야 할 것이다. 우리가 비축 핵무기를 연구한 목적도 그것이었다. 핵무기가 불필요한 물건으로 간주되는 날까지 안전하게 유지할 수 있는지 확인하는 것. 하지만 그런 날이 오더라도 비핵무기와 비핵전쟁에 대한 윤리적 딜레마는 해결되지 않을 것이다.

전쟁금지는 우리의 궁극적 목표이지만 핵무기 철수보다 더 요원해 보인다. 핵시대 초반에 오펜하이머는 핵무기의 존재가 전쟁을 폐지할 수 있으리라는 주장을 옹호했다. 하지만 그 주장은 환상이었음이 판명났다. 대표적인 윤리적 딜레마인 전쟁금지를 다루기에 과학은 힘이 없다. 총과 탱크, 함정과 항공기까지 비핵전쟁의 무기들은 돈만 있으면 얼마든지 구매할 수 있다. 과학은 이러한 무기들을 없애지 못한다. 과학이 '기술적으로' 전쟁금지에 도움을 줄 방법은 없다. 전 세계의 과학자들이 국가와 언어 그리고 문화의 장벽을 초월해 협력하는 모범을 보이는 것, 그것이 전쟁금지에 과학이 기여할 수 있는 가장 효과적인 방법이다.

후기

이 글을 쓴 후에도 핵무기관리 프로그램The Stockpile Stewardship Program은 정치적 격변을 견디고 9년 동안 건재했다. 이전 무기를 설계 변경 없이 대체하는 정책은 유지되었다. 하지만 현재 일부 영향력 있는 사람들은 신형핵탄두교체RRW, Reliable Replacement Warhead 프로그램으로 정책을 바꿔야 한다고 주장하고 있다. 신형핵탄두교체 프로그램은 이전의 핵무기들을 노후老朽에 강한 신형핵탄두로 교체하는 프로그램이다. 이 새로운 정책은 기술적으로 합리적일지 모르지만, 정치적으로는 재앙이 될 수 있다. 다른 국가들의 신형핵탄두 개발을 부추길 게 뻔하고, 핵무기를 퇴장시키는 장기적 목표에도 위배되기 때문이다.

6

과학자가 가져야 할 국제평화의 책임

조지프 로트블랫은 지구상에서 핵무기를 없애기 위해 생애의 대부분을 헌신했던 과학자다. 1939년 1월 조지워싱턴 대학에서 물리학자 회의가 열렸을 때, 불행히도 그는 폴란드에 있었다. 그 회의에서 핵무기의 가능성이 처음으로 널리 알려지게 되었다. 로트블랫도 그 가능성을 알고 있었지만, 공개토론에서 그의 모습은 찾을 수 없었다. 만약 그가 그 자리에서 목소리를 낼 수 있었다면 역사는 다른 방향으로 흘렀을지도 모른다. 1939년에 그 엄청난 기회가 사라진 것이다. 생물학자들이 히포크라테스 윤리의 전통으로 생물학 무기개발을 중단시켰던 것처럼, 물리학자들이 핵무기에 반대하는 윤리적 전통을 세울 마지막 기회였다. 하지만 그 기회는 물거품이 되었고, 그때부터 역사는 무정하게 히로시마의 비극으로 이어졌다.

조지워싱턴 대학의 물리학자 회의는 매년 정기적으로 개최되던 회의였다. 그 회의는 핵분열이 발견되기 오래전에 조지 가모프^{George Gamow,}

1904~1968의 제안으로 만들어졌다. 1939년 회의가 있기 두 주 전에 닐스 보어Niels Bohr, 1885~1962는 우연히 미국에 도착했다. 그는 유럽에서 핵분열을 발견했다는 최신 뉴스를 전했다. 가모프는 신속하게 회의를 개편해 핵분열을 주요 의제로 상정했다. 보어와 엔리코 페르미Enrico Fermi, 1902~1954가 주요 연설자로 나섰다. 역사상 최초로 원자의 핵분열이 공개 석상에서 설명되었고, 원자폭탄이 야기할 수 있는 결과가 언론을 통해 알려졌다. 그러나 실상은 회의에서 원자폭탄에 대해 그리 많은 이야기가 오가지 않았다. 회의에 참석한 사람 모두 원자폭탄의 위험성을 알고 있었지만, 용기 있게 윤리적 책임문제를 안건으로 상정하자는 사람은 아무도 없었다. 회의가 너무 급하게 열린 탓에 윤리적 책임과 관련된 합의를 이끌어내기에는 준비가 미흡했다. 대부분의 사람들이 그 회의에서 처음으로 핵분열에 관한 소식을 들었다. 그러나 예비토론을 시작하고, 물리학자들 중심으로 비공식 위원회를 계획하거나, 향후 회의일정을 준비하는 것은 가능했을 것이다. 몇 주간 준비한 후에는 2차 회의에서 윤리적 합의에 도달할 명백한 목표를 결론지었을지도 모른다.

1월의 회의 후 몇 달 만에 미국에서는 보어와 존 휠러John Wheeler, 1911~2008가 핵분열이론을 밝혀냈고, 핵분열 연쇄반응의 가능성을 실험으로 입증한 국가들이 속속 등장했다. 그중에서도 폴란드에서는 로트블랫이, 러시아에서는 야코프 젤도비치Yakov Zeldovich, 1914~1987와 유리 하리톤Yuli Khariton, 1904~1996이 핵분열 연쇄반응이론을 알아냈다. 이 일련의 연구들은 모두 공개적으로 논의되었고 즉시 출판·공개되었다. 1939년 여름은 핵무기 제작의 기선을 잡느냐 마느냐를 결정한 중요한 시기였다. 그때는 공식적인 비밀이랄 것이 아무것도 없었다. 보어와 아인슈타인, 페르미와 베르너 하이젠베르크Werner Heigenberg, 1901~1976, 표트르 카피차

Pyotr Kapitsa, 1894~1984, 유리 하리톤, 이고르 쿠르차토프Igor Kurchatov, 1903~1960, 프레데리크 졸리오Frédéric Joliot, 1900~1958, 루돌프 파이얼스Rudolf Peierls, 1907~1999 그리고 로버트 오펜하이머와 같은 각국의 주연급 과학자들은 공동의 행동방침을 결정하기 위해 자유롭게 의견을 나눴다. 공동 행동방침의 첫 걸음은 보어와 아인슈타인이 맡는 것이 가장 자연스러웠을 것이다. 그들은 인류의 양심을 대신할 만큼 도덕적 권위를 가진 거인이었고, 국가에 대한 편협한 충성심을 초월할 수 있는 국제적 인물이었다. 또한 위대한 과학자였을 뿐만 아니라 정치활동가로서 정치와 사회문제에도 자주 관여했다. 그런 두 사람이 왜 행동하지 않았을까? 왜 두 사람은 너무 늦기 전에, 적어도 물리학자들 사이에서만이라도 핵무기 반대여론을 모아보려는 시도조차 하지 않았을까? 만약 조지프 로트블랫이 두 사람을 다그쳤다면 행동했을지도 모른다.

36년 후, 핵분열의 발견이 물리학자들에게 도전을 준 것과 비슷한 상황이 생물학계에서도 일어났다. DNA 재조합기술이 별안간 발견된 것이다. 생물학자들은 곧바로 아실로마에 모여서 이 위험한 신기술의 이용을 제한하고 규제하는 데 합의했다. 이 합의를 공식화하는 데는 맥신 싱어를 필두로, 몇 안 되는 과학자들의 용기만 있으면 되었다. 1939년에 조지워싱턴 대학에서 벌어진 일과는 전적으로 달랐다. 1939년 회의에서는 용기 있게 나선 물리학자가 없었다. 인류가 직면한 공동의 위험에 힘을 합쳐 맞서기는커녕, 보어와 페르미는 과학적 명예를 놓고 설전을 벌이기 시작했다. 페르미는 회의 중에 컬럼비아 대학의 허버트 앤더슨Herbert Anderson으로부터 받은 전보를 큰 소리로 낭독했다. 전보에는 핵분열 파편들이 만들어낸 이온화 펄스를 직접 확인함으로써 핵분열 과정을 성공적으로 입증했다고 적혀 있었다. 보어는 코펜하겐에 있는 자신의 연구소에서 오토 프리시Otto Frish, 1904~1979가 같은 실험을 더 먼저 성공했다고 주장하면서 페르미의 주장을 반박했다. 보어는 〈네이처〉에 프리시의 논문이 아직 실리지 않은 게 몹시 불안했다. 페르미는 자신의 친구 앤더슨을 위해 싸웠고, 보어는 자신의 친구 프리시를 위해 싸웠다. 과학적 우선권이 공공의 위험보다 더 중요했던 것이다. 우선권 다툼은 1930년대나 지금이나 과학계의 고질적인 악습이다. 보어도 페르미도 편협한 이해관계를 넘어서지 못했다. 두 사람 중 누구도 핵분열이 야기할 수 있는 더 큰 문제를 해결해야 한다고 생각하지 못했고 위기의식도 없었다.

1939년 히틀러가 폴란드를 점령하면서 제2차 세계대전이 시작되자마자 핵무기 제작금지에 대한 전 세계 물리학자들의 암묵적 동의를 이끌어낼 기회도 물거품이 되어버렸다. 우리는 왜 영국과 미국의 물리학자들이 핵무기를 제작해야 한다는 강박감에 시달렸는지 알고 있다. 그들은 히틀러를 두려워했다. 1938년에 독일에서 핵분열이 발견되었다는 사실을 알고 있었다. 또한 발견 직후에 독일 정부가 비밀리에 우라늄 프로젝트를 가동했다는 것도 알고 있었다. 그들로서는 하이젠베르크를 비롯한 독일의 일류 과학자들이 이 비밀 프로젝트에 연루되었다고 의심할 수밖에 없었다. 그들은 하이젠베르크를 진심으로 존경하면서도 한편으로는 매우 불신했다. 독일이 더 일찍 프로젝트를 시작했으니 가장 먼저 핵무기 제작에 성공할 수도 있다는 두려움이 그들을 압도했다. 미국과 영국이 독일과의 핵무기 경쟁에 결코 뒤져서는 안 된다고 생각했다. 히틀러가 먼저 핵무기를 손에 쥔다면 틀림없이 세계정복에 나서리라고 예상했다. 조국은 파괴되고 아내의 목숨도 위험한 상황에서 조지프 로트블랫은 영국에 고립되어 있었다. 히틀러가 핵무기로 끔찍한 일을 저지를 수 있다고 생각하니 두려웠다. 로트블랫에게는 그 누구보다 두려워할 수밖에 없는 이유들이 많았다.

히틀러에 대한 공포가 얼마나 만연했는지, 핵무기 제작의 가능성을 반박하는 물리학자는 단 한 명도 없었다. 그 공포는 과학자들에게 핵무기를 설계해야 한다는 떳떳한 명분을 주었다. 1941년에 과학자들은 핵폭탄을 제조할 수 있는 공장과 연구소를 건설하자고 영국과 미국 정부를 설득했다. 1941년의 영국과 미국의 물리학자들이 세상을 향해 이렇게 말하는 건 사실상 불가능했다. "히틀러가 핵폭탄을 만들어 최악의 짓을 저지르게 내버려둡시다. 우리는 윤리적 판단에서 그런 무기와 관련된 어떤 행위도 하지 않을 것입니다. 장기적으로는 핵무기를 이용하지 않고 히틀러를 패배시키는 것이 우리에게 이로울 것입니다. 설령 시간이 더 오래 걸리고 더 많은 희생을 감수하더라도 말입니다." 1941년에는 어느 누구도, 심지어 로트블랫조차도 그런 선언을 할 엄두를 내지 못했을 것이다. 행여 일부 과학자들이 그런 말을 하고 싶었다고 해도 공개적으로는 할 수 없었을 것이다. 왜냐하면 그때부터 핵과 관련된 모든 논의는 철저히 비밀에 부쳐졌기 때문이다. 1941년의 세계는 소통의 가능성이 아예 없는, 무장한 진영으로 갈려 있었다. 영국과 미국의 과학자들, 독일의 과학자들 그리고 소련의 과학자들은 각각의 블랙박스 안에서 살았다. 과학자들이 핵무기에 대항해 공동의 윤리적 입장을 취하기에는 너무 늦었다. 그런 입장을 취할 수 있었던 마지막 순간은 1939년이었다. 세상이 아직은 평화롭고 비밀이 강요되지 않았던 때였으니까.

만약 1939년에 물리학자들이 각국의 핵무기 개발을 지원하지 않기로 암묵적으로 동의했다면 어땠을까? 아마 이 세상 어느 곳에서도 핵무기 개발은 없었을 것이다. 모든 국가에서 핵무기 프로그램의 첫 삽을 뜬 사람은 정치지도자가 아니라 과학자였다. 후에 밝혀졌지만, 히틀러는 결코 핵무기를 진지하게 생각하지 않았다. 일본의 군사 지도자들도 마찬가지였다. 스탈린은 미국의 핵무기 프로그램의 규모와 심각성을 비밀리에 파악하기 전까지 핵무기에 별로 관심이 없었다. 루스벨트와 처칠이 핵무기에 관심을 가진 것도 과학자문위원들이 부추겼기 때문이다. 과학자문위원들이 정치인들을 부추기지 않았다면 제2차 세계대전은 맨해튼 프로젝트^{Manhattan Project}와 그와 유사한 소련의 프로젝트 없이 끝났을 것이다. 전쟁이 끝난 직후에 승리한 연합국들끼리 핵무기 없는 세상을 만들기 위해 협상을 했어도 좋았을 것이다. 그 협상이 핵무기 경쟁을 완전히 우회하는 길을 만들게 되었을지는 지금으로서 알 길이 없다. 최소한 우리가 걸어왔던 길보다는 더 분별 있고 현명한 길이었을 것이다.

1995년 10월에 나는 조지워싱턴 대학의 학생들에게 핵무기의 역사에 대해 강의를 했다. 바로 옆 건물에서 1939년 1월에 개최되었던 물리학자 회의에 대해서도 들려주었다. 당시 회의에 참석한 과학자들이 핵무기 개발을 방지하고 역사의 흐름을 바꿀 수 있었던 절호의 기회를 어떻게 놓쳤는지 알려주었다. 또 제2차 세계대전 동안 핵무기 프로젝트가 미국에서는 매우 심각하고 진지하게 진행된 반면, 독일에서는 날림으로 진행되었다는 점과 러시아에서는 진지하게 고려했으나 한 발 늦게 진행되었다는 사실도 말해주었다. 독일 연구팀이 핵무기 경쟁에서 손을 뗀 후에도 핵무기 생산에 깊이 몰두했던 영국과 미국의 과학자들 그리고 그들이 얼마나 맹렬하게 노력했고 강한 동지애로 뭉쳤었는지 소상히 들려주었다. 1944년에 독일에 핵폭탄이 없다는 사실이 분명하게 밝혀졌을 때에도 로스앨러모스의 과학자들 중 단 한 명만 연구에서 손을 뗐다는 사실도 알려주었다. 그가 바로 조지프 로트블랫이었다. 로트블랫은 로스앨러모스를 떠난 후 퍼그워시^{Pugwash}(공식 명칭은 과학과 국제정세에 관한 퍼그워시 회의^{Pugwash Conferences on Science and World Affairs}. 조지프 로트블랫과 버트런드 러셀, 알베르트 아인슈타인 등이 국제평화를 위협하는 요인들을 해결하기 위해 설립한 국제기구-옮긴이) 운동의 지도자가 되었다. 그리고 로스앨러모스가 야기한 악을 없애기 위해 전 세계 과학자들의 연대를 도모하고자 노력했다는 것도 들려주었다. 마지막으로, 자격 없는 사람들에게 노벨 평화상이 수여된 것은 실로 부끄러운 일이며, 로트블랫이 노벨 평화상을 받지 못한 것이 유감스럽다고 말했다. 그때 학생 하나가 큰 소리로 외쳤다. "아직 소식 못 들으셨나요? 오늘 아침에 로트블랫이 노벨 평화상을 받았습니다." 그 말에 나는 놀라서 소리쳤다. "만세!" 학생들 모두가 환호성을 질렀다. 지금도 내 귀에는 그때 학생들의 환호성이 들리는 듯하다.

후기

조지프 로트블랫은 2005년 96세를 일기로 생을 마감했다. 그는 1995년의 노벨 평화상 수상의 기쁨을 전하면서, 자신이 설립하고 수년간 단체장을 맡았던 퍼그워시와 기쁨을 나눴다. 로트블랫은 사망하기 몇 주 전까지도 지칠 줄 모르는 열정으로 활동했다.

7

누구를 위한 전쟁이었나

《아마겟돈》[1]은 선명한 기억으로 채색된 단편들을 수백 편 이어붙인 모자이크다. 각각의 단편들은 목격자 한 사람, 한 사람의 이야기를 담고 있다. 단편이라고 해도 대부분 한 페이지를 넘지 않는다. 이 모자이크는 제2차 세계대전 중 1944년 9월에서 1945년 5월까지의 유럽을 보여준다. 이 기간 동안 서부전선에서는 영국군과 미군이, 동부전선에서는 소련군이 독일의 국경을 조여들면서 싸웠고 마침내 독일 땅에서 독일군을 패배시켰다. 이 책이 보여주는 전경은 여러 면에서 놀랍다. 이 8개월 동안 우리가 지불한 죽음과 파괴와 고통의 수업료는 인류역사의 그 어떤 불행과 박해, 전쟁과도 견줄 수 없을 만큼 크다. 독일군은 현실적으로 승리할 희망이 완전히 사라진 후에도 점점 쪼그라드는 영토를 방어하기 위해 비범한 기술과 용기로 싸웠다. 독일을 침공한 연합군은 정치와 문화의 엄청난 차이에도 불구하고 임무를 완수할 때까지 합심해서 싸웠다.

이 책의 전경은 각각의 단편들 속에 묘사된 개인적인 경험들이 모여서 완성된 것이다. 목격자들에는 군인과 민간인, 남자와 여자, 독일인, 소련인, 폴란드인, 유대인, 영국인 그리고 미국인이 골고루 섞여 있다. 맥스 헤이스팅스는 2002년 한 해 동안 모든 목격자들을 찾아다니며 직접 인터뷰했고, 목격자들은 오래전 경험한 일들을 상기하면서 인터뷰에 응했다. 헤이스팅스도 말했듯이, 기억은 역사가 아니다. 다만 역사를 완성하는 소재는 될 수 있다. 마찬가지로, 기억은 신뢰할 수 없는 기록문서에 바탕을 둔 공식적인 역사를 교정해줄 수도 있다. 그리고 기억은 공식적인 역사가 흔히 간과하는 '전쟁의 맨 얼굴'을 보여준다.

헤이스팅스는 독일과 소련의 목격자들을 인터뷰할 때 도움을 준 통역자들에게 특별한 감사를 전했다. 그들은 통역뿐만 아니라 더 많은 이야기를 들려줄 목격자를 찾을 수 있게 도와주었고, 목격자들은 또다시 자신의 친구와 친지들을 소개해주었다. 그렇게 만난 목격자들 중에는 소련의 붉은 군대에 복역했던 러시아 여성들과, 붉은 군대가 독일을 침공했을 때 동프로이센에서 탈출한 독일 여성들도 있었다. 러시아 여성들은 승리를 향한 여정이 힘들긴 했어도 동지애가 넘치는 즐거운 분위기에서 서로 고통을 나눴다고 설명했다. 하지만 독일 여성들은 잃어버린 낙원에서 추방당하는 기분으로 죽음과 파괴의 악몽 속을 헤맸다고 말했다. 여성이 가장 훌륭한 목격자였다는 점은 별로 놀랍지 않다. 모든 국가, 특히 현재 러시아에서는 여성이 남성보다 수명이 더 길기 때문이다.

헤이스팅스는 최근의 인터뷰 외에도, 오래전에 녹음했던 인터뷰 자료들도 《아마겟돈》에 실었다. 오래전 녹음했던 인터뷰 자료들은 이후 전쟁에 관한 역사책 두 권으로 출간되었다. 독일에 대한 영국의 전략

폭격을 다룬 역사저술 《전략폭격 사령부*Bomber Command*》(1979)와 영국군
과 미군의 프랑스 침공의 역사를 다룬 《지배자*Overlord*》(1984)가 그것이
다. 인터뷰는 대부분 상급 지휘관들과 정치인들을 대상으로 했는데,
《아마겟돈》을 집필할 즈음에는 모두 고인이 되어 있었다. 이 외에도
러시아를 비롯해 여러 국가의 기록보관소에서 찾아낸 서신들과 서류
들도 일부 인용하고 있다. 오래된 인터뷰와 서신들은 최근 인터뷰 내
용과 충격적일 만큼 상반된다. 지휘관과 정책입안자들 입장에서 본 전
쟁은 마치 전략게임에서 수를 두듯, 논리적으로 이어지는 작전과 작전
의 연속이었다. 하지만 일개 보병들과 민간인 피해자의 입장에서 겪은
전쟁은 달랐다. 어떤 논리적 패턴도 없고 예측할 수도 없는, 닥치는 대
로 퍼붓는 살인적 공습의 연속이었다. 역사가 사실을 기록한다는 점에
서, 두 관점은 모두 없어서는 안 될 정당한 요소들이다. 헤이스팅스는
두 관점을 균형 있게 다룰 뿐 아니라, 솜씨 있게 잘 섞어서 《아마겟돈》
을 완성했다. 두 관점이 충돌하는 부분에서는 지휘관들보다 사병들의
목소리에 더 무게를 두었다.

　나는 제한적이나마 제2차 세계대전을 겪은 사람으로서, 보병들 편
에 무게를 둔 게 옳다고 생각한다. 그런 면에서 헤이스팅스의 의도를
지지한다. 나는 보병 목격자들과 같은 세대다. 다행히 운이 좋아서 보
병이 되지 않았을 뿐이다. 독일의 폭탄들이 런던의 하늘을 날아다니던
때, 나는 민간인이었다. 이따금 폭탄이 떨어져 집을 두어 채씩 부수곤
했다. 영국의 대공포對空砲들이 엄청난 괴성을 내기는 했지만, 독일의
폭격기를 명중시키는 것은 한 번도 보지 못했다. 내가 기억하기로, 그
때 독일의 어린이들도 하늘을 바라보며 나처럼 겁먹고 당황할 것이라
생각했던 것 같다. 1944년 1월에 나는 부상을 입을 뻔한 적이 있었다.

폭탄이 우리 집 앞 길가에 떨어져서 유리창이 박살났기 때문이다. 당시 독일군은 소련 내의 점령지를 고수하기 위해 그야말로 소련과 가공할 만한 전투를 치르고 있었다. 세계의 운명이 소련에서 결정될 판이었다.

히틀러는 확실히 현실감각이 없었다. 소련으로 보낼 전투기 한 대가 아쉬운 마당에 그 소중한 전투기들을 런던으로 보내 우리 집 창문이나 부수고 있었으니 말이다. 그 시절에 대해 지금까지도 가장 생생한 기억은 '무관'하다는 느낌뿐이다. 내가 런던에서 목격한 것은 우리가 싸우기로 되어 있던 심각한 전쟁과는 완전히 무관한 수작 같았다. 나의 기억은 헤이스팅스가 보여준 전쟁의 그림과 잘 들어맞는다. 목적이 뚜렷하고 심각한 전투는 소수의 사람들만 했다. 대부분의 사람들은 그와 무관했다. 하지만 무관했든 아니든, 그 대다수의 사람들은 아직도 전쟁의 결과로 고통 받고 있다.

제2차 세계대전이 우리에게 남긴 몇 가지 교훈은 오늘날에도 유효하다. 첫째, 제네바 협정Geneva Conventions이 매우 중요하다는 것이다. 이 것은 전쟁포로에 대해 인도적인 처우를 함으로써 전쟁으로 인한 인적 피해를 줄이자는 목적의 국제협정이다. 우리는 《아마겟돈》에서 협정 규약을 이행한 서부 유럽의 전쟁과 이를 어긴 동부 유럽의 전쟁 간의 극명한 차이를 목격한다. 서부에서 전쟁을 겪은 영국인과 미국인 그리고 독일인 대다수는 제네바 협정 덕분에 목숨을 건졌다. 양 진영의 포로들은 수용소에 도착해 국제적십자에서 파견된 감독관의 지휘하에 문명인다운 대우를 받았다. 굶주림도 고문도 없었다.

하지만 동부 유럽의 전쟁에서는 무자비함이 곧 규칙이었고, 국제적십자도 발언권이 없었다. 민간인 강간과 살해는 일상이었으며, 전쟁포로들은 굶주렸다. 병사들은 죽을 때까지 싸우도록 강요받았고, 대부분의 병사들이 실제로도 그렇게 싸웠다. 포로가 되어도 생존 가능성이 거의 없었기 때문이다. 제네바 협정의 준수로 살아남은 서부 유럽의 생존자 수나 협정을 준수하지 않은 동부 유럽의 사망자 수를 정확히 알 수는 없다. 틀림없이 서부 유럽에서는 수십만 명이 생존했고, 동부 유럽에서는 수백만 명이 목숨을 잃었을 것이다. 오늘날 미국이 제네바 협정의 효력을 약화시키거나 회피하려고 하는 행위는 근시안적일 뿐 아니라 부도덕하다.

제2차 세계대전의 두 번째 교훈은 독일 병사들이 영국이나 미국 병사들보다 일관되게 더 잘 싸웠다는 사실이다. 같은 수의 병력으로 싸움을 할 때는 언제나 독일이 이겼다. 그래서 연합군 사령부는 공격하기 전에 수적으로 우세하도록 공격계획을 세웠다. 연합군이 독일로 진격할 때 속도가 느렸던 주된 이유도 그 때문이었다. 연합군 병사들이 독일 병사들과 대등한 전력을 가졌었다면, 아마 전쟁은 1944년에 끝났을 테고 수백만 명의 희생을 막았을지도 모른다.

헤이스팅스는 독일 병사들의 우수함을 전문적인 군인과 시민 민병대의 차이로 설명한다. 독일 병사들은 군인을 미화하는 사회에서 자랐고, 다년간 소련에서 전투로 단련되었다. 그들은 전투 전문가였다. 영국과 미국 병사들은 대부분 전쟁 경험이 없는 아마추어들이었다. 자유와 물질적 위안을 찬미하는 사회에서 살다가 군복을 입게 된 시민들이었던 것이다. 독일군과 연합군은 미국 남북전쟁 당시 남군과 북군만큼이나 차이가 났다. 당시 남부의 병사들과 남부의 장군들은 뛰어났다. 그러나 노회한 남부의 장군들은 전쟁을 낭만적으로 보았고 결국 남부를 파멸로 이끌었다. 80년 후 독일군 지휘관들도 그랬다. 북군은 제2

차 세계대전에서 연합군이 그랬던 것처럼, 산업자원을 풍부하게 갖고 있었고 수적으로 우세했다.

헤이스팅스는 연합군 병사들이 독일군처럼 잘 싸우지 못했다는 사실을 자랑스러워해야 한다고 말한다. 독일군처럼 싸우기 위해서는 전쟁을 찬미하며 지도자를 맹목적으로 따라야 했을 것이다. 그러므로 1944년의 독일 문화에 깊이 스몄던 군인정신이 우리의 문화에 스미지 않았다는 것을 다행으로 여겨야 한다. 제2차 세계대전에서 살아남은 독일인들도 운이 좋다. 왜냐하면 독일의 패전으로 결국 군인정신이 허상이었다는 확실한 교훈을 얻었기 때문이다.

제2차 세계대전이 우리에게 준 세 번째 교훈은 국제적인 연대의 가치다. 국제적인 연대는 전쟁에서 훌륭한 방호물이 된다. 국제연대의 지도자들은 서로 타협해야 하므로 신속한 조치를 내릴 수 없다. 합의가 지연되는 일도 감수해야 한다. 이들은 히틀러처럼 즉흥적이고 위험한 결정들을 함부로 내릴 수 없고, 자국민들을 파멸로 이끌 수도 없다. 이처럼 전쟁에서 싸우면서 지켜야 하는 국제연대의 규약들은 치명적인 실수와 어리석은 짓을 방지하는 훌륭한 방호물이다. 국제연대의 지도자로 아이젠하워^{Eisenhower, 1890~1969}는 이상적인 인물이었다. 그는 전략가로서는 평범했으나 외교관으로서는 탁월했다. 군인으로서의 명예에도 관심이 없었다. 그의 우선순위는 연합국들을 결속시키고 사상자 수를 최소한으로 줄이면서 전쟁에서 승리하는 것이었다. 독일의 강력한 지도자들과 달리, 아이젠하워는 병사들에게 가능하면 강요를 하지 않았다. 무엇보다 그는 죽은 영웅들이 아니라 생존한 병사들과 함께 전쟁을 끝내고자 했다.

아이젠하워는 큰 실수들을 피해 느리게 나아가면서 전쟁에서 승리했다.《아마겟돈》을 보면 1945년 3월, 아이젠하워가 가장 중요한 결정을 내리는 장면이 나온다. '연합군은 베를린을 장악하지 않겠다'는 내용의 친서를 스탈린에게 보낸 것이다. 이 친서는 워싱턴과 런던의 정치인들과 협의를 거치지 않은 것이었다. 아이젠하워는 베를린을 장악하고자 하는 부하 장군들의 열망을 잘 알고 있었다. 하지만 독일과의 피비린내 나는 전투나 소련과의 끔찍한 충돌을 야기할 수 있었다. 워싱턴과 런던의 많은 정치인들이 베를린 장악을 강력하게 지지한다는 사실도 알고 있었다. 아이젠하워는 그 결정으로 인해 고향에서 정치적 명성을 잃을 수도 있었다. 하지만 소련과의 동맹을 유지하고 아울러 병사들의 목숨을 지킬 수 있다고 판단했다. 아이젠하워는 책임을 감수했다.

헤이스팅스는 동부 유럽에서 전쟁이 어떻게 끝났는지를 마지막 둘째 장에 묘사한다. 스탈린은 1945년 4월에 베를린에 대한 최후 공격을 개시했고, 3주 만에 35만 명을 잃었다. 독일군은 전체 병력 중 약 1/3을 잃었다. 영국군과 미국군은 엘베 강에서 전쟁을 멈췄고 살아서 귀환했다.

1940년에 프랑스는 제2차 세계대전에서 손을 떼고, 영국만 독일을 상대하고 있었다. 나는 그때 아버지와 했던 대화를 기억하고 있다. 나는 우울하고 풀이 잔뜩 죽어 있었다. 하지만 아버지는 이상하리만치 신이 나 있었다. 나는 상황이 절망적이고 전쟁에서 이길 방법은 없으니, 항복하든지 아니면 죽을 때까지 싸우든지 선택할 수밖에 없다고 말했다. 아버지는 참고 견디면 결국에는 모든 것이 잘 될 거라고 안심시켰다. 우리가 극단으로 치우치지 않고 중용을 지키면 모든 세상이 우리 편에 설 것이라고 덧붙였다. 나는 그 말을 믿지 않았지만, 아버지의 말씀이 옳았다. 우리는 극단으로 치우치지 않도록 중용을 지켰고, 2년 만에 세상은 우리 편에 섰다. 우리는 세계의 운명을 좌지우지하려 하지 않았고, 원대한 연대 속에서 기꺼이 이류二流 선수가 되었다. 국제연대는 우리에게 정당한 대가를 치르고 목표를 성취하게 해주었다.

오늘날 이라크에서 걷잡을 수 없이 번지고 있는 전쟁은 국제적인 연대의 가치를 다시 한 번 예증한다. 전쟁 결정권이 미국이 아니라 국제연대의 손에 있었다면 그 전쟁은 결코 시작되지 않았을 것이다. 만약 시작했더라도 국제적인 권한으로 심사숙고한 끝에 내린 결정이었다면, 제한된 목표만을 겨냥한 국지전이 되었을 것이다. 그리고 평화와 안보 유지를 책임질 기능적 정부를 남겨놓을 수 있었을 것이다. 어쩌면 미국도 경솔하고 일방적인 행동을 피할 수 있었을지도 모른다.

제2차 세계대전의 네 번째 교훈은 비록 대의명분을 위해 싸웠다 하더라도, 모든 전쟁은 도덕적으로 모호하다는 것이다. 사병 차원에서나 정부 차원에서나 도덕적으로 모호한 사례들이 《아마겟돈》에는 가득 있다. 그 대의가 정당하든 부당하든, 전쟁 중에는 사병들이 포로들이나 무고한 민간인들을 죽이는 일이 비일비재하다. 끔찍한 일들이 동부 유럽에서 더욱 많이 벌어졌지만, 그런 일들이 서부 유럽에 없었던 것은 아니었다. 죄악은 독일군의 전유물이 아니었다. 전쟁은 본질적으로 부도덕하고, 전쟁에 가담한 모든 사람들로 하여금 서슴없이 범죄를 저지르게 만든다. 《아마겟돈》에 나오는 목격자 중 한 사람은 1944년 12월, 독일이 아르덴을 공격할 때 미국 보병사단의 이등병이었다. 그는 독일군 포로에 대해 이야기하면서 "SS 전투부대의 검은색 군복을 입고 있으면 무조건 쐈습니다"라고 증언했다. 그는 SS 전투부대 소속이든 정규군 소속이든 상관없이, 독일의 모든 전차대원들이 검은색 군복을 입는다는 사실을 몰랐다.

정부 차원에서 전쟁의 도덕적 모호성을 보여주는 사례도 있다. 이 어처구니없는 사례 중 하나가 바로 제2차 세계대전에서 연합국이 폴란드를 배신했던 것이다. 제2차 세계대전이 시작될 때부터 끝날 때까지, 폴란드는 연합군 측에게 도덕적 골칫거리였다. 히틀러가 폴란드를 침공했을 때, 영국과 프랑스는 독일에 선전포고를 했다. 하지만 폴란드가 유린되는 동안 어떠한 군사적 조치도 취하지 않았다. 결국 1939년 폴란드는 점령되었고, 소련의 스탈린과 독일의 히틀러는 폴란드를 분할 점령하기로 합의했다. 영국과 프랑스는 폴란드를 지켜낼 타당하고 도덕적인 의무가 있었지만, 폴란드에 아무런 도움도 주지 않았다. 1941년에서 1944년까지 독일의 점령기 동안, 폴란드의 조종사들은 비행기를 몰고 영국에 있는 기지에서 날아가 폴란드 저항군에게 물자와 무기를 공급했다. 하지만 '특수작전'으로 폴란드는 심각한 손실을 얻고 말았다. 조종사들 중 12퍼센트가 목숨을 잃었고, 폴란드 저항군에게도 실질적인 도움을 주지 못했다.

1944년 8월 바르샤바에서 폴란드 저항군이 독일에 대항하기 위해 봉기했을 때도 연합국들은 또다시 외면했고, 독일은 저항군을 무자비하게 패배시켰다. 헤이스팅스가 그 참사의 목격자를 찾을 수 없었던 것도 생존한 저항군이 거의 없었기 때문이다. 저항군의 봉기가 패배로 끝난 직후, 소련 군대는 폴란드를 점령했고 소련 비밀경찰의 꼭두각시 노릇을 할 정부를 세웠다. 폴란드에 대한 배신은 1945년 2월 얄타 회담Yalta Conference이 그 대미를 장식했다. 이 회담에서 루스벨트와 처칠은 사실상 폴란드를 스탈린의 손에 넘겨주었다. 영국과 미국은 해결할 수 없는 도덕적 딜레마에 직면했다. 히틀러를 패배시키려면 스탈린과 동맹을 유지해야 했고, 그 동맹을 유지하기 위해서는 폴란드를 포기해야만 했던 것이다.

　정부 차원에서 전쟁의 도덕적 모호성을 보여주는 또 다른 사례는 독일 도시에 대한 전략폭격 작전이다. 이 전략폭격 작전에 따른 도덕적 문제들은 간단하지 않다. 가장 중요한 질문은 그 전략폭격 작전이 승리를 이끌기 위한 군사작전으로서 도덕적으로 정당했느냐는 것이다. 헤이스팅스는 '폭격의 화염: 하늘에서의 전쟁'이라는 제목으로 폭격기 조종사들과 폭격 피해자들의 진술을 실었다. 그는 당시 목격자들에게 그때의 경험을 직접 말하게 했다. 전략폭격 작전을 도덕적으로 모호하다고 말하는 목격자들은 별로 없었다. 폭격기 조종사들은 사령부의 명령을 따랐을 뿐이었다고 말했다. 그들은 승전에 큰 공헌을 했다는 점에서, 전략폭격이 도덕적으로도 정당하다고 믿고 있었다. 반면 독일 민간인 목격자들 거의 모두가 악랄한 복수에 희생된 거라고 여기고 있었다. 독일에 있던 포로들과 강제노동자들은 폭격을 환영했다. 폭격이 자신들을 해방시켜줄 것이라고 확신했던 것이다.

　나 또한 영국공군 폭격기 사령부에서 민간인 분석관으로 일했던 사람으로서 전략폭격에 대해 할 말이 있다. 당시 나는 폭격기 손실에 대한 정보를 수집하고 분석하는 책임자였다. 영국의 손실은 실로 어마어마했다. 고도로 훈련된 공군 사망자만 해도 4만 명이 넘었다. 전쟁이 막바지로 치닫던 마지막 몇 달까지도, 폭격기 조종사들이 생존할 확률은 단 25퍼센트에 불과했다. 30회에 걸친 폭격 비행임무를 수행하면서 살아남기란 어려웠다. 생존한 폭격기 조종사들은 다시 비행임무에 서명했는데, 여기서 살아남을 가능성은 더 낮았다. 폭격기와 연료·폭탄·유능한 조종사·작전비용 등을 포함해, 폭격기 사령부의 경제적 손실은 총 전쟁비용의 1/4이나 되었다. 당시 나는 폭격기 사령부의 인적, 물적 손실이 폭격기 사령부의 군사적 효율성보다 훨씬 더 크다고 판단했다. 군사적 관점에서 영국은 독일에 타격을 주기보다 스스로에게 더 큰 타격을 주고 있었다. 독일 도시들을 공격하기 위해 영국이 지불한 비용은 독일의 방어비용보다 훨씬 더 컸다. 독일의 방어주력 부대이자 영국에게 가장 큰 손실을 입힌 야간요격 전투부대는 영국의 폭격기 사령부에 비하면 매우 보잘 것 없었다. 독일 도시들을 겨냥한 전략폭격이 독일군의 사기를 약화시켰다는 증거보다는 독일의 투지를 불태웠다는 증거가 압도적으로 많다. 전략폭격이 독일 시민들의 사기를 꺾으리라는 생각도 환상이었다. 또한 폭격으로 무기생산 공장들이 파괴될 것이라는 기대도 환상이었다. 독일은 공장이 폭격된 후에도 평균 6주 안에 설비들을 수리하고 공장을 재가동했다. 영국이 주요 공장들의 가동을 중지시킬 만큼 빈번하게 공격을 감행한다는 것은 한낱 희망사항이었다. 전쟁 후에 알게 된 사실이지만, 전략폭격에도 불구하고 독일의 무기생산 설비들은 1944년까지 꾸준히 늘었다. 전쟁 마지막 몇 달 동안 정유공장들의 폭격으로 독일군은 연료가 바닥났다. 그럼에도 무기는 결코 바닥나지 않았다. 폭격기 사령부에서 내가 목격한 것과 헤이스팅스의 목격자들의 증언을 종합해 내가 내린 결론은 이것이다. 비록 도시 폭격작전이 군사적 승리에 공헌했다 하더라도, 폭격에 도덕적 정당성을 부여하기에는 터무니없이 적다는 것이다.

불행히도 영국 정부의 공식적인 성명은 늘 이런 주장으로 끝난다. 폭격이 군사적으로 유효했으며 도덕적으로도 정당하다는 것이다. 영국 정부 지도자들은 전략폭격이 승전을 약속하는 전략이라고 확고하게 믿었다. 그들은 전략폭격에 천착함으로써 스스로를 기만했을 뿐 아니라 영국 대중들도 기만했다. 헤이스팅스는 이렇게 말한다. 전쟁의 막바지에 '독일 민간인들을 살해한 도덕적 비용은 그 어떤 가능한 전략적 이점들과 비교할 수 없을 만큼 크다.' 나라면 이보다 더욱 강력하게 주장할 것이다. 도덕적인 문제는 완전히 차치하더라도, 독일 민간인들을 살해함으로써 치른 군사적 비용은 그 어떤 전략적 이익으로도 상쇄될 수 없다고.

제2차 세계대전의 모든 참전국들의 전략적 사고는 제1차 세계대전의 경험에 좌우되었다. 제1차 세계대전의 기억은 부모에서 아이들 세대로 전해졌다. 역설적이지만, 제1차 세계대전의 승자와 패자는 자신들의 경험으로부터 완전히 반대되는 결론을 내렸다. 제2차 세계대전의 승자들(영국과 미국과 프랑스)은 제1차 세계대전을 지독한 공포로 기억했다. 이들은 그 공포를 되풀이해서는 안 된다는 당위성으로 전략을 짰다. 따라서 영국과 미국은 승리의 열쇠로 전략폭격을 택했고, 프랑스는 마지노선^{Maginot Line}(제1차 세계대전 이후 프랑스가 독일군의 공격을 저지하기 위해 구축한 요새선-옮긴이) 방어전략을 택했다. 그러나 패자들(독일과 소련)은 제1차 세계대전을 영웅적 전투로 기억하고, 보다 결단력 있고 유능한 정치 지도자만 있었다면 능히 승리할 수 있었다고 생각했다. 독일과 소련은 제1차 세계대전을 다시 치를 수 있다면 제대로 싸워보겠다는 생각으로 제2차 세계대전의 전략들을 세웠다. 이들에게 승리의 열쇠는 극악한 공격작전들을 수행할 뛰어난 군대였다. 1914년 파리를 거의 쑥대밭으로 만들고, 동프로이센을 거의 폐허로 만들었던 것처럼 전투력 있는 군대여야 했다. 하지만 이번에 두 나라는 더 잘 훈련되고 더 좋은 무기를 갖춘 군대를 조직해 완전히 초토화시킬 작정을 했다. 이러한 전략으로 1940년에 프랑스에서 독일군이, 1945년에는 동프로이센에서 소련군이 승리했다.

헤이스팅스의 책은 이런 전략들이 어떻게 성공하고 실패하면서 제2차 세계대전을 참혹한 결말로 이끌었는지 설명한다. 영국과 미국의 군대가 신중하게 독일로 침투한 반면, 독일과 소련은 제1차 세계대전 때처럼 대규모 공격과 역공을 서로 주고받았다. 소련의 붉은 군대는 막대한 손실을 감안하면서까지 비슬라에서 엘베 강까지 진격했다. 소련의 두 거대 군대는 베를린을 선점하기 위해 서로 경쟁했고, 이 과정에서 수많은 사망자와 부상자가 속출했다. 한편 미국과 영국은 독일을 폭격으로 패망시키는 데는 실패했지만, 제1차 세계대전의 대량살상은 피할 수 있었다.

제1차 세계대전에서 가장 비극적인 인적 손실을 꼽는다면 헨리 모즐리^{Henry Moseley, 1887~1915}(1913년 특정 X선과 원자번호와의 관계를 증명한 모즐리의 법칙^{Moseley's law}을 발견해 원자핵물리학 발전에 기여했다-옮긴이)의 죽음일 것이다. 그는 1913년 위대한 발견을 이룬 촉망받는 젊은 물리학자였으나 지원병으로 참전해 1915년 갈리폴리 전투에서 사망했다. 영국 정부는 제2차 세계대전에서만큼은 과학 인재들의 손실을 막기 위해 신중한 결정을 내렸다. 그 결정 덕분에 나는 폭격기 사령부에서 통계학자로 안전하게 일할 수 있었다. 내 목숨은 직접적으로는 헨리 모즐리에게, 그리고 과학자들의 손실을 최소화하려는 영국의 전략에 빚진 셈이다. 만약 군 지도부가 전략폭격의 효율성을 그토록 맹신하지 않았다면 다른 이들의 목숨도 구할 수 있었을지 모른다.

《아마겟돈》이 출간된 후, 독일의 비극에 대한 목격담이 영어로 번역되어 단편으로 출간되었다. 바로 한스 에리히 노사크^{Hans Erich Nossack}의 《끝^{The End}》이다.[2] 노사크는 제2차 세계대전 동안 함부르크에 살았던 독일의 유명한 작가였다. 1943년 1월 함부르크는 대규모 소이탄 공격으로 화염에 휩싸여 잿더미가 되었다. 함부르크 폭격은 영국 폭격기 사령부의 작전들 중에서 가장 성공한 작전이었다. 함부르크 폭격작전이 수행되는 동안, 노사크는 함부르크 인근의 한 마을에서 휴가를 보내고 있었다. 화염폭풍이 지나간 후 노사크는 함부르크 거리를 걸으면서 목격한 것을 기록했다. 1943년 11월에 쓴 이 글은 1948년 《사자死者와의 인터뷰*Interview mit dem Tode*》라는 단편집에 실려서 독일에서 출간되었다. 영어번역판은 조엘 에이지*Joel Agee*의 훌륭한 번역으로 출간되었다. 1943년 대참사 후 찍은 에리히 안드레스*Erich Andres*의 사진들이 번역판에 곁들여져 있다. 에이지는 서문에서 이 책과 번역이 갖는 역사적 의미를 설명했다. 이 책은 독일이 겪은 총체적인 파멸을 63쪽에 집약한 하나의 예술작품이다. 에이지의 번역서가 30년이 지나서야 출간된 것은 안타까운 일이다.

《끝》은 함부르크 폭격사건이 발생한 지 4개월 만에 완성되었다. 연합군의 프랑스 침공이 있기 전이었고, 전쟁이 끝나려면 한참 있어야 하던 때였다. 그 이후의 사건들과 민간인에 대한 전략폭격의 결과를 모른 채 쓰인 책이었기 때문에 진정한 증언이라 할 수 있다. 책에는 폭격 후에 잔해를 치우면서 느끼는 물리적 공포가 간결하게 묘사되어 있다.

사람들은 송장들을, 아니, 죽은 인간의 유해에 어떤 이름을 붙이든 상관없이, 그것들을 그 자리에서 태우거나 지하실에 쌓아놓고 화염분사기로 불태웠다고 말했다. 그러나 실상은 더 지독했다. 지하실에는 사람이 들어갈 수 없을 정도로 파리가 들끓었고, 발을 디딜 때마다 손가락 굵기만 한 구더기들 위에서 연신 미끄러졌다. 사람들은 불에 타죽은 사람들에게 다가가기 위해서는 불을 내서 길을 터야만 했다.

쥐와 파리가 도시의 주인이었다. 거리마다 오만하고 살찐 쥐들이 활개치고 다녔다.

하지만 노사크는 생존자들의 물리적 공포보다 정신적인 상태에 관심을 기울였다. 그의 증언에 따르면, 생존자들 대다수는 폐허가 된 자기 집 지하실로 돌아와서 살았고, 가능한 한 신속하게 일상생활을 재개했다. 그들은 제공받은 시설에서 낯선 사람들과 살기보다는 자기 집 지하실에서 친구들과 살고 싶어 했다. 생존을 위한 투쟁은 그들을 바쁘게 만들었고 슬퍼할 시간을 허락하지 않았다. 모든 것을 잃었기 때문에 그들에게는 서로만 남았다. 그들은 알량한 것이라도 서로 나눴고 도시를 살리기 위해 힘을 합쳤다. 폭격이 정부에 대한 시민들의 충성심을 고취했느냐 떨어뜨렸느냐는 문제에 대해 노사크는 이렇게 말한다.

하지만 그 당시에 동요나 폭동이 잠재되어 있었다는 말은 착오일 것이다. 그 점에서는 적군들뿐 아니라 우리의 권위자들도 판단을 잘못했다. 모든 것은 매우 차분하게 정리되어갔다. 이렇게 자발적으로 정리된 상황에서 국가는 나아갈 방향을 잡았다. 국가가 강제적으로 규제하려 할수록 사람들은 분노하고 역정을 낼 뿐이었다. 오늘날 국가는 규제를 행사함으로써 그 존재를 인정받으려고 하지만, 그것은 어처구니없는 짓이다. 당시 우리가 너무나 냉담했기에 반란을 일으킬 수 없었다고 말하는 사람도 있다. 이 역시 사실이 아니다. 당시에는 모든 이가 솔직한 심정들을 터놓고 이야기했으며, 사람들에게 두려움 따위는 찾아볼 수 없었다.

　노사크는 폭격으로 인해 국가에 대한 존경심이 떨어졌지만, 공동체에 대한 충성심은 높아졌다고 결론을 내렸다. 폭격이 범죄냐 아니냐의 문제에 대해서 노사크는 이렇게 말한다.

　나는 그 누구에게서도 적군을 저주하거나 비난하는 말을 듣지 못했다. 신문들이 '하늘의 약탈자'라느니 '방화범'이라느니 매도했을 때도 우리는 귀 기울이지 않았다. 우리에게는 더 깊은 통찰이 있었기에 그 모든 책임을 적에게 돌리지 않았다. 기껏해야 적도 우리를 전멸하려는 미지의 세력들에게 이용된 도구일 뿐이었다. 나는 복수를 생각하며 위안을 삼는 사람을 단 한 번도 보지 못했다. 오히려 반대로 우리는 이런 말을 흔하게 했다. "어째서 다른 사람들도 파괴되어야 하는가?"

　사람들은 마치 인간이 아닌 운명의 소관이었던 것인 양 파괴를 받아들였다. 노사크는 냉철한 정신으로 그 운명을 받아들인 사람들에게서 놀라움을 느꼈고, 그것을 글에 표현했다.
　《끝》은 한 사람의 독일인이 겪은 '세밀한 아마겟돈'이다. 인생과 문학에 깃들어 있는 독일의 전통은 매우 철학적이다. 다른 어떤 민족보다 독일인들은 불쾌한 사실들에 철학이라는 실을 자아 만든 고치를 씌워서 현실로부터 스스로를 고립시킨다. 노사크도 함부르크의 폐허 위를 걸어 다니는 자신을 육신을 떠난 영혼처럼 묘사했다. 그러면서 자신이 관찰하는 사물과 사람들로부터 거리를 두었다. 그는 이렇게 말한다.

　우리는 삶의 사소한 고통 따위에는 더 이상 개의치 않는 망자처럼 이 세계를 지나왔다. 몇 시간을 헤맨 끝에 한 사람을 만난다면, 그자 역시 꿈속에서 영원한 불모지를 배회하는 사람일 것이다. 우리는 수줍은 표정으로 서로를 스쳐 지나가면서 이전보다 훨씬 더 다정하게 말을 건네곤 했다.

이처럼 독일인들에게는 철학적으로 달관한 듯한 초연함이 있다. 이 초연해지는 습성이 1945년에 왜 독일이 최후까지 악착스럽게 싸웠는지 그 이유를 설명해줄지도 모른다. 다른 나라뿐 아니라 자국민의 고통도 가중시키는 전쟁을 연장하면서까지 말이다.

후기

이 서평을 쓴 후에 실로 수많은 사람들에게서 찬성과 반대 의견의 편지를 받았다. 나는 서부전선에서 포로수용소에 도착한 포로들이 문명인다운 처우를 받았다고 기술했다. 이 서술에 심각한 오류가 있었다. 실제로 전쟁 마지막 몇 달 동안에는 그런 처우를 받지 못했다. 이 오류를 바로잡아 준 마틴 게인즈Martin Gaynes에게 감사를 전하며, 그가 보내온 서신 중 일부를 발췌해보겠다.

1944년 12월에 벌지 전투에서 수천 명의 미군포로들이 잡혔습니다. 그들은 프랑크푸르트 인근에 있는 독일 최대의 전쟁포로수용소 스탈라크 IX-B로 이송되었습니다. 그리고 모든 미국 유대인 병사들에게 신원을 밝히라는 군령이 떨어졌습니다. 미군들이 이에 응하지 않자, 나치친위대는 유대인처럼 보이거나 유대인의 성을 가진 병사들을 가려냈습니다. 심지어 자기들이 독단적으로 위험인물로 분류해뒀던 병사들도 끌어냈습니다. 미군포로들 중 거의 1/3이 사실상 유대인으로 선별되었습니다. 이들은 지붕짐차에 가득 실려 독일의 시골로 이송되었습니다. 음식은커녕 물과 변기도 없었습니다. 닷새 후에 포로들이 도착한 곳은 부헨발트^{Buchenwald} 강제수용소의 분소였던 베르가 수용소였습니다. 미군포로들은 그곳에서 유럽의 강제수용소 포로들과 함께 노역했습니다. 수많은 포로들이 부상과 영양실조, 질병과 탈진으로 죽었습니다. 더러는 아무 이유 없이 친위대의 총에 맞아 죽기도 했습니다. 실성한 포로들도 있었습니다. 1945년 4월 연합군이 진격해오자, SS 전투부대는 수용소를 철수하라고 명령을 내렸습니다. 생존 포로들은 비와 눈 그리고 극심한 추위 속에서 240킬로미터에 이르는 죽음의 행군을 해야 했습니다. 이 악몽은 1945년 4월 23일 미군 선발부대가 들이닥쳐 마지막 생존 포로들을 구출함으로써 끝났습니다.

나는 마틴 게인즈에게 감사의 편지를 쓰면서 이렇게 말했다. '유대인 포로들에 대한 처우에서 제네바 협정의 규약들이 대부분 파기되었다는 것은 사실이다. 그러나 생명을 구하기 위한 규약들의 가치까지 파손된 것은 아니다. 이것은 제2차 세계대전이나 오늘날이나 마찬가지다.'

3부

과학의 역사와 과학자들

1

20세기의 물리학자와 수학자

우리는 두 배로 운이 좋다. 통찰력과 감성이 넘치는 유리 마닌^{Yuri Manin, 1937~}의 《수학과 물리학^{Mathematics and Physics}》이 있는 것도 행운인데다가 섬세하고 꼼꼼하게 영어로 번역까지 되어 있기 때문이다.[1] 100여 쪽 남짓 된 이 작은 책에 실린 문장들은 한 문장 한 문장이 모두 인용할 가치가 있다. '로켓 관성유도장치인 자이로스코프^{gyroscope}는 6차원 대칭 세상에서 우리의 3차원 세상으로 보낸 특사다. 자기 고향에서는 이 특사의 행동이 단순하고 자연스럽게 보일 것이다.' '사람들은 별들을 보면서도 별이 무엇이냐고 묻는다. 왜냐하면 사람의 눈으로 보는 별은 너무 작기 때문이다.' '플라톤의 동굴의 비유는 현대 과학지식의 구조를 보여주는 최고의 은유다. 우리가 보는 것도 실상은 그 그림자이니 말이다.' '빛의 세계에서는 위치도 없고 시간도 없다. 따라서 빛으로 엮어진 존재는 언제 어느 곳에 있다는 식으로 규정할 수 없다. 그런 존재를 의미 있게 설명할 수 있는 것은 시와 수학뿐이다.' '이 세상은 하나의 거대한 기계와 같다. 그 기계를 움직이는 나사들과 기어들의 작동방식이 밝혀진다면, 새로운 대형으로 조립되고 정렬될 수 있다. 그 결과 이 세상은 활과 직기를 얻거나 집적회로를 얻는다.' '현대 이론물리학은 호화롭고 활기찬 이론들의 세계다. 수학자는 그 세계에서 만족할 만한 그 모든 것을 찾을 수 있다. 익숙한 이론에는 만족하지 못하겠지만.'

이런 주옥같은 문장 외에도 마닌의 책에는 몇 가지 방정식과 약간의 기술적인 설명이 실려 있다. 마닌의 의도는 물리학자의 사고과정을 수학자가 이해하기 쉽게 해주는 것이었다. 그는 노련하게 사례들을 선별해 그 목적을 달성한다. 거기에 덤으로 그의 문체와 사고방식 덕분에 물리학자도 수학자의 사고과정을 쉽게 이해하게 된다. 그는 수학과 물리학의 경계를 모호하게 만들거나 없애려고 하지 않는다. 수학은 자연을 이해하는 도구로서 놀라운 효율성을 가졌다. 하지만 마닌은 책에서 그 효율성을 일일이 설명하거나 숨기려고 하지 않았다. 그 점이 이 책의 수많은 미덕들 중 하나다.

마닌의 책은 요약을 거부한다. 보통의 밀도로는 12권에 담길 개념들을 그 적은 지면에 이미 잘 압축해놓았기 때문이다. 그러면서도 모든 주제들에 대해 하나하나 깔끔하게 논의한다. 그러므로 마닌의 견해를 제대로 음미하려면 괜히 말을 바꿔 옮기는 것보다 있는 그대로 인용하는 것이 더 낫다. 당초에는 이 책을 내 나름대로 설명할 계획이었다. 하지만 그 욕심을 버리기로 했다. 그 대신 지금부터 마닌이 당대의 과학을 연구하면서 제기한 문제를 곱씹어보겠다. 과연 우리는 과거의 역사적 혁명들에 필적할 만한 새로운 과학적 혁명의 문턱에 서 있는 것일까?

20세기 과학의 위대한 혁명은 베르너 하이젠베르크의 혁명과 쿠르트 괴델의 혁명이다. 두 혁명은 기존의 과학 개념을 뒤집고 새로운 과학 개념을 만들어냈다. 하이젠베르크는 고전물리학을 전복시켰고, 쿠르트 괴델은 수학의 토대를 전복시켰다. 두 혁명은 유럽의 협소한 울타리 안에서 6년의 시간차를 두고 일어났다. 마닌은 이 두 혁명에 인과관계가 있다고 보지 않고 독립적으로 일어났다고 설명한다. '물리학자들은 이론과 현실의 상호작용 때문에 심란했고, 수학자들은 이론과 공식의 상호작용 때문에 심란했다. 이들의 관계는 모두 이전에 생각했던 것보다 훨씬 더 복잡하다고 판명이 났다. 그리고 두 학문의 자화상과 자아상도 매우 다르다고 판명이 났다.' 이 명쾌한 묘사는 두 혁명의 차이점을 확실하게 보여준다. 그러나 1920년대 독일 지식인들의 삶을 지배한 역사적인 배경을 연구하다보면, 둘 사이의 강력한 연결고리를 발견하게 된다. 하이젠베르크와 괴델은 같은 방향으로 자신들을 떠미는 외부적 힘에 똑같이 노출되어 있었다. 또한 두 사람은 지리적, 시기적으로 인접해 있었다. 역사의 관점에서도 이 인접성은 더 이상 우연의 일치로 보이지 않는다.

역사적 차원에서 간결하고 탁월하게 과학을 파고든 책이 또 한 권 있다. 바로 폴 포먼^{Paul Forman, 1937~}의 《바이마르 문화, 인과성과 양자이론, 1918~1927: 적대적인 지적 환경에 대한 독일 물리학자와 수학자들의 적응*Weimar Culture, Causality, and Quantum Theory, 1918~1927: Adaptation by German Physicists and Mathematicians to a Hostile Intellectual Environment*》이다.[2] 포먼은 수학보다는 물리학에 정통한 역사학자다. 그래서 마닌의 책 내용과도 거의 겹치지 않는다. 우리가 가진 과학적 유산을 균형 있게 바라보려면 두 권의 책을 함께 읽어야 한다. 마닌에 대해서는 잠시 후에 이야기하기로 하고 먼저 포먼에게 집중해보자.

포먼의 책은 독일 수학계의 거목으로서 기나긴 연구 활동의 종착점을 향해 가고 있던 69세의 펠릭스 클라인Felix Klein, 1849~1925에서 출발한다. 때는 1918년 6월, 제1차 세계대전의 마지막 여름이었다. 클라인은 괴팅겐 대학에서 독일 산업계의 지도자들과 프로이센 정부인사들을 상대로 강연하고 있었다. 그 강연은 '응용물리학과 수학의 진흥을 위한 괴팅겐 학회Göttingen Society for the Advancement of Applied Physics and Mathematics'의 본회의에서 이뤄졌다. 클라인은 독일의 과학과 산업, 군이 조화롭게 협력해 전쟁에서 승리할 것이라고 자신 있게 말했다. 승전한 후에는 수학교육과 연구에 대한 지원이 늘어날 것이라는 기대감을 보였다. 우리는 이 강연에서 현대적인 방식의 군산복합체軍産複合體가 처음으로 만개하는 모습을 보게 된다. 군인과 정치인들이 이 영광의 꿈을 과학자와 수학자들과 함께 나누는 장면도 목격하게 된다. 프로이센 교육부장관은 클라인에게 수학연구소 설립자금을 지원하겠다고 약속한다. 하지만 5개월이 채 되지 않아 영광의 꿈은 산산조각이 났다. 독일 제국은 철저히 무너졌으며, 수학연구소 설립은 무기한 연기되었다. 1918년 11월부터 패배와 비통의 시대가 시작되었고, 정밀과학은 군산복합체와 함께 신망을 잃었다. 어찌어찌하여 마침내 괴팅겐 수학연구소는 문을 열었지만, 클라인이 죽은 후였고, 독일 정부의 기금이 아닌 록펠러 재단의 달러로 설립되었다.

포먼은 클라인의 괴팅겐 연설을 이용해 바이마르 독일의 지적 대반전을 극적으로 묘사하려고 한다. 새로운 시대는 파멸과 우울의 분위기가 지배적이었다. 그리고 이 시대를 상징하는 주제곡은, 오스발트 슈펭글러Oswald Spengler, 1880~1936가 쓴 묵시록적 세계사 《서양의 몰락Untergang des Abendlandes》이었다. 슈펭글러의 예언서는 서부전선의 전세가 독일에게 불리하게 돌아섰던 1918년 7월, 뮌헨에서 출간되었다. 그해 11월 패전한 후, 슈펭글러의 책은 독일 전역을 매료시켰고 출간 8년 만에 60쇄를 돌파했다. 모든 사람들이 그 책을 언급했고, 거의 모든 사람들이 그 책을 읽었다. 포먼은 수학자와 물리학자도 그 책을 읽었다는 사실을 다수의 증거자료로 증명한다. 심지어 슈펭글러의 견해에 반대하는 사람들도 그의 미문에는 격하게 감동했다. 슈펭글러는 역사학자가 되기 전에 과학과 수학을 공부했다. 그는 과학에 대해서도 상당히 많은 말들을 했고, 그중에는 옳은 말도 있었다. 그는 서구문명의 몰락이 고전수학과 고전물리학의 몰락을 초래할 수밖에 없다고 지적했다. '각각의 문화는 발생하고 무르익고 타락하고 완전히 사라지는 자기현시의 가능성들을 저마다 가지고 있다. 하나의 문화에는 조각, 그림, 수학, 물리학이 하나씩만 존재하는 것은 아니다. 가장 깊은 본질적 측면과 존속기간, 독립성이 각기 다른 것들이 다수 존재한다.' '서구 유럽의 물리학은 (스스로를 기만하지 않는다면) 그 가능성의 한계에 이르렀다. 이것이 바로 어제까지만 해도 난공불락이었던 물리학이론의 토대와 에너지 법칙의 의미를, 질량과 공간과 절대시간의 개념을, 그리고 일반적인 자연의 인과법칙들을 무효화시키려는 돌연한 의심들이 발생하는 원인이다.' '오늘, 과학의 시대가 저물고 회의주의가 승리하고 있다. 이 무대에서 구름은 흩어지고, 조용한 아침의 경관은 명료하게 다시 나타나고……. 고투 끝에 지친 서양 과학은 영적 고향으로 돌아가고 있다.'

일찍부터 강력하게 슈펭글러 철학으로부터 영향을 받은 사람이 둘 있었다. 수학자 헤르만 바일Hermann Weyl, 1885~1955과 물리학자 에르빈 슈뢰딩거였다. 두 사람은 독일어의 묘미를 아는 작가이기도 했다. 아마도 그런 연유로 슈펭글러의 문학적 탁월함에 쉽게 매료되었는지도 모른다. 두 사람은 근본적인 혁명을 일으키지 않는 한, 수학과 물리학은 퇴로조차 없는 막다른 궁지에 처할 것이라고 확신했다. 1918년 훨씬 이전부터 직관주의 학설을 지지했던 바일은 고전수학의 광범위한 부분이 합리성을 잃었다고 판단했다. 그리고 남은 부분을 형식논리학이 아닌 직관의 토대 위에 올려놓고자 했다. 1918년 이후에 바일은 혁명적 웅변을 수학에서 물리학으로 확장시키면서 두 학문분야의 기존 체제를 무너뜨릴 것을 엄숙하게 선언했다. 1922년에는 슈뢰딩거가 물리법칙들을 근본적으로 재구축할 필요를 느끼고 바일과 합류했다. 두 사람은 앞으로 혁명이 물리학의 인과성 원리를 모조리 없앨 수 있으리라는 슈펭글러의 견해에 동의했다. 왕년의 혁명가 다비트 힐베르트와 알베르트 아인슈타인은 뜬금없이 현상유지 옹호자 편에 섰다. 힐베르트는 형식논리학이 수학적 토대의 으뜸이라고 주장했고, 아인슈타인은 물리학에서 인과성因果性의 우선권을 옹호했다.

단기적으로는 힐베르트와 아인슈타인이 패하고, 슈펭글러 파의 혁명 이데올로기가 수학과 물리학 모두에서 승리를 거뒀다. 하이젠베르크는 원자공정에서 인과성의 진짜 한계를 발견했고, 괴델은 수학에서 공식적인 추론과 증명의 한계를 발견했다. 그러나 지식혁명의 역사에서 자주 일어나듯이, 혁명의 목표들이 달성되자마자 혁명의 이데올로기는 죽고 말았다. 혁명의 목표를 제공했던 슈펭글러의 비전들은 순식간에 논외로 밀려났다. 하이젠베르크의 물리학은 일단 이해되고나자 뉴턴의 물리학처럼 시시하고 세속적인 물리학이 되어버렸다. 슈펭글러의 비전을 한 번도 들어본 적 없는 화학자들도 양자역학을 이용해 분자결합 에너지를 훌륭히 계산할 수 있게 되었다. 수학에서 괴델의 발견은 직관주의에 승리를 안겨주진 않았다. 하지만 수학적 토대들을 세우는 어떤 계획도 유일한 정통임을 주장할 수 없다는 합의를 이끌어냈다. 혁명 이후에 등장한 새로운 물리학과 수학은 점점 더 혁명의 이데올로기와 멀어졌다. 장기적으로 보면 혁명에서 탄생한 물리학과 수학의 가치체계는 그 전과 본질적으로 달라진 게 없었다. 서양과학을 재탄생시키고 활력을 불어넣고 승화시켜 서양 과학을 영적 고향으로 귀향시키겠다던 슈펭글러의 꿈은 잊혀졌다. 하지만 힐베르트와 아인슈타인이 이룬 현실적 위업은 유행을 탄 슈펭글러의 절망보다 오래 갔다.

50년이 지난 지금, 바퀴는 다시 원점으로 돌아왔다. 양자장치의 물리학과 유효 계산가능성^{effective computability}의 수학은 엔지니어와 기업인들의 일상적인 도구가 되었다. 펠릭스 클라인 시대에 고전물리학과 고전수학이 독일의 군산복합체에 호의적이었던 것처럼, 새로운 수학과 새로운 물리학은 오늘날 미국의 군산복합체에 우호적이다. 그리고 우리 귀에는 또다시 전체론적 사고로 돌아가자는 둥 과학을 승화하자는 둥 혁명을 설파하는 목소리가 들려온다. 1920년대의 생철학生哲學처럼, 오늘날의 최신 슬로건은 '의식의 물리학'이다. 프리초프 카프라^{Fritjof Capra, 1939~}가 조심스럽게 슈펭글러의 뒤를 잇고 있다. 카프라의 《현대 물리학과 동양사상 *The Tao of Physics*》[3]은 그 옛날 슈펭글러의 《서양의 몰락》처럼 수십 만 부가 팔려나가고 있다. 지금 우리는 1925년 하이젠베르크의 혁명과 1931년 괴델의 혁명에 필적할 만한 과학의 근본적인 변화의 시대를 향해 가고 있는 것일까? 과연 누가 대답할 수 있을까? 포먼의 역사적 분석은 과거를 조망해줄지언정 미래를 예측할 수는 없다.

포먼과 마닌은 과학의 역사를 기술하는 데에 있어서 상반된 방식을 대표적으로 보여준다. 포먼은 과학의 바깥에서, 마닌은 안에서 과학을 바라본다. 포먼은 과학이 외부 세계와 정치적 압력에 대한 반응이라고 생각한다. 반면 마닌은 고유한 개념들의 논리적 상호작용을 통해 과학이 자율적으로 성장한다고 생각한다. 포먼은 과학자들의 대중연설과 저작들에서 그 증거를 찾아냈고, 마닌은 서로 아이디어와 방법을 교환하면서 연구하는 과학자들의 연구 활동에서 증거를 포착했다. 포먼은 과학의 형식에 관심이 있었던 반면, 마닌은 과학의 내용에 관심을 가졌다.

이제야 깨닫지만, 1920년대의 사건들을 돌아보면 슈펭글러가 아니었어도 하이젠베르크와 괴델은 자신들이 해야 할 일이 무엇인지 알았던 것이 분명하다. 포먼도 증명했지만, 슈펭글러가 유럽의 독일어권에서 혁명에 대한 기대감을 조성했고, 그런 기대감 덕분에 독일과 오스트리아의 젊은이들이 다른 지역의 젊은이들보다 혁명적 발견들을 더 탄탄하게 준비할 수 있었던 것은 사실이다. 그러나 설령 슈펭글러가 없었더라도, 양자역학과 수학의 결정불가능성은 독일어권뿐 아니라 다른 지역에서도 수년 안에 발견되었을 것이다. 시기적으로도 이 발견들을 위한 분위기가 무르익었고, 물리학과 수학의 내적 성장 면에서도 이 발견들은 불가피했다. 외부에서 조성된 혁명의 기대감은 과학혁명을 일으키는 필요조건도, 충분조건도 아니다. 미래에 과학혁명이 일어날 가능성을 현실적으로 가늠해보고 싶다면, 과학 그 자체를 연구해야 한다. 과학을 둘러싼 철학적 분위기나 정치적 환경 따위를 연구해서는 안 된다. 그렇기 때문에 우리는 이쯤에서 포먼을 떠나 마닌에게 돌아가야 한다.

마닌이 우리에게 보여준 현대의 물리학과 수학의 그림은 1920년대의 지적 소란과는 동떨어져 있다. 마닌의 그림은 목가적이다. 그의 그림 속에서 물리학과 수학이라는 정원은 나란히 이웃해 있다. 각자의 정원에는 수많은 종류의 나무와 꽃들이 무성하게 자란다. 물리학자들과 수학자들은 부지런한 벌처럼 꽃가루를 물고 이 꽃 저 꽃으로 날아다니면서 이종교배를 하고 있다. 그 정원에는 성장과 부패·태양과 소나기는 있지만, 우울이나 멸망의 징조 따위는 없다. 마닌의 관점으로 미래를 바라보면 대재앙이 닥칠 것 같은 징후도 없고, 포먼이 말했던 '위기에 대한 갈망'도 없다. 마닌의 그림은 경이롭고 돌연한 깨달음들로 가득하고, 무성한 결실과 다방면의 성장이 오래도록 지속될 미래를 보여준다. 거기에 근본적인 변화라는 목표는 없다. 마닌의 관점에서 볼 때, 오늘날은 물리학자들과 수학자들이 서로에게 흔쾌히 배우려고 하고, 과학의 여러 분야들이 도구와 기술을 공유하는 시대다. 물리학과 수학에서 겹치는 부분이 많아질수록 서로를 보강하는 기회도 늘어난다. 물리학과 수학의 미래는 혁명이 아닌 진화에 있다. 마닌은 슈펭글러의 '조용한 아침의 경관'을 끝이 아닌 시작으로 본다.

우리는 마닌의 책에 실린 마지막 문구에서, 그가 그린 미래를 살짝 엿볼 수 있다.

정수론의 가장 심오한 개념들이 현대 이론물리학의 개념들과 광범위하게 닮았다는 사실은 정말 놀랍다. 정수론도 양자역학처럼 연속과 불연속 사이의 불분명한 패턴을 완벽하게 갖추었다. 그리고 두 이론 간의 숨겨진 대칭성의 역할을 돋보이게 한다. 혹자는 이 유사성이 우연이 아니라고 생각하고, 또 우리가 살고 있는 세상에 대한 새로운 소식들을 듣고 있는 게 아닐까 기대하고 싶을 것이다. 하지만 우리는 아직 그 소식들의 의미를 알지 못한다.

후기

이 서평을 쓴 후 24년이 지나는 동안, 수학과 물리학은 마닌의 예측대로 발전했다. 물리학자와 수학자들이 공조하는 주요 분야는 끈이론이다. 진보는 혁명으로 이뤄낸 것이 아니라 진화해왔다. 아직도 근본적인 혁명을 이야기하는 사람은 많지만, 혁명의 뚜렷한 조짐은 보이지 않는다.

2

에드워드 텔러에 대한 재발견

에드워드 텔러^{Edward Teller, 1908~2003}의
《회고록: 20세기 과학과 정치 여행 *Memoirs: A Twentieth-Century Journey in Science and Politics*》[1]은 재미있으면서도 아주 독특한 역사기록이다. 텔러는 사람에 대한 관심이 남달랐다. 그의 인생 이야기는 그가 알고 지냈던 사람들의 초상화 갤러리 같다. 80년 전 헝가리에서 유년시절을 보내면서 만났던 친구들에서 시작해 70년이 넘도록 그의 곁을 지키다가 먼저 세상을 떠난 아내 미치^{Mici}까지, 그는 어느 한 사람도 예외 없이 모두 생명력 있고 비중 있게 그리고 있다. 그들은 모두 텔러의 인생이 휘말렸던 바로 그 전쟁과 혁명, 정치적 파고에 함께 휘말렸던 사람들이다. 텔러는 이 책에서 그들 각자의 개성과 어리석음, 친절함, 빈번했던 비극적 운명들을 관찰하고 기록하고 있다.

물론 텔러는 과학에 대한 관심도 각별했다. 그 스스로도 말했지만, 그의 인생의 절정기는 1926년부터 1933년까지 독일에서 보낸 7년이

"

었다. 그 시기는 독일 과학계의 황금기였다. 7년 동안 양자역학이 발견되었고, 히틀러가 등장했다. 그리고 텔러는 분자구조와 분광학에 양자역학이 미치는 영향을 알아내기 위해 물리학과 화학의 경계를 넘나들고 있었다. 그는 스스로 심오한 사색가라기보다 문제해결사였다고 고백한다. 닐스 보어와 베르너 하이젠베르크 그리고 에르빈 슈뢰딩거가 심오한 사색가로서 임무를 완수한 후, 문제해결사들은 새로운 개념들을 이용해 실용적 문제들을 해결하려 했다. 텔러와 그의 친구 한스 베테Hans Bethe, 1906~2005, 레프 란다우Lev Landau, 1908~1968, 조지 가모프 그리고 엔리코 페르미가 그런 문제해결사였다. 그들은 새로운 개념들을 이용해서 물리학과 화학을 기초부터 깡그리 다시 세웠다. 텔러에게 7년은 실제로도 황금기였다. 젊은 물리학자들은 너나없이 해결해야 할 중요한 문제들을 찾아냈고, 물리학자도 많지 않았기 때문에 서로서로 다 알고 지냈다. 텔러는 당시의 강렬한 지적 흥분을 즐겼고, 지성들과의 우정에 흠뻑 빠져 있었다. 그의 친구 베테처럼, 텔러도 시인 기질이 농후했다. 텔러는 막스 보른Max Born, 1882~1970의 생일파티에서 브레히트의 《서푼짜리 오페라》의 '맥 더 나이프Mack the Knife'라는 곡에 독일어 가사를 붙여 멋진 노래를 작곡했다. 어린 시절부터 헝가리어와 독일어를 유창하게 구사했던 텔러는 여덟 살이 지나서야 영어를 배운 것을 안타까워했다. 시를 쓸 만큼 영어를 체화하기에는 너무 늦은 나이였기 때문이다. 미국으로 건너와 영어를 쓰기 시작하면서부터 시 쓰기도 사실상 중단되었다.

1935년 미국으로 건너올 때도 텔러와 베테는 한배를 탔다. 텔러가 조지워싱턴 대학에서 물리학을 가르치는 동안, 베테는 코넬 대학에서 물리학을 가르쳤다. 조지워싱턴 대학에 있는 동안에도 텔러는 유럽에서 건너온 오랜 친구들인 가모프와 조지 플라첵[George Placzek, 1905~1955], 마리아 거트루드 메이어[Maria Gertrude-Mayer, 1906~1972]와 어울렸다. 1936년부터 1938년까지 미국에서의 첫 3년은 평화로웠다. 텔러는 오랜 친구들과 우정도 지켰고, 새로운 친구들과도 우정을 쌓았다. 황금기였던 독일 물리학의 분위기가 미국에서도 그대로 재현되는 듯했다. 그러다 1938년 12월에 독일에서 핵분열이 발견되었다. 그때부터 텔러의 인생은 돌이킬 수 없이 달라졌다. 텔러는 헝가리 출신의 오랜 친구 레오 실라르드[Leo Szilard]와 함께 아인슈타인을 찾아가, 루스벨트 대통령에게 핵분열이 군사적으로 중대한 의미를 가질 가능성을 경고한 그 유명한 편지에 서명하도록 설득했다. 그리고 그때부터 지금까지 텔러의 삶은 핵무기의 그늘을 벗어나지 못했다. 독일에서의 경험은 텔러의 영혼에 '지식인의 가장 치명적인 실수는 자유를 수호하는 데 무관심한 것'이라는 화인火印을 찍어놓았다.

텔러는 회고록의 후반부 절반에서 컬럼비아 대학에서 시작해 시카고, 로스앨러모스와 리버모어를 거쳐 마지막에 스탠퍼드 대학에서 무기 개발과 연루되었던 자신의 삶을 자세하게 설명한다. 혹자는 이 부분에서 개인적인 내용보다 좀 더 정치적인 내용으로 이야기가 진행되리라고 기대할는지도 모른다. 그러나 텔러는 정치적 싸움에 가장 깊숙이 휘말린 시기였음에도 불구하고, 자신의 반대파들을 인간적으로 그렸다. 그리고 그들의 우려를 공평한 관점에서 설명했다. 그의 이야기 속에는 슬픔은 있지만 신랄함은 없다. 가장 큰 슬픔은 제일 가까웠던 친구이자 협력자였던 엔리코 페르미와 존 폰 노이만[John von Neumann, 190~1957], 어니스트 로렌스[Ernest Lawrence, 19011~1958]가 연구를 완성하지도 못하고 너무 일찍 세상을 떠난 일이었다. 힘겨운 나날들을 보내는 와중에도 우정을 지키는 텔러의 재능은 퇴색되지 않았다. 그와 사사건건 의견이 부딪쳤던 실라르드도 끝까지 가장 친한 친구로 남았다.

텔러의 삶에서 최악의 시간은 1954년 로버트 오펜하이머에게 불리한 증언을 하면서 시작되었다. 당시 원자력위원회는 오펜하이머가 국가 안보를 위협하는 위험인물인지를 결정하기 위해 청문회를 열었다. 텔러는 회고록에 오펜하이머에 대한 자신의 증언 전문을 실었다. 텔러의 증언이 불러온 한 가지 명백한 결과는 상당수의 친구들이 그에게서 등을 돌렸고, 텔러가 그토록 애지중지한 물리학계는 분열되었다. 그 청문회는 사실 오펜하이머의 적들이 오펜하이머를 음해하고 정치적 영향력을 무너뜨리기 위해 연 것이었다. 청문회가 끝난 후, 음해의 다음 대상은 텔러였다. 오펜하이머와 텔러는 모두 청문회로 쓰라린 고통을 겪었지만, 텔러의 상처가 더 깊었다. 청문회가 시작되고 텔러의 증언이 있기 직전에, 나는 워싱턴에서 베테를 만난 적이 있었다. 베테는 "방금 내 평생 제일 불쾌한 대화를 하고 왔네. 에드워드 텔러와 말이야"라고 말했다. 베테는 텔러에게 증언을 하지 말라고 설득했으나 실패했고, 그것으로 20년 우정도 끝났다. 베테와 텔러는 황금기를 함께 겪은 최후의 생존자들이다(한스 베테는 2005년에, 에드워드 텔러는 2003년에 사망했다. 저자가 이 글을 쓸 당시에는 둘 다 생존해 있었다-옮긴이). 이후 물리학저널 〈피직스 투데이Physics Today〉에 베테의 서평이 실렸다. 나는 텔러의 회고록에 대한 서평을 읽고 마음이 흐뭇했다. 그 옛날의 다툼은 묻어둔 채 텔러의 온화한 성격을 한껏 치켜세운 관대한 서평이었다.

반면 역사학자 그레그 헤르켄Gregg Herken은 베테와는 상반된 서평을 〈사이언스〉에 기고했다. 그는 청문회 증언에 대한 텔러의 설명에 이의를 제기했다. 그리고 역사적 기록과 일치하지 않는 텔러의 설명을 조목조목 열거했다. 그런데 역사학자라면 과거 사건에 대한 모든 인간의 기억이 불확실하다는 사실을 모를 리 없다. 기억은 역사가 아니다. 기억은 역사의 재료일 뿐이다. 장군들과 정치인들이 쓴 회고록은 부정확하기로 악명이 높다. 나도 몇 해 전에 회고록을 썼는데, 내가 기억하고 있는 일들이 사실은 일어난 적도 없다는 사실에 놀라움을 금치 못했다. 기억은 왜곡될 뿐만 아니라 창조되기도 한다. 따라서 회고록을 쓰는 사람은 자신의 기억에 기록된 대로 사건들의 경과를 정직하게 적으려고 노력해야 한다. 텔러는 그 노력을 다했다. 세세한 부분들에 오류가 있다 하더라도, 역사의 한 시기를 조망한 회고록의 가치가 손상되는 것은 아니다. 텔러는 청문회 증언에 대해 마지막 문장을 이렇게 썼다. '나는 어리석음이 인간의 보편적인 속성이라는 사실을 증명했다. 그리고 내가 그 속성을 다 가지고 있다는 사실도 증명했다.' 오펜하이머도 청문회에서 왜 보안장교에게 거짓말을 했냐고 질문 받았을 때 이렇게 대답했다. "내가 바보였기 때문이오." 텔러는 자신도 바보였기 때문에 추잡한 일에 자진해서 발을 담갔다고 말한다. 그것이 텔러의 결론이었고, 그 한마디로 텔러는 그 사건에서 자신이 맡은 역할을 정직하게 요약했다. 텔러는 수소폭탄 발명을 주도했을 뿐만 아니라, 수소폭탄 개발을 강력히 주동한 인물이기도 했다. 이점에 대해서 텔러는 사과하지 않는다. 미국이 수소폭탄을 소유하는 것이 냉전의 평화적 해결에 열쇠가 되리라고 믿었기 때문이다. 그러면서 같은 이유로, 소련에서 수소폭탄 개발을 주동했던 안드레이 사하로프에 대해서도 칭찬을 아끼지 않는다. 수소폭탄은 냉전의 양축에게 냉정함을 유지하게 해주는 평형장치였다.

1960년대 독일을 방문 중이던 어느 날 저녁, 나는 독일인 친구와 맥주를 마시고 있었다. 그는 제2차 세계대전 동안 소련에서 보병장교로 복무했던 친구였다. 그 친구는 당시 소련원정 때 느꼈던 흥분을 구변 좋게 늘어놓았다. 소련의 영웅적 행동들과 비교하면 시민들의 삶은 곤궁하고 따분하기 그지없었다는 둥, 소련에서 복무했던 기간이 인생 최고의 전성기였다는 둥, 끝이 없었다. 그러더니 손가락으로 나를 가리키며 이렇게 말했다. "자네 나라의 그 빌어먹을 수소폭탄만 아니었다면, 우린 지금이라도 소련으로 갈 수 있을 텐데 말이야." 그 순간 나는 '하느님 감사합니다. 에드워드 텔러와 그의 폭탄을 주셔서!'라고 생각했다.

텔러의 회고록에서 단연코 눈에 띄는 구절은 마리아 거트루드 메이어에게 보낸 편지의 한 구절이다. 메이어는 최고의 물리학자였다. 그리고 텔러가 극도의 스트레스를 받고 있을 때 자신의 감정을 숨김없이 털어놓은 친구이기도 했다. 회고록에 인용된 편지글은 1950년대 초반에 텔러가 쓴 편지다. 당시 그는 로스앨러모스에서 수소폭탄 제작에 몰두하면서 고독한 싸움을 하고 있었다. 수소폭탄 제작에 결정적인 역할을 할 발명을 한 해 앞두고 있었다. '도움이든 조언이든 당신의 의견을 듣고 싶소. 지금 내겐 당신의 의견이 필요하오. 내가 반드시 이 일에 도움이 되어야 한다는 주관적인 생각 때문이 아니오. 객관적으로 생각해도 지금 우리가 처한 상황이 끔찍하기 때문이오. 제정신 박힌 사람들은 손을 놓으려만 하고, 정신 나간 놈들은 계속 밀어붙이고 있는 상황이라서 그러오.'

또 주목할 만한 구절은 1939년 멀 튜브^{Merle Tuve, 1901~1982}가 쓴 편지의 한 구절이다. 그는 조지워싱턴 대학에서 텔러의 선임 물리학자였는데, 시카고 대학으로부터 텔러를 평가해달라는 부탁 받게 되었다. 그는 이렇게 편지를 보냈다. '천재를 직원으로 뽑고 싶다면 텔러가 아니라 가모프를 뽑으시오. 그런 천재는 쌔고 쌨소. 텔러는 그 이상이오. 그는 이유 여하를 막론하고 모두를 돕는 사람이오. 모든 이의 문제를 자기 일처럼 해결하려고 하오. 논쟁에 휘말리지도 않거니와 누구와도 불화를 일으키지도 않소. 텔러라면 후회 없는 선택이 될 것이오.' 내가 보았던 텔러도 이러했다. 1956년에 안전 핵융합원자로 설계 건으로 텔러와 3개월 동안 함께 일한 적이 있다. 원자로의 세부적인 사항들에 대해서는 의견 충돌이 얼마든지 일어날 수 있으며, 우리도 실제로 그랬다. 그렇지만 여전히 텔러와 나는 친구다. 그는 모든 사람들을 도와주고 그들의 문제를 해결하기 위해 애쓴다. 물론 또 다른 모습의 텔러도 있다. 수소폭탄이나 미사일방어망과 같이 평판이 좋지 않은 명분을 무분별하게 지지했던 사람, 자신이 믿는 대의명분을 지키기 위해 맹렬히 싸웠던 사람, 이 모두가 텔러의 모습이었다. 그는 젊은 과학자들에게 아낌없이 도움을 주었지만, 늙은 과학자들에게는 사납게 대들었다. 텔러의 회고록은 그의 두 모습을 공평하게 보여준다. 진짜 심각하게 불공평했던 사람들은 의견이 같지 않다고 해서 텔러를 악마로 만들려고 했던 사람들이었다.

3

아마추어 과학자들에게 박수를

티머시 페리스Timothy Ferris, 1944~는 진정한 아마추어 천문가다. 그는 상당히 많은 시간과 돈을 들여서 밤하늘의 행성들과 별들 그리고 은하들 사이를 배회한다. 페리스는 캘리포니아의 로키힐 천문대에 전용 자리도 갖고 있다. 그곳에서 소박하지만 성능이 뛰어난 망원경으로 별들을 마음껏 관찰한다. 그는 국제관측자 모임의 일원이기도 하다. 관측자들은 직접 밤하늘뿐만 아니라 인터넷을 통해서도 별을 공유한다. 한밤의 탐닉을 즐기는 아마추어 천문가들은 은퇴를 했거나 개인적으로 부자가 아닌 이상, 본업이 필수다. 페리스의 본업은 일반 대중에게 과학을 설명하는 책을 쓰는 작가다. 그의 책들은 널리 읽힐 뿐 아니라 미국 시민의 과학문맹률을 효과적으로 떨어뜨렸다.

《우주를 느끼는 시간Seeing in the Dark: How Backyard Stargazers Are Probing Deep Space and Guarding Earth form Interplanetary Peril》[1]은 어떤 점에서는 다른 책들과 비슷하지

만, 어떤 점에서는 전혀 색다른 책이다. 그의 전작들과 마찬가지로 이 책도 사실에 입각해 정확히 기록한 것이다. 또한 우주에 대해 엄청난 정보를 담고 있으며, 정보에 재미있는 이야기들이 양념처럼 곁들여져 있어서 누구나 이해하기 쉽다. 하지만 그의 전작들과 달리, 이 책은 사랑 이야기이다. 그가 아홉 살 때 천문학과 어떻게 사랑에 빠지게 되었는지, 그 사랑이 이후 자신의 인생을 얼마나 풍성하게 가꿔주었는지 짧게 설명한다. 그리고 천문학에 대한 사랑을 공유하는 사람들에 대해 이야기한다. 그들의 다양하고 다채로운 성격과 그들이 천문학에 끼친 공로들을 그림처럼 묘사한다.

페리스는 책을 쓰기 위해 아마추어 천문가 동료들을 수소문해 집이나 관측소로 찾아가, 그들의 인생 이야기를 듣고 일하는 모습을 관찰했다. 그들 중 한 명이 패트릭 무어^{Patrick Moor, 1923~2012}다. 무어도 페리스처럼 낮에는 과학저술가라는 본업에 충실하고 밤에는 하늘을 탐험한다. 페리스는 무어가 살고 있는 영국의 셀세이 마을을 직접 찾아갔다. 여러 해 전, 어떤 인간도 혹은 인간이 만든 어떤 장비도 달의 뒷면을 조사하지 않았을 때, 무어는 셀세이에서 작은 망원경으로 달을 체계적으로 관찰하고 있었다.

보통 달은 지구 둘레를 일정한 방향으로 공전하기 때문에 우리 눈에는 오로지 앞면만 보인다. 그런데 달이 그 공전궤도를 아주 살짝 벗어나 뒤뚱거릴 때가 있다. 그때면 평소에는 보이지 않던 지역이 가시적인 앞면 가장자리로 슬쩍 드러난다. 무어는 달이 공전궤도를 최대로 이탈하는 그 순간을 포착했다. 그리고 달에서 가장 크고 가장 아름다운 충돌 크레이터 '마레 오리엔탈^{Mare Orientale}'을 발견했다. 무어가 그 크레이터에 마레 오리엔탈, 즉 '동쪽의 바다'라고 이름을 붙인 데는 나름의 이유가 있었다. 우선 크레이터가 달의 동쪽 가장자리 너머에 숨겨져 있다는 점이 한 가지 이유였다. 또 다른 이유는 '바다'라고 불리는 달 앞면의 검은 구역과 모양이 닮았다는 점이었다. '바다'라는 이름은 아마추어 천문가 요하네스 헤벨리우스 Johannes Hevelius, 1611~1687가 붙인 것이다. 헤벨리우스는 1647년에 달의 지도를 만들면서 관찰하게 된 달 앞면의 검은 구역을 그렇게 불렀다.

단치히의 맥주양조업자였던 헤벨리우스는 달의 정확한 지도를 최초로 완성한 사람이다. 달이 공전궤도를 최대로 벗어난 순간에도, 지구에서는 달의 동쪽 바다 중 극히 일부만 보인다. 오랜 경험과 달의 지형에 대해 웬만큼 해박한 지식이 없으면, 달의 가장자리에 살짝 나타났다 사라지는 부분을 인지하기 어렵다. 아이러니하지만, 전문 천문학자들에게는 그런 경험도 그런 지식도 없다. 달의 작은 한 부분에 매달릴 시간과 동기를 가진 아마추어 천문가만이 가능한 일이다.

패트릭 무어는 책의 중심주제를 돋보이게 해주는 수많은 사례들 중 하나일 뿐이다. 책의 주제는 과거 수세기부터 오늘날까지 우주연구에 지대한 영향을 준 아마추어들의 중요성이다. 그중에서도 무어는 구식 아마추어였다. 그는 망원경을 부지런히 들여다보며 관찰했고, 관찰한 사실들을 일일이 종이에 그리면서 달의 지도를 만들었다. 지금은 아마추어들도 디지털 전자카메라로 하늘을 관찰하고, 상업용 프로그램으로 컴퓨터에 기록한다. 최근 20년 동안 대량생산으로 가격이 낮아진 디지털 전자카메라와 컴퓨터, 프로그램들 덕분에 아마추어의 역할은 더욱 중요해졌다. 20년 전만 해도 소수의 전문 관측소만 보유했던 장비들을 지금은 아마추어 천문가들도 소유하고 있다. 개인용 컴퓨터는 데이터 기록뿐 아니라 다른 관찰자들과 신속하게 교류하면서 전 세계에서 관찰된 결과들을 조정하는 데도 이용된다. 물론 수천만 달러를 호가하는 대형 망원경으로 우주의 희미한 물체를 조사하는 일은 여전히 전문 천문학자들에게만 허락된다. 초기 우주의 모습을 연구하는 것도, 물질이 블랙홀로 빨려 들어가면서 방출하는 X선을 탐지하는 것도 전문 천문학자들이나 가능하다.

하지만 우주연구에는 우수한 장비와 조직된 네트워크를 갖춘 아마추어들이 전문가들 버금가게 실력을 발휘할 수 있는 영역도 있다. 아마추어들은 전문 천문학자들에게는 없는 두 가지 큰 장점을 가지고 있다. 넓디넓은 하늘을 반복적으로 조사할 수 있고, 장시간의 관측을 견디는 능력이 있다. 이 장점들 덕분에 행성들의 대기에서 일어나는 폭풍이나 별들의 재앙적 폭발과 같이, 예측할 수 없는 사건들을 가장 먼저 발견하는 경우가 많다. 혜성이나 소행성처럼 순간적인 표적들을 발견하는 일에서도 전문가들에게 뒤지지 않는다. 아마추어가 먼저 발견하고, 이어서 전문가가 세밀한 관측과 이론적 분석으로 발견을 보강하는 경우도 왕왕 있다. 그 결과를 과학저널에 발표할 때는 아마추어와 천문학자의 이름이 나란히 적힌다.

캘리포니아의 팔로마 산 위에는 유명한 망원경이 두 개 있다. 200인치 대형 망원경과 18인치 소형 망원경이다. 200인치 망원경은 몇 년 전까지만 해도 독보적인 감도로 우주 먼 곳까지 관측한, 세계에서 가장 큰 망원경이었다. 18인치짜리 망원경은 200인치 망원경보다 앞서 설치되어 팔로마 산에서 중대한 발견들을 수행했다. 이 망원경은 독일의 아마추어 천문가 베른하르트 슈미트^{Bernhard Schmidt, 1879~1935}의 발명품이다. 슈미트는 렌즈와 거울을 갈아서 생계를 유지하는 광학전문가였는데, 함부르크에 있는 대학관측소에서 무보수 객원 연구자로도 일했다. 그는 1929년에 새로운 망원경을 설계했다. 그 망원경은 광대한 시계 범위를 초점이 뚜렷한 이미지로 보여주었다. 함부르크에 최초로 설치된 슈미트 망원경이었다. 이 망원경 덕분에 처음으로 광대한 하늘을 빠른 속도로 촬영할 수 있게 되었다. 슈미트 망원경은 이전의 망원경들보다 100배나 더 넓은 영역을 매일 밤 촬영할 수 있었다.

팔로마 천문대에 설치된 18인치 망원경은 슈미트의 두 번째 망원경이다. 천문학적 조망도가 높은 산꼭대기 관측소 중에서는 처음으로 슈미트 망원경을 도입한 곳이다. 슈미트 망원경의 잠재적 가치를 알아본 스위스의 전문 천문학자 프리츠 츠비키 Fritz Zwicky, 1898~1974의 제안으로 1935년에 설치되었다. 츠비키는 이 망원경을 이용해서 최초로 '스카이 서베이 sky survey'라는 고속촬영 연구기법의 장을 열었다. 그는 매일 광대한 밤하늘을 촬영하고, 수만 개에 이르는 은하들의 위치를 표시해 지도로 만들었다. 이 연구로 츠비키는 두 가지 근본적인 발견을 해냈다. 은하들이 일반적으로 서로 무리를 짓는 경향을 보인다는 사실과 가시적인 은하들의 질량으로는 은하단을 설명하기에 충분치 않다는 사실이다. 은하들의 관측지점과 속도에 근거해서 츠비키가 계산한 바에 따르면, 은하단들은 가시적 질량보다 약 10배 더 많은 비가시적 물질을 함유하고 있어야 했다. 소형 슈미트 망원경으로 그가 발견한 비가시적 물질의 존재는 우주학 역사에 새로운 장을 열었다. 그 후에 이어진 우주연구들은 '보이지 않는 암흑물질'이 우주의 역학을 지배하고 있다는 츠비키의 발견을 확증했다. 전문가들과 아마추어 천문가들은 지금도 세계 곳곳에서 슈미트 망원경을 이용해 슈미트와 츠비키의 혁명을 이어가고 있다. 안타깝게도 슈미트는 자신의 발명품이 이뤄낸 승리를 보지 못하고 눈을 감았다. 히틀러가 독일의 권좌에 오른 1933

년, 슈미트는 너무나 혐오스러운 나머지 희망을 버리고 조용히 술로 생을 마감했다.

데이비드 레비David Levy, 1948~는 현대적 스타일의 아마추어 천문가다. 그는 애리조나에 있는 자신의 집에서 망원경 세 개로 하늘을 관측한다. 망원경들은 소박하지만 우수한 성능을 가졌는데, 그중 두 개는 슈미트가 설계한 망원경이다. 레비는 캘리포니아 팔로마 천문대에도 객원 관측자로 참여해 전문가들과 협력한다. 그가 팔로마 천문대에서 이용하는 망원경은 츠비키의 손때가 묻은 18인치 망원경이다. 망원경은 60년간 집중적으로 관측에 사용되었는데도, 성능은 조금도 녹슬지 않아서 지금도 중대한 발견들을 해내고 있다. 레비는 유진 슈메이커Eugene Shoemaker, 1928~1997와 캐럴린 슈메이커Carolyn Shoemaker, 1929~ 부부와 공동으로 연구했다. 유진 슈메이커가 자동차 사고로 때 이른 죽음을 맞은 후에는 홀로 남은 캐럴린과 공동연구를 하고 있다.

이들 셋이 공동연구해 얻은 제일 유명한 성과는 1993년에 발견한 슈메이커-레비9Shoemaker-Levy9 혜성이었다. 이 혜성은 목성과 너무 가까운 거리를 지나갈 때 일어나는 조석분열tidal disruption 과정에서 목격되었다. 여덟 개의 조각으로 부서지는 순간에 포착된 이 혜성은 마치 진주를 줄에 꿰어놓은 것처럼 여덟 개가 일렬로 나란히 움직이고 있었고, 각각의 조각들은 희미한 태양빛을 받아서 밝게 빛나는 가스와 먼지 꼬리를 달고 있었다. 며칠 동안 혜성의 움직임을 면밀하게 관찰하고 계산한 끝에, 이들은 혜성의 조각들 모두가 16개월 후에 목성과 충돌하게 될 것이라고 결론을 내렸다. 천문학 역사상 최초로 우주의 두 표적이 충돌하는 장면을 목격하게 된 것이다.

1994년 7월 목성이 폭격을 당한 그 시간에, 나는 운 좋게도 아마추어 천문가 길버트 클라크 ^{Gilbert Clark}의 초대로 24인치 망원경이 설치된 캘리포니아 윌슨 ^{Wilson} 산 돔에 있었다. 그는 해군 퇴역장교로 ‘텔레스코프 인 에듀케이션 ^{Telescopes in Education}’ 줄여서 TIE라고 부르는 자선단체를 설립해 운영하고 있다. 24인치 망원경은 윌슨 산 천문대에서 TIE 측에 대여해준 장비였는데, 계장화計裝化가 되어 있어서 리모컨으로 조작이 가능했다. 클라크와 나는 돔 안에 있었고, 망원경은 버지니아의 한 학교 교실에서 아이들이 조정하고 있었다. 우리는 아이들이 보는 것과 똑같은 이미지들을 볼 수 있었을 뿐 아니라 왈가왈부하는 아이들의 목소리까지 들을 수 있었다. 아이들은 태양계 밖의 물체들, 은하와 성단들을 오락가락하며 바라보았지만 언제나 목성으로 되돌아오곤 했다. 화면에서 본 목성은 흐릿한 대기에 부드러운 띠들이 감긴 익숙한 이미지의 목성이 아니라, 혜성의 조각들이 부딪친 자리에 다섯 개의 커다랗고 검은 흉터를 가진 상처 입은 목성이었다. 상처 입은 목성을 보는 동안, 내가 가장 인상 깊었던 점은 목성이 자전하는 모습이었다. 흉터들 덕분에 목성의 자전이 눈에 보였던 것이다. 목성은 빠른 속도로 자전했다. 9시간 만에 한 바퀴를 돌았는데, 시간당 경도 40도를 도는 셈이었다. 우리는 목성 표면에 나란히 난 흉터들이 한쪽 끝으로 사라졌다가 다른 쪽에서 나타나는 모습을 보았다. 물론 교실에 있던 아이들도 그 모습을 보았을 것이다.

페리스는 아마추어 천문학이 성장산업이라고 말한다. 신기술 덕분에 장비보급이 원활해지면서 아마추어들이 과학에서 차지하는 비중도 높아지고 있다고 한다. 아마추어 천문가들에게 유리하게 작용하는 또 한 가지 이점은 최근의 발견들로 우주를 바라보는 우리의 관점이 달라졌다는 점이다. 아리스토텔레스의 전통적 우주관은 이 어마어마한 우주를 평화롭고 조화로운 불변의 구체로 그려놓았다. 구체의 우주 관에서는 지구만이 소멸하기 쉽고 난폭하며, 나머지 천체들은 완벽하고 고요하다고 상상했다. 티코 브라헤 Tycho Brahe, 1546~1601 와 요하네스 케플러 Johannes Kepler, 1571~1630 가 관찰한 두 별의 폭발과 갈릴레오가 관찰한 달 표면의 산과 계곡들에서 시작된 지난 400년 동안의 무수한 발견들은 이전의 관점을 반박했다. 최근 50년 동안에는 우리가 거주하는 우주가 폭발과 붕괴 그리고 충돌이 난무하는 폭력적인 우주라는 사실이 더욱 분명해졌다. 현재 지구는 아수라장 같은 우주에서 비교적 조용한 구석에 있는 것처럼 보인다. 하지만 1994년에 있었던 슈메이커-레비9 혜성과 목성의 충돌은, 태양계가 우주의 폭력에서 열외되지 않았음을 증명했다. 옛날의 정적인 우주관이 역동적 우주관으로 대체된 후 천문학의 연구 대상도 바뀌었다. 천문학은 변하지 않는 것들에 대해 관심을 줄이고, 급격히 변하는 것들에 대해 더 큰 관심을 쏟고 있다. 급격히 변하는 현상들이 새롭게 각광을 받으면서, 신속하고 밀도 있는 관측의 필요성도 덩달아 높아졌다. 신속하고 밀도 있는 관측은 진지한 아마추어들이 잘할 수 있는 게임이다. 간혹 아마추어들이 전문가들을 능가하기도 한다. 물론 이 게임에서는 아마추어와 전문가들이 협동할 기회도 많다.

페리스는 우수한 장비와 공조체제를 갖춘 민첩한 아마추어들이 느리고 더딘 전문가들을 뛰어넘어, 새로운 변경을 개척할 것이라는 비전을 보여준다. 일부 전문 천문학자는 이런 비전을 공유하고 아마추어들의 지원을 흔쾌히 받아들인다. 그러나 대다수의 전문가들은 아마추어의 성과들을 대수롭지 않게 여긴다. 그들은 스스로 엄청난 장비와 거창한 프로젝트로 우주학의 핵심 문제들을 해결하고 있다고 생각한다. 반면 아마추어들은 작고 귀여운 혜성이나 소행성들을 찾고 있다고 여긴다. 이런 관점은 원자핵을 발견한 물리학자 어니스트 러더퍼드^{Ernest Rutherford, 1871~1937}의 말에 적나라하게 드러난다. '물리학만이 진정한 과학이다. 나머지는 나비 수집에 불과하다.' 거의 대부분의 전문 천문학자들에게도 우주의 광대한 구조가 진정한 과학이고, 혜성과 소행성들은 나비수집가들에게나 어울리는 시시한 항목에 지나지 않는다. 나비 수집은 앙증맞은 취미지만, 진지한 과학과 혼동되어서는 안 된다는 것이다.

아마추어 천문가를 선구적 탐험가로 바라보는 페리스의 관점과 나비수집가로 바라보는 러더퍼드의 관점의 충돌은 자연과학에 대한 두 관점의 오랜 갈등에서 비롯되었다. 과학에는 크게 두 종류의 학파가 있다. 흔히 역사학자들은 베이컨 학파와 데카르트 학파라고 부른다. 베이컨 학파의 과학은 세부적인 것들에 주목하고, 데카르트 학파의 과학은 개념에 관심을 둔다. 베이컨은 이렇게 말했다.

모든 것은 자연계의 사실들에 시선을 단단히 고정하고 있는 그대로의 상像을 받아들이기에 달려 있다. 신은 우리가 상상력의 나래를 펴서 이 세상의 패턴을 가리는 것을 용납하지 않기 때문이다.

데카르트는 이렇게 말했다.

나는 자연의 법칙들이 무엇인지 밝혔다. 우리가 의심을 가질 만한 모든 법칙들을 오로지 신의 무한한 완전성에 의거해서 증명하려고 노력했다. 그리고 설령 신이 여러 세상을 창조했다 하더라도, 그 세상들 안에서도 법칙들은 같은 방법으로 관찰될 수밖에 없음을 보여주고자 했다.

현대 과학이 17세기를 훌쩍 뛰어넘을 수 있었던 것은 베이컨과 데카르트의 관점이 유익하게 경쟁했기 때문이다. 베이컨 학파와 데카르트 학파의 과학은 서로 상보적인 관계다. 우주를 연구하고 거기서 해명되어야 할 대상을 찾기 위해서는 베이컨 학파 과학자들이 필요하다. 또 우리가 발견한 것을 설명하고 통합하기 위해서는 데카르트 학파 과학자들이 필요하다. 일반적으로 말해서, 전문 천문학자들은 데카르트적인 경향을 보이고, 아마추어 천문가들은 베이컨 학파에 가깝다. 이 두 관점이 충돌하는 것은 타당하고 건전하지만, 상대의 관점을 경멸하는 태도는 옳지 않다. 페리스는 아마추어들에게 더 공감하고 있지만, 전문가들에 대해서도 정중하고 관대하다.

천문학은 가장 오래된 과학인만큼 역사도 가장 길다. 2천 년 동안 천문학은 바빌로니아·그리스·아라비아를 위시한 서양세계와 중국·한국의 동양세계에서 각기 다른 방식으로 발전했다. 서양의 고대 천문학은 데카르트적 풍조가 우세했다. 천체들의 방향을 결정하는 주전원epicycle, 순환을 반복하는 태엽장치, 프톨레마이오스Ptolemy의 정교한 우주이론이 득세했다. 동양의 천문학은 베이컨적 풍조가 우세해서, 관찰한 자료를 기록하고 수집했을 뿐 이론으로 통합하려고는 하지 않았다. 두 세계에서 천문학은 점성술과 혼합되었고, 주로 점성술사들이 연구를 맡았다. 시작은 유망했으나 그 후에 발달이 멈췄고, 천 년 동안 과학은 잠들었다. 베이컨 학파 과학이든 데카르트 학파 과학이든 서로 고립되면 번성할 수 없다. 서양에서는 이론이 새로운 관찰들을 무시했고, 동양에서는 관찰이 이론의 안내를 따르지 않았다.

그러다가 서양에서 위대한 각성이 일어났다. 베이컨과 데카르트가 손을 잡고 현대 과학이 만개할 길에 앞장섰던 것이다. 17세기와 18세기는 과학 아마추어들의 전성기였다. 이 두 세기 동안 아이작 뉴턴과 같은 전문 과학자들은 열외였고, 그의 경쟁자 고트프리트 라이프니츠 Gottfried Leibniz, 1646~1716와 같은 젠틀맨 아마추어들이 과학의 표준이었다. 아마추어들은 과학의 여러 영역들을 자유롭게 넘나들었고, 공식적인 승인 따위와 상관없이 여러 새로운 모험에 착수했다. 그러나 19세기에 들어서자 200년간 과학을 주도했던 아마추어들이 자취를 감추었고, 과학은 점점 전문화되었다. 19세기에는 마이클 패러데이 Michael Faraday, 1791~1867와 제임스 클러크 맥스웰 James Clerk Maxwell, 1831~1879과 같은 전문가들이 기준이었던 반면, 찰스 다윈과 그레고어 멘델 Gregor Mendel, 1822~1884과 같은 아마추어는 열외였다. 20세기에는 전문가들의 아성이 더욱 공고해졌다. 20세기 아마추어들 중에는 19세기의 찰스 다윈처럼, 에드윈 허블 Edwin Hubble, 1889~1953이나 알베르트 아인슈타인이 속했던 일류 대열에 편승한 사람은 없었다.

페리스가 옳다면, 현재의 천문학은 활력과 젊음이 넘치는 새로운 분야로 거듭나는 중일 것이다. 그리고 아마추어들은 또다시 중요한 역할을 맡게 될 것이다. 과학의 각 분야들은 세 단계에 걸쳐 발전하는 것처럼 보인다. 1단계는 베이컨 과학으로 시작한다. 과학자들은 세상 구석구석을 탐구하면서 그 안에 있는 것들을 찾아낸다. 이 단계에서는 아마추어와 나비수집가들이 우세하다. 2단계에서는 데카르트 과학이 주도한다. 여기서는 주로 프로와 전문가들이 정밀한 측정과 정량적 이론들을 구축한다. 마지막 3단계에서는 베이컨과 데카르트 과학이 혼합되는 양상을 보인다. 아마추어나 전문가 할 것 없이 모두 2단계에서 등장한 강력한 도구들로 무장하고, 각자의 분야에서 역량을 최대한 발휘할 수 있다. 그중 가장 막강한 도구는 개인용 컴퓨터와 인터넷일 것이다. 이 도구 덕분에 아마추어들도 정량적 과학을 수행할 수 있게 되었을 뿐만 아니라, 미발표 최신 논문들을 실시간으로 접할 수도 있고 전 세계의 아마추어들과 소통과 협업도 가능하다.

가장 오래된 과학인 천문학은 1단계와 2단계를 통과하고 이제 3단계로 진입하고 있다. 다음은 어떤 과학일까? 과연 어떤 과학이 다음 세대의 아마추어들에게 중대한 발견의 기회를 주면서 혁명의 기운을 키우고 있을까? 물리학과 화학은 아직까지 2단계에 머물러 있다. 현 시점에서 아마추어 물리학자나 화학자가 중대한 공헌을 해내기는 어렵다. 물리학과 화학이 3단계에 진입하기 전에, 우선 새로운 발견들과 새로운 도구들을 통해 근본적인 구조를 바꿔야 할 것이다. 생물학은 2단계에 있다고 단정하기에 좀 모호하다. 주류 생물학은 의심할 여지없이 2단계에 머물러 있으며, 유전자를 연구하고 대사경로를 분석하는 전문가 군단이 지배하고 있다. 그러나 주류와 멀리 떨어진 생물학의 드넓은 배후지에는 다윈의 전통을 따르면서 새로운 종의 야생들풀을 발견하거나 말 그대로 나비를 수집하는 아마추어들이 드넓게 포진해 있다. 20세기에 가장 유명한 나비수집가라면 작가 블라디미르 나보코프^{Vladimir Nabokov, 1899~1977}를 꼽지만, 유명세를 타지 않았을 뿐 새로운 종들을 발견한 아마추어 수집가들은 헤아릴 수 없을 만큼 많다. 최근에 에콰도르로 공부하기 위해 떠난 나의 친구 하나도 열대 우림에서 새로운 식물을 열두 종이나 발견했다.

생물학은 어쩌면 근시일 내에 3단계로 진입할 가능성이 가장 큰 분야다. 아마추어 생물학자들에게 힘을 실어줄 새로운 도구들이 이미 수면 위로 부상하고 있다. 틀림없이 이 도구들은 현재 전문 생물학자들이 유전공학에 사용하는 도구들보다 더 저렴하고 크기도 작을 것이다.

1950년대의 비싸고 육중한 컴퓨터 본체가 1980년대의 저렴하고 편리한 개인용 컴퓨터로 진화하기까지 30년이 걸렸다. 이와 유사한 방식으로, 값비싼 유전체 염기서열 분석기와 단백질 합성기도 데스크톱을 기반으로 작동할 수 있는 저가의 장치로 진화할 것이다. 개인용 컴퓨터는 저렴하고 작을 뿐만 아니라 빠르고 강력하다. 미래의 데스크톱 염기서열 분석기와 데스크톱 단백질 합성기 역시 이전의 장치들보다 빠르고 강력할 것이며 더욱 정교한 프로그램들로 제어될 것이다. 이런 도구들이 상용화된다면, 오늘날 노트북 컴퓨터처럼 그 수요는 압도적일 것이다. 장미나 난초, 관상용 관목과 채소 등의 유전자조작이 새로운 형태의 예술이 될 수도 있다. 교외의 부촌에서는 이 도구를 이용해서 자기만의 독특한 정원을 가꿀 수도 있다. 또 생계형 농부들은 생산량을 늘리거나 더 맛 좋은 감자를 재배해 수입을 늘릴 수도 있다. 그때가 되면 아마추어 식물육종가들과 동물사육사들, 아마추어 생태학자들과 자연애호가들이 오늘날 아마추어 천문가들처럼 과학에 중대한 공헌을 하게 될 것이다.

아마추어들에게 유전공학이 보편화되기 위해서는 정치적, 법적으로 넘어야 할 장애물들이 많다. 유전공학과 관련된 모든 실험과 연구들을 반대하는 의견도 만만치 않다. 종교나 이데올로기적 관점에서 반대하는 사람들도 있지만, 대다수는 현실적인 우려들 때문에 유전공학을 반대한다. 유전자조작은 여하간에 공중보건과 생태적 안정성을 무너뜨리고 위험에 빠뜨릴 수 있다. 이런 위험을 피하기 위해서는 유전자조작 장비의 이용을 엄격하게 규제할 수밖에 없다. 리처드 프레스턴Richard Preston, 1954~이 최근작 《냉동실의 악마 The Demon in the Freezer》[2]에서 증명한 것처럼, 미생물 유전자조작은 테러리스트들에게는 엄청난 무기가 될 수도 있다. 일반인에게 공급되는 모든 유전자조작 도구는 아예 미생물을 다룰 수 없게 제작해야 할는지도 모른다. 애초부터 그런 장비를 이용하지 못하게 정책적으로 전면 금지시킬 수도 있다. 전문가들이 이용할 수 있는 도구를 아마추어들에게 금지한다면 생물학으로서는 애석한 일이 될 것이다. 지금 우리의 다음 세대들에게 넘겨야 할 결정이 바로 그것이다.[3]

과학의 영역 바깥의 더 넓은 사회를 바라보면, 인간의 거의 모든 활동영역에서 중요한 역할을 하고 있는 아마추어들이 보인다. 아마추어 운동선수, 아마추어 배우, 아마추어 환경운동가 등, 이들은 본인의 삶뿐만 아니라 다른 사람들의 삶의 질도 향상시켜준다. 아마추어 음악가들이 새로운 문화를 창조하면 그 안에서 전문가들이 번성하는 경우도 허다하다. 제인 오스틴Jane Austen, 1775~1817, 새뮤얼 피프스Samuel Pepys, 1633~1703 같은 아마추어 작가들도 찰스 디킨스Charles Dickens, 1812~1870, 표도르 도스토옙스키Fyodor Dostoevsky, 1821~1881 같은 전문 작가들 못지않게 인간의 삶과 경험의 진수들을 그려냈다. 이처럼 아마추어들은 인류의 가장 중대한 책임, 즉 후손을 양육하는 책임에 있어서 가장 큰 몫을 담당한다. 그들은 사회의 거의 모든 직업분야에서 실험과 혁신을 할 자유를 더 많이 누린다. 인구 중 아마추어의 비율은 한 사회의 자유 수준을 보여주는 훌륭한 척도다.

페리스의 책은 아마추어들이 현대 천문학에 어떤 새로운 묘미를 더하고 있는지 보여주고 있다. 어쩌면 우리는 다음 세대의 아마추어들이 새로운 도구들을 이용해서 과학의 모든 영역을 침범하고 활기를 되찾아주길 내심 바라는지도 모른다.

4

입체적으로 바라본 뉴턴의 삶

그것은 실로 기묘한 병치倂置였다. 평생 동안 은밀히 감춰두고 200년이 지나도록 아무에게도 읽히지 않은 아이작 뉴턴의 원고가 들어 있는 커다란 금속궤짝, 그리고 영국 파시스트 동맹British Union of Fascists 모임의 강단에 올라서서 있는 대로 거만을 떠는 붉은 머리털에 국방색 셔츠를 입은 뚱뚱한 젊은 남자. 커다란 금속궤짝은 1696년에 뉴턴이 케임브리지에서 런던으로 이사하면서 손수 싼 짐이다. 당시 뉴턴은 35년간 맹렬하고 고독하게 연구에 전념했던 케임브리지에서의 삶과 작별을 고하고 장차 30년이 넘도록 계몽주의 시대의 수호성인이자 공인으로서 역할을 수행하기 위해 런던으로 입성하고 있었다.

강단에 오른 그 뚱뚱한 남자는 포츠머스의 백작Earl of Portsmouth 리밍턴 경이었다. 그는 뉴턴의 조카딸 캐서린 바턴Catherine Barton의 직계 후손이었다. 뉴턴이 런던에 있을 때 집안일을 봐주던 캐서린 바턴은 뉴턴의 사망 후에 그의 원고를 상속받았다. 캐서린 바턴의 딸 키티^{Kitty}가 포츠머스 가문의 백작과 결혼했고, 두 사람에서 시작된 혈통의 어디쯤에서 그 뚱뚱한 남자가 태어났다. 그리고 그자가 그 원고를 물려받은 것이다. 궤짝이 그의 수중에 들어왔을 때만 해도 그 안의 원고들은 멀쩡했다.

내가 그자를 처음 만난 건 고교시절이었고, 제2차 세계대전이 한창 진행되던 때였다. 나는 끔찍이도 그를 싫어했다. 농부들도 군대로 징집되는 때였기 때문에 고등학생들이라도 추수를 거들면서 영국의 생존에 힘을 보태야 했다. 우리는 들판에서 땀 흘려 일하면서 라틴어와 수학에서 해방된 기쁨을 만끽했다. 그런데 우리가 일했던 농장의 주인이 바로 그 뚱뚱한 젊은 남자였다. 그자는 시간만 나면 피와 흙이 어떠하다느니, 야외의 노동이 주는 신비로운 가치가 어떠하다느니 하며 우리에게 일장 연설을 늘어놓곤 했다. 당시 독일에서는 그자의 친구였던 아돌프 히틀러가 소위 '기쁨의 힘'이라는 운동을 전개하면서 학생들을 조직해 농사를 거들도록 했다. 독일에서는 일하는 내내 아코디언을 연주하도록 여자 악사를 두었고, 학생들은 그 리듬에 맞춰서 일을 한 모양이었다. 뚱뚱한 그자는 우리에게도 여자 악사를 두는 게 낫겠다고 말했다. 그러면 힘이 넘쳐 일을 훨씬 더 잘하리라고 여겼던 것이다. 하지만 다행히 아코디언 악사는 등장하지 않았고, 우리는 우리만의 리듬에 맞춰 일을 했다. 우리는 그가 영국 파시스트 동맹의 오스왈드 모슬리^{Oswald Moseley}의 부관이라는 사실을 알고 있었다. 만약 히틀러의 영국 침략이 성공했다면 틀림없이 지방장관 자리를 꿰어 찼을 것이라고 생각했다. 좋은 가정교육을 받고 자란 우리는 뚱뚱한 그자의 말을 싫은 내색 한 번 안 하고 정중하게 잘 들었다.

추수를 거들고 뚱뚱한 그자의 잔소리를 들으면서도, 그가 뉴턴의 원고를 가지고 있다는 사실을 전혀 몰랐다. 그 사실은 2년 후 경제학자 존 메이너드 케인즈^{John Maynard Keynes, 1883~1946}에게 듣게 되었다. 그때 나는 케임브리지의 트리니티 칼리지^{Trinity College} 학생이었고, 케인즈는 킹스 칼리지^{King's College}의 선임 연구원이면서 영국 정부의 최고 경제자문위원이었다. 당시 영국은 국민총생산의 절반 이상과 외국환 전부를 전쟁에 쏟아 붓고 있었다. 그는 영국의 경제가 도산하지 않도록 막중한 책임을 지고 있었다. 그는 런던과 워싱턴을 오가면서 속절없이 터지는 금융 위기를 막느라 지칠 대로 지쳐 있었다. 학자답게 앉아서 뉴턴의 원고를 꼼꼼하게 읽는 도락은 꿈도 못 꿀 만큼 시간이 없었다. 트리니티 칼리지에서 좀처럼 만나기 힘든 케인즈의 강의를 들을 수 있었던 것만으로도 나는 운이 좋았다. 강의 제목은 '인간 뉴턴^{Newton, the Man}'[1]이었다. 그는 잔뜩 지쳐서 춥고 어두운 강의실의 안락의자에 눕다시피 앉았고, 얼마 되지 않는 수강생들은 그의 곁에 옹기종기 모여 앉았다. 케인즈는 조용조용하게 커다란 금속궤짝과 그 안에 든 원고들에 대해 이야기했다. 4년 후에 케인즈는 심부전으로 사망했다. 전시의 열악한 상황에서 느려 터진 프로펠러 추진 비행기를 타고 대서양을 수차례 왕복하는 고된 일정들과 과로가 그의 죽음을 재촉했다.

케인즈가 들려준 바에 따르면, 1936년에 영국 파시스트 동맹에 자금을 대기 위해 현금이 필요했던 그 뚱뚱한 자는 커다란 금속궤짝을 런던 소더비 경매장에 내놓았다고 한다. 궤짝 안의 원고들은 경매장에서 329개로 나뉘어 팔렸다. 케인즈가 불과 며칠 전에만 그 사실을 알았어도 경매를 만류했을 테지만, 때는 이미 늦었다. 결국 그는 경매장으로 찾아가 돈을 탈탈 털어서 원고의 일부를 낙찰 받았다. "그 경솔한 사건 때문에 일이 손에 안 잡혔어요." 케인즈는 우리에게 그렇게 말했다. "온갖 수를 써서 원고의 절반 가까이를 모았는데, 거기엔 자전적인 원고가 통째로 있었습니다. 원고들을 케임브리지로 가져왔죠. 제발 다시는 유출되지 않길 바라는 마음뿐이었어요. 나머지 원고의 상당부분은 경매 조직이 선수를 쳐서 가져가버렸죠. 더 비싼 가격에 팔려고 말이에요. 아마도 미국에 팔려고 했을 겁니다." 케인즈가 되찾은 원고들은 현재 킹스 칼리지 도서관에 소장되어 있다. 나머지 원고들은 여러 수집가들에게 조각조각 팔리는 바람에 전 세계로 흩어져버렸다. 대체 불가능한 유물을 판매하는 사람으로서도 그 뚱뚱한 자는 무능하기 그지없었다. 무지막지하게 경솔했던 행동의 대가로 그가 챙긴 돈은 고작 9,000파운드가 전부였다.

　케인즈는 심란했던 경매기간과 그 후에 최선을 다해 검토한 궤짝 속의 내용물에 대해 설명해주었다. 그가 회수한 원고 중에는 5년 동안 뉴턴의 비서로 일했던 사촌 험프리 뉴턴^{Humphrey Newton}이 뉴턴에 대해 쓴 글도 있었다. 5년 중 2년 동안 뉴턴은 이후 200년간 자연과학의 향방을 결정할 걸작 《자연철학의 수학적 원리^{Philosophiae Naturalis Principia Mathematica}》(영어로는 'Mathematical Principles of Natural Philosophy'로 번역되며 《프린키피아》로 알려져 있다-옮긴이)를 집필했다. 《프린키피아》는 총 세 편으로 이뤄져 있다. 뉴턴은 제1편과 2편에서 물리학의 법칙들과 그 법칙들의 결과를 계산하는 방법들을 설명했다. 제3편은 뉴턴의 위풍당당한 선언으로 시작한다. '이제 남은 것은 같은 원리들로부터 이 세상이라는 시스템의 뼈대를 증명하는 것이다.' 제3편은 현실에서 일어나는 다양한 현상들을 분석한다. 태양, 달, 행성, 위성 그리고 혜성의 움직임, 지구 자전축의 세차^{歲差}운동, 조수의 간만 그리고 어떻게 이 모든 일들이 자신이 예측한 원리에 따라 일어나는지 설명하고 있다. 뉴턴의 친구 에드먼드 핼리Edmond Halley, 1656~1742가 런던으로 가져와서 1686년에 출간한《프린키피아》의 원고는 험프리가 갖고 있었다.

뉴턴은 케임브리지에서 정원의 목조건물을 실험실로 썼다. 그리고 그곳에서 연금술을 실험하며 많은 시간을 보냈다. 험프리는 이런 뉴턴의 삶을 글로 적었는데, 그 글은 한참 지나서 쓰였다. 뉴턴을 연금술사로 묘사한 험프리의 이야기를 들어보자.

뉴턴은 특히 봄과 가을이면 6주씩 실험실에 틀어박혀 있곤 했다. 밤이나 낮이나 실험실의 불은 꺼지지 않았다. 하루는 화학실험에 매달려 잠도 안 자고 꼬박 새우기에, 나도 덩달아 잠 못 들고 깨어 있었다. 실험을 할 때면 그는 매우 용의주도하고 엄격하고 정확했다. 나로서는 짐작도 할 수 없는 일이었지만, 실험하는 동안 그의 고뇌와 끈기를 보면서, 어쩌면 그가 인간의 예술과 산업이 범접할 수 없는 무언가를 얻으려 한다고 생각했다.

케인즈는 트리니티 칼리지의 강의에서 험프리의 말을 인용한 후 자신의 의견을 덧붙였다.

뉴턴은 끝없이 빠져들었던 게 분명합니다. 심각한 실험이 아니라, 구전舊典의 수수께끼를 푸는 데에만 온 정신을 쏟았을 겁니다. 수수께끼를 풀기 위해 불가해한 운문들의 의미를 파헤치고, 과거 수세기 동안 상상에 그쳤던 실험들을 그대로 모방하려 했을 겁니다. 뉴턴은 그런 실험들과 연구들에 대해 실로 엄청난 기록을 남겼어요. 전, 뉴턴이 기존의 책과 필사본들을 직접 번역해 사본으로 만든 책들이 아주 많을 거라고 생각합니다. 물론 실험들에 관한 방대한 기록도 있을 테고요. 그는 생애 첫 국면을 잡다하고 별난 연구들을 하면서 트리니티에서 보냈습니다. 한쪽 발은 중세시대에, 다른 쪽 발은 현대 과학으로 난 길에 디딘 채 말이에요. 그때 뉴턴은 자신이 원했던 진짜 연구를 모두 했을 겁니다. 그리고 삶의 국면이 바뀌게 되자, 마법의 책들을 궤짝에 넣고 봉인했습니다. 17세기를 그렇게 내려놓고 지금의 전설적인 뉴턴으로 진화하려면, 그러는 것이 마음 편했을 겁니다. 그리고 저의 추측이지만, 뉴턴은 케임브리지를 떠날 때 남겨둔 그 궤짝을 자신의 방과 정원에서 그리고 그레이트 게이트^{Great Gate}(트리니티 칼리지의 입구-옮긴이)와 채플^{Chapel}(트리니티 칼리지 안의 예배당-옮긴이) 사이에 있던 실험실에서 불타는 열정과 혼을 다해 그토록 몰두했던 모든 증거들을 봉인한 그 궤짝을, 아마 평생 열어보지 않았을 겁니다.

케인즈가 케임브리지에서 강의를 한 이후 60년 동안, 궤짝 속에 있던 원고들은 훨씬 더 방대한 분량의 책으로 엮어져 세상에 나왔다. 뉴턴의 수학원고들은 8권으로, 수집된 서신들은 7권으로 출간되었다. 뉴턴의 수학과 광학, 연금술과 신학, 과학적 논쟁들, 종교적 신념 그리고 조폐국장관으로서 공적인 경력을 다룬 전문서적과 논문들은 이루 헤아릴 수 없을 만큼 많다. 뉴턴의 전기들도 많은데, 그중 표준이라 할 수 있는 작품은 리처드 웨스트폴^{Richard Westfall}의 《결코 쉬지 않는^{Never at Rest}》[2]이다. 이 책은 무려 900쪽이 넘는다.

요즘에는 제임스 글릭이 쓴 전기가 각광을 받는다.[3] 뉴턴의 삶과 연구에 관심이 많은 일반 독자들에게는 글릭의 전기를 추천한다. 입문서로서 아주 탁월한 책이다. 글릭의 전기는 중요한 세 덕목을 갖췄다. 정확하고 읽기 쉬우며 짧다. 웨스트폴이 쓴 전기의 대략 1/4 분량이지만, 뉴턴과 그의 이론들을 균형 있고 공정하고 완전한 그림으로 보여준다. 가령 연금술에 관한 주제만 봐도 알 수 있다. 웨스트폴의 전기는 46쪽(8장 절반과 9장)에 걸쳐 뉴턴의 연금술 활동들을 소개한다. 반면 글릭의 책은 8쪽('모든 것은 부패한다'라는 제목의 9장)만 할애하고 있다. 그의 책은 가장 궁금한 질문에 예리하게 초점을 맞춰 설명한다. 뉴턴처럼 명민하고 논리적인 정신을 가진 사람이 어떻게 물리학법칙뿐만 아니라 고대 연금술 필사본들에서 자연의 비밀을 찾으려 했을까? 글릭은 이에 대해 이렇게 답한다.

물질에 혼을 불어넣고 그 물질의 구조와 과정을 추동하는 것은 신이었다. ……자신이 설명할 수 없는 것들을 외면하기보다 그것에 더 깊이 몰두했다. ……자연 속에는 충돌하는 당구공들(모든 자연현상을 미세한 물질들의 직선운동과 충돌로 설명한 데카르트의 기계적 철학을 빗댄 것-옮긴이)이나 빙빙 도는 소용돌이(에테르의 미세한 입자들이 태양의 소용돌이 속으로 운반된다는 데카르트의 와류渦流이론을 빗댄 것-옮긴이)와는 달리, 기계적인 용어로는 이해할 수 없는 힘들이 존재했다. 그것은 생기 있고 단조로우며 성적인(보이지 않는 정신의 힘과 매력) 힘들이었다. 훗날, 그런 신비한 속성에 기대려는 과학을 그 어떤 철학자보다 적극적으로 정화하고자 했던 사람 역시 뉴턴이었다.

케인즈 외에도 1936년에 뿔뿔이 흩어진 뉴턴의 원고들을 찬찬히 모으고 있던 수집가가 두 사람 더 있었다. 미국의 주식시장분석가 로저 워드 뱁슨Roger Ward Babson과 예일 대학을 졸업한 중동 태생의 동양학자 A. S. 야후다Yahuda, 1877~1951였다. 다행히도 이 세 사람의 관심은 겹치지 않았다. 케인즈는 주로 연금술과 관련된 원고에, 뱁슨은 중력에 관한 원고에 관심이 있었다. 야후다는 신학과 관련된 원고를 수집하는 데 주력했다. 뱁슨이 수집한 원고는 현재 매사추세츠 웰즐리의 뱁슨 칼리지^{Babson College} 도서관에 있고, 야후다가 수집한 원고는 예루살렘에 있는 이스라엘 국립도서관에 소장되어 있다. 케인즈의 우려와 달리, 미국으로 팔린 원고들은 학자들에게 전부 공개된 상태다. 다만 프랑스와 스위스에 소장된 극소수의 원고들은 아직 접근이 불가능하다.

야후다가 수집한 원고들은 뉴턴의 종교관을 소상하게 보여준다. 연금술과 수리물리학 못지않게 뉴턴은 종교에 대해서도 유별나고 고집 센 관점을 갖고 있었다. 그는 삼위일체^{三位一體} 교리를 담고 있는 정통 기독교의 성경에는 확고한 근거가 없다고 생각했다. 뉴턴은 유니테리언^{Unitarian}(삼위일체론을 부정하고 신격의 단일성을 주장하는 기독교의 한 파―옮긴이) 교도였다. 그래서 성부^{聖父}만이 유일신이라고 한 성경을 증거로 삼아 이렇게 추론했다. 신은 하나요, 셋이 아니다. 예수는 신의 아들이고, 성령은 신의 대변자일 뿐 신과 대등하지 않다고. 평생 동안 뉴턴은 고대 문헌뿐만 아니라 자연에 대한 연구를 통해서도 이 진실을 밝히려고 했다. 그는 유니테리언 신학에도 수리물리학만큼이나 확고한 기반이 있다고 생각했다.

그런데 물리학과 신학 사이에는 현실적인 차이가 있었다. 물리학에 대해서는 좋든 싫든 마음대로 떠들어도 됐지만, 신학에 대해서는 그렇지 못했다. 케임브리지 대학과 트리니티 칼리지는 엄격한 정통교리를 기준으로 삼는 종교재단이었다. 뉴턴이 이단적 견해를 공공연하게 알렸다가는 대학교수 자리와 칼리지의 선임 연구원 자리를 내놓아야 할 수도 있었다. 다행히 너그러운 성정의 찰스 2세^{King Charles Ⅱ}가 뉴턴을 위해 특별허가서에 서명했다. 영국 국교회의 사제가 아니면 대학교수로 임명될 수 없다는 관례를 뉴턴에게만 면제해준다는 허가서였다. 사제가 되려면 교회의 삼위일체 정통교리를 믿는다는 것을 증명해야 했는데, 뉴턴은 맹세코 그러지 못했을 것이다. 실제로 찰스 2세는 '묻지 않으면 말하지도 말라'는 방침을 따랐고, 뉴턴은 신학과 관련된 글들을 금속궤짝에 봉인함으로써 그 거래에 대한 의무를 수행했다.

글릭은 '이단, 신성모독, 우상숭배'라는 제목의 짧은 장에서 뉴턴의 신학을 명쾌하게 설명한다. 하지만 성서학의 섬세한 묘미에 대한 뉴턴의 열정에까지 지면을 할애하지 않는다. 글릭은 뉴턴이 말년에 쓰고 사후에 출간한 《고대 왕국의 연대기 수정 *The Chronology of Ancient Kingdoms Amended*》을 '어마어마한 분량의 지루한 책'이라고 평한 웨스트폴의 견해에 동조하면서 그 표현을 그대로 인용한다. 뉴턴의 종교적 연구들을 더 호의적이고 더 섬세하게 다룬 책을 읽고 싶다면, 프랭크 마누엘 Frank Manuel, 1910~2003 의 《아이작 뉴턴의 종교 *The Religion of Isaac Newton*》[4] 를 추천한다. 마누엘은 예루살렘에 소장된 야후다의 수집품을 기반으로 이 책을 썼다. 내가 아는 한, 글릭이 쓴 전기에서는 엿볼 수 없는 뉴턴의 면면을 보여주는 유일하고도 중요한 작품이다.

뉴턴은 1687년 《프린키피아》를 출간한 후, 몇 년 동안 정치에 깊이 관여했다. 1688년의 '명예혁명'은 1776년 미국 독립혁명에 맞먹을 만큼 영국의 입헌 역사에서 중대한 전환점이었다. 명예혁명은 1688년에 국왕의 신권神權을 옹호한 제임스 2세 King James Ⅱ 에 반발해 일어났다. 이 혁명으로 제임스 2세는 추방되었다. 영국은 네덜란드의 윌리엄 3세 King William Ⅲ 에게 귀환을 요청하는 초청장을 보냈다. 이 거래에서 윌리엄 3세에게 내건 핵심 조건은, 영국 의회가 결정한 국법에 복종하는 입헌군주가 되어야 한다는 것이었다.

제임스 2세가 1687년 입헌상의 위기를 촉발했을 때, 뉴턴은 케임브리지 대학 대표로 의회의 일원이었다. 당시 대학의 독립성은 직접적으로 위협 받고 있었다. 대학행정부에서 기독교인을 몰아내고 가톨릭교인을 심으려는 국왕의 조치 때문이었다. 뉴턴은 국왕에 대해 강경한 노선을 취했다. 그는 대학 비망록에 '용기 있는 자만이 법을 지킨다'고 적었다. '만약 가톨릭교인 한 명이 수장되면 백 명으로 늘어날 수도 있으며……. 이 점에 있어서 진정한 용기를 가진 자만이 모두의 안전을 지킬 수 있고, 법도 우리 편에 서게 할 수 있다.' 제임스 2세에 대한 저항에 성공한 후, 뉴턴은 윌리엄 3세가 국법을 수호한다면 그에게 충의를 보이자고 대학 측에 촉구했다. 뉴턴이 1689년에 한 친구에게 보낸 서한을 보면, 대학의 지도자들이 자신의 권고를 받아들였다고 적혀 있다. 뉴턴은 그 서한에서 예의 그 명확한 말투로 입헌정부의 기초적 원리를 설명한다.

하나, 국왕에 대한 신의와 충절의 맹세는, 국왕이 국법에 대해 보여야 하는 신의와 복종에 달려 있다. 법이 요구하는 것 이상의 믿음과 충절을 보인다면, 우리는 마땅히 국왕에게 절대적인 복종을 맹세해야 한다. 그럼에도 법은 우리를 자유시민으로 만들어줄 것이기 때문이다.

둘, 국왕이 법에 대한 신의와 충절의 의무를 수행하지 않는다면, 우리의 맹세 역시 끝난다.

나의 프린스턴 동료인 사라 존스 넬슨 Sarah Jones Nelson 은 최근에 옥스퍼드 모들린 칼리지 Magdalen College 의 기록보관소에서 놀라운 문서를 발견했다. 뉴턴의 친필문서와 (작업의 속도를 높일 요량으로 고용한) 필경사가 베껴 쓴 문서였다. 이 문서들은 언어학자 R. W. 채프먼^{Chapman}이 1936년 소더비에서 구입해 모들린 칼리지 기록보관소에 보관한 것이었다. 그 때까지 아무도 이 문서들의 존재를 알지 못했다. 내부 증거로 보건대 1687년이나 1688년에 작성된 문서들이었다. 문서에는 제임스 2세에 대한 법률소송의 개요와 함께, 과학적 지식과 법률 그리고 도덕성 간의 관계에 대해 적혀 있었다.

그 즈음 뉴턴은 물리학법칙과 도덕적 법칙을 신성한 지혜의 현시顯示로 여겼고, 두 법칙의 공통적인 기반을 찾고 있었다. 그는 의회 회기 중에 런던에 머무는 동안 철학자 존 로크^{John Locke, 1632~1704}를 만났다. 로크는 피통치자의 동의에 바탕을 둔 정부를 강력히 주창했다. 두 사람은 정치뿐 아니라 신학에 대해서도 죽이 잘 맞았다. 뉴턴과 마찬가지로, 로크도 겉으로 드러내지 않았지만 유니테리언파였다. 로크는 친구에게 보낸 서한에서 이렇게 말했다. '뉴턴은 수학적으로 놀라운 재능을 가지기도 했지만, 신학에 대해서도 보기 드물게 귀한 사람일세. 게다가 성서에 대한 해박한 지식은, 내가 아는 한 그를 필적할 사람이 없네.'

사라 존스 넬슨에 따르면, 모들린 칼리지의 문서에는 시민의 불복종에 대한 도덕적이고 법률적인 이론의 견해들이 적혀 있다고 한다. 이 견해들은 로크의 《통치론^{Two Treatise of Government}》에 다시 등장한다. 1690년에 출간된 로크의 책은 헌법에 관한 고전적인 교과서 중 하나로 꼽힌다. 여기서 우리는 케인즈가 말한 '이성의 시대의 현자이자 거물……, 17세기 중반에 태어난 어린이 마법사와 너무 동떨어져 있는 18세기의 아이작 경'이었던 한 남자이자 시민해방의 설계자인 뉴턴을 만나게 된다. 뉴턴에게 정치적 자유를 위한 투쟁은 신을 진정으로 이해하고자 하는 투쟁과 결코 별개가 아니었다.

글릭의 책에서 백미이자 가장 독창적인 부분은 젊은 뉴턴을 묘사하고 있는 1장부터 5장까지다. 뉴턴은 케임브리지의 학생 시절에 자연의 법칙들을 이해해가는 과정에서 좌충우돌했던 일들을 노트에 기록했다. 글릭은 그 노트를 바탕으로 뉴턴의 젊은 시절을 그리고 있다. 이 노트에는 아직 힘이나 운동량과 같은 개념들을 적절하게 표현할 어휘들을 찾지 못하고, 미분학과 적분학이라는 수학적 수단들을 얻지 못해서 쩔쩔매는 뉴턴이 나온다. 자연의 법칙들을 미분방정식으로 나타낼 정도의 본질적인 통찰에 이르기 위해, 뉴턴은 법칙들을 추측하고 동시에 그 법칙들을 표현하는 수학적 언어를 고안하지 않으면 안 됐다. 그 노트는 법칙이나 방정식을 발견한 후의 재해석이 아니라, 그 발견과정에서 겪은 성공과 실패를 상세히 기록한 것이다.

뉴턴에게 지적 모험을 공유할 친구나 동료가 없었다는 것은 우리에겐 행운이다. 뉴턴은 친구에게 자신의 생각을 들려주는 대신 노트에 모조리 기록했다. 우리는 그의 노트를 통해 뉴턴이 천천히 이치를 깨달아가는 과정들을 목격한다. 그 후에는 1665년과 1666년에 영국을 휩쓴 역병을 피해 케임브리지를 떠나 울스토르프의 집에 머무는 동안 잇단 발견들로 빠르게 비약해가는 뉴턴을 볼 수 있다. 24세의 뉴턴은 울스토르프에서 단편의 지식들을 모아서 우주를 바라보는 새로운 시각을 조립한다. 1661년 케임브리지에 학생으로 와서 1666년 울스토르프에서 외로운 승리를 쟁취하기까지 5년의 이야기는 웨스트폴보다 글릭의 설명이 좀 더 명쾌하다. 글릭은 원본 노트의 내용에 충실하면서 생명을 불어넣었다.

1667년에 뉴턴은 트리니티 칼리지의 선임 연구원이 되었고 다시 케임브리지에서 고독한 생활을 이어갔다. 그는 연금술실험에 필요한 장비와 재료들을 구입했고, 그 후 20년 동안 상당한 시간을 실험에 쏟았다. 연금술실험에 대해서는 단 한 사람에게도 발설하지 않았다. 물리학과 관련된 발견들에 대해서도 거의 아무에게도 말하지 않았다. 뉴턴에게 연금술과 물리학 그리고 신학은 별개의 분야가 아니라 신이 제시한 단일한 지식 추구과정의 세 측면일 뿐이었다. 자신의 신학에 대해 함구해야 했던 뉴턴은 연금술이나 물리학에 대해서도 굳이 알려야 할 이유를 찾지 못했다. 뉴턴은 아마 물리학적 발견들마저도 봉인했을지도 모른다. 그의 친구 핼리가 1684년에 케임브리지로 찾아와 그동안 발견한 지식들을 출간하자고 조르지 않았다면 말이다. 그렇게 해서 뉴턴은 물리학적 발견들을 논리적인 순서에 맞게 기록하기 시작했고, 3편에 이르는 《프린키피아》를 단숨에 완성했다.

17세기 초반에 현대 과학의 탄생을 선언한 두 명의 걸출한 철학자들이 있었다. 바로 영국의 프랜시스 베이컨Francis Bacon, 1561~1626과 프랑스의 르네 데카르트René Descartes, 1596~1650였다. 베이컨과 데카르트는 과학을 수행하는 방법에 있어서 완전히 상반된 견해를 갖고 있었다. 베이컨에 따르면, 과학자는 자유롭게 실험해야 하며, 자연의 작동방식을 명징하게 보여줄 증거들을 축적할 때까지 이 세상 모든 사실들을 수집해야 한다. 그리고 축적된 사실들로부터 자연의 법칙을 추론해야 한다. 하지만 데카르트는 달랐다. 과학자는 수학적 공리와 신의 존재에 대한 우리의 지식에서 출발해, 순수한 이성으로 자연법칙들을 추론해야 한다고 보았다. 실험은 논리적으로 추론한 자연법칙들이 옳다는 것을 증명해야 할 때만 필요했다.

17세기 동안 영국의 과학은 베이컨 학설을 따르는 경향을 보였다.

런던의 왕립학회Royal Society는 머리 둘 달린 송아지에서 물고기와 개구리가 폭우처럼 쏟아지는 현상에 이르기까지 모든 사실들을 수집했다. 반면에 프랑스 과학은 데카르트 학설을 추종했고 데카르트의 와류이론의 지배를 받았다. 데카르트의 와류이론은 지구와 우주의 모든 공간이 소용돌이로 메워져 있으며, 이 소용돌이가 천체로 하여금 각자의 궤도를 따르도록 밀고 있다는 이론이다. 뉴턴이 여러 법칙들을 발견했을 당시에도, 영국의 식자층은 주로 베이컨의 경험주의에 입각해 과학을 수행했다. 그럼에도 그들 대다수는 데카르트의 와류이론이 유일하게 쓸모 있는 이론이라고 믿었다.

뉴턴도 내심으로는 데카르트파였다. 데카르트가 의도했던 것처럼, 순수한 사색을 통해 만물의 속성을 꿰뚫고자 했다. 뉴턴은 《프린키피아》를 집필할 때도 데카르트 양식에 따라 글을 써내려갔다. 명제와 정리의 형태로 결론을 진술하고, 그것을 증명하기 위해 순수기하학의 방법들을 이용했다. 그러나 데카르트 학파와 달리, 뉴턴은 자칭 실험가였다. 이론을 검증하기 위해 정확한 실험의 중요성을 누구보다 잘 이해하고 있었다. 이처럼 《프린키피아》에서 뉴턴은 데카르트 학파의 방법론을 멋지게 활용해 데카르트의 이론을 성공적으로 분쇄했다. 1편과 2편에서 뉴턴은 데카르트가 마땅히 제시했어야 할 그 어떤 체계보다 더욱 논리정연하고 웅장한 수학적 체계를 완성했다. 이어 3편에서는 자연이 뉴턴의 곡조에 맞춰 춤춘다는 사실을 풍부한 관측자료들로 입증함으로써 최후의 일격을 날렸다. 《프린키피아》는 출간되자마자 널리 읽혔고, 데카르트의 와류이론은 멈췄다.

뉴턴은 노련한 싸움꾼이었고 늘 이겼다. 그는 데카르트와 제임스 2세와의 싸움에서 승리를 거둔 것을 기뻐했다. 또한 자신보다 만유인력의 법칙을 먼저 발견했다고 주장한 로버트 훅^{Robert Hooke, 1635~1703}을 상대로
도 승리했고, 미적분의 발견을 둘러싼 고트프리트 라이프니츠와의 표
절 시비에서도 승리했다. 뉴턴은 조폐국장관으로서 화폐 위조범들을
고소하는 데도 남다른 열정을 보였고, 자비를 호소하는 청원을 단칼에
거절해 교수형 판결을 받도록 했다. 뉴턴은 반대파를 패배시키는 데에
서 한 발 더 나아가, 그들을 짓뭉개고 굴욕을 주기 위해 온갖 수단을
동원했다. 지금 뉴턴의 영혼이 천국에 있든 지옥에 있든, 리밍턴 경을
상대로 최후의 승리를 거뒀다는 사실에 회심의 미소를 짓고 있으리라
는 생각이 든다. 리밍턴 경은 고작 9,000파운드를 벌겠다고 뉴턴의 원
고들을 갈가리 팔아넘기지 않았던가. 그 경솔함의 소치로 리밍턴 경은
주인을 배신한 유다 신세로 기억된다. 반면 뉴턴의 원고들은 유래를
찾아볼 수 없을 만큼 수많은 학자들에게 소장과 연구 가치를 인정받고
있다.

후기

이 서평이 공개되자, 나보다 뉴턴에 대해 훨씬 더 빠삭한 뉴턴 연구자들
로부터 유익한 편지들을 수없이 받았다. 그들이 지적한 오류들은 이미 수
정해놓았다. 로버트 아일리프^{Robert Iliffe}는 뱁슨이 소유한 원고들이 현재는
MIT의 디브너^{Dibner} 과학기술사연구소에 반영구 대여된 상태라고 전해왔
다. 그러면서 얼마든지 접근이 가능하다고 덧붙였다. 임페리얼 칼리지
^{Imperial College}의 뉴턴 원고 프로젝트^{Newton Manuscript Project}의 책임자인 아일리
프에게 감사를 전한다.

옥스퍼드 모들린 칼리지 기록보관소에서 찾아낸 '모들린 MW 432' 원고를 내게 보여준 사라 존스 넬슨에게도 감사한다. 〈모들린 칼리지 회보〉 2001년 호(102~104쪽)에는 뉴턴의 원고에 관한 그녀의 짧은 보고서가 실려 있다.

5

아인슈타인과 푸앵카레

오늘날 알베르트 아인슈타인을 모르는 사람은 거의 없지만, 앙리 푸앵카레^{Henri Poincaré, 1854~1912}라는 이름을 아는 사람은 거의 드물다. 100년 전쯤에는 그 반대였다. 당시 아인슈타인은 학계의 일자리를 찾다가 연거푸 실패해, 스위스 베른의 특허청에 3급 기술자로 갓 발령받고 특허출원 심사를 하고 있었다. 반면 푸앵카레는 프랑스 과학계의 거물 중 한 사람이었고, 뛰어난 과학자로서뿐 아니라 저자로서도 이름을 날리고 있었다. 그의 책들도 이미 여러 나라에서 번역출간되어, 20세기 초반 과학이 이룬 극적인 발전을 대중에게 널리 알리는 교두보 역할을 하고 있었다. 1903년에, 아인슈타인과 푸앵카레는 둘 다 과학의 핵심 문제 중 하나에 사력을 다해 매달렸다. 바로 전기장과 자기장 안에서 입자들이 얼마나 빠르게 움직이는지 정확한 이론으로 설명하는 문제였다. 아인슈타인이 읽었는지 모르지만, 푸앵카레는 이미 그 문제에 대해 몇 편의 논문을 발표한 상태였다. 하지만 아인슈타인은 단 한 편의 논문도 쓴 게 없었다.

2년 후 1905년, 푸앵카레와 아인슈타인은 동시에 그 문제의 해답을 찾아냈다. 푸앵카레는 연구결과를 요약해 프랑스 과학아카데미에 제출했다. 같은 달, 아인슈타인은 독일의 과학저널 《물리학 연보 *Annalen der Physik*》에 지금은 고전이 된 논문 '운동하는 물체의 전기역학에 대해 On the Electrodynamics of Moving Bodies'를 송고했다. 이 두 편의 논문에 실린 해답은 사실상 거의 동일했다. 해답은 모두 상대성원리 principle of relativity, 즉 정지한 관찰자에게나 움직이는 관찰자에게나 자연의 법칙들은 동일하다는 원리에 기반을 두고 있었다. 그리고 실험적으로 관찰된 빠른 입자들의 움직임도 일치했을 뿐만 아니라 미래 실험결과에 대한 예측도 일치했다. 그런데 어찌하여 아인슈타인은 상대성이론의 발견으로 일약 세계적 명성을 얻은 반면, 푸앵카레는 그러지 못했을까? 변변치 않지만, 그나마 푸앵카레가 명망을 유지하는 것은 그 외의 과학적 발견들 때문이지, 상대성이론에 대한 업적 때문이 아니다. 상대성이론에 대한 공적을 아인슈타인에게 몽땅 몰아주고 푸앵카레에게는 국물 한 방울도 주지 않는 후대의 판정은 공평한가 아니면 불공평한가? 이 질문들은 잠시 후에 짚어보기로 하고, 다른 이야기로 넘어가보자.

피터 갤리슨 Peter Galison은 역사학자이지 판사가 아니다. 그는 푸앵카레와 아인슈타인이 통찰에 이른 과정을 이해하고자 했을 뿐, 결코 칭찬이나 비난할 목적은 없었다. 갤리슨의 《아인슈타인의 시계, 푸앵카레의 지도: 시간의 왕국 *Einstein's Clocks, Poincaré's Maps: Empires of Time*》[1]은 두 사람이 살았던 시대와 그들의 인생을 섬세하고 웅장하게 그린 두 장의 초상화다. 갤리슨은 두 사람을 불공평하게 대우한 전기작가들에 대해 불만을 털어놓으며 서문을 연다. '단언컨대 아인슈타인의 전기는 지나

칠 만큼 많지만, 푸앵카레의 전기는 지나칠 만큼 부족하다.' 충만하고
도 굴곡 많은 삶을 살았던 푸앵카레는 위대한 사람이었고, 아인슈타인
에게 넘칠 만큼 쏟아졌던 관심의 일부라도 받아 마땅한 인물이었다.
갤리슨은 언급하지 않았지만, 푸앵카레를 좀 더 깊이 알고 싶은 독자
라면 벤저민 얀델Benjamin Yandell이 쓴 짧은 전기를 일독하길 권한다. 얀델
의《명사들: 힐베르트의 문제들과 그 해결사들 The Honors Class: Hilbert's Problems
and Their Solvers》[2]은 1900년 파리에서 열린 세계수학자대회International Congress
of Mathematicians에서 다비트 힐베르트가 제시한 그 유명한 23개의 수학난
제를 해결한 사람들의 전기 모음집이다. 푸앵카레는 이 대회에서 22번
문제를 풀었다. 얀델의 책에 실린 푸앵카레의 전기는 가히 최고라고 할
수 있다. 약 30쪽에 걸쳐 묘사된 수학자 푸앵카레의 삶은 마치 그림을
보듯 생생할 뿐만 아니라, 갤리슨의 책에 실린 내용과도 거의 중복되지
않는다.

　갤리슨의 책에는 방정식 같은 것이 단 하나도 없다. 그래서 역사에
관심이 있기만 한다면 누구나 읽을 수 있다. 그의 책에서 들려주는 이
야기는 주로 과학의 응용에 관한 것이지, 과학 그 자체에 대한 이야기
는 아니다. 푸앵카레의 지도나 아인슈타인의 시계처럼, 그 응용은 모
두가 이해할 수 있는 것들이다. 푸앵카레와 아인슈타인은 상대성이론
을 연구하면서 동시에 전기통신과 기계장치라는 실용적 문제에도 깊
이 관여했다. 갤리슨은 수학이나 기계적 전문용어들을 사용하지 않고
도, 실용적 문제들에 대한 관심에서 시작된 두 사람의 과학이론들을
간략하게 설명한다. 그의 책은 총 6장으로 구성되어 있는데, 앞뒤 두
장의 분량은 짧고 가운데의 네 장은 길다. 분량이 짧은 두 장에서는 배
경을 설명하고 결론을 요약한다. 그리고 상대성이론에 대해서도 아주

간략하게 짚어준다. 결말부도 상대성이론의 발견을 이끈 사건들 속에 복잡하게 얽혀 있는 철학적 고뇌와 기술적 발상에 관한 내용이 주를 이룬다. 분량이 긴 네 개의 장은 전기가 19세기 후반 50년 동안 세상을 어떻게 변화시켰는지 설명하는 이야기들로 구성되어 있다.

여기에 대표적인 이야기 하나가 있다. 1880년에 코네티컷 주 하트퍼드에서 일종의 정치적 싸움이 벌어졌다. 코네티컷 주의 열차들이 보스턴 시각에 맞춰 운행하느냐, 뉴욕 시각에 맞춰 운행하느냐로 옥신각신했던 것이었다. 이 싸움은 하버드의 천문학자 레너드 왈도^{Leonard Waldo, 1853~1929}와 뉴욕-하트퍼드 철도회사 간에 벌어졌다. 왈도는 천문학자이면서 동시에 기업가이기도 했다. 그가 운영하는 관측소에서는 전보를 이용하는 고객들에게 정확한 시간신호^{time signals}를 판매하고 있었다. 고객 중에는 철도, 도시소방국, 제조업자, 괘종시계나 손목시계 판매상도 있었고, 고가 시계의 정확성을 검사하려는 개인들도 있었다. 왈도는 하트퍼드 의회에서 보스턴 시각의 월등한 정확성을 강조하며 열띤 연설을 했다. 그러나 뉴욕과 하트퍼드를 잇는 철도회사는 보스턴 시각으로 갈아타지 않고 뉴욕 시각을 고수했다. 철도회사 측이 이긴 것이다.

1883년에 미국이 세계에서 처음으로 이웃한 시간대와 정확히 한 시간씩 차이가 나는, 통일된 표준시간대를 체계화하게 된 이야기도 흥미롭다. 이것도 철도회사 측이 거둔 또 한 번의 승리였다. 표준시간대 체계를 결정할 중대한 회의가 미주리 주 세인트루이스에서 열렸다. 표결은 대의원의 기표수가 아니라, 대의원들이 대표하는 철로의 마일^{mile} 수를 합산해 결정되었다. 최종 표결에서 찬성은 79,041마일, 반대는 1,714마일이었다. 그 후 도시들은 지방시^{local time}(어떤 지방에서 그 지점을 통과하는 자오선을 기준으로 삼아 정한 시간-옮긴이)가 아니라 철도 시간에 시계를 맞춰야 했다. 심지어 뉴욕도 자체 시간을 포기하고, 서경 75도에 해당하는 천문시 astronomical time (하루가 정오에서 시작해 다음 날 정오에서 끝나는 시간법-옮긴이)에 맞췄다.

세 번째로, 프랑스 경도국이 미터법을 시간의 척도에까지 적용하기 위해 1897년에 설립했던 위원회의 이야기가 있다. 경도국위원회의 목적은 하루를 시, 분, 초로 나누던 구습을 폐지하고 십, 천, 십만 단위로 대체하는 것이었다. 이를 적용하면 초는 하루의 1/10만이고, 시간은 10ks(kilosecond)가 되어야 한다. 위원회는 이 새로운 시간의 단위가 그램, 킬로그램, 미터, 킬로미터처럼 편리하게 쓰일 것으로 보았다. 하루를 시간과 분 또는 초로 전환하려면 소수점만 옮기면 됐다. 더 이상 24와 60으로 곱하고 나누느라 애먹을 필요도 없었다. 100여 년 전 프랑스혁명 당시 미터법을 창시했던 이들의 꿈이 되살아난 것이다. 경도국위원회의 몇몇 위원들은 시간의 기본 단위로 기존의 '시간' 개념도 존속시키면서 시간을 백 단위, 만 단위로 나누자는 절충안을 제안했다. 경도국위원회 총무였던 푸앵카레는 이 안에 대해 매우 진지하게 고민했고 몇 편의 보고서까지 썼다. 그는 통괄적인 미터법을 열렬히 신봉하는 사람이었다. 그러나 싸움에서는 패배했다. 프랑스 이외의 국가들은 경도국위원회의 절충안을 지지하지 않았고, 프랑스 정부 역시 그 안을 단독으로 실행할 준비도 안 돼 있었다. 3년 동안 힘들게 밀어붙였으나, 결국 1900년에 경도국위원회의 해산으로 일단락되었다.

위의 세 이야기를 포함한 다른 많은 이야기들을 통해 갤리슨이 말하려는 주제는 시간신호의 일치가 19세기 후반에 대중들과 정부들의 큰 고민이었다는 사실이다. 그러고보면 시간신호의 일치가 상대성이론에서 중요한 역할을 한 것도 우연이 아니다. 푸앵카레와 아인슈타인은 역사적으로 시간신호의 전송이 성장산업이었던 시절을 살았고, 두 사람 모두 전문가로서 그 산업에 연루되어 있었다. 푸앵카레는 전 세계의 프랑스 영토를 지도로 만드는 책임을 진 경도국에서 일했다. 정확한 지도를 제작하기 위해서는 경도를 정확하게 결정해야 했다. 세네갈의 수도 다카르나 베트남의 항구도시 하이퐁처럼, 멀리 떨어진 장소의 경도를 결정하기 위해서는 그 지역에서 천문학적으로 측정해 얻은 시간대와 파리에서 전송받은 정확한 시간신호를 비교해야 한다. 따라서 지도의 정확성은 먼 지역으로 전송한 시간신호의 정확성에 달려 있었다. 시간신호의 전송은 기술적으로 상당히 어려운 문제였다. 처음에는 육상 전신선과 해저 케이블로, 나중에는 무선통신을 통해 이뤄졌다. 신호들은 전송 손실로 희미해지고 주위의 잡음으로 오염되기 일쑤였다. 전송이 지연되면 얼마나 지연되었는지 정확하게 계산해야만 했다. 그래야 신호수령지에서 실측된 시간으로부터 파리의 시간을 연역해낼 수 있기 때문이다. 기록장치 역시 지연을 야기할 수 있었는데, 이때도 정확히 계산해 보정해야 했다. 시간신호의 전송은 고도의 정확성과 더불어 이론과 실질적 공학에 두루 능한 사람을 필요로 했다.

푸앵카레는 이론뿐 아니라 실무에도 탁월했다. 그는 광산학자로 사회에 첫발을 디뎠는데, 프랑스 북부의 탄전에서 광산들을 시찰하는 것이 푸앵카레의 업무였다. 처음 한 일은 광부 18명이 끔찍하게 사망한 폭발사고에 대해 조사하는 것이었다. 푸앵카레는 광부의 시체들이 채 식기도 전에 폭발의 단서를 찾고자 갱도로 내려갔다. 그곳에서 광부의 램프 하나를 발견했는데, 램프의 철망에 직사각형 구멍이 나 있었다. 분명 곡괭이로 내리칠 때 난 구멍 같았다. 램프의 철망은 60년 전 험프리 데이비^{Humphrey Davy, 1778~1829}가 개발한 것이었다. 램프의 불꽃이 램프 밖으로 튀어 광산 내부의 폭발성 가스를 점화하지 못하게 하는 안전장치였다. 철망은 공기는 통과시키되, 램프 안에서 바깥으로 불꽃이 번지는 것은 막았다. 그런데 그 철망이 뚫리자 불꽃이 거침없이 번지면서 아비규환을 일으켰던 것이다. 푸앵카레는 목숨을 걸고 폭발 원인을 찾아냈고, 광산 내부의 가스 흐름에 대해 상세하게 분석해 보고서를 썼다.

아인슈타인은 전기기술자 집안에서 자랐다. 그의 아버지와 숙부는 뮌헨에서 전기측정 장비를 제작해 팔았고, 할아버지는 시계에 들어가는 전기제어 장치를 다뤘다. 어릴 때부터 전기기계에 친숙했던 탓에, 아인슈타인은 스위스 특허청에 일자리를 얻기도 쉬웠고 덕분에 거기서도 일을 꽤 잘했다. 그는 특허청에서 일을 시작하자마자, 전기시계와 관련된 수많은 특허출원들을 수시로 처리해야 했다. 그중에는 전기시계들의 전기 시간신호를 분배하고 조정하는 것과 관련된 특허출원들도 많았다. 1904년, 상대성이론이 잉태되고 있을 무렵, 베른의 특허청에서만 그와 관련된 특허가 14개나 승인되었다. 승인되지 못한 특허출원 개수는 기록되지도 않았다.

당시 스위스는 정밀한 시계 제작에서 세계를 선도하고 있었다. 전 세계의 유망한 발명가들이 스위스 특허청의 승인을 받으려고 줄을 이었다. 아인슈타인에게 이런 발명품들을 분석하고 이해하는 일이 단순히 집 임대료를 내기 위한 수단에 그칠 리가 없었다. 그는 특허청에서 하는 일을 즐겼고 거기서 지적 도전을 발견했다. 생애 말년에 아인슈타인은 특허기술들을 공식화하는 일이 물리학에 대한 사고를 크게 자극시켰다고 말했다.

최근 반세기 동안 과학의 역사를 연구하는 학자들은 크게 두 사조로 나뉘었다. 그 두 사조를 이끈 대표적인 인물은 토머스 쿤Thomas Kuhn, 1922~1996과 피터 갤리슨이었다. 쿤은 1962년에 출간된 명저《과학혁명의 구조The Structure of Scientific Revolutions》에서 과학의 발달을 마치 생명의 기나긴 역사에서 종種의 진화를 설명하듯, 일종의 단속평형설punctuated equilibrium로 설명한다. 대부분의 시간 동안 종은 환경에 잘 적응하고, 종의 진화도 느리게 진행되거나 침체된 상태를 유지한다. 이때 자연선택自然選擇은 종의 급속한 변화를 제지한다. 하지만 갑자기 환경이 교란되고 새로운 생태학적 적소ecological niche(한 생명체가 생태계의 먹이그물에서 갖는 위치와 서식하는 공간-옮긴이)가 열리면, 그제야 자연선택은 급격한 변화에 보조를 맞춘다. 운 좋은 소수의 개체집단은 새로운 종을 형성할 만큼 빠르게 변화하기 시작한다. 따라서 과학에서 '정상적인 상황'이란 매우 느리게 균형상태가 변화해가는 것을 의미한다. 그 상황에서 과학은 '관찰된 현상을 충분히 잘 설명하면서 심각하게 의심받지 않는 정설'을 갖는다. 이런 과학이 우세하는 한, 과학자의 역할은 널리 인정된 정설을 수용하면서 그 안에서 비어져 나오는 사소한 문제들을 해결하는 것이다. 그런데 가뭄에 콩 나듯, 새로운 발견이나 새로운 개념들이 정설에 의문을 제기하면서 고개를 내미는 순간이 있다. 이럴 때 과학혁명이 일어날 수 있다. 과학혁명을 일으키려면, 지배적 이론의 아성을 무너뜨릴 정도로 강력하고 새로운 발견들과 기존의 정설을 대체할 새로운 개념들이 있어야 한다. 쿤의 관점에서 과학혁명을 유도하는 것은 새로운 개념들이다. 그 개념이 과학의 진보를 향한 중대한 첫 걸음을 추동한다.

쿤과 대조적으로, 갤리슨은 1997년에 출간한 대표 저서《이미지와 논리Image and Logic》에서 입자물리학의 역사를 개념이 아닌 도구의 역사로 설명한다. 그 책에 따르면 과학의 진보는 도구에 의해 추동된다. 입자물리학의 도구는 광학과 전자공학이다. 광학 도구는 안개상자^{cloud chamber}, 기포상자^{bubble chamber}, 사진유제^{photographic emulsion} 등과 같이 입자들의 상호작용을 이미지로 가시화시켜준다. 이미지는 입자들의 항적을 기록한다. 노련한 실험자는 그 이미지에서 어떤 입자가 돌발 행동을 하는지 한눈에 척 알아낸다. 광학 도구들은 질적으로 새로운 발견들을 이끌 가능성이 크다.

반면에 전자공학 도구들은 정량적 질문을 해결하기에 알맞다. 가령 오래된 집의 지하실에서 방사능을 측정하는 가이거 계수기^{Geiger counter} 같은 전자탐지기는 논리에 기반을 두고 있다. 이 도구들은 입자를 탐지할 때마다 간단한 질문을 하고, 그 답이 'yes'인지 'no'인지를 기록하도록 설계되어 있다. 즉 초당 수백만 번의 비율로 충돌하는 입자들을 탐지하고, 이것들을 'yes'와 'no'로 일일이 분류한 다음 각각의 응답 개수를 계산한다. 입자물리학의 역사는 1980년을 기준으로 전기와 후기로 나누기도 한다. 전기에는 광학탐지기와 이미지 도구가 우세했고, 후기에는 전자탐지기와 논리가 우세했다. 전기에는 입자들 사이의 관계와 새로운 입자들을 찾아내는 질적 발견들이 과학의 발전을 주도했다. 입자들의 발견이 그럭저럭 완성되어 구색이 갖춰진 후기에는 입자들의 상호작용을 더욱더 정밀하게 측정함으로써 과학을 발전시켰다. 전기나 후기 모두 과학 발전의 원동력은 도구였다.

개념을 강조한 쿤파 역사학자들과 도구를 강조한 갤리슨파 역사학자들 간의 논쟁은 지금까지도 시들해진 적이 없다. 이론적 과학에 단련된 역사학자들은 쿤 쪽에 기울고, 실험적 과학에 단련된 역사학자들은 갤리슨 쪽으로 기우는 경향을 보인다. 이론이나 도구 어느 쪽을 택하든, 그것은 어디까지나 개인의 취향문제다. 나로 말할 것 같으면 비록 이론가로 교육받긴 했어도 갤리슨파에 가깝다. 하지만 이 논쟁에서도 각 파의 지도자보다 그들을 따르는 신봉자들이 훨씬 더 독단적이다. 이런 일은 학자들 간의 논쟁에서 흔하게 일어난다. 일전에 역사학자 모임에 참석한 적이 있는데, 그곳에서 쿤의 신봉자들이 쿤의 견해를 심하게 과장하고 있었다. 쿤은 회의실 뒤에서 좌중을 압도하는 목소리로 이렇게 소리치며 신봉자들을 제지했다. "여러분이 반드시 알아야 할 게 있습니다. 전 쿤파가 아닙니다."

쿤은 개념이 으뜸이라고 믿었지만 그렇다고 그 외의 모든 것들을 배척하지 않았다. 그리고 갤리슨도 자신의 신간에서 쿤과 똑같이 말했다. 나는 그 책의 마지막 장에서 갤리슨이 외치는 소리가 귀에 들리는 것만 같았다. "여러분이 반드시 알아야 할 게 있습니다. 전 갤리슨파가 아닙니다."

갤리슨은 '임계혼탁^{critical opalescence}'이라는 용어로, 상대성이론이 발견된 1905년의 상황을 요약하고 있다. 임계혼탁은 물이 고압에서 섭씨 374도로 가열될 때 나타나는 아름다운 효과를 말한다. 374도는 물의 임계온도^{critical temperature}라고 불린다. 달리 말하면, 물이 끓지 않고도 끊임없이 증기로 바뀌는 온도다. 임계온도와 임계압력에서는 물과 증기를 구분할 수 없다. 이때의 물과 증기는 기체라고 해야 할지, 액체라고 해야 할지, 결정을 내릴 수 없는 단일유체^{single fluid} 상태다. 임계 상황에 이르면 이 유체는 끊임없이 기체와 액체 사이에서 상전이相轉移를 일으키고, 이 상전이는 다채로운 빛깔의 반짝임으로 가시화된다. 이때의 반짝임이 유백색 보석인 오팔의 다채로운 빛과 비슷하다고 해서 'opalescence'라는 이름이 붙었다.

1905년 봄, 갤리슨은 임계혼탁이라는 용어를 빌려, 푸앵카레와 아인슈타인의 머릿속에서 기술·과학·철학이 버무려진 현상을 은유적으로 표현한다. 푸앵카레와 아인슈타인은 '시간신호 전송'이라는 기술적 도구에 열중했지만, 두 사람 모두 도구만으로 발견을 이끌어낸 것은 아니다. 또한 두 사람 모두 전자기학이라는 수학적 개념들에 몰두했으나, 이론만으로 그들의 발견이 완성된 것도 아니었다. 푸앵카레와 아인슈타인은 시간과 공간의 철학에도 심취했다. 푸앵카레는 철학적 사유를 담은 《과학과 가설 *Science and Hypothesis*》에서 지식의 근원을 더 깊이 연구하면서 '절대 시공간'이라는 뉴턴의 개념을 비판했다. 아인슈타인도 그 책을 읽고 연구했다. 그러나 철학 역시 두 사람의 발견에 직접적 영향을 미치지는 않았다. 상대성이론의 탄생에 결정적인 영향을 미친 것은 아인슈타인의 새로운 사고방식이었다. 도구와 개념과 철학적 사유가 한데 뒤섞여 새로운 사고방식으로 융합되는 그 순간, 상대론이론이 탄생한 것이다. 갤리슨은 쿤파와 갤리슨파의 논쟁에 종지부를 찍으려 했던 모양이다. 그는 이 책에서 자로 잰 듯 정확하게 중도의 입장을 견지한다. '임계혼탁의 순간에 이르면, 역사를 궁극적으로 개념에 대한 것으로 보느냐, 근본적으로 물질적 대상에 대한 것으로 보느냐 하는 변덕스러운 사고방식에서 벗어날 길이 열린다.'

그런데 갤리슨의 임계혼탁 은유가 대답하지 못하는 한 가지 질문이 있다. 왜 푸앵카레가 아니라 아인슈타인이 상대성이론을 발견했는가 하는 것이다. 푸앵카레와 아인슈타인이 각각 발견한 이론은 동일한 실험결과를 갖는 것은 물론이고, 기능적으로도 동등한 이론이다. 결정적으로 다른 점이 하나 있다면 '에테르 *ether*'라는 단어의 유무다. 빛의 파동설과 19세기에 발전한 전기와 자기력 이론들은 모두 에테르라는 개념을 바탕으로 한다. 1865년에 빛과 전자기 이론을 통합한 제임스 클러크 맥스웰은 에테르를 열렬하게 신봉한 과학자였다. 전기력과 자기력은 강도와 탄성을 알맞게 갖고 있는 고형 매질 속에서 기계적 응력처럼 작용한다. 따라서 모든 공간에는 전기력과 자기력을 운반할 수 있는 고형 매질이 반드시 존재해야 한다고 생각했다. 그와 같은 탄성 매질에서 광파는 틀림없이 전단파^{shear wave}(횡파라고도 하는데, 파동의 진동 방향이 입자변위 방향과 수직인 파동이다-옮긴이)일 것이다. 이렇게 공간 전체에 만연한 매질을 '에테르'라고 부른다.

푸앵카레는 보수적인 성향이었던 반면, 아인슈타인은 혁명적이었다. 이것은 두 사람의 중대한 차이다. 새로운 전자기이론을 찾았을 때도 푸앵카레는 가능하면 옛 이론들을 고수하려 했다. 그는 에테르를 사랑했다. 심지어 에테르가 관찰 불가능하다는 것을 이론으로 입증했음에도 불구하고 에테르에 대한 믿음을 접지 않았다. 푸앵카레의 상대성이론은 조각천을 기워놓은 꼴이었다. 그는 관찰자의 이동에 따라 달라지는 '지방시'라는 새로운 개념을, 완고하고 요지부동한 '에테르로 규정된 절대 시공간'이라는 낡은 틀에다가 기워놓은 것이다. 이와 반대로 아인슈타인은 낡은 틀을 거추장스럽고 불필요한 것으로 보고 가뿐하게 걷어버렸다. 아인슈타인 버전의 상대성이론은 더 단순하고 더 우아했다. 거기에는 절대 시공간은커녕 에테르도 없었다. 그의 상대성이론이라면 전기력과 자기력이 에테르 속에서 유연한 힘으로 작동한다는 따위의 복잡한 설명들을 말끔히 사라지게 할 수도 있었다. 더불어 그런 설명을 신봉하고 있던 노교수들도 역사의 휴지통으로 사라지게 할 수도 있었다. 모든 지방시들이 똑같이 유효해졌다. 아인슈타인 버전의 상대성이론으로는 한 지방시에서 다른 지방시로 바뀌는 규칙만 알면 별도의 계산이 필요 없었다. 공식적인 승인을 얻기 위한 경쟁에서도 아인슈타인은 명쾌하고 단순한 설명으로 압도적 우위를 점했다.

푸앵카레와 아인슈타인은 딱 한 번 만났는데, 1911년 브뤼셀에서 열린 학회에서였다. 두 사람의 만남은 그다지 좋은 결말로 끝나지 않았다. 훗날 아인슈타인은 푸앵카레에 대한 인상을 이렇게 적었다. '푸앵카레 씨는 전반적으로 꽤 비관적이었다. 예리한 통찰력에도 불구하고, 그는 상황을 잘 파악하지 못했다.' 아인슈타인은 푸앵카레에 대해 에테르와 함께 역사의 휴지통 속에 버려진 사람이라고 여겼다. 그는 푸앵카레를 과소평가했다. 아인슈타인은 그 만남이 있기 직전에, 푸앵카레가 스위스 취리히의 연방공과대학에 아인슈타인을 교수로 추천하는 글을 썼다는 사실을 몰랐다. 푸앵카레는 아인슈타인에 대해 다음과 같이 적었다.

무엇보다 아인슈타인 씨를 높이 칭찬할 점은, 새로운 개념들에 적응하는 게 놀랍도록 뛰어날 뿐만 아니라 그 개념들로 어떻게 결과를 이끌어낼지 꿰뚫고 있다는 사실입니다. 그는 고전적 원리들에 집착할 사람이 아닙니다. 물리학에서 문제를 발견했을 때 기민하게 모든 가능성들을 포착할 사람입니다. ……향후 아인슈타인 씨의 가치는 더욱더 빛을 발할 것입니다. 이 젊은 천재를 붙들 수 있는 방법을 찾는다면, 대학의 위상도 날로 높아질 것입니다.

푸앵카레는 이 젊은 경쟁자에게 그 어떤 유감이나 원한도 내비치지 않았다. 여전히 그는 32년 전 마뉘^{Magny}의 석탄광산에 직접 뛰어들었던 그 인정 많은 충동에 따라 행동했다. 아인슈타인과 브뤼셀에서 만난 지 1년 만에 푸앵카레는 세상을 떠났다. 아인슈타인은 푸앵카레의 추천서를 한 번도 보지 못했고, 자신이 그를 오해했다는 사실도 깨닫지 못했다.

이 역사를 돌이켜보면서 나는 갤리슨의 결론에 동의하지 않는다. 나는 '임계혼탁'을 아인슈타인이 승리한 결정적 요인으로 보지 않는다. 푸앵카레와 아인슈타인이 당대의 기술을 똑같이 이해했다고 생각하며, 철학적 사유에 대한 두 사람의 애정도 같았다고 본다. 다만 다른 점이라면, 새로운 개념을 수용하는 태도였다. 개념이 바로 결정적 요인이었다. 아인슈타인은 낡은 개념을 버리고 새로운 개념을 도입하는 데 적극적이었던 탓에 상대성이론의 세계로 엄청난 도약을 했다. 하지만 푸앵카레는 벼랑 끝에서 머뭇거리느라 도약하지 못했다. 적어도 이 경우에서는 쿤이 옳았다. 1905년의 과학혁명은 도구가 아니라 개념이 추동한 것이다.[3]

6

두 개의 세상, 고전역학과 양자역학

제1차 세계대전이 발발하기 전, 영국 자유당은 한참 잘나가고 있었다. 그때 허버트 애스퀴스^{Herbert Asquith}는 점잖은 총리였고, 윈스턴 처칠은 호들갑스러운 신참 정치인이었다. 처칠은 하원의 질의시간에도 도발적 발언과 어쭙잖은 질문으로 애스퀴스에게 시비를 거는 일이 잦았다. 한 번은 처칠의 호된 공격을 받고 나서 애스퀴스는 이렇게 한탄했다. "만사를 다 아는 저 젊은이처럼 나도 뭐든지 다 알면 좋으련만." 브라이언 그린^{Brian Greene, 1963~}의 《우주의 구조: 시간과 공간 그 근원을 찾아서^{The Fabric of the Cosmos: Space, Time, and the Texture of Reality}》[1]를 읽으면서 나도 애스퀴스에게 조금 동병상련을 느꼈다. 애스퀴스가 한 말이 그린의 책을 읽고 내가 느낀 바로 그 기분이었다.

나는 이론물리학의 최신 정보를 알고 싶은 일반 독자들에게는 그린의 책을 추천한다. 비전문가 독자들에게는 나의 의혹과 미심쩍음이 별로 중요하지 않기 때문이다. 이 책은 저자의 시각에서 본 우주를 우리 앞에 감동적으로 펼쳐 보여줄 뿐만 아니라 편안한 담화체로 되어 있어 이해하기 쉽다. 그린이 보여주는 우주의 풍경이 장차 이론적으로 틀린 것이라고 판명이 나건 말건, 그건 중요하지 않다. 중요한 것은 그 풍경이 논리적으로도 조밀하고 이해하기 쉬우며, 최근의 발견들과도 일치한다는 사실이다. 설령 세밀한 부분들에서 오류가 판명나더라도, 그가 그린 풍경은 우주를 이해하려고 내딛는 큰 발걸음이 분명하다. 과학은 종종 틀린 이론들이 정정되어가면서 발전해간다. 그런 점에서 모호한 이론보다는 차라리 틀린 이론이 더 낫다. 그린의 책은 비전문가 독자들에게 현대 과학의 두 가지 핵심주제를 설명한다. 첫 번째 주제는 17세기의 뉴턴과 갈릴레오에서 20세기의 아인슈타인과 스티븐 호킹 Stephen Hawking, 1942~ 까지, 이들이 펼친 관찰과 이론의 역사적 궤적을 훑는 것이다. 그 다음에는 아인슈타인과 호킹을 넘어서 오늘날의 최신 이론들을 이끌어낸 사고방식을 보여준다. 최신 이론들이 정설로 굳어지든 말든, 어쨌든 그 역사와 사고방식은 믿을 만한 진실이다.

　그린은 1999년에 출간한 《엘러건트 유니버스 *The Elegant Universe*》에서 물리학자로서 많은 시간 동안 전념했던 끈이론에 대해 보다 상세하고 기술적인 설명을 제시한다. 《우주의 구조》보다 먼저 출간된 이 책은 난해하고 추상적인 끈이론을 이해하기 쉬운 문장으로 녹여냈다는 점에서 대단히 탁월하다. 그린은 2000년에 출간한 《우주의 구조》의 서두에서 전작에 밝힌 끈이론을 다음과 같이 요약한다.

　초끈이론 Superstring theory 은 기존의 질문에 전혀 다른 답을 제시하고 있다. 물체를 이루는 최소단위의 구성요소는 무엇인가? 지난 수십 년간 물리학자들은 모든 만물이 전자와 쿼크 quark 로 이뤄져 있다고 믿어왔다. 이것들은 크기가 없는 점의 형태로서 내부구조를 갖고 있지 않으며, 서로 다양한 형태로 결합해 양성자와 중성자 그리고 일상적인 물체의 기본단위인 원자와 분자를 이룬다.

　그러나 초끈이론이 주장하는 바는 이와 전혀 다르다. 초끈이론은 전자와 쿼크 그리고 실험실에서 발견된 다른 소립자들의 기본적인 역할을 부정하지는 않지만, 입자들이 점의 형태를 취하고 있다는 것만은 정면으로 부정하고 있다. 초끈이론에 따르면, 모든 입자들은 핵자核子보다 100×10억$\times 10$억 배나 작은 가느다란 끈으로 이뤄져 있다. 그리고 각각의 끈들은 진동하는 형태에 따라 입자의 모습으로 나타난다. 바이올린의 줄이 진동 유형에 따라 다양한 음을 내는 것처럼, 만물의 기본단위인 끈은 진동 유형에 따라 다양한 입자들로 발현된다는 것이다. 어떤 특정한 패턴으로 진동하는 작은 끈은 거기에 해당되는 질량과 전하를 갖는다. 물론 진동 유형이 다른 끈들은 쿼크나 중성미자neutrino(중성자가 양성자와 전자로 붕괴될 때에 생기는 소립자-옮긴이) 등 다른 소립자에 해당될 것이다. 끈이라는 단 하나의 개체가 진동 유형에 따라 온갖 입자들을 양산해내고 있으므로, 모든 만물은 초끈이론이라는 체계 속에서 자연스럽게 통일되는 셈이다.(《우주의 구조》(박병철 옮김, 승산, 2005) p.47에서 발췌-옮긴이)

　우주를 설명하는 하나의 이론으로서 매우 멋진 출발이다. 그리고 어쩌면 이 이론이 진실인지도 모른다. 과학이론이 쓸모 있기 위해서는 반드시 진실이어야 할 필요는 없지만, 검증은 가능해야만 한다. 내가 끈이론에 대해 미심쩍어 하는 까닭도 현재로서는 그 이론을 검증할 방법이 없기 때문이다. 그린은 13장과 14장에서 끈이론을 실험적으로 검증할 수 있는지 논의한다. 그가 제시한 실험들이 끈이론의 사실 여부를 밝히진 못하더라도, 자연을 이해하기 위한 새로운 장을 열 것임에는 틀림없다.

《우주의 구조》는 《엘러건트 유니버스》보다 훨씬 더 포괄적인 주제를 다루고 있으며 좀 더 개략적인 그림을 보여준다. 이 두 책에서 중복되는 부분은 많지 않다. 단, 《엘러건트 유니버스》의 끈이론을 간략하게 요약한 《우주의 구조》의 12장은 예외다. 그린도 《엘러건트 유니버스》를 읽었던 독자라면 《우주의 구조》의 12장을 건너뛰라고 귀띔한다. 12장을 제외하면, 이 두 권의 책은 서로 다른 주제를 다루고 있으므로 굳이 연계해서 읽을 필요가 없고, 순서를 정해서 읽을 필요도 없다. 다만 《우주의 구조》가 좀 더 이해하기 쉬우니, 되도록이면 먼저 읽기를 권한다. 《엘러건트 유니버스》를 읽다가 중간에 포기한 독자도 《우주의 구조》는 술술 넘어갈 것이다.

과학의 역사에는 항상 혁명론자와 보수주의자, 즉 단번에 웅장한 성을 지으려는 사람들과 탄탄한 땅 위에 벽돌을 하나씩 하나씩 쌓으려는 사람들 사이에 긴장관계가 늘 있어왔다. 정상적인 상황에서 이 긴장관계는 대개 젊은 혁명론자와 늙은 보수주의자 사이에 형성된다. 현재에도 그렇고, 80년 전 양자혁명이 일어났을 때도 그랬다. 나는 전형적인 늙은 보수주의자인데다 새로운 개념들에도 어두운 편이다. 내 주위에는 알아들을 수 없는 이야기를 하는 젊은 끈이론가들이 많다. 1920년대는 양자이론의 황금기였고, 당시의 젊은 혁명가는 25세라는 젊은 나이에 엄청난 발견들을 이룬 베르너 하이젠베르크와 폴 디랙이었다. 대표적인 늙은 보수주의자는 어니스트 러더퍼드였다. 그는 '저들은 기호로 게임을 하지만, 자연의 참모습은 우리가 밝힌다'는 유명한 말로 젊은 혁명가들의 사기에 찬물을 끼얹었다. 러더퍼드는 위대한 과학자였지만, 자신이 실마리를 준 바로 그 혁명으로 인해 가장자리로 밀려났다. 정상적인 상황이란 이런 걸 두고 말한다.

50년 전, 내가 지금의 그린보다 대단히 젊었을 때는 상황이 달랐다. 1940년대 말에서 1950년대 초까지의 무렵에는 늙은이들이 혁명을 주창했고, 젊은이들은 보수를 자처했다. 아인슈타인, 디랙, 하이젠베르크, 보른, 슈뢰딩거가 늙은 혁명론자였다. 이들은 저마다 모든 것을 설명할 열쇠라고 생각하는 미친 이론을 하나씩 갖고 있었다. 아인슈타인은 통일장이론을, 하이젠베르크는 기본파이론fundamental length theory을, 보른은 상호의존성reciprocity이라고 명명한 새로운 버전의 양자이론을 갖고 있었다. 그리고 슈뢰딩거는 아인슈타인의 통일장이론의 새로운 버전인 최종아핀장법칙Final Affine Field Laws을 고안했다. 디랙은 기묘한 버전의 양자이론을 갖고 있었는데, 양전하만 두 개 또는 음전하만 두 개인 상태가 모두 존재할 확률이 있다는 이론이었다. 흔히 정의하기로 확률은 어떤 한 사건이 일어날 것이라는 확신의 정도를 0에서 1 사이의 숫자로 나타낸 것이다. 확률이 1이면 사건은 항상 일어나고, 확률이 0이면 결코 일어나지 않는다. 디랙의 '이상한 나라'에서는 모든 확률이 '1'보다 자주 또는 '0'보다 적게 일어난다. 이들 다섯 명의 늙은이들은 25년 전쯤 자신들이 일으켰던 양자혁명에 버금갈 정도로 강력한 혁명이 물리학에 또 한 번 일어나야 한다고 믿었다. 다섯 사람 각자는 자신의 사랑스러운 개념이 다음에 올 엄청난 비약적 발전을 이끌 중대한 첫걸음이라고 믿었다.

하지만 나와 같은 젊은이들은 저 유명한 늙은 학자들이 웃음거리가 되길 자처한다고 생각했다. 그래서 우리는 보수주의자가 되었다. 우리의 대장은 미국의 줄리언 슈윙거와 리처드 파인만, 일본의 도모나가

신이치로였다. 파인만이 보수주의자라는 소리를 들으면 깜짝 놀랄지도 모르지만, 결코 틀린 호칭이 아니다. 파인만은 혈기왕성하고 경탄할 만큼 독창적인 사람이지만, 과학적 바탕에는 보수주의적 색채가 짙었다. 파인만과 슈윙거 그리고 도모나가는 양자혁명으로부터 물려받은 물리학을 그 누구보다 깊이 이해했다. 그 물리학 개념들은 근본적으로 옳았다. 또 다른 혁명을 시작할 필요도 없었다. 기존의 물리학이론들에서 세부적인 부분들을 말끔히 손만 보면 되었다. 나는 그 손보기의 마지막 단계에서 그들을 도왔다. 그렇게 노력한 결과가 빛(복사)과 물질(원자)의 상호작용을 설명한 양자전기역학이론theory of quantum electrodynamics이다.

그 이론은 한마디로 보수주의의 승리였다. 우리는 디랙과 하이젠베르크가 1920년대에 고안한 이론들을 최소한만 변형해, 자기모순이 없고 사용하기 편리한 이론들로 재탄생시켰다. 자연은 우리의 노력에 미소로 화답했다. 우리가 그 이론을 검증하기 위해 새로운 실험들을 실시했을 때에도, 결과는 소수점 이하 11번째 자리까지 일치했다. 그러나 늙은 혁명가들은 그때까지도 수긍하지 않았다. 첫 실험결과가 발표된 후, 나는 심히 건방지게 디랙에게 대놓고 물었다. 당신이 25세 때 고안한 이론이 엄청난 성공을 거둔 것이 기쁘지 않냐고. 디랙은 평상시처럼 잠시 침묵하고 이렇게 대답했다. "새로운 이론이 옳다고 생각할 수도 있겠지. 그렇게까지 볼품없지 않았다면 말일세." 그것으로 대화는 끝났다. 아인슈타인 역시 우리의 성공을 그닥 대단치 않게 생각했다. 프린스턴 고등연구소에서 젊은 물리학자들이 새로운 양자전기역학 개발에 깊이 골몰하고 있는 동안, 아인슈타인도 같은 건물에서 연구하고 있었다. 그는 매일 출퇴근할 때마다 우리 연구실을 지나쳐

다녔다. 하지만 단 한 번도 우리 연구실에 들어오지 않았고, 우리의 연구에 대해 묻지도 않았다. 그는 생애 마지막까지도 자신의 통일장이론에 대한 믿음을 버리지 않았다.

이 옛일을 돌아봐도, 나는 보수주의자라는 사실이 전혀 부끄럽지 않다. 나는 보수주의의 승리를 목격한 바로 그 세대의 일원이다. 아인슈타인이 끝까지 자기 이론을 신봉했던 것처럼, 나 역시 우리의 이론들을 신뢰한다. 하지만 이제 나의 세대는 현역에서 물러나고 있다. 과연 다음 세대는 무엇을 가지고 등장할지 자못 궁금하다. 끈이론의 혁명가들이 늙은이가 된 후, 그 다음 세대는 그들을 어떻게 생각할까? 또 다른 젊은 혁명가 세대가 등장할까? 아니면 또다시 젊은 보수주의자 세대가 나타나 노년의 끈이론 선구자들에게 반기를 들까? 나와 같은 세대는 이 질문들에 대한 답을 볼 수 없을 것이다.

그린의 책에서 중요한 주제 가운데 하나는 20세기 초입에 혁명을 일으킨 물리학의 두 발견, 즉 일반상대성이론과 양자역학 사이에 선을 긋는 것이다. 아인슈타인의 이론은 시공간 곡률^{curvature of space-time}로써 중력장^{gravitational field}을 설명한 이론이다. 이 이론에서는 사과의 낙하를 지구의 질량으로 유발된 시공간의 휘어짐에 대한 사과의 반응으로 설명한다. 아인슈타인의 이론에서는 양자역학이 제시하는 불확정성^{uncertainty}을 고려하지 않는다. 그래서 사과와 지구를 위치와 속도로 명확히 정의할 수 있는 고전적인 물체로 간주한다. 물론 사과와 지구는 양자역학적인 불확정성을 무시해도 될 만큼 충분히 크다.

반면 양자역학에서는 원자와 소립자들의 작용이 불확정성의 지배를 받기 때문에 중력은 고려하지 않는다. 원자와 소립자들은 너무나 작으므로, 이들이 일으키는 어떤 중력장도 무시해도 된다. 이 두 이론은 중

첩되는 부분 없이 물리학의 우주를 정확히 둘로 가른다. 사과에서 은하에 이르는 거시적 대상은 일반상대성이론이, 분자에서 광자에 이르는 미시적 대상은 양자역학이 담당한다. 일반상대성이론은 천문학과 우주학에 중요한 반면, 양자역학은 원자물리학과 화학에 중요하다. 이런 식의 우주 분할은 모든 실용적 목적에 더할 나위 없이 효과적이다. 단일 원자나 소립자들이 미치는 중력은 사실상 관측이 불가능할 정도로 미미하기 때문이다.

그린은 당연히 물리학을 거시적 대상과 미시적 대상에 대한 이론으로 분할해서는 안 된다고 생각한다. 물론 대다수의 물리학자들도 그의 의견에 동의할 것이다. 일반상대성이론에서는 시공간이 물질적 대상에 의해 밀리거나 당겨질 수 있는 유연한 구조라는 개념에 바탕을 둔다. 하지만 양자역학에서는 시공간이 그 안에서 관찰 행위가 이뤄질 수 있는 단단한 조직체계라는 개념에 바탕을 둔다. 이들 두 이론은 수학적으로 양립할 수 없다. 그린은 거시적 대상과 미시적 대상 모두에게 동일하게 적용할 수 있는 양자중력이론theory of quantum gravity을 찾는 것이 시급하다고 생각한다. 즉 거시적 대상에서는 일반상대성이론처럼, 미시적 대상에서는 양자역학처럼 작동하는 통합이론을 의미한다. 여러 물리학자들의 헌신적 노력에도 불구하고, 일관성 있는 양자중력이론은 발견되지 않았다. 그 후 끈이론이 등장했고, 최초로 일반상대성이론과 양자역학을 성공적으로 통합했다. 이 성공으로 발견자들은 끈이론이 '만물의 이론'이 될 수도 있다고 주장할 타당한 근거를 얻었다. 끈이론은 아직은 불완전하고 실질적으로 응용되려면 갈 길이 멀다. 하지만 원론적으로 우리에게 양자중력이론을 안겨준 셈이다.

나는 보수주의자로서, 물리학이 두 이론으로 양분되는 것을 인정할 수 없다는 의견에 동의하지 않는다. 지난 80년간, 나는 별과 행성들의 고전역학 세계와 원자·전자들의 양자역학 세계를 다룬 이론들과 함께 살아오면서 즐거웠다. 통합만을 독단적으로 주장하기보다, 차라리 통합된 이론이 물리학적으로 어떤 실질적인 의미를 갖는지 그들에게 묻고 싶다. 빛의 양자인 광자photon가 존재하듯, 양자중력에 관한 이론의 핵심에는 중력자graviton(중력을 매개하는 가상의 양자-옮긴이)라는 소립자가 존재한다. 이런 소립자는 양자중력에 필수적이다. 중력에너지가 양자에 따로따로 나뉘어 운반되기 때문이다. 그리고 중력에너지를 갖게 된 양자는 소립자처럼 작용할 터이다.

내가 묻고자 하는 것은 바로 이 중력자 하나하나의 존재를 찾아낼 확실한 방법이 있느냐는 것이다. 광자의 경우에는 아인슈타인도 입증했지만, 금속에 입사광선을 쪼여서 금속 표면으로부터 튕겨져 나오는 전자들의 행동을 관찰해 개별 광자들을 쉽게 탐지할 수 있다. 광자와 중력자의 가장 큰 차이는 상호작용의 세기에 있다. 중력자들 간의 상호작용은 전자기의 상호작용과는 비교할 수 없을 만큼 매우 약하다. 중력파를 금속 표면에 쏘아서 방출되는 전자들을 관찰하는 방법으로 개별 중력자들을 탐지한다고 가정해보자. 아마 우주의 연령보다 훨씬 더 긴 시간을 기다려도 중력자 하나를 볼까 말까 할 것이다. 중력자들을 탐지할 가능성이 있는 방법들을 다양하게 살펴봤으나, 현재로서는 어느 것 하나도 유효하지 않다. 중력자들 간의 상호작용이 극도로 약하기 때문에, 중력자탐지기라 할 만한 장치의 크기도 어마어마해야 한다. 만약 정상 밀도를 갖는 그런 탐지기가 있다 해도, 중력자의 근원에서 너무 멀리 떨어져 작동하기 때문에 효과가 없다. 만약 탐지기를 중력자 근원 주위에 고밀도로 압축해놓는다면 아마 그 근원의 블랙홀로 붕괴될 것이다. 마치 탐지기의 작동을 방해하려는 자연의 음모가 있기라도 한 듯이 말이다.

나는 이론적으로 개별 중력자의 존재를 관찰하는 것이 불가능하다는 가설을 하나의 가설로서 증명해보기를 제안한다. 이 가설이 진실이라고 주장하는 것이 아니라, 다만 이를 반박할 증거를 발견할 수 없다는 것이다. 이 가설이 진짜라면, 양자중력은 물리학적으로 무의미하다. 상상할 수 있는 모든 실험들을 다 해도 개별 중력자가 관찰되지 않는다면, 중력자는 물리적 실체가 없는 존재일 것이다. 그리고 중력자가 실재하지 않는다고 간주할 수도 있을 것이다. 중력자는 19세기 물리학자들이 우주공간을 가득 메운 유연한 매질이라고 여겼던 에테르와 비슷하다. 전기장과 자기장은 에테르 안에 존재하는 장력으로 여겨졌고, 빛은 에테르의 진동이어야 했다. 아인슈타인은 에테르 따위를 고려하지 않고 상대성이론을 구축했고, 에테르가 존재하더라도 관찰 불가능한 것임을 보여주었다. 아인슈타인이 에테르를 제거하면서 행복했던 것처럼, 나 역시 중력자에 대해 그와 똑같은 기분을 느낀다.

내 가설에 따르면, 아인슈타인의 일반상대성이론이 묘사한 중력장은 양자작용이 전혀 없는 순전히 고전적인 장^{field}이다. 중력파는 존재하고 탐지될 수 있지만 고전적인 파장이지 중력자들의 집합이 아니다. 만약 나의 가설이 사실이라면, 우리는 중력의 고전적 세계와 원자의 양자 세계를 모두 갖게 되는 셈이다. 두 이론은 수학적으로도 다르기 때문에 동시에 적용할 수 없지만, 두 이론을 모두 이용하는 데는 그 어떤 모순도 일어나지 않는다. 왜냐하면 두 이론이 내놓는 예측들의 차이는 물리적으로 결코 찾아낼 수 없기 때문이다.

그린의 책이 다루는 또 다른 주요한 주제는 양자역학과 양자얽힘

quantum entanglement(멀리 떨어져 있는 입자들 사이에 나타나는 불가사의한 양자역학적 연관성-옮긴이)이라는 기이한 현상의 상호작용이다. 그린은 '얽혀 있는 공간Entangling Space'과 '시간과 양자Time and the Quantum'라는 장에서 이 주제를 설명한다. 여기서 그는 모호하기로 악명 높은 대상을 명확히 밝히려는 대범함을 보인다. 그런데 양자역학이 반드시 모든 세계를 포함해야 한다고 주장하는 바람에 일을 더 어렵게 만들어버린다. 그는 양자역학에 이원적 세계가 있다는 개념을 진지한 검토나 논의도 없이 거부한다. 이원적 세계란 각자의 규칙에 따라 작동하는 고전역학 세계와 양자역학 세계를 말한다. 이원적 관점은 양자역학의 범위를 잘 정의된 실험 상황으로 제한하면서 상호작용의 문제들을 더 단순하게 만들어준다.

양자역학의 이원적 관점에서는 고전역학 세계를 사실들의 세계라고 해석하는 반면, 양자역학 세계는 확률의 세계라고 말한다. 양자역학은 일어날 가능성을 예측하고, 고전역학은 일어난 일을 기록한다. 물리학의 세계를 분할하는 개념을 고안한 사람은 양자역학의 탄생을 주도한 닐스 보어였다. 그는 아인슈타인과 동시대인이었다. 또 한 명의 동시대인 로런스 브래그Lawrence Bragg, 1890~1971는 보어의 개념을 이렇게 한마디로 표현했다. '미래의 모든 것은 파장이고, 과거의 모든 것은 입자다.' 현재 우리 지식의 상당부분이 과거의 지식인 탓에, 보어의 분할 개념은 양자역학이론의 범위를 과학의 작은 부분으로 제한해버리고 만다. 그럼에도 내가 보어의 분할 개념을 좋아하는 까닭은, 중력자가 존재하지 않을 수도 있을 가능성을 허락하기 때문이다. 양자역학이론의 범위가 제한적이라면, 중력은 그 범위에서 제외되는 게 마땅할지도 모른다. 그러나 그린은 이러한 제한을 전혀 인정하지 않을 것이다. 그는 보어의 관점을 간략하게 촌평한 후 이렇게 말한다.

지난 수십 년 동안 이 관점이 지배적이었다. 이 관점은 양자이론을 붙들고 씨름하는 정신에게 진정 효과가 있다. 그럼에도 우리는 양자역학이 우주의 작동방식의 근저에 깔린 은밀한 실체에 다가가고 있다는, 강력한 예언적 상상을 저버릴 도리가 없다.

나는 '진정 효과'를 좋아하는 반면, 그린은 '은밀한 실체'를 좋아한다. 그린은 첫 번째 장에서 자신이 생각하는 그 은밀한 실체를 보여준다.

초끈이론은 일반상대성이론과 양자역학을 모순 없이 결합시키는 데 성공했다. 그리고 자연계에 존재하는 모든 종류의 힘들을 하나의 이론으로 통합시키는 기틀을 마련했다. 간단히 말해서, 초끈이론은 아인슈타인의 통일장이론을 완성시킬 수 있는 가장 강력한 후보다.

만일 초끈이론이 맞다면 물리학은 기념비적인 성공을 거둘 것이 분명하다. 그런데 이 이론은 공간의 구조에 관해 아인슈타인조차도 대경실색할 정도로 황당한 가정을 저변에 깔고 있다. ……이 우주의 시공간이 3차원 공간과 1차원의 시간으로 이뤄져 있다는 기존의 관념을 폐기하고, 9차원 공간과 1차원의 시간이라는 황당무계한 가정을 받아들여야 한다. ……초끈이론은 '우리 눈에 보이는 세계는 진정한 실체가 아니라 실체의 일부분에 지나지 않는다'는 것을 시사하고 있는 셈이다.

(《우주의 구조》(박병철 옮김, 승산, 2005) p.48에서 발췌-옮긴이)

끝에서 두 번째 장 '순간이동과 타임머신 Teleporters and Time Machines'은 양자얽힘과 일반상대성이론이 공학적으로 응용될 수 있는 전제하에, 우리에게 막간의 즐거움을 선사한다. 순간이동장치는 하나의 대상을 스캔해 멀리 떨어진 다른 장소에 그와 똑같은 사본을 복제할 수 있는 장치를 말한다. 이때 사본의 정밀한 복제를 확보하기 위해 양자얽힘을 이용한다. 그런 장치가 이론적으로는 가능하다는 것은 희소식이다. 하지만 그런 장치가 복사한 대상은 파괴될 수밖에 없다는 것은 나쁜 소식이다. 타임머신은 초공간을 지나는 일종의 터널로, 서로 다른 공간과 시간에 존재하는 두 개의 문을 연결해준다. 훗날 마침내 그런 문을 발견한다면 터널 속으로 걸어 들어가 자신의 과거로 거슬러 올라갈 수 있다. 희소식은 그런 터널이 일반상대성이론의 방정식으로 얻을 수 있는 해일 수 있다는 것이다. 나쁜 소식은 걸어 들어갈 만큼 터널을 넓게 열어두려면 태양에서 분출되는 태양에너지를 다 합해도 모자란다는 것이다. 순간이동장치도 타임머신도 당분간 우리 후손들의 행복에 큰 기여를 할 것 같지는 않다. 그린은 과학적 사실성과 역설을 적당히 섞어서 이런 환상들을 설명한다.

2001년 1월, 나는 스위스 다보스에서 열린 세계경제포럼에 초대받았다. 브라이언 그린 역시 초대를 받았다. 우리 둘은 포럼에서 '언제 우리는 그것을 다 알게 될까?'라는 주제로 공개토론을 해달라는 요청을 받았다. 쉽게 말해서, 과학의 최종적인 큰 문제가 언제쯤 풀리겠느냐는 것이다. 청중은 대부분 기업이나 정치계의 거물들이었다. 공개토론은 좌중을 즐겁게 해주는 게 목적이지, 딱딱한 과학적 지식을 전달하는 게 목적이 아니었다. 토론에 재미를 더하기 위해 그린은 "곧"이라는 대답으로, 나는 "결코"라는 대답으로 맞서기로 했다.

여기에 옮기는 그린의 모두冒頭연설은 나의 미심쩍은 기억력에 의존해서 재구성한 것이다. 그린은 현세대 과학자들에 대해 기막히게 운이 좋다고 말했다. 우리는 수년 혹은 수십 년 내에 자연의 근본적인 법칙들을 발견하게 될 것이다. 그 법칙들은 전기역학에 대한 맥스웰의 방정식이나 중력에 대한 아인슈타인의 방정식처럼 유한한 방정식들이 될 것이다. 그리고 그 외의 모든 것들이 그 방정식들로부터 출발할 것이다. 일단 우리가 근본적인 방정식들을 찾는다면, 우리는 다 이룬 것이다. 만약 우리의 머리로 근본적인 방정식들을 찾지 못한다면, 우리의 손자들이 해낼 것이다. 어떤 쪽으로든, 기초과학의 결말은 근시일 내에 완성된다.

그린은 우리의 능력으로 근본적인 법칙들을 찾을 수 있다고 확신했다. 그렇게 확신하는 근거는 자연의 법칙들이 단순하고 아름답다는 사실에 있다고 말했다. 우리가 발견해온 물리학의 모든 법칙들이 바로 그 증거라는 것이다. 우리가 그 법칙들을 발견한 것은 끝없는 실험을 통해서가 아니었다. 수학적으로 가장 단순하고 아름다운 방정식들을 살펴보면서 법칙을 추측했던 것이다. 그 다음에는 그저 몇 번의 실험을 거쳐 방정식들을 검증하고 우리의 추측이 맞는지 확인했을 뿐이다. 운동과 중력의 법칙을 발견한 뉴턴을 필두로 전자기학의 맥스웰, 특수상대성이론과 일반상대성이론의 아인슈타인 그리고 양자역학의 슈뢰딩거와 디랙까지 모두가 그 과정을 따랐다. 지금은 끈이론에서 그 게임이 거의 끝나가고 있다. 끈이론은 옳다는 것을 거부할 수 없을 만큼 수학적으로 아름답다. 그리고 만약 끈이론이 맞는다면, 입자물리학에서 우주학까지 모든 것을 설명해줄 것이라고 했다.

이것이 내가 기억하는 그린의 주장이다. 기억에 의존한 탓에, 이론물리학을 옹호하는 그의 주장을 다소 과장했을 수도 있다. 내가 뚜렷하게 기억하는 한 가지는 '우리는 다 이룬 것이다'라는 말이다. 지금도 최종 승자의 목소리로 그 말을 하던 그린의 음성이 귀에 들리는 듯하다.

나는 '지난 400여 년간 이론물리학이 거둔 놀라운 성공을 아무도 부인하지 않는다'는 말로 반론을 시작했다. 그 누구도 아인슈타인이 득의만면하게 했던 말을 부인하지 않는다. '창조적인 원리는 수학에 깃들어 있다. 그러므로 고대인들이 꿈꿨던 것처럼 순수한 사고를 통해서만이 본질을 이해할 수 있다고 생각한다.' 물리학의 기본 방정식들이 단순하고 아름다운 것은 사실이고, 앞으로 더욱 단순하고 아름다운 방정식들이 발견되리라 기대하는 것도 마땅하다. 그러나 그 외의 과학들을 물리학으로 환원하는 것은 바람직하지 않다. 화학은 그 자체의 개념들을 가지며 물리학으로 환원될 수 없다. 생물학과 신경학 역시 독자적인 개념들을 갖고 있으며, 물리학이나 화학으로 환원될 수 없다. 살아 있는 세포나 살아 있는 뇌를 원자들의 집합으로 여긴다면, 세포와 뇌를 온전히 이해할 수 없기 때문이다. 화학, 생물학, 신경학은 앞으로도 계속 발전할 것이며 새롭고 근본적인 발견들을 이뤄나갈 것이다. 물리학에서 무슨 일이 벌어지든 상관없이 말이다. 이론물리학이라는 협소한 영역 밖에 있는 새로운 과학들의 영역은 지속적으로 확장될 것이다.

이론적인 과학은 대략적으로 분석적 과학과 통합적 과학이라는 두 부분으로 나뉜다. 분석적 과학은 복잡한 현상들을 더 단순한 하위 부분들로 나눈다. 통합적 과학은 단순한 부분들을 가지고 복잡한 구조를 구축한다. 분석적 과학은 근본적인 방정식들을 발견하기 위해 하향식 작업을 수행하고, 통합적 과학은 예기치 못한 새로운 해법을 찾기 위해 상향식 작업을 수행한다. 원자 하나의 스펙트럼을 이해하려면 슈뢰딩거 방정식을 제공해줄 분석적 과학이 필요하다. 단백질분자나 뇌를 이해하려면 원자나 뉴런들로 구조를 구축해줄 통합적 과학이 필요하다. 그런데 그린은 오로지 분석적 과학만이 근본을 이룬다고 말했다. 나는 그와 반대로, 훌륭한 과학은 분석과 통합 도구들을 균형적으로 써야 한다고 말했다. 그리고 지식이 쌓이면 쌓일수록 통합적 과학은 훨씬 더 많은 것을 이뤄낼 것이라고 덧붙였다.

내가 과학이 무궁무진하다고 믿는 또 하나의 근거는 괴델의 정리에 있다. 수학자 쿠르트 괴델은 1913년에 그 정리를 발견하고 증명했다. 괴델의 정리는 한정된 일련의 규칙들 중 어느 것을 동원해도 거기에는 결정불가능한 명제가 있다고 말한다. 즉 규칙들을 이용해도 증명하거나 반증할 수 없는 수학적 명제들이 있다는 것이다. 괴델은 논리와 산술의 표준규칙들을 이용해서 참인지 거짓인지를 증명할 수 없는 결정불가능한 명제의 예를 들었다. 괴델의 정리는 순수수학의 무궁무진함을 암시한다. 우리가 얼마나 많은 문제들을 풀었는가와 상관없이, 수학에는 항상 기존의 규칙들로는 풀 수 없는 또 다른 문제들이 존재할 것이다. 예컨대 괴델의 정리에 근거한다면 물리학 역시 무궁무진하다. 물리학의 법칙들은 유한한 규칙들이며, 거기에는 수학에 동원되는 규칙들도 포함된다. 따라서 괴델의 정리는 물리학의 법칙들에도 적용된다. 괴델의 정리는 물리학의 기본 방정식들의 영역 안에서조차 우리의 지식이 영원히 완성되지 않으리라는 것을 암시한다. 나는 과학이 무궁무진하다는 게 기쁘다고 말했다. 비과학자인 청중들도 나와 같은 느낌이길 바란다는 말로 토론을 갈무리했다.

과학에는 언제나 열린 채로 남아 있는 세 분야의 변경邊境이 있다. 하나는 괴델이 열어놓은 수학의 변경이고, 또 하나는 복잡성의 변경이다. 분자와 세포, 동물과 뇌, 인간, 사회처럼 갈수록 복잡성이 더 커지는 대상을 연구하는 이 변경 역시 언제나 열려 있을 것이다. 마지막으로 지리적 변경이다. 이 변경은 시공간의 팽창으로 점점 더 확장되는 미지의 우주를 뜻하며, 끝없이 열린 상태로 있을 것이다. 나는 결코 "우리는 다 이룬 것이다"라는 말을 하게 될 날이 오지 않길 바란다. 또 그러리라고 믿는다.

그린의 연설과 나의 답변이 모두 끝난 후에도, 토론은 끝날 줄 모르고 추가 발언과 질의응답으로 이어졌다. 그린의 신간과 나의 서평도 그 토론의 연장인 셈이다. 토론에서와 마찬가지로, 서평에서도 그린과 의견이 엇갈리는 점들에 중점을 두고 썼다. 물론 우리가 동의한 점들은 여기서 일일이 열거할 수 없을 만큼 많다. 우리 두 사람 모두에게 가장 중요하고 흥분되는 사실은 지난 20년간 우주과학이 관찰 가능한 과학이 되었다는 사실이다. 최근 5년 동안, 전파궤도 망원경 '윌킨슨 마이크로파 비등방성 탐색기Wilkinson Microwave Anisotropy Probe, WMAP' 위성은 이전의 모든 위성을 합한 것보다 더 정밀하고 더 정확한 우주의 역사와 구조에 관한 정보를 우리에게 전송해주었다. 그 망원경은 나의 프린스턴 동료 데이비드 윌킨슨David Wilkinson이 설계한 것이다.

관찰의 영역으로 들어온 우주과학은 끊임없이 하늘을 스캔하고 있는 WMAP 위성과 함께 황금기를 맞이하고 있다. 그보다 감도가 월등히 뛰어난 다양한 망원경들도 제작되고 있다. 앞으로 10년 동안 우리는 우주에 대해 지금보다 훨씬 더 많은 것을 알게 될 것이다. 그리고 우주의 신비를 한 꺼풀 벗겨내기가 무섭게 또 다른 신비들을 발견하게 될 것이다. 관찰자들이 계속 우주를 탐구하는 한, 우주과학은 우리가 어디쯤에 있는지, 우리가 어떻게 존재하게 되었는지 더 깊이 이해하게 해줄 것이다. 이에 대해서는 그린도 동의했다.

후기

이 서평이 발표된 후, 브라이언 그린은 서평에 대해 감사의 말을 전하는 편지를 보내왔다. 덧붙여 다보스 토론의 발언에 대한 나의 기억의 오류도 지적해주었다. 오류들이 영구히 남지 않기를 바라는 마음에서, 이 책에서는 그린이 지적한 부분들은 삭제한다. 그러다보니 나머지 발언만으로 그의 입장이 강력하게 드러나지 않을 수도 있겠다. 기록을 바로잡는 취지로, 그의 편지 한 구절을 옮겨 적는다. '제가 다보스에서 했던 발언의 요지는 이것입니다. 우주를 구성하는 기본적인 입자들과 그것들의 상호작용을 지배하는 가장 근본적인 법칙들을 찾는 연구가 언젠가는 마무리될 수도 있다는 것입니다. 우리가 더 깊이 볼수록 법칙들은 더 단순해지고 보다 더 통합적이 될 것입니다. 그리고 이런 과정에도 한계는 있을 겁니다. 우리가 그 목표를 달성한다는 것은 기막히게 흥미롭지만 인류 탐험에서 보면 한정된 챕터입니다. 즉 기본적인 구성성분들과 기저의 법칙들을 탐색하는 한 챕터를 완성한다는 의미입니다.'

7

오펜하이머, 그는 누구인가

1 과학자 오펜하이머

이번 장은 세 부분으로 나뉜다. 첫 부분은 과학자 로버트 오펜하이머, 둘째 부분은 행정가로서의 오펜하이머 그리고 마지막은 시인 오펜하이머에 관해 이야기할 것이다. 그의 이야기를 완성하려면 여기에 정치가 오펜하이머도 추가해야 하지만, 그러려면 장을 하나 더 늘려야 할 것이다. 하지만 나는 이런 구분에 지나치게 얽매일 생각은 없다. 가능하면 오펜하이머가 많은 이야기를 하도록 내버려두고 싶다. 이 장의 백미는 오펜하이머의 말을 인용한 부분과 다른 사람들이 그의 삶을 그대로 보고 들려주는 부분이다.

1938년 9월 로버트 서버^{Robert Serber, 1909~1997}가 들려주는 이야기부터 시작해보자. 여기서 말하는 서버는 다큐멘터리 영화 〈트리니티 이후, 핵전략의 역사^{The Day After Trinity}〉에 등장하는 바로 그 로버트 서버다. 이 이야기를 내게 들려준 사람은 나의 친구 데이비드 트루로크^{David Trulock}였다. 서버와 오펜하이머는 밴쿠버의 이론물리학 학회에서 만났다. 학회 프로그램 중간에는 해안에서 떨어진 섬들 사이로 배를 타고 누비는 휴식시간도 포함되어 있었다. 그날은 안개가 너무 자욱해서 수로水路 안내사의 호루라기 소리와 그 메아리 소리를 들으면서 항해해야 했다. 어떤 사람이 이론가들이 탄 배가 가라앉는다면 장차 물리학은 어떻게 될 것 같으냐고 물었다. 오펜하이머는 한 치 망설임도 없이 이렇게 대답했다. "그렇다고 세상이 영원히 좋아지기야 하겠소."

그로부터 1년 후 1939년 9월 1일, 히틀러가 폴란드를 침공하면서 제2차 세계대전이 발발했다. 바로 그날 역사적으로 중대한 의미를 가진 논문 두 편이 〈피지컬 리뷰Physical Review〉 55권 제3호에 실렸다. 첫 번째 논문은 닐스 보어와 존 휠러의 '핵분열의 메커니즘The Mechanism of Neuclear Fission'이었다. 9개월 전에 독일에서 발견된 핵분열 과정을 이론적으로 설명한 25쪽짜리 논문이었다. 두 번째는 로버트 오펜하이머와 하틀랜드 스나이더가 공동으로 발표한 4쪽짜리 짧은 논문이었다. 그것은 지금 우리가 블랙홀이라고 부르는 대상을 이론적으로 완벽하게 설명한 '지속적인 중력 수축에 관하여On Continued Gravitational Contraction'였다. 여기서 잠시, 기술적인 세부 사항들은 생략하고 오펜하이머–스나이더 논문의 개요를 읽어보자.

아주 무거운 별은 원자핵융합 반응의 에너지원을 다 소진하면 붕괴한다. 본 논문에서 우리는 바로 이 붕괴과정을 설명하는 중력장 방정식의 해를 조사했다. 그 별의 반지름은 점차적으로 중력 반경gravitational radius(슈바르츠실트 반경으로, 물체를 구성하는 입자들 사이의 중력이 비가역적인 중력 붕괴를 일으키는 반경-옮긴이)에 가까워진다. 별의 표면에서 방출되는 빛은 점점 더 붉어지고, 점점 더 좁은 각도로 탈출할 수 있다. 별의 물질과 함께 이동하는 관찰자가 보기에는 총 붕괴되는 시간은 유한해서, 표준적인 질량을 가지는 별의 경우, 대략 하루 정도 걸린다. 외부 관찰자의 눈에 그 별은 점근적으로 중력 반경으로 수축하는 것으로 보인다.

개요의 분위기도 그렇지만, 이 논문은 대체로 덤덤한 투로 쓰였다. 오펜하이머와 스나이더는 프랜시스 크릭과 제임스 왓슨[James Watson, 1928~] 이 14년 후에 발표한 논문의 마지막 문장처럼 인상적인 문장으로 결말을 맺지도 않았다. 아마 그랬다면 이렇게 썼을 것이다. '이렇게 붕괴하는 물체들은 우리의 예측을 벗어나지 않았다. 우주의 역학과 진화에서 근본적인 역할을 할 수도 있다는 예측을 말이다.'

블랙홀은 현대의 천문학자들에게는 아주 친숙한 대상이다. 알다시피, 블랙홀은 우리의 은하 전반에도 산재하고 다른 은하들의 중심부에도 존재한다. 우리는 블랙홀에서 복사되는 X선으로부터 블랙홀의 위치를 알 수 있다. X선은 블랙홀로 낙하하는 기체가 대항할 수 없을 만큼 강력한 중력에 의해 수백만 도로 가열되면서 만들어진다. 우리의 은하 중심에도 태양 질량의 수백만 배나 되는 블랙홀이 존재한다. 블랙홀 주변에는 마치 촛불 주위로 몰려드는 나방들처럼 거대한 별들이 궤도를 그리며 돌고 있다. 블랙홀은 드물지 않으며, 우리 우주에 어쩌다 끼어든 장식품도 아니다. 블랙홀은 우주의 진화를 추동하는 기본적인 힘이고 우세한 에너지원이다. 블랙홀이 물질 약 31.1그램을 먹어치울 때마다 거기서 나오는 에너지는 태양을 빛나게 하고 수소폭탄을 폭발시키는 핵융합 및 분열반응에서 방출하는 에너지의 10배가 넘는다. 현대의 천문학자들에게 블랙홀이 없는 우주는 우주가 아니다.

현대의 물리학자들에게도 블랙홀은 상상을 초월하는 아름다운 대상
이다. 우주에서 아인슈타인의 일반상대성이론의 막강한 힘과 영광을
증명해준 유일한 곳이 바로 블랙홀이다. 블랙홀 말고, 시간과 공간이
각각의 개성을 잃고 4차원 구조로 선명하게 휘어지는 곳은 우주 어디
에도 없다. 아인슈타인은 방정식을 만들어 4차원 구조를 정확하게 설
명했다. 만약 우리가 블랙홀로 빨려 들어간다면, 우리가 인지하는 시
간과 공간은 외부에서 우리를 바라보는 관찰자의 시공간과 전혀 다를
것이다. 우리는 일정한 속도로 매끄럽게 낙하하는 것 같지만, 외부 관
찰자가 보는 우리는 블랙홀의 지평선에 정지해 영원히 자유낙하 상태
에 머문 것처럼 보인다. 영구적인 자유낙하 상태는 아인슈타인의 이론
이 예측한 대로 시공간이 휘어져 있을 때만 가능하다.

과학자 오펜하이머의 중요한 아이러니가 바로 여기에 있다. 블랙홀
에 대한 그의 이론적 예측은 단연코 가장 뛰어난 과학업적이고, 오늘
날 상대론적 천체물리학 발달에 초석이 되었다. 그럼에도 오펜하이머
는 후속 연구에는 일말의 관심도 없었다. 장담컨대, 그는 블랙홀의 존
재 여부를 알고 싶은 마음도 없었다. 이따금씩 나는 오펜하이머에게
블랙홀의 관찰 가능성이나 그의 이론을 검증해보자고 이야기했다. 그
때마다 그는 초조한 듯 화제를 다른 데로 돌리곤 했다. 나는 하틀랜드
스나이더와도 가끔 만났다. 그는 브룩헤이븐^{Brookhaven} 국립연구소에서
거의 상주하다시피 연구하고 있었다. 하지만 스나이더 역시 블랙홀에
관심이 없었다. 그는 가속장치 설계자로서 눈부신 성공가도를 달리고
있었다.

지금 우리는 오펜하이머-스나이더 계산이 정확하다는 것을 안다.
그 계산이 수명을 다한 거대 별들에서 벌어지는 일을 설명해준다는 사

실도 알고 있다. 또한 블랙홀이 우주에 그토록 많은 까닭도 설명해주며, 덤으로 아인슈타인의 일반상대성이론이 진실임을 확증해주기까지 한다. 그런데도 오펜하이머는 관심이 없었던 것이다. 어떻게 자신이 이뤄낸 가장 훌륭한 발견의 의미를 눈감아버릴 수 있었을까? 나는 그 까닭을 알지 못한다. 한 천재의 인생에서 풀리지 않는 아이러니로 남아 있을 뿐이다. 오펜하이머-스나이더 계산이 보어-휠러의 핵분열 이론이 발견된 시기와 겹치지 않았다면 어떠했을까? 또 제2차 세계대전의 발발과 겹치지 않았다면 어떠했을까? 만약 그랬다면 블랙홀이 오펜하이머의 관심을 더 끌었을지도 모르겠다.

2 행정가 오펜하이머

나는 행정가 오펜하이머의 면모를 직접 경험해본 적은 없다. 그런 이유로, 여기서는 하크네스 재단^{Harkness Foundation}에서 일했던 내 친구 랜싱 해먼드^{Lansing Hammond}의 경험담을 들려주고자 한다. 1947년 내가 영국에서 미국으로 이민 왔던 그해에, 해먼드는 커먼웰스 재단^{Commonwealth Fund}에서 유학생 알선 프로그램을 맡고 있었다. 당시 커먼웰스 재단은 미국의 대학으로 유학 온 영국의 젊은이들에게 학비를 지원해주고 있었다. 나도 그 젊은이 중 한 사람이었다. 그때 해먼드는 내게 코넬 대학과 프린스턴 고등연구소를 소개해주었다. 30년이 지난 1979년, 해먼드는 오펜하이머에 대해 쓴 편지 한 통을 내게 보내왔다. 나는 답장에 이렇게 적었다. '당신처럼 로버트에 대한 인상을 섬세하게 설명하거나 기록한 공식 회고록이 없다는 게 애석합니다. 언젠가 당신의 글이 공개될 기회가 있길 바랍니다.' 몇 년 후에 해먼드는 사망했고, 여기 그가 들려준 이야기가 남아 있다.

1949년 학자금 지원자들로부터 논문 60편이 속속 도착했다. 내가 보기에 그중 네댓 편은 이론물리학인지 수학인지 구별하기가 모호했다. 나는 이틀 동안 프린스턴에 머물면서 사방팔방으로 도움을 요청하고 다녔다. 용기란 용기는 다 동원해서, 로버트 오펜하이머와 이튿날 오전에 만나기로 약속을 잡고, 그의 비서에게 문제의 그 논문들을 맡겨두었다. 오펜하이머는 내 긴장을 눈치 챘는지, 정중한 환대와 함께 나의 학문적 배경에 관해 몇 가지 질문을 던졌다. 제일 먼저 던진 질문이 나를 감동시켰다. "18세기 존슨의 시대(《영어사전》과 풍자시 《런던》 등을 발표한 새뮤얼 존슨^{Samuel Johnson}이 영국 문학을 이끌었던 18세기 중후반을 일컫는다-옮긴이)로 예일에서 박사학위를 받으셨군요. 지도교수가 팅커^{Tinker}이셨나요 아니면 포틀^{Pottle}이셨나요?" 도대체 어떻게 그것까지 알았을까?

그리고 곧바로 우리는 작업에 착수했다. 오펜하이머는 10분이 채 지나기도 전에, 하버드보다는 버클리에서 관심분야를 더 잘 공부할 수 있을 것이라고 지원자 Z를 설득할 만한 근거들을 찾아냈다. 하버드 연구소에서도 충분히 잘할 테고 환영받겠지만, 최고의 선택지는 버클리였다. 나는 한 글자라도 놓칠세라 받아 적기에 바빴다. 가끔은 이름 철자를 똑바로 적느라 미간을 찌푸리기도 했다. 오펜하이머는 나의 심중을 헤아렸다는 듯 슬쩍슬쩍 미소를 지으며 철자를 불러주기도 했다. "시간도 절약하고 힘도 덜어주려고 그래요."

논문들을 그러모으면서 그제야 이 훌륭한 분의 시간을 너무 많이 빼앗았다는 기분이 들었다. 오펜하이머는 정중하게 내게 물었다. "혹시 시간을 좀 더 내주시면 다른 지원자들의 논문도 살펴보고 싶소. 영국 젊은이들이 무엇을 공부하러 여기까지 왔는지 궁금해서 그러오." 마다할 이유가 없었다. 그리고 그 다음에 일어난 일에 나는 완전히 기가 눌리고야 말았다. "음, 미국 고전음악이라…… 로이 해리스^{Roy Harris}에게 배우면 좋겠네요. 그의 교과 프로그램에 관심을 가질 것 같군요. 로이는 지난해까지 스탠퍼드에 있다가 내슈빌에 있는 피바디 사범대학로 옮겼소. 사회심리학이라……이 지원자에게는 미시건 대학이 낫겠군요. 음, 전반적으로 경험을 쌓길 원하는 것 같습니다. 미시건에서라면 팀을 이뤄 공부하게 될 테니 다양한 걸 배울 수 있을 겁니다. 밴더빌트 대학도 알아보라고 제안하고 싶네요. 학생 수가 적으니 원하는 걸 할 기회도 많을 겁니다."(이 지원자에게는 한 학기 동안 밴더빌트에서 공부하되, 원한다면 미시건으로 전학할 기회도 주기로 했다. 이후 그는 밴더빌트에서 2년 동안 열심히 공부하고 돈도 벌었다.) "기호논리학이라면 하버드, 프린스턴, 시카고, 버클리 다 좋군요. 구체적으로 어떤 분야를 원하는지 한 번 봅시다. 하! 당신 분야로군요. 18세기 영국 문학이네요. 당연히 예일이 최고지만, 하버드의 베이트^{Bate} 교수를 빼놓을 수 없죠. 젊지만 결코 무시할 수 없는 사람입니다."(영국 문학이 내 분야였지만, 베이트라는 이름도 금시초문이라 진땀이 날 정도였다. 그 후 케임브리지에 갔을 때 베이트 교수를 만나 이야기를 나눴다.)

우리는 최소한 한 시간가량 60편의 지원 서류들을 모조리 훑어보았다. 로버트 오펜하이머는 자신이 무슨 말을 해야 할지 알고 있었다. 그는 두세 개의 생소한 프로그램에 대해서는 잘 모른다고 인정했다. 그 외의 모든 의견과 추천은 더하고 뺄 것도 없이 적중했다. 이윽고 자리에서 일어날 시간이 되었을 때, 나는 너무 들뜬 나머지 그에게 이렇게 말하고 말았다. "1년에 한 번, 방금처럼 이 일을 해주신다면 뇌물이라도 드리고 싶습니다. 몇 달치 고생을 단번에 해결해주셨습니다." 오펜하이머는 그 말에 진심으로 활짝 웃으며 대답했다. "불공평한 거래일 텐데요, 해먼드 박사. 그러면 당신은 아마 수많은 사람들의 의견을 들을 때 느끼는 충족감이나 흥분은 고사하고, 혼자 해냈다는 뿌듯함 같은 것도 없을 게 아니오." 나는 하늘을 날 것 같은 기분으로 걸어 나왔다. 골치 아픈 일들이 거의 다 해결되었으니 말이다. 그 이전에도, 물론 지금까지도 그런 사람과 이야기를 나눠본 적이 없다. 그는 감동을 주려고 의도하지도 않았고, 그럴 필요도 없었다. 로버트 오펜하이머는 지적인 모든 분야에 통달한 완벽한 천재였다. 또한 모든 미국의 대학원과 연구소들에서 내놓고 있는 최신 지식들의 환상적인 보고였다. 그는 인재를 적재적소에 배치하는 직관이 넘쳤으며, 절실하게 도움이 필요한 사람을 돕는 것을 낙으로 삼는 사람이었다.

1949년 아침에 해먼드가 만났던 로버트 오펜하이머는 5년 전 로스앨러모스 원자폭탄 프로젝트를 진행하면서 모든 세세한 일정들까지 꿰고 직속의 과학자들과 엔지니어들에게 가장 적합한 임무를 배정했던 바로 그 오펜하이머였다. 그는 문학과 과학, 18세기와 20세기에 두루 능했다.

1942년은 오펜하이머의 삶에서 전환점이 된 해였다. 좌파 지식인에서 별안간 실무적 행정가로 화려하게 변신했던 것이다. 1942년, 오펜하이머는 로스앨러모스의 폭탄연구소를 조직해달라는 요청을 수락했다. 그는 연구소의 총책임자가 미군의 레슬리 그로브스 장군이라는 사실을 당연하고 적절하다고 여겼다. 하지만 다른 선도적 과학자들은 시민의 통제를 받는 연구소이기를 원했다. 콜롬비아 대학의 이지도어 라비Isidor Rabi, 1898~1988는 군을 위한 연구행위를 가장 강력히 반대하는 사람들 중 한 명이었다

오펜하이머는 1943년 2월에 라비에게 편지를 쓰면서, 그로브스 장군과 손잡을 수밖에 없는 까닭을 설명했다.

저는 워싱턴에서 매우 극심한 고민 끝에 우리의 프로젝트를…… 그 목적을 위해 창립된 특별 위원회에 맡기기로 했습니다. 저는 첫 단계도 성공하지 못했고…… 현재의 계획대로 일이 진행될지 확신할 수도 없습니다. 그러기 위해서는 우선 강력한 의지와 훌륭한 물리학자들의 협조가 매우 중요합니다. 다만 저는 일이 진행되도록 충심으로 노력할 것입니다. 설령 이 프로젝트가 '물리학 300년 역사의 결실'이라는 데에는 당신과 이견이 없을지라도, 제 입장은 다릅니다. 제가 보기에 이 프로젝트는 본질적으로 전시 무기 개발이라는 중대한 사안입니다.

나치에 대항하는 우리로서는 무기 개발이 선택지라고 생각합니다. 이 프로젝트에 합류를 원치 않으시는 데에는 그럴 만한 개인적 사유가 있으실 테니, 합류를 강권하지도 않겠습니다. 토스카니니^{Toscanini}(이탈리아 출신으로 최고 지휘자로 추앙받지만 괴팍하고 다혈질적 성격으로 유명한 인물-옮긴이)의 바이올리니스트처럼, 당신은 다만 음악을 좋아하지 않을지도 모르니까요.

오펜하이머는 폭탄 설계를 단호하게 추진할 수밖에 없는 이유를 솔직하게 썼다. 그리고 그 프로젝트의 명운을 군인의 손에 기꺼이 맡기겠다는 의지를 적어 라비에게 보냈다. 오펜하이머가 자신의 생각을 밝힌 것은 그 편지가 유일하다.

1944년 말, 로스앨러모스 프로젝트가 성공적으로 진행되면서 민간인 참여자와 군 관계자들 사이의 긴장은 더 고조되었다. 오펜하이머 휘하의 부소장이었던 미 해군의 파슨스^{Parsons} 대령은 서면보고서에서 일부 민간인 과학자들이 무기보다는 과학실험에 더 열중하고 있다고 불만을 표출했다. 오펜하이머는 그 보고서를 그로브스 장군에게 보내면서 자신의 입장을 적은 편지도 첨부했다. '통제실험이 이 연구소 연구의 정점이라는 점에서, 파슨스 대령이 지적한 오류에 전적으로 동의합니다. 이 연구소는 무기 생산이라는 지령에 따라 운영되고 있으며, 처음부터 그리고 앞으로도 엄중히 수행될 것입니다." 트리니티 실험Trinity test(인류 최초의 핵실험-옮긴이)과 히로시마 사이에 있을 수도 있었던 숙고의 기회는 그렇게 사라졌다. 파슨스 대령은 전통적인 군인의 리더십을 발휘해, 스스로 폭탄을 탑재한 전투기를 몰고 일본으로 날아갔다.

몇 년 후에 나는 아라비아의 로렌스Lawrence of Arabia(영국군 출신으로 아랍 독립운동 지도자였던 토머스 에드워드 로렌스Thomas Edward Lawrence를 말한다-옮긴이)와 오펜하이머를 비교하다가 중요한 특징을 발견했다. 로렌스는 여러 가지 면에서 오펜하이머와 닮았다. 전쟁을 통해 위대해진 학자였고, 카리스마 넘치는 지도자였으며 타고난 작가라는 점이 닮았다. 하지만 전후의 평화 시기에 적응하지 못한 점과 불성실이라는 다소 우발적인 정의감 때문에 비난받았다는 점도 같았다. 로렌스의 책《지혜의 일곱 기둥The Seven Pillars of Wisdom》은 터키 지배에 대항한 아랍의 저항의 역사를 생생하고 섬세하게 묘사한 낭만적인 책이다. 로렌스는 외교수완과 쇼맨십 그리고 군사적 역량을 교묘히 혼합해 아랍의 저항운동을 진두지휘했다. 《지혜의 일곱 기둥》은 한 편의 헌시로 시작한다. 어쩌면 이 시가 오펜하이머를 로스앨러모스의 남자로 변신하게 만든 어떤 힘을 말해줄지도 모르겠다.

나 그대를 사랑하여, 이 인간들의 물결을 손 안에 끌어모아

별들이 총총한 하늘에 나의 뜻을 썼으니,

그대, 일곱 개의 기둥이 세워진 고귀한 집, 자유를 얻기 위해서였다.

우리가 왔을 때, 그대의 눈동자는 나를 보고 환하게 빛나리라.

그리고 훗날 그가 느낀 비통함이 이어진다.

사람들은 내게 아무도 침범할 수 없는 집을 지어달라고 간청했다.

그대에 대한 기념으로.

하지만 나는 그대에게 걸맞는 기념비를 세우기 위해,

집을 허물고 완성하지 않았으니.

이제 작은 파편들이 기어 나와 스스로 누추한 오두막들을 완성하다.

그대의 선물이 훼손된 그늘 속에서.

(한국어판《지혜의 일곱 기둥》(최인자 옮김, 뿔)에서 발췌-옮긴이)

3 시인 오펜하이머

오펜하이머는 시인이기도 했다. 앨리스 스미스Alice Smith와 찰스 바이너Charles Weiner의 《오펜하이머: 편지와 회상Robert Oppenheimer: Letters and Recollections》[1]에는 시인 오펜하이머의 면모가 가장 잘 드러난다. 그 책은 오펜하이머의 사적인 편지들과 그의 친구들이 회상하는 이야기를 기록하고 묶은 것이다. 젊은 시절의 오펜하이머를 살짝 엿보기 위해, 세 편의 짧은 시들을 옮겨보겠다.

우선 첫 번째 시는 하버드 2학년생이었던 19세 때 쓴 편지글이다. 셀리아Celia(오펜하이머 본인)가 익살꾼인 자신의 아들 헨리Henley(역시 본인)를 묘사한 시다. 수령자는 미스 림펫Limpet(실제로는 그의 남자친구 폴 호건Paul Horgan)으로 되어 있다. 편지는 당시 출간된 엘리엇의 《황무지The Waste Land》를 패러디하며 끝맺는다.

그럼 그게 뭘까?

푸석하게 시든

썩은 나무둥치에

목쉰 수사슴처럼 웅크리고 앉아서

조끼 속에 숨긴 걸 뽐내고 있지.

거금을, 주고 산, 헤리의, 넥타이,

넥타이를 누더기로 만들지 마라

그래, 넥타이는 누더기가 아니야.

　　4년 후에 박사후연구원으로 하버드에 돌아온 오펜하이머는 괴팅겐의 막스 보른과 기록을 앞 다투며 박사학위를 마쳤다. 당시 23세였던 오펜하이머는 '크로싱 Crossing'이란 시를 발표했다. 이 시는 그가 사랑하게 된 뉴멕시코의 경치를 노래하고 있다.

우리가 그 강에 이르렀을 때는 저녁이었지

사막 위로 낮은 달이 뜨고

우리가 산에서 잃은 것은

추위와 땀과

그리고 하늘을 가르는 산맥들이었지.

그리고 우리가 다시 찾았을 때

강물 아래로 누운 마른 언덕에서

우리를 향해 불어오는

반쯤 메마른 뜨거운 바람을 맞았네.

착륙장 옆으로 종려나무 두 그루가 있고

용설란 꽃은 활짝 피었네.

저 멀리 해변을 비추는 빛과 능수버들.

우리는 조용히, 오랫동안 기다렸네.

그때 우리는 들었지, 노 젓는 소리를

그리고 이윽고, 우리를 부르는

선원의 목소리를 난 기억하네.

우리는 산을 다시 돌아보지 않았지.

세 번째 인용할 글은 28세의 오펜하이머가 동생 프랭크^{Frank}에게 보내는 편지다. 당시 그는 캘리포니아에서 물리학을 가르치면서 일류 연구소를 건립하고 있었다. 여덟 살 어린 프랭크는 존스홉킨스 대학의 대학원생이었다. 오펜하이머는 편지에서 아버지처럼 의젓하게 동생에게 조언을 한다.

시련이 우리에게 주는 장점들이 많고 많겠지만, 무엇보다 우리 영혼을 단련시켜준다는 점이 중요하다. 나는 당장의 목표보다 시련을 통해 얻는 보상이 더 크다고 믿는다. 부디 시련이 부질없다고 여기진 말거라. 원래 시련이란 영혼을 지치게도 하지만 고의적인 시련이 아닌 한, 모든 시련에는 끝이 있는 법이다. 학문이나 인간으로서의 의무, 연방주민으로서의 의무, 전쟁이나 개인적인 고난들, 심지어 먹고사는 일들도 우리가 깊이 감사한 마음으로 맞이할 시련들일 게다. 그런 시련을 겪어봐야 우리는 더 초연해질 수 있고 진정한 평화도 알 수 있다.

우리가 감사해야 할 것들 중에 '전쟁'이라는 낱말이 있는 것이 놀랍다. 이 낱말이 장차 10년 후에 오펜하이머가 선한 군인의 역할을 선뜻 받아들였던 까닭을 설명해주는지도 모른다.

우리는 이 편지들에서 오펜하이머의 삶을 비극으로 몰아간 그의 결정적인 단점을 엿볼 수 있다. 바로 '쉼 없음'이다. 오펜하이머는 태생적으로 게으름을 몰랐다. 모두 알겠지만, 게으름이나 나태함은 창조적인 일을 하는 사람들에게는 절대적으로 필요한 요건이다. 세익스피어도 한 작품을 끝내고나면 으레 게으르고 나태한 시간을 가졌다. 하지만 오펜하이머는 평생 나태했던 적이 없었다. 하버드에 입학한 초기에 쓴 편지들은 할 말이 더 없는 데도 장황하게 말을 늘어놓는다. 젊은이가 쓴 편지로 보이지 않을 정도다. 동생에게 쓴 편지에도 드러나지만, 오펜하이머에게 쉼 없음은 시련에 대한 갈망의 근원이었다. 가장 위대한 업적을 이끌어낸 힘도, 로스앨러모스의 사명을 완수하게 해준 힘도 모두 반성이나 휴식을 위해 짬도 낼 줄 몰랐던 그의 쉼 없는 성격에서 비롯되었다. 오펜하이머가 그런 성격이 아니었다면, 로스앨러모스 프로젝트는 그렇게 빨리 진행되지 못했을 것이다. 또 제2차 세계대전은 히로시마와 나가사키라는 이름을 기억하지 않은 채 일본의 항복으로 조용히 끝났을지도 모른다.

그는 자신의 약점을 누구보다 잘 알고 있었다. 생애 말년까지 자신의 입으로 시인한 적은 없지만, 가끔은 시를 이용해 속내를 비치기도 했다. 그는 특히 조지 허버트^{George Herbert}의 시를 선호했다. 내가 갖고 있는 오펜하이머 기록들 중에는 나보다 오펜하이머를 더 잘 아는 우르술라 니부어^{Ursula Niebuhr}의 편지도 있다. 그녀는 오펜하이머의 추천으로 연구소 회원이 된 유명한 신학자 라인홀드 니부어^{Reinhold Niebuhr, 1892~1971}의 부인이었다. 우르술라는 편지에 이렇게 적고 있다.

마지막으로 조지 허버트에 대해 한마디 할게요. 한 번은 화창한 봄날 오펜하이머의 집에서 점심식사를 한 적이 있어요. 케넌 씨 부부와 우리 부부가 초대되었죠. 키티^{Kitty}(오펜하이머의 아내 캐서린 오펜하이머^{Catherine Oppenheimer}의 애칭-옮긴이)가 집 주변에 나팔수선화를 잔뜩 심어놨더군요. 오펜하이머는 아주 매력적이고 친절했어요. 점심식사 후, 우리는 고풍스런 거실에서 커피를 마셨어요. 오펜하이머는 검은색 책꽂이에서 좋아하는 책들을 꺼내왔어요. 나팔수선화 위로 햇살이 가득하고 어디선가 장작 타는 냄새도 풍겨왔죠. 신기하게도 오펜하이머는 조지 케넌 씨가 시인 조지 허버트를 모른다는 사실을 알고 있더군요. 오펜하이머는 저를 돌아보며 말했어요. "물론 당신은 알고 있을 겁니다." 맞아요. 저의 부친께서 조지 허버트의 이름을 지어주셨으니까요. 200년 전부터 먼 친척이었던 것 같아요. 적어도 저의 독실한 할머니 말씀에 따르면 그렇다는 거예요. 오펜하이머는 책꽂이에서 제법 근사한 허버트의 구판본을 하나 꺼내 와서 연민이 가득한 목소리로 낭독했어요. "도르래^{The Pulley}."

신이 처음 인간을 만드실 때
그 옆에 축복의 잔을 놓고
"우리의 모든 것을 그에게 붓게 하소서.
이 세상에 흩어진 모든 풍요를
그에게 부어줄 것을 약속하소서."

그리고 마지막은 당신이 기억하는 대로 이렇게 끝납니다.

그에게 나머지 모두를 허락하되

쉼 없음을 한탄하게 하소서.

부귀함을 허락하되 피곤케 하여

적어도 선함이 그를 이끌지 못할 때

피곤이 그를 내게 인도하게 하소서.

그리고 로버트는 이렇게 말했어요. "자, 이제 조지 케넌은 조지 허버트를 알게 되었습니다."

1967년 오펜하이머가 사망했을 때, 그의 아내 키티는 내게 전화를 걸어 추도식을 어떻게 치러야 할지 의논했다. 음악과 더불어 친구들이 오펜하이머의 삶과 업적을 설명하는 시간을 갖기로 했다. 키티는 남편의 삶에서 늘 중요한 부분을 차지했던 시를 낭송하고 싶다고 했다. 물론 생각해둔 시도 있었다. 그가 애송했던 조지 허버트의 〈칼라^{The Collar}〉였다. 오펜하이머가 어떤 사람이었는지 보여주기에 알맞은 시라고 생각했던 것이다. 그런데 그녀는 다시 마음을 바꿨다. "안 되겠어요. 그런 공적인 자리에서 읽기에는 너무 사적인 시 같아요." 남편의 사적 취향이 공개되길 꺼리는 데는 그럴 만한 이유가 있었다. 신문들이 그런 내용을 어떤 식으로 폭로하는지 뼈저리게 경험했기 때문이다. 그녀는 '희대의 과학자, 원자폭탄의 아버지, 마지막 병마와 싸우면서 종교로 돌아오다' 따위의 헤드라인으로 오펜하이머의 진솔한 감정들이 끔찍하게 왜곡되는 걸 벌써 머릿속에 그린 듯했다. 결국 추도식에서 시는 낭송되지 않았다.

8

20세기 핵물리학이 걸어온 길

모든 원자는 거의 텅 빈 공간으로 이뤄져 있다. 그 안에 원자핵이라는 작은 물체가 있고, 그보다 더 작은 전자가 원자핵 주변을 날아다닌다. 이 사실은 1909년 영국 맨체스터에서 연구하던 뉴질랜드 출신의 젊은이 어니스트 러더퍼드가 발견했다. 그는 얇은 금 필름에 입자들을 빠르게 쏜 다음, 입자들이 튕겨져 나오는 방식을 관찰했다. 반동으로 튀어나오는 입자들의 패턴은 필름 위에 원자들의 내부 구조를 선명하게 보여주었다. 미세한 원자핵의 발견은 러더퍼드 본인은 물론이고 세상을 깜짝 놀라게 했다. 러더퍼드의 발견은 '대성당 안의 파리'에 빗대어 설명되었다. 파리는 원자핵을, 대성당은 원자를 말한다. 그의 실험으로 원자의 거의 모든 질량과 에너지가 원자 부피의 1/1조에도 못 미치는 원자핵 안에 있음이 증명되었다.

러더퍼드의 발견은 핵물리학이라 불리게 될 과학의 서막을 열었다. 그 후 러더퍼드는 빠른 입자들로 원자핵에 충격을 가하고 그 결과를 관찰하는 방식으로 원자의 특성들을 꾸준히 연구했다. 그가 원자핵 연구에 이용한 발사체들은 라듐이 붕괴할 때 생성되는 입자들이었다. 라듐은 자연적으로 방사성을 띠는 금속으로, 1898년 마리 퀴리^{Marie Curie, 1867~1934}가 발견한 원소다. 라듐 원자가 붕괴할 때 빠른 속도로 방출되는 입자들은 헬륨 원자핵이다. 이 입자들은 원자핵의 특성을 밝히는 데 상당히 훌륭한 탐침探針 노릇을 한다. 왜냐하면 이것들은 모양도 일정하고 수반하는 에너지의 양도 알려져 있기 때문이다. 20년간 러더퍼드와 그의 제자 및 동료들은 처음에는 맨체스터에서, 나중에는 케임브리지에서 천연의 입자들을 이용해 원자핵의 속성을 알아내는 큰 성공을 거뒀다. 아주 드문 경우긴 하지만, 원자핵에 입자를 첨가하거나 빼는 방식으로 원자핵의 종류를 바꿀 수 있는 가능성도 발견했다. 1909년에서 1929년까지의 20년은 일명 '테이블 핵물리학^{tabletop nuclear physics}'의 시대였다. 실험들은 탁자 위에서 수행해도 될 만큼 규모가 작고 단순했다. 그런 실험들로도 핵물리학의 기본 법칙들을 충분히 세울 수 있었다.

1920년대 막바지 무렵, 핵물리학은 막다른 골목에 부딪쳤다. 중대한 의문점들은 여전히 풀리지 않았다. 원자핵이 무엇으로 이뤄졌는지, 그 구성성분들이 어떻게 합쳐진 건지 아무도 알지 못했다. 하지만 기존의 도구들로는 새롭고 획기적인 실험들을 해내기가 어려웠다. 그러다 생각해낸 것이 수행했던 실험들의 미세한 부분들에 변화를 주는 것이었다. 하지만 미세조정한 실험들로도 원자핵 구조의 의문점들은 풀릴 기미가 보이지 않았다. 러더퍼드는 1927년 런던에서 열린 공개강의에서 핵물리학이 발전하기 위해서는 새로운 장비 개발이 시급하다고 선언했다. 새로운 장비들이 없으면 핵물리학 연구는 침체될 것이며, 명석한 젊은 두뇌들은 더 이상 핵물리학에 매력을 느끼지 못할 게 뻔했다. 가장 유망한 장비는 입자가속기가 될 터였다. 그것은 라듐에서 자연적으로 생산되는 입자 대신, 인공적으로 가속시킨 입자들을 빔으로 쏠 수 있는 일종의 전기장치였다. 인공적으로 가속시킨 입자들은 자연의 입자보다 세 가지 면에서 뛰어나다. 입자들을 대량생산할 수 있고, 입자들의 에너지 상태도 훨씬 더 높다. 그뿐 아니라 실험을 보다 유연하게 설계할 수 있다. 자연적인 입자공급원에서 가속기로의 전환은 새로운 과학의 시대, 즉 가속기물리학^{accelerator physics}이라는 시대를 열어줄 것이었다.

《대성당 안의 파리 The Fly in the Cathedral》[1]는 가속기물리학의 역사를 기록한 책이다. 브라이언 캐스카트^{Brian Cathcart}는 그 박진감 넘치는 이야기를 훌륭하게 기록했다. 과학자가 아닌 저널리스트지만, 아주 세세한 부분까지도 정확히 알 만큼 과학을 깊이 이해하고 있다. 그는 가속기물리학과 관련된 주요 문헌들은 물론이고, 개발에 참여한 사람들의 논문과 서신들을 정독했다. 심지어 아직 생존해 있는 과학자들과는 인터뷰까지 했다. 책의 이야기는 1927년 러더퍼드가 입자들을 가속시킬 가능성을 조사해보겠노라고 결심한 시점에서 시작한다. 그리고 최초의 가속기가 제작되고 1932년에 일종의 원자분할기로서 득의양양하게 성공을 거두는 대목에서 끝난다. 1932년에 시작된 가속기물리학의 시대는 지금까지도 이어지고 있다. 현재 일리노이와 캘리포니아 그리고 스위스와 일본 등지에서 사용되는 가속기들은 1932년에 제작된 장비의 직계 후손들이다. 이 가속기들은 어마어마하고 강력한 힘으로 자연의 근본적인 힘을 탐구하고 있다.

최초의 가속기는 과학의 역사에서 중요한 한 장을 장식할 뿐 아니라, 과학적 호기심과 국가적 자긍심에서 발로한 국제적인 경기의 산물이기도 했다. 러더퍼드의 경쟁자들은 여러 국가에 포진해 있었다. 그 중 가장 위협적인 경쟁자는 미국에 있었다. 워싱턴 카네기 연구소의 멀 튜브, 매사추세츠 공과대학의 로버트 밴더그래프^{Robert Van de Graaff, 1901~1967} 그리고 캘리포니아 대학 버클리 캠퍼스의 어니스트 로렌스였다. 러더 퍼드는 자신의 경쟁자들을 잘 알았고 존경했지만, 그들을 패배시키기로 결심했다. 과학자로서는 국제 과학계의 일원이었지만, 전통적인 사고방식을 지닌 뉴질랜드인이었던 러더퍼드는 영국과 그 제국에 맹렬한 충성심을 갖고 있었다. 그는 과학도 여러 국가들이 선두를 차지하려고 경쟁할 때 가장 번창하는 국제적 사업이라는 사실을 알고 있었다.

사실상 최초의 가속기를 제작한 사람은 존 콕크로프트와 어니스트 월턴이었다. 두 사람은 러더퍼드가 소장으로 있던 케임브리지의 캐번 디시 연구소^{Cavendish Laboratory}의 대학원생이었다. 콕크로프트는 요크셔에 있다가 1924년에 캐번디시 연구소로 왔고, 월턴은 1927년에 아일랜드에서 왔다. 월턴은 연구소로 오자마자 러더퍼드에게 연구생 프로젝트로 가속기를 제작하고 싶다고 건의했다. 러더퍼드가 가속기를 제작할 계획을 이미 선언했다는 걸 몰랐던 것이다. 러더퍼드는 흔쾌히 허락했다. 콕크로프트는 케임브리지로 오기 전에 영국의 일류 전기공학 기업인 메트로폴리탄 빅커스^{Metropolitan-Vickers}사에서 근무했기 때문에, 중장비와 고압전류를 사용하는 일에 경험이 좀 있었다. 러더퍼드는 월턴에게는 상근해서 가속기 프로젝트에 매달리게 했다. 콕크로프트에게는 시간제로 일하면서 공학분야를 돕게 했다. 5년 동안 두 사람은 줄곧 탁자 위 실험들만 해왔던 작은 실험실 안에서 거대한 기계기술을 개발하느라 고군분투했다. 자전거포에서 비행기계 기술을 개발하느라 분투했던 라이트 형제와 같은 꼴이었다.

콕크로프트와 월턴이 넘어야 할 장애물은 기술만이 아니었다. 캐번디시 연구소의 문화 역시 큰 장애물이었다. 거대한 기계를 제작하려면 더 넓은 공간이 필요하다는 것은 당연지사였다. 하지만 당시 캐번디시 연구소의 문화에서는 새로운 기계를 들여놓기 위해 새 건물을 지어야 한다는 건 언감생심 꿈도 못 꿀 일이었다. 게다가 인색하기로 소문이 자자했던 러더퍼드는 모든 비용을 최소화하려고만 했다. 캐번디시 연구소는 유서 깊은 건물이라 섣불리 개조할 수도 없었다. 사정이 이러하니, 콕크로프트와 월턴이 제작하려는 모든 장비와 기계들은 기존의 문을 통과해 실험실 안에 설치할 수 있어야 했다. 유서 깊은 캐번디시의 고딕 양식 출입문을 통과할 수 없는 상업용 동력장비들은 사용할 엄두도 내지 못했다. 어쩔 수 없이 두 사람은 새로운 장비를 설계하고 시험하는 데에만 몇 개월을 보내야 했다.

캐번디시 연구소의 문화는 가부장적인 색채도 강했다. 러더퍼드는 아버지의 마음으로 학생들을 보살폈고, 연구시간도 엄수하도록 지시했다. 매일 저녁 6시면 모든 연구 활동을 중단하고 연구소 문을 닫았다. 러더퍼드에게는 저녁이면 가족들과 편안한 시간을 보내고 휴가도 자주 즐겨야만 더욱 창조적인 과학자가 될 수 있다는 믿음이 있었다. 어쩌면 그가 옳을지도 모른다. 그의 지도하에서 연구했던 학생들 중 콕크로프트와 월턴을 포함한 꽤 많은 제자들이 노벨상을 받았으니 말이다. 캐번디시 연구소의 사람들은 과학적 활동 외에도 학자다운 여가 활동을 즐기곤 했던 19세기 젠틀맨 과학자들의 문화를 지키고 있었다. 그러나 짧은 연구시간과 풍부한 여가 활동의 문화는 육중한 기계를 제작해야 하는 연구와는 부합하지 못했다. 콕크로프트와 월턴은 새는 곳들을 어렵사리 메워 사제 진공 시스템을 제작하고, 고압전류를 조작할 수 있는 다양한 장비들을 시험하면서 몇 해를 고생했다. 하지만 그것들로는 제대로 된 실험을 할 수 없었다.

콕크로프트와 월턴이 제대로 작동되는 설비를 제작하기까지 무려 5년이 걸렸다. 1932년 4월, 마침내 50만 볼트의 에너지로 수소원자핵 빔을 안정적으로 쏠 수 있는 기계를 완성했다. 4월 13일 아침, 그들은 핵실험을 수행하기에 앞서, 원자핵 빔의 품질을 조심스럽게 측정하고 있었다. 그런데 실험실에 들어와 측정을 지켜보던 러더퍼드는 쓸데없는 짓 하지 말고 연구나 하라고 버럭 화를 냈다. 다음 날 콕크로프트가 다른 업무를 보고 있는 사이, 월턴은 혼자 실험실에서 경금속 원자인 리튬lithium으로 이뤄진 표적에 수소원자핵을 충돌시키는 최초의 실험을 했다. 그 결과는 굉장했다. 리튬 원자핵들이 둘로 쪼개지면서 여러 쌍의 헬륨 원자핵으로 분리된 것이다. 헬륨 원자핵들은 입사된 수소원자핵보다 무려 30배가 넘는 에너지를 갖고 방출되었다. 월턴은 러더퍼드에게 달려가 그 소식을 전했고, 러더퍼드는 기꺼이 그날 하루 종일 월턴의 조수가 되어 결과도 체크해주고 잡동사니들도 정리해주었다. 바로 그날, 테이블 핵물리학의 시대는 막을 내렸다. 그리고 거대한 장비와 거대한 프로젝트의 시대가 시작되었다.

러더퍼드를 바짝 추격하던 미국의 경쟁자들은 불과 몇 주 차로 경쟁에서 졌다. 밴더그래프는 정전형가속기electrostatic accelerator를 개발했는데, 여러 면에서 콕크로프트-월턴의 장비보다 뛰어났다. 로렌스가 개발한 사이클로트론cyclotron 역시 여러 가지 면에서 월등했다. 미국 경쟁자들은 저녁 6시 퇴근 원칙 따위는 지키지 않아도 되었지만, 이들에게도 콕크로프트와 월턴을 방해했던 것과 비슷한 문화적 장애물이 있었다.

1930년대 경제불황에 직격탄을 맞은 미국의 대학행정부들은 러더퍼드에 버금갈 만큼 인색했다. 튜브와 밴더그래프는 워싱턴의 카네기 연구소에서 웅장한 기계를 제작했으나, 야외 잔디밭에 있는 이 기계는 먼지와 벌레들 때문에 작동이 되지 않았다. 연구소에는 그 기계를 들여놓을 만한 널찍한 실험실이 없었으니 해체하는 것 말고는 방도가 없었다. 심지어 몇 년 후면 대형기계물리학^{big-machine physics}의 막강한 주도자가 될 로렌스조차도 사이클로트론 제작을 시작할 때 이와 비슷한 곤경에 처했었다. 1931년에는 최신 사이클로트론에 필요한 85톤짜리 거대 자석을 공수 받았지만, 단지 들여놓을 만한 건물이 없어서 사이클로트론을 완성하지 못했다. 밴더그래프와 로렌스가 토끼였다면, 러더퍼드는 거북이였던 셈이다. 결국 거북이가 경주에서 이긴 것이다.

1932년 이후 몇 년간, 러더퍼드는 새로운 기계가 가져다준 핵물리학의 부활을 만끽했다. 캐번디시 연구소에 있는 그의 제자들은 미국과 유럽의 연구자들과 우호적인 경쟁을 펼치며 원자핵의 세계를 꾸준히 탐험했다. 러더퍼드는 1938년, 베를린에서 우라늄 원자의 핵분열이 발견되기 한 해 전에 눈을 감았다. 그 발견은 핵물리학을 거대산업으로 바꿨을 뿐만 아니라 전쟁무기로도 바꿔놓았다. 1934년에 더블린으로 돌아온 월턴은 남은 생을 물리학 교수로 평화롭게 보냈다. 콕크로프트는 1939년까지 캐번디시에 머물다가 전쟁연구로 전환했고, 전후에 설립된 하웰의 영국원자에너지연구소^{British Atomic Energy Research Establishment} 소장이 되었다. 하웰 연구소는 주로 과학적 연구와 원자력 산업에 요긴한 원자로 개발에 주력했다. 1950년대에 내가 하웰 연구소를 방문했을 때, 콕크로프트가 나를 안내했다. 나는 국가 전기시설 망과 하웰 연구소를 연결해주는 고압전류 케이블들의 엄청난 규모에 입을 다물

수가 없었다. 콕크로프트는 그런 내게 미소를 지으며 이렇게 말했다. "시민들이 우리를 지지하는 중요한 이유가 저겁니다. 연구소에서 전기를 생산하고 있다고 생각하거든요. 물론 실제로는 우리가 전기를 끌어다 쓰고 있지만."

캐스카트의 책은 가속기로 원자핵을 쪼개는 경기에서 거북이가 토끼를 이긴 까닭을 논하며 끝맺는다. 캐스카트는 그 이유를 이렇게 결론 내린다. 러더퍼드가 승리할 수 있었던 주요한 이유는, 그가 기계제작자가 아니었기 때문이라는 것이다. 밴더그래프와 로렌스는 각자의 기계에 대한 열정적인 애정으로 무장한 명석한 발명가였다. 그들은 각자의 기계로 할 수 있는 일에는 별로 신경 쓰지 않았다. 반면 러더퍼드에게 기계는 단지 도구에 지나지 않았다. 기계의 세부적인 설계는 그의 관심사가 아니었고, 콕크로프트와 월턴이 자잘한 부분들을 알아서 잘하리라고 믿었다. 러더퍼드에게 중요한 것은 과학이었다.

러더퍼드는 원자핵을 연구하며 여생을 보냈다. 러더퍼드에게 연구의 원동력은 원자핵을 더 깊이 이해하고자 하는 열정이었다. 그 열정이 있었기에 결정적인 실험을 조심스레 준비할 수 있었다. 그리고 리튬 원자핵을 준비해뒀다가 기계가 완성되는 즉시 붕괴시킬 수 있었다. 미국 경쟁자들에게는 더 성능 좋은 기계가 있었지만, 러더퍼드에게는 과학적 목표에만 집중하는 한결같은 집념이 있었다. 경주에서 승리하고 두 달 후, 그는 왜 그토록 원자핵을 붕괴하고 싶었느냐는 〈데일리 헤럴드 Daily Herald〉 기자의 질문에 이렇게 대답했다. "우리는 좀 어린애 같았죠. 작동원리를 알려고 시계를 분해하고야 마는 어린애 말입니다."

앨런 라이트맨 Alan Lightman 은 《센스 오브 미스터리 A Sense of the Mysterious》[2]에

서 매우 상반된 이야기를 들려준다. 그의 책에는 찾아보기가 없어서 러더퍼드가 몇 번 언급되었는지 정확히 알 수는 없지만, 내가 기억하기로 133쪽에 단 한 번 언급되었다. 그것도 2002년에 이미 사망한 유명인 목록에 한 줄 끼어 있는 수준이었다. 비전문가들에게 물리적 우주의 본질을 연구하는 방식을 쉽게 이해시키고자 쓴 두 책에서, 한 책의 중심인물이 다른 책에서는 거의 언급되지 않았다는 사실이 놀라울 따름이었다. 똑같은 과학을 설명한 두 글이 문체나 내용 등 여러 가지 면에서 어쩌면 이토록 다를 수 있을까?

브라이언 캐스카트는 과학에 아마추어적 관심을 갖고 있는 아일랜드의 저널리스트다. 앨런 라이트맨은 이론물리학을 수학했고 중년에 과학연구에서 작가로 전업한 미국인이다. 캐스카트의 책은 역사적 이야기를 그대로 들려준다. 반면 라이트맨의 책은 에세이·강연·서평들을 모아놓은 것으로, 대개 과학자들과 그들의 아이디어들을 설명한다. 캐스카트는 본질적으로 실험에 관심이 있었고, 라이트맨은 이론에 관심이 있었다. 캐스카트는 과학 발전의 주된 원동력을 새로운 도구라고 생각하고, 라이트맨은 새로운 개념이라고 생각한다. 캐스카트의 이야기는 불굴의 의지로 기술과 문화의 장벽을 극복한 세 영웅들의 소박한 드라마다. 거기에는 악당이 등장하지 않는다. 라이트맨의 이야기는 일면은 영웅이면서 다른 일면은 악당 같은 인물들을 통해 인간의 조건을 조망하는 명상록이다.

라이트맨의 이야기에는 알베르트 아인슈타인, 에드워드 텔러, 리처드 파인만 등의 이론물리학자들과 관측천문학자 베라 루빈^{Vera Rubin, 1928~}이 주인공으로 등장한다. 반면 러더퍼드뿐만 아니라 거의 모든 실험 과학자들이 누락되었다. 라이트맨의 책에 등장하는 실험가는 뛰어난 과학자였지만 실험들이 오류로 판명나 비극적 인물이 된 조지프 웨버Joseph Weber, 1919~2000가 유일하다. 원리를 밝히고자 러더퍼드에게 경주의 배턴을 이어받아 입자와 장의 우주를 탐구했던 주류 실험가들은 언급조차 되지 않았다. 《센스 오브 미스터리》라는 제목과 '과학과 인간의 정신Science and the Human Spirit'이라는 부제가 달린 라이트맨의 책에는 실험가들을 배제한 데에 대한 어떤 설명도 적혀 있지 않다. 어쨌든, 러더퍼드는 아인슈타인 못지않게 자연의 미스터리를 깊이 이해한 사람이었다. 인간의 정신은 비단 마음의 노동으로만 표현되는 것이 아니라 손의 노동으로도 훌륭하게 드러낸다. 러더퍼드는 실험의 대가였고 아인슈타인은 이론의 대가였지만, 두 사람은 서로를 진심으로 존경했다. 두 사람 모두 손과 머리가 힘을 합칠 때, 인간의 정신이 최고의 상태에 이른다고 생각했다.

러더퍼드의 생각에 중요한 영향을 미친 이론가가 있었다. 1928년 24세에 독일로 건너와 핵물리학에 혁명을 일으킨 러시아의 총명한 과학자 조지 가모프였다. 그는 불과 3년 먼저 발견된 양자이론이 원자핵에도 적용될 수 있다는 사실을 최초로 간파했다. 가모프는 양자이론을 이용해서 라듐이나 우라늄 같은 방사성 원자핵들이 붕괴되는 속도를 계산했다. 그 결과 마침내 붕괴속도와 양자이론이 상당히 일치한다는 사실을 발견했다. 뒤이어 가모프는 양자이론을 이용해 하전입자charged particle가 원자핵 안으로 얼마나 쉽게 들어올 수 있는지 계산함으로써 또 한 번의 큰 비약을 이뤘다. 그는 이 양자적 규칙이 양방향으로 적용된다고 생각했다. 쉽게 들어온 것처럼 쉽게 나갈 것이라고 말이다. 만약 반대로 바깥쪽에서 입자들을 쏘아준다면, 이번에도 입자들이 양자적 규칙에 따라 원자핵 안으로 침투할 수도 있을 것 같았다.

러더퍼드는 가모프의 아이디어를 듣자마자, 가속기의 과학적 진가를 알려줄 열쇠라는 사실을 단번에 알아차렸다. 드디어 자신이 만든 가속기가 진가를 발휘할 수 있게 되었다고 생각한 것이다. 러더퍼드는 양자역학을 이해하려는 척을 하지 않았다. 다만 가모프의 공식이 자신의 가속기에 매우 중대한 이점을 선사하리라는 것만은 분명히 이해했다. 심지어 입자들이 낮은 에너지로 가속되어도 원자핵을 뚫고 들어갈 수 있을 것이다. 라듐에서 자연적으로 방출되는 입자들보다 훨씬 더 낮은 에너지로도 말이다. 러더퍼드는 1929년 1월에 가모프를 케임브리지로 초대했고, 58세 초로의 실험가와 24세 젊은 이론가는 막역지우가 되었다. 가모프의 통찰은 러더퍼드에게 입자가속기의 제작을 강력히 추진할 자극제가 되었다.

이로부터 3년 후, 실험가와 이론가가 상호존중의 미덕을 꽃피우던 장면이 또 있었다. 콕크로프트와 월턴의 승리가 있은 지 며칠 후에 우연히 아인슈타인이 케임브리지를 방문했을 때였다. 아인슈타인은 원자를 쪼갰다는 그 가속기를 보고 싶다고 말했다. 월턴은 오전 내내 아인슈타인에게 가속기를 보여주고 작동원리를 자세히 설명했다. 아인슈타인은 이후에 쓴 편지에서 '경이롭고 감탄스러웠다'는 말로 그날의 느낌을 표현했다. 웬만한 일로는 쉽게 감동하지 않는 냉정한 월턴도 아일랜드의 약혼녀에게 보낸 편지에서 '정말이지 굉장히 멋진 분이었소'라고 적었다.

1930년대 물리학에서는 이론가와 실험가 간의 상호존중과 이론과 실험의 편안한 조화가 자연스럽고 필연적인 것으로 여겨졌다. 그런데 어째서 라이트맨에게는 그런 점이 보이지 않았을까? 어쩐 일인지, 20세기 후반 50년 동안 러더퍼드와 아인슈타인의 후예들은 사이가 벌어지고 말았다. 그것은 물리학자들의 잘못이 아니었다. 입자가속기 기술이 급속도로 성장하고, 수많은 이론들이 등장하면서 생긴 자연스러운 결과였다. 입자들을 발견하기 위한 가속기와 그에 수반된 기계들은 더욱더 거대해졌고, 그에 따른 실험들은 군사작전처럼 복잡해졌다. 프로그램 하나를 실행하기 위해서도 고도로 전문화된 수백 명의 기술자들이 필요하고, 그런 프로그램을 계획하는 데에도 몇 년이 걸렸다. 이론가들도 전문화되기는 마찬가지다. 가속기 설계전문가가 있는가 하면 입자 간 상호작용에 대한 전문가, 일반상대성이론과 끈이론에 정통한 전문가들도 있다. 실험가들과의 소통은 제쳐둔다고 해도, 각기 다른 전문지식을 가진 이론가들끼리도 의사소통이 어려워졌다. 20세기 말에 이르면서 가속기물리학도 점차 열기가 식어갔다. 가속기를 이용한 실험은 계획하고 준비하는 데만도 약 10년이 걸린다. 협소해진 전문영역을 벗어나고 싶던 창의적인 이론가인 라이트맨은 그런 실험에 매력을 느끼지 못했다. 그가 실험물리학에서 천문학으로 방향을 튼 것도 어찌 보면 당연한 일이었다.

물리학자들을 압도한 극단적인 전문화의 바람에도, 천문학자들은 지금까지 잘 버티고 있다. 망원경 역시 거대하지만 가속기만큼 복잡하지는 않다. 거대한 망원경으로 관측하는 일은 몇 년이 아니라 몇 시간이면 충분하다. 천문학자들은 노련한 관찰실험자이기도 하지만, 그와 동시에 관측한 것을 이론으로 정립하는 이론가도 될 수 있다. 라이트맨의 책에서 천문학자 베라 루빈이 상좌에 앉은 이유도 그 때문이다. 루빈은 조지 가모프가 미국으로 건너온 후에 그의 제자로 천문학에 입문했다. 그녀는 여생을 천문학자로서 은하들을 관찰하고 그것들의 역학을 연구하면서 보냈다. 그녀는 은하 내부의 운동속도로 설명하기에는 너무 가벼운 어떤 물질이 은하들 안에 존재한다는 것을 발견했다. 우리의 망원경으로는 보이지 않지만, 은하들 구석구석을 암흑물질dark matter이 메우고 있다고 추정했다. 암흑물질이 무엇인지는 아무도 모른다. 암흑물질은 탐구해야 할 또 하나의 심오한 미스터리다. 우리는 단지 암흑물질이 존재한다는 사실만 안다. 그리고 우리가 볼 수 있는 모든 물질보다 무겁다는 사실만 알 뿐이다.

루빈은 암흑물질의 발견과 연구 외에도 네 아이를 키우면서, 과학계에서 여성의 권익을 찾는 운동에 앞장서고 있다. 나는 최근에 한 학회를 조직하는 위원회의 회장을 맡았던 적이 있었다. 그 학회의 구성원들은 모두 저명한 과학자들이었다. 그때 루빈은 내게 신랄한 내용의 편지를 보내왔다. 그녀는 회원 명단에 여성 과학자가 단 한 명도 없는 이유를 물었다. 편지에는 회원 명부에 마땅히 올랐어야 할 여성 과학자들 목록도 적혀 있었다. 나는 사과의 말과 함께 목록을 적어줘서 고맙다는 답장을 보냈다. 앞으로 그런 위원회를 또 맡게 될지 모르겠으나, 만약 그렇게 된다면 반드시 목록을 참고하겠노라는 말도 함께.

라이트맨은 에드워드 텔러를 다루는 장에서 텔러를 다루지 않고, 그의 회고록에 대한 서평으로 대신하고 있다. 라이트맨은 텔러를 악인의 전형으로 그리고 있다. 아인슈타인과 파인만을 호의적으로 그린 것과는 사뭇 대조적이다. 텔러를 다룬 장의 제목도 '메가톤 맨Megaton Man'이다. 수소폭탄에 대한 텔러의 집착을 강조하기라도 하듯이. 라이트맨은 텔러에게 이중적인 면이 있다고 인정한다. 그는 '따뜻하고 연약하며 진심으로 갈등하는 이상주의자 텔러와 광적이고 위험하며 기만적인 텔러가 있다'고 말한다. 하지만 라이트맨이 그린 텔러의 초상은 그의 어두운 면만을 부각시키고 있다. 나는 텔러를 잘 알았고, 3개월간 안

전 핵원자로를 함께 설계하면서 즐거웠던 기억이 있다. 내가 아는 텔러는 온정 있는 이상주의자였다. 우리는 사사건건 의견이 충돌했지만 좋은 친구로 남았다. 그는 내가 함께 일해 본 최고의 과학 동료였다. 내가 보기에 라이트맨이 그린 텔러의 초상은 부당하다. 그 이유는 텔러의 회고록에 대해 쓴 서평(3부 2장)에서 밝혔다.[3]

캐스카트가 묘사한 러더퍼드와 내가 기억하는 텔러를 나란히 놓고 보면, 두 사람에게서 놀라운 공통점들이 나타난다. 러더퍼드와 텔러는 둘 다 이민자였고, 각자 제2의 조국에 굉장한 애국심을 갖고 있었다. 두 사람은 덩치만 큰 아이처럼, 사소한 일에도 자주 흥분했다가도 친절한 미소를 지으며 평정을 되찾곤 했다. 제자들에게는 아버지다운 태도로 대했고, 학문적인 문제들뿐만 아니라 개인적인 문제들에도 신경 써주었다. 특히 두 사람은 과학의 전술보다는 전략에 더 큰 관심을 갖고 있었다. 러더퍼드는 가속기로 원자핵을 연구하기로 결정하고, 가속기에 대한 세부적인 문제들은 콕크로프트와 월턴에게 일임했다. 텔러 역시 수소폭탄이나 안전 원자로를 제작하기로 결정한 후, 세부 사항들은 다른 사람들에게 맡겼다. 두 사람 모두 일생 동안 과학에 전념했지만, 각자의 연구보다는 젊은이들을 돕는 일에 더 많이 시간을 할애했다. 텔러는 수소폭탄에 대한 견해를 《사람의 일 _The Work of Many People_》이라는 제목으로 출간했다. 〈네이처〉에 기고한 가속기 개발에 관한 글에는 콕크로프트와 월턴의 이름이 등장하지만, 러더퍼드의 이름은 보이지 않았다. 안전 원자로에 대한 특허에도 나의 이름은 적혀 있지만, 텔러의 이름은 없었다.

라이트맨의 책에서 가장 간명하고 독창적인 장은 '과학에서의 은유 _Metaphor in Science_'다. 원래는 1988년에 〈미국의 학자 _The American Scholar_〉라는 저널에 발표된 에세이다. 라이트맨은 아이작 뉴턴에서 닐스 보어에 이르는 위대한 물리학자들의 말을 인용하면서, 그들의 사고방식에 강력한 영향을 미친 은유들을 추적한다. 과학이 점점 더 관념화되고 일상생활과 멀어지면서, 이 세상을 묘사하는 은유의 역할은 더욱 중요해지고 있다. 오래전에 갈릴레오도 지적했듯, 자연의 언어는 수학이다. 평범한 인간의 언어, 특히 수학의 언어를 유창하게 하지 못하는 사람들의 언어가 바로 은유다. 라이트맨은 또 하나의 은유를 사용해 은유에 대한 설명을 끝맺는다. '우리는 보지 못하는 것을 상상하는 장님이다.' 이것이 바로 이론물리학이다.

9

천재였던 노버트 위너의 삶과 비극

노버트 위너는 생애 초년과 말년에 유명세를 탔다. 한창 활동했던 중년기 30년 동안 그리 유명하지 않았지만, 초년에는 신동으로 이름을 날렸다. 그의 부친 레오 위너Leo Wiener는 하버드 최초의 유대인 교수였고 슬라브어 전문가였다. 또한 강압적인 아버지의 전형이기도 했다. 위너를 매정하게 다그쳐서 집에서 그리스어와 라틴어, 수학과 물리학, 화학까지 공부하게 했다. 위너는 50년 후 자서전 《신동이었던 사람: 나의 어린 시절과 청년 시절*Ex-prodigy: My Childhood and Youth*》[1]에서 신동이 어떻게 길러지는지 설명한다.

처음에는 담소를 나누듯 편안하게 토론을 시작한다. 이 토론은 정확히 내가 수학에서 첫 실수를 하기 전까지만 지속된다. 그 후에는 점잖고 온화한 아버지는 온데간데없이 사라지고 복수혈전이 시작되면서…… 아버지는 진노하고 나는 흐느끼고, 어머니는 내 편을 드느라 진땀을 뺀다. 그래봐야 승산 없는 싸움이지만.

위너가 11세 때, 아버지는 그를 터프츠 대학에 입학시켰다. 수학학위를 받고 터프츠를 졸업할 때가 14세였다. 그 후 하버드 대학원생으로 입학해 18세에 수리논리학 박사학위를 땄다. 위너가 터프츠와 하버드에서 신동이라는 악명을 벗어버리려고 발버둥치는 동안, 아버지는 각종 신문과 대중잡지에 위너의 성과를 열렬히 알리면서 상황을 더악화시키고 있었다. 아버지는 아들이 그다지 비범한 천재는 아니며, 다른 아이들보다 월등했던 것은 훌륭한 교육과 훈련 덕분이라는 점을 빼놓지 말라고 당부했다. 위너는 자서전에서 이렇게 말한다. '결코 지워지지 않는 잉크로 아버지의 당부가 인쇄되어 나왔을 때, 그것은 나의 실수는 전적으로 내 책임이요, 나의 성공은 아버지 덕이라는 사실을 만천하에 선언한 셈이었다.'

위너는 아버지의 훈육과 고통스런 7년의 청소년기를 보낸 지 10년만에, 기적적으로 매사추세츠 공과대학 교수로 안착하며 수학자의 삶을 시작했다. 위너는 학문의 사다리를 차근차근 밟고 올라가 MIT의 정교수가 되었고, 여생을 그곳에서 보냈다. 대략 20세에서 50세까지 30년 동안에 위너는 대중의 뇌리에서 서서히 잊혀갔다. MIT의 울타리 안에서는 괴팍한 행동으로 여전히 유명했다. 그는 머릿속으로만 생각하는 스타일이 아니었다. 그에게는 자기 생각을 들어줄 청중이 꼭 필요했다. 캠퍼스를 돌아다니면서 동료든 학생이든 만나는 사람을 붙들고 장황하게 이야기를 늘어놓는 습관이 있었다. 그의 이야기를 들어주는 사람들은 대체로 그가 무슨 말을 하는지 잘 못 알아듣기 일쑤였다. 1분 1초가 아까운 동료나 학생들은 저만치서 위너가 보이면 숨기에 바빴다. 그러면서도 한편으로 위너의 학문적 성과나 백과사전을 방불케 하는 해박함만큼은 다들 존경했다.

수학자들 사이에서 위너는 순수수학과 응용수학에 두루 정통한 사람으로 정평이 나 있었다. 순수수학자로서의 위상은 훗날 수학의 본류가 된 '위너 측도Wiener measure'와 같은 개념을 고안함으로써 굳어졌다. 위너 측도는 수학자들에게 물결 모양의 곡선과 곡면의 통합적 행동양상을 설명하는 엄격한 방식을 제공했다. 그는 수리논리학의 추상적 영역에 관한 논문들을 꾸준히 발표하면서도 MIT와 하버드의 공학자, 신경생리학자 동료들과 토론을 즐겼다. 그들의 문화에 깊이 동화되었고, 공학과 신경생리학의 언어를 수학의 언어로 옮기는 것을 좋아했다.

대다수의 순수수학자들과 달리, 위너는 자신의 재능을 현실세계의 난삽한 문제들에 응용한다고 해서 위신이 깎인다고 생각하지 않았다. 그는 전쟁과 평화 시에 활용될 수 있는 기계와 통신 시스템을 설계하는 일을 도우면서 응용수학자로서도 성공을 거뒀다. 현실세계의 난삽함이야말로 수학자가 마땅히 풀어야 할 문제라는 사실을 그 누구보다 명확하게 알고 있었다. 위너는 응용수학자로서 제어 시스템과 되먹임 기작feedback mechanisms을 전반적으로 설명하는 이론을 정립하고, 그 이론을 '사이버네틱스cybernetics'라고 불렀다. 사이버네틱스는 일종의 복잡성의 이론이다. 쉽게 말해, 잘 이해되지 않는 매개들과 불확실한 사건들로 가득 찬 세계를 최적으로 다루는 방식을 찾아주는 이론이었다. '사이버네틱스'는 그리스어 '키잡이steersman'에서 유래된 말로, 폭풍우 치는 바다에서 험준한 암석들 사이를 누비며 항해하는 타수舵手를 말한다.

제2차 세계대전 중에 위너는 공학자 동료 줄리언 비글로Julian Bigelow, 1913~2003와 함께 대공포 제어 시스템을 설계했다. 이 제어 시스템은 초보적인 수준의 사이버네틱스 응용기술이었다. MIT의 다른 동료들과 마찬가지로, 위너는 전쟁의 승리에 보탬이 되는 일에 기꺼이 참여했다. 항공기를 격추시키기 위해서는 대공포 포탄이 도달할 시점에 항공기가 있을 법한 위치를 정확히 예측해야 했다. 그러려면 예측하는 그 순간까지 항공기가 지나온 비행경로를 알고 있어야 했다. 예측에서 도달 순간까지 항공기조종사가 돌발적으로 선택하게 될 경로는 오로지 통계에 의존할 수밖에 없었다. 항공기 격추율을 최대화하기 위해서는, 제어 시스템이 항공기가 날아갈 수 있는 구불구불한 여러 경로들을 계산해내야만 했다. 위너 측도 개념은 최적의 예측 경로를 찾아야 하는 문제를 수학적 언어로 번역해주는 도구였다. 위너는 비글로와 함께 수학적 해를 번역해, 전기와 기계적 하드웨어로 전송하는 일에 매달렸다. 안타깝게도 미군은 위너-비글로 하드웨어를 제작하고 검증할 때까지 기다려줄 수가 없었다. 미군에게는 대량생산이 가능하고 신속하게 전장에 배치할 수 있는 항공기 제어 시스템이 필요했다. 미군은 정교함 면에서는 조금 떨어지더라도 즉각 활용이 가능한 벨 연구소^{Bell Laboratories} 공학자 팀의 시스템을 선택했다.

벨 연구소가 개발한 시스템은 가동될 준비까지 마쳤고, 위너-비글로의 시스템은 전장의 하늘을 보지도 못했다. 하지만 벨 시스템을 선택한 결정도 전세에 거의 영향을 미치지 못했다. 항공기 격추기술에서 커다란 돌파구는 근접전파신관^{proximity fuse}의 개발로 뚫렸다. 근접전파신관은 항공기에 근접하기만 해도 폭발하게끔 포탄의 탄두에 장착한 전파제어 신관^{radar-controlled fuse}을 말한다. 이 신관이 없다면, 벨 시스템과 위너-비글로 시스템 모두 항공기를 격추할 확률이 떨어졌다. 근접전파신관이 투입되기 시작한 1944년 이후부터는 벨 시스템도 그럭저럭

제 몫을 했다.

1945년에 히로시마와 나가사키에 감행한 핵공격으로 전쟁이 끝났을 때, 위너는 격분했다. 그가 생각하기에 정부는 인류에 대한 범죄를 저질렀고, 핵폭탄을 제작한 과학자들도 재능을 부도덕한 목적으로 쓰도록 허락한 만큼 죄를 면키 어려웠다. 핵공격은 수년간 그의 마음속에서 자라온 의심을 확증해주었다. 자신이 개발에 일조한 통신과 제어 기술이 근본적으로 위험할 수도 있다는 의심이었다. 핵공격에서 위너는, 과학자들이 군사 권력이나 기업 권력을 위해 은밀한 연구를 할 경우 과학과 기술이 야기할 수 있는 재앙의 극치를 보았다. 그는 아직 초기단계에 지나지 않지만 컴퓨터와 자동화 기계기술이 은밀한 군사조직과 기업들의 손에 들어갈 경우, 얼마나 더 끔찍한 재앙을 초래할지 두려웠다. 그때부터 위너는 정부나 기업과 관련된 일은 아무것도 하지 않으리라고 결심하고, 주로 대중을 교육하고 신기술을 현명하게 다루는 방법을 알리는 데 전념하리라고 마음먹었다.

1947년 1월, 위너는 〈애틀랜틱 먼슬리 The Atlantic Monthly〉에 발표한 '과학의 반역자들 A Scientist Rebels'이라는 논평에서 정부에 협조하지 않겠다는 자신의 견해를 설득력 있게 표현했다. '나는 앞으로 무책임한 군사전문가들의 손에서 훼손될 우려가 있는 연구는 발표하지 않을 것이다.' 이 논평이 발표되자마자, 52세의 위너는 어린 신동이었을 때만큼 유명인사가 되었다. 그는 남은 생애 동안 정치활동가로, 다수의 논평과 저술가로 명성을 쌓으면서 여러 국가들을 돌아다니며 정치지도자들과 관련 시민단체들을 만났다. 그는 두 번째 자서전 《나는 수학자다: 신동의 말년 I Am a Mathematician: The Later Life of a Prodigy》[2]에서도 설명했듯, '따라서 가장 은둔적인 자리에서 가장 공개된 자리로 나올 수밖에 없었으

며, 새로운 개발품들의 모든 가능성과 위험성을 널리 알리고자 마음먹
었다.'

위너는 생애 마지막 10년 동안, 유창한 말과 글로 자동화 기계가 인
간을 대체할 수 있다는 예언적 사실을 알리는 데에 주력했다. 그는 인
간의 대체가 자신의 발명품들의 결과일 수도 있다고 보았다. 한편 자
동화 기계가 현명하게 쓰인다면 빈곤사회를 풍요롭게 만들 수도 있다
는 점은 간과하지 않았다. 또한 19세기 산업화의 공포를 겪지 않고도
가난한 국가들이 농업경제에서 산업경제로 도약할 수 있는 발판이 될
수도 있다며 긍정적인 면도 언급했다. 1948년에 출간된 《사이버네틱
스: 또는 동물과 기계의 제어와 소통 *Cybernetics: or, Control and Communication in the
Animal and the Machine*》[3]과 1950년에 출간된 《인간의 인간적 활용: 사이버네
틱스와 사회 *The Human Use of Human Beings: Cybernetics and Society*》[4]는 베스트셀러가
되었다. 현대적인 전자 컴퓨터가 출현하기 전에, 이 두 권의 책은 컴퓨
터 기술이 인간사회에 미치는 경제 및 정치적 영향을 어느 정도 정확
하게 예측했다. '지금 우리는'이라고 말문을 열면서, 그는 다음과 같이
강론한다.

지금까지와 전혀 다른 선과 악의 의미를 갖는 사회가 도래할 가능성에
직면해 있다. ……그 사회는 인류에게 새롭고 효율적으로 노동을 수행해
줄 기계노예 집단을 선사할 것이다. ……그러나 노예노동과의 경쟁조건
을 수락하는 모든 노동은 노예노동의 조건도 수락할 것이며, 본질적으로
는 그것이 노예노동이다. ……물론 그 답은 구매와 판매가 아닌, 인간적
가치에 기반을 둔 사회를 건설하는 것이다.

그는 중세 클루니 수도원의 수도사 베르나르Bernard의 시를 인용하면서 강론의 결론을 내린다. '이미 때는 너무 늦었다. 선과 악의 선택이 목전에 있다.'

위너는 대다수 예언자들과 마찬가지로, 고국보다 외국에서 더 존경받는 운명이었다. 그가 가장 큰 예우를 받았던 곳은 인도와 소련이었다. 수차례 인도를 여행했으며, 그때마다 네루를 비롯한 인도의 지도자들에게 환대를 받았다. 순회강연을 통해 인도 정부에게 산업정책에 대한 조언을 해주었다. 그가 강조한 것은 기술산업에 대한 자금지원과 국내 기술산업의 장려였다. 50년 후 그의 조언은, 인도가 정보기술 강국으로 부상하고 인도 기업들이 미국 기업들의 주요 외주처가 되면서 결실을 맺었다. 소련도 방문했는데, 공식적인 환대에도 불구하고 그의 마음은 다소 불편했다. 그는 소련에서 과학이 정치적 이데올로기로부터 자유로워야 한다고 주장했다. 위너는 마르크스주의 역시 자유시장 논리의 자본주의만큼이나 인간의 가치를 훼손한다고 생각했다. 소련 정부는 과학의 자유를 허하라는 위너의 주장은 무시했지만, 사이버네틱스만큼은 열렬히 지지했다.

사이버네틱스에 대한 소련의 숭배는 실용보다는 철학적인 색채가 강했다. 어쩌면 그래서 항구적인 효과를 냈을 수도 있다. 최근에 러시아가 컴퓨터 사용에 능한 사회로 변모하고, 국내 소프트웨어 산업이 발달하게 된 것도 사이버네틱스에 대한 숭배 덕분인지도 모른다. 그는 1964년에 스웨덴으로부터 사이버네틱스에 대한 강연을 요청받았으나, 스톡홀름의 왕립공과대학Royal Institute of Technology 계단에서 폐색전으로 갑자기 숨을 거두고 말았다. 그의 나이 64세였다.

내가 아는 한 《정보시대의 우울한 영웅Dark Hero of the Information Age》[5]은 노

버트 위너의 세 번째 전기다. 제일 먼저 출간된 전기는 1980년 스티브 하임스Steve Heims의 《존 폰 노이만과 노버트 위너: 수학에서 기술로, 삶과 죽음John von Neumann and Norbert Wiener: From Mathematics to the Technologies of Life and Death》(1980)[6]이다. 그리고 1990년에는 페시 마사니Pesi Masani의 《노버트 위너, 1894~1964》[7]가 출간되었다. 위너의 인생과 성격의 각기 다른 측면들을 다뤘다는 점에서 세 권 모두 의미가 있다. 하임스의 전기는 위너의 정치적인 측면을 강조한다. 이 전기에서는 생애 마지막 1/3을 사회비평가로 활동한 위너를 주로 이야기한다. 폰 노이만과 위너를 양극단에 나란히 놓고 폰 노이만을 부도덕한 과학의 천재로, 위너를 평화를 위해 애쓴 착한 과학천재의 전형으로 그리고 있다.

가장 최근 전기의 두 작가는 하임스의 글을 빈번하게 인용하지만, 그렇다고 그의 평가를 무비판적으로 수용하지는 않는다. 그들은 역사적 자료들에서 드러난 대로, 폰 노이만과 위너가 공통의 관심사를 가진 친구이면서 서로를 깊이 존경한 동료였다고 설명한다. 제2차 세계대전 후 폰 노이만은 기꺼이 미국 정부로부터 연구자금을 지원받는 길을 택한 반면, 위너는 그 제안을 거절하면서 두 사람의 행보가 갈라지기 시작했다. 한 번 갈라지고나서 두 사람은 거의 만나지 않았지만, 서로에 대한 존경심은 지속되었다. 1946년에 폰 노이만이 프린스턴에서 디지털 컴퓨터를 개발하기 시작했을 때, 위너는 공동 제작자였던 줄리언 비글로를 하드웨어 담당자로 추천했다. 위너의 승인하에 비글로는 폰 노이만의 개발 프로젝트의 수석 엔지니어가 되었다.

페시 마사니의 전기는 세 권의 전기 가운데, 위너의 학자적 시각을 가장 뚜렷하게 보여준다. 마사니 본인 역시 인도에서 태어나 미국에 정착한 수학자였다. 1950년대에는 위너와 공동으로 연구해 여러 편의 중요한 논문들을 발표했고, 위너가 사망한 후에는 그의 논문들을 모아서 편집해 출간을 돕기도 했다. 마사니는 위너의 연구에 대해 아주 세세한 부분들까지도 훤히 알고 있었다. 연구하는 수학자로서 위너를 묘사한 전기는 마사니의 전기가 유일하다. 다른 전기들은 수학적인 부분을 띄엄띄엄 다루고 있어서 위너의 사고방식을 명쾌하게 볼 수 없다. 마사니는 전기를 시작하기에 앞서 자신의 의도를 이렇게 밝힌다. '이 책에서는 확률론이라는 개념의 체계를 이끌어낸 수학천재와 역사의 상호작용을 더듬어보고자 한다.'

마사니는 위너의 수학적 아이디어들을 감동스러울 만큼 명확하게 설명하고 있으며, 다른 전기 작가들이 놓친 역사적 자료들을 발굴하고 복원했다. 마사니가 완벽히 복원한 자료들 가운데 특히 주목할 만한 것은, 폰 노이만이 위너에게 보냈던 다정하고 긴 편지다. 폰 노이만은 1946년 11월에 쓴 그 편지에서, 인간의 뇌에 대한 의문점들과 이를 파헤칠 수 있을 만한 다양한 연구방법들을 의논했다. '나의 제안들에 대해 자네가 어떤 반응을 보일지 몹시 궁금하네. 이 주제와 관련해서 자네와 광범위하게 토론하고 싶은 마음이 간절하네.' 폰 노이만의 편지는 생전에 그가 보지 못했던 분자생물학의 시대를 얼마나 근접하게 예언했는지 보여준다. 폰 노이만과 위너는 생물학에 대해서도 맹렬한 관심을 공유했다. 두 사람은 생물학을 깊이 이해하는 것이 컴퓨터와 정보과학 연구의 궁극적인 목표라고 생각했다.

하임스가 위너의 정치적 측면을 설명하고, 마사니가 위너의 수학적 삶을 설명했으니, 세 번째 전기에서는 위너의 어떤 면모를 다루고 있을까? 플로 콘웨이Flo Conway와 짐 시걸맨Jim Seigelman이 쓴 《정보시대의 우울한 영웅》은 한 개인으로서 위너의 사사로운 측면들과 함께 친구와 가족들과의 격정적인 인간관계를 보여준다. 두 작가는 철저한 역사적 고증과 더불어 생존한 목격자들 대다수를 인터뷰했다. 그리고 출간된 자료들뿐만 아니라 미출간 서신과 논문, 인터뷰들을 면밀히 참고하여 이야기로 엮었다. 《정보시대의 우울한 영웅》이라는 제목에서 두 작가가 어떤 측면에 주안점을 두었는지 확연히 드러난다. 평생 동안 위너가 짊어졌던 불안과 괴벽들의 근원을 조사해보고 싶었던 것이다. 두 작가가 위너의 사사로운 측면들을 그릴 수 있었던 것은 위너의 딸 바버라^{Barbara}와 페기^{Peggy}의 협조로, 위너의 사적인 글들과 가족의 기록들을 자유롭게 참고했기 때문이다. 페기는 작가에게 보낸 편지에 '아버지의 삶과 동료들과의 관계에 대한 몇몇 의문점들은 아직도 진지하게 해명되지 않았습니다. 전반적인 이야기를 균형 있게 들려주는 것이 무엇보다 중요합니다'라고 적었다. 물론 바버라도 그 의견에 동의했다. 완전한 공개를 가로막은 주된 장애물은 1989년 95세의 일기로 위너의 아내 마거릿^{Margaret}이 생을 마감하면서 함께 사라졌다.

위너의 개인적 삶의 드라마는 훌륭했으나 폭군적이었던 아버지로 인해 극도로 고통스러웠던 신동 시절에서 시작한다. 아버지의 훈육의 결과였든 아니면 타고난 유전적 소질 때문이었든, 위너는 일생 동안 감정의 기복이 몹시 심했다. 만일 그가 오늘날의 정신과 의사를 만났다면 조울병 진단을 받았을지도 모를 일이다. 위너는 주기적으로 심각한 우울증에 빠졌고, 그 증세는 몇 달씩 이어졌다. 그러고나면 쉼 없이 창조적인 활동에 몰입하곤 했다. 특히 집에 머무는 동안에는 우울증이 더 자주 도지는 경향이 있었는데, 그가 오랜 시간 여행을 했던 이유 중에는 그런 경향도 한몫했다. 집을 떠나 대중강연을 하고 친구나 추종자들과 열띤 토론을 벌이는 동안에는 그의 정신도 생기를 띠었다.

이 전기의 또 한 가지 주요한 주제는 위너의 결혼 생활이다. 그의 아내 마거릿은 레오 위너의 제자였으며, 두 사람의 결혼도 부모의 작품이었다. 마거릿은 위너의 부모로부터 그를 돌보고 삶을 계획해주는 일을 인수받은 셈이었다. 마거릿은 그 일을 훌륭히 수행했다. 검소하게 가정을 꾸리고, 위너를 위해 편안한 가정환경을 제공하고, 아이들을 낳고 길렀다. 결혼 초기에 그녀는 친구에게 "노버트는 수학을 하고, 나는 계산을 하지"라고 말했다. 마거릿은 위너의 변덕스러운 기분을 잘 맞춰주었으며 그의 딸들을 키웠다.

그러나 어떤 면에서 마거릿은 위너보다 더 미치광이 같았다. 14세에 독일에서 미국으로 이민 온 마거릿은 아돌프 히틀러를 맹목적으로 숭배했다. 침실의 눈에 잘 띄는 곳에는 《나의 투쟁*Mein Kampf*》(히틀러가 쓴 자서전-옮긴이) 두 권이 늘 비치되어 있었는데, 한 권은 독일어판 또 한 권은 영어판이었다. 그녀는 자신의 정치적 색깔도 공공연하게 드러냈다. 유대인이면서 나치의 박해로 많은 친구를 잃은 위너에게는 여간 불쾌한 일이 아니었다. 딸들이 십대가 되어 남자친구가 생기자, 마거릿은 있지도 않은 성적 비행을 핑계로 남자친구들을 고소해서 딸들의 삶을 비참하게 만들었다. 한 번은 딸들이 여자친구와 외출했다가 귀를 뚫고 온 걸 보고는, 아버지를 유혹하려고 했다면서 노발대발하기도 했다. 마거릿의 망상적인 비난에 못 이겨 두 딸은 독립할 나이가 되자마자 집을 나왔고, 그 후로는 마거릿이나 위너와 거의 연락을 끊었다고 한다.

위너의 인생에서 가장 비극적인 사건은 그가 57세이던 1951년에 일어났다. 당시 친구였던 워런 맥컬러프*Warren McCullough, 1898~1969*와 위너는 '소년들*the boys*'이라고 이름 붙인 젊은 동료들 한 그룹과 공동연구에 열정적으로 참여하고 있었다. 맥컬러프는 위너와의 공동연구를 위해 일리

노이에서 MIT로 옮겨온 신경생리학자였다. 그들은 위너의 되먹임 제어이론, 생물의 뉴런, 뇌의 기능 사이의 연관성을 연구하기로 계획을 세웠다. '소년들'은 훗날 주도적인 실험생물학자가 된 제롬 레트빈 Jerome Lettvin, 1920 ~2011을 중심으로 뭉친 똑똑한 팀이었다. 그런데 마거릿은 맥컬러프와 '소년들'을 광적으로 질투한 나머지 위너와 이들의 우정을 무너뜨릴 결심까지 했다. 몇 년 후에 멕시코의 한 식당에서 동료들과 저녁을 먹는 중에 누군가 레트빈에게 들려준 바에 따르면, 마거릿은 위너에게 십대였던 딸 바버라가 맥컬러프의 집에 놀러 갔을 때 '소년들'이 바버라를 유혹했다고 모함했다. 사실 무근이었으나 위너는 그 말을 믿었다. 그는 진위를 가릴 생각을 하지도 않은 채 MIT 학장에게 맥컬러프의 팀과 일체 교류를 하지 않겠노라고 분노에 찬 편지를 보냈다. 그날 이후로 위너는 죽을 때까지 그들과 연락을 끊었다. 물론 맥컬러프는 끝까지 영문을 몰랐다. 맥컬러프와 소년들에게 미친 단절의 영향은 실로 파괴적이었다. 위너에게도 심각하긴 마찬가지였다. 생물학으로의 진출과 사이버네틱스와 생물학을 통합하겠다는 희망도 끝장났다. 마거릿은 목적을 달성했다. 친구들에게서 위너를 떼어내 자기만의 위너로 만들었던 것이다.

위너와 맥컬러프 사이에 펼쳐졌던 단절의 드라마는 이 전기의 핵심 사건으로, 이 사건을 중심으로 나머지 이야기들이 전개된다. 어쩌면 작가들의 주요 목적은 위너 가족의 비밀을 낱낱이 드러냄으로써 위너 가족에게 씐 액을 쫓아버리려는 것인지도 모른다. 위너는 우울한 영웅이고, 마거릿은 저주의 악당이다. 이 책은 판에 박힌 전기라기보다는 소설처럼 읽힌다. 독자들은 이야기의 진위가 의심스러울 수도 있을 것이다. 이 책에서 마거릿은 피고인이고 고소인에게 항변할 기회도 결코 없다. 그녀는 작가들과도 대화를 나누지 않았으며 자신을 대신해 변명해줄 친구도 하나 없었다. 그녀에게 불리한 증거는 일목요연하게 문서로 남았고 설득력도 있어 보인다. 그래도 여전히 독자들은 의심을 떨칠 수 없다. 마거릿은 '유혹' 사건이 벌어졌다는 말을 누군가에게 전해 들었다고 주장했다. 그런데 그 사람이 바로 10년이 지나서 레트빈과 다른 동료들에게 이야기의 전말을 들려준 아투로 로젠블루스^{Arturo Rosenblueth, 1900~1970}였다. 그 정도의 증거로는 살인자에게도 유죄판결을 내릴 수 없다. 그랬을 리 없지만 만에 하나 그랬다면, 로젠블루스에게도 이야기를 조작해야 했던 말 못할 사연이 있었는지도 모른다. 하지만 로젠블루스는 1970년에 사망했다.

이 전기는 가족에 얽힌 비밀을 통해 인간의 유약함을 폭로한다. 최근 들어 인기를 얻고 있는 전기문의 한 장르로 볼 수 있다. 언제부터인가 아인슈타인, 마리 퀴리 등 유명한 과학영웅들의 인간적인 유약함을 폭로하는 책들이 봇물처럼 쏟아졌다. 인간적인 드라마와 과학적 내용을 균형 있게 다룬 책이라면 읽어볼 만하겠다. 하지만 그런 류의 책들 대부분이 균형을 잃고, 과학으로 희석되지 않은 스캔들만을 보여준다. 하지만 이 전기의 작가들은 과학계의 위대한 인물로서뿐만 아니라 가정사에 얽힌 비극적 영웅으로서 위너의 삶을 균형 있게 다루고 있다. 이 전기 작가들은 갈릴레오와 오셀로^{Othello}(셰익스피어 4대 비극의 주인공-옮긴이)가 반씩 섞인 위너의 있는 그대로의 모습을 보여준다. 수학 전문가가 아니므로, 위너가 실제로 했던 연구에 대한 상세한 설명은 제공하지 않는다. 하지만 작가들은 중요한 질문들을 회피하지 않았다. 사이버네틱스가 무엇이며, 위너는 그것으로 무엇을 하고자 했는지 그리고 위너 사후에 그것이 세간의 이목에서 사라진 이유가 무엇인지 대답해준다.

위너는 사이버네틱스를 '기계와 동물을 막론하고 모든 분야를 통합하는 제어와 소통이론'으로 정의했다. 이 소통이론의 언어는 수학이다. 사이버네틱스의 역사를 이해하기 위해서는 수학적 소통에 필요한 두 언어를 먼저 알아야 한다. 아날로그와 디지털이 그것이다. 아날로그 소통은 직접적인 측정이 가능한 전압과 전류처럼 끊임없이 변화하는 수량의 용어로 세상을 설명한다. 디지털 소통은 '0'과 '1'이라는 용어로 세상을 설명한다. '0'과 '1'은 두 개의 대안 사이에서 내릴 수 있는 논리적 선택을 대표한다. 한마디로, 아날로그 소통은 분석의 언어이고, 디지털 소통은 논리의 언어다.

위너는 두 언어를 유창하게 구사했고, 사이버네틱스 역시 두 언어를 다루도록 의도했다. 1940년에 이미 그는 컴퓨터가 실재하게 될 것을 예견했다. 그리고 컴퓨터에 디지털 언어가 최적의 언어가 될 수밖에 없는 이유를 설명한 비망록을 썼다. 그러나 소통이론에 대한 견해는 공교롭게도 아날로그 언어로 쓰였는데, 여기에는 네 가지 이유가 있었다. 우선, 순수수학자로서 그의 연구들은 대개 분석이었다. 둘째, 대공포의 탄도를 예측했던 그의 경험은 아날로그 측정과 아날로그 되먹임 기작과 관련이 있었다. 셋째, 신경생리학자들과 대화를 나누면서 인간과 동물의 뇌의 감각-운동 되먹임 신호들의 언어도 아날로그라는 확신을 갖게 되었다. 마지막으로 화학적 호르몬에 의한 신호의 전송은 뇌의 작용이 적어도 부분적으로는 아날로그라는 증거였다. 이러한 이유들 때문에 위너는 1948년에 자신의 생각들을 요약한 책《사이버네틱스 *Cybernetics*》도 아날로그 언어로 썼다. 그리고 그의 생애 마지막 10년 동안 여러 나라를 돌아다니며, 사이버네틱스라는 복음을 설파할 때도 거의 아날로그 언어만을 사용했다. 그의 본래 의도에도 불구하고, 사이버네틱스는 아날로그 프로세스 이론이 되었다.

한편 1948년에는 클로드 섀넌Claude Shannon, 1916~2001 역시 〈벨 연구소 기술저널The Bell System Technical Journal〉에 '수학적인 소통이론A Mathematical Theory of Communication'이라는 유명한 논문 한 편을 발표했다. 섀넌의 이론은 일종의 디지털 소통이론으로, 위너의 아이디어들을 상당수 이용하고 있었지만 전혀 다른 각도에서 응용한 이론이었다. 섀넌의 이론은 수학적으로도 세련되고 명쾌했고, 실질적인 소통의 문제들에 응용하기도 쉬웠다. 사이버네틱스보다 훨씬 더 사용자 친화적인 이론이었다. 이 이론은 '정보이론'이라 불리는 새로운 분야의 토대가 되었다. 그 후 10년 동안 전 세계 곳곳에서 디지털 컴퓨터가 작동되기 시작했고, 아날로그 컴퓨터는 급속히 꼬리를 감추었다. 전자공학자들은 섀넌이 설파한 정보이론의 복음을 기본 교과서로 배우기 시작했고, 사이버네틱스는 잊혀갔다.

1940년대에는 어느 누구도 디지털 컴퓨터를 더 작고 더 저렴하고 더 신뢰도 높게 또 일반 시민들 누구나 쓸 수 있게 만들어줄 '마이크로프로세서microprocessor'를 예견하지 못했다. 위너나 폰 노이만, 섀넌조차도 예측하지 못했던 일이었다. 또한 그 누구도 인터넷이나 휴대전화가 필수품이 되리라고 예측하지 못했다. 개인용 디지털 컴퓨터가 거의 필수품이 된 지금까지, 몇 대의 거대한 컴퓨터가 인간사회의 운명을 결정할 것이라는 위너의 악몽은 현실이 되지 않았다. 하지만 미래에 대한 위너의 몇 가지 관점들은 현실로 다가오고 있다. 그가 예견했던 것처럼, 수백만에 이르는 숙련된 기술자들이 기계에 밀려나 빈곤의 나락으로 떨어지고 있다. 국가의 부의 기반은 제조업에서 정보산업으로 이동하고 있다. 그리고 인간 뇌의 미스터리들이 하나하나 풀리기 시작했다. 우리는 위너의 예견에서 아직 배워야 할 게 많다.

후기

〈뉴욕 리뷰 오브 북스〉에 글을 투고할 때마다 나에게는 두 종류의 편지가 날아온다. 하나는 비전문가 독자들이 감동을 받았다고 보내오는 편지들이고, 다른 하나는 전문가 독자들이 나의 실수나 오해들을 정정해주기 위해 보내주는 편지들이다. 어느 편지건 기쁘고 감사하지만, 후자의 편지에서 더 많은 것을 배운다. 전문적으로 배우지 않은 분야에 대해 글을 쓸 때는 실수가 불가피하다. 기록을 바로잡기 위해서는 전문가들의 도움이 절실하다.

이 서평에 대해서는 전문가, 비전문가 할 것 없이 많은 편지를 받았다. 내 실수를 정정해준 독자들에게 특별히 더 감사하다. 사실이 아니거나 부당한 설명과 판단들을 삭제하는 것으로 그분들에게 답장을 대신한다.

10

대중이 열광했던 물리학자, 리처드 파인만

위대한 과학자엔 두 부류가 있다. 이사야 벌린 Isaiah Berlin, 1906~1997 은 기원전 7세기 시인 아르킬로코스 Archilochus, 기원전 680~기원전 645 의 표현을 따서 이들을 여우와 고슴도치라 불렀다. 여우는 재주가 많고, 고슴도치는 재주가 딱 하나뿐이다. 여우는 만사에 관심이 있고, 이 문제에서 저 문제로 쉽게 옮겨간다. 고슴도치는 스스로 기본이라고 여기는 소수의 문제들에 매달려 몇 년 또는 몇 십 년을 파고든다. 위대한 발견은 대개 고슴도치들의 몫이고, 사소한 발견은 대개 여우들의 몫이다. 과학이 건강하게 성장하려면 고슴도치와 여우가 모두 필요하다. 고슴도치들은 사물의 본질을 파고, 여우들은 경이로운 우주의 세세하고 복잡한 내용들을 파헤친다. 그런 면에서 알베르트 아인슈타인은 고슴도치였고 리처드 파인만은 여우였다.

많은 독자들은 과학자 파인만보다는 《파인만 씨 농담도 잘하시네 *Surely You're Joking, Mr. Feynman!*》[1] 같은 그의 저서를 통해 이야기꾼 파인만을 먼저 만났을 것이다. 그가 쓴 《파인만의 물리학 강의 _Feynman Lectures on Physics_》[2]
는 물리학자들에게는 필독서였으나, 일반인을 염두에 둔 책이 아니었
던 까닭에 읽은 사람이 많지 않을 것이다. 얼마 전에 그의 딸 미셸
Michelle이 추리고 편집한 그의 편지모음이 나왔다.[3] 이 편지에는 과학 내
용이 별로 없지만, 일반 독자들에게 여우도 고슴도치만큼이나 창의적
일 수 있다는 사실을 보여주는 것만으로도 충분히 가치 있다. 20세기
초, 고슴도치였던 아인슈타인과 그의 추종자들은 물리학을 위한 깊고
새로운 토대를 세웠다. 같은 세기 중반, 파인만이 뛰어든 물리학은 토
대가 견고했고, 우주는 여우가 마음껏 들쑤실 만큼 활짝 열려 있었다.
젊은 파인만이라는 여우 앞에 엄청난 기회들이 펼쳐졌다.

파인만의 과학을 화제로 삼은 몇 안 되는 편지 가운데, 그의 학생이
었던 고이치 마노Koichi Mano에게 쓴 편지에서 여우가 일하는 방법을 엿
볼 수 있다.

내가 지금까지 연구해온 수많은 문제들을 시답잖다 여기겠지만, 나로서
는 즐거웠고 때론 부분적으로 성공도 거뒀지……. 폭발의 충격파 형성, 중
성자계수기 설계……, 아이들 장난감(플렉사곤flexagon이라고 부르는 것)을 만들
기 위한 종이접기 일반이론, 가벼운 원자핵의 에너지 준위, 난류이론(성공도
못 하고 이 문제로 몇 년을 허비했다네), 거기다 양자론의 '더 큰' 문제들까지.

우리가 실제로 무엇인가를 해내기만 한다면, 그 어떤 문제도 시시하다
거나 사소하다고 할 수 없을 것이네.

양자론의 '더 큰' 문제들은 파인만의 수많은 연구 활동 가운데 한 가
지에 불과했다. 그는 자연을 설명하는 도표를 고안해 '시공간 접근the

space-time approach'이라고 불렀다. 1965년 그에게 노벨상을 안겨준 이 연구가 바로 양자역학의 '더 큰' 문제였다. 이 연구의 목적은 수소원자의 세부 사항들을 정확히 계산해 컬럼비아 대학에서 새로 실시한 연구결과들과 비교하는 것이었다. 1947년에 시작할 때만 해도 그는 이 연구를 대수롭잖게 여겼다. 계산을 수행하기 위해서, 파인만은 먼저 상호작용하는 입자들을 방정식이 아니라 도표로 표현해서 양자작용을 묘사하는 새로운 방식을 고안했다. 특정 계산을 목적으로 개발된 '파인만 다이어그램Feynman diagrams'은 물리학에 혁명을 몰고 왔다. 그의 도표는 계산에도 유용했지만, 자연을 이해하는 새로운 방법이기도 했다. 파인만의 기본 개념은 간단하고도 보편적이었다. 만약 하나의 양자작용을 계산하려면, 발생할 수 있는 상호관계들을 먼저 일정한 양식으로 그린다. 그리고 각각의 그림에 상응하는 숫자를 간단한 규칙에 따라 계산한 다음, 그 수들을 합산하면 끝난다. 결국 양자작용은 한 묶음의 그림에 불과하며, 각각의 그림은 양자작용이 발생할 수 있는 하나의 방법을 나타낸다.

파인만 다이어그램은 수소원자뿐 아니라 우주에 존재하는 모든 것의 양자작용을 시각적으로 단순하게 표현했다. 개발된 지 20년 만에 이 도표는 전 세계 모든 입자물리학자들이 사용하는 '실용어'가 되었다. 이 용어가 없었던 시절에 어떻게 장과 입자를 연구할 수 있었는지, 지금은 상상조차 어렵다. MIT 과학사학자 데이비드 카이저David Kaiser는 최근 저서 《분화하는 이론들: 전후 물리학에서 파인만 다이어그램의 확산Drawing Theories Apart: The Dispersion of Feynman Diagrams in Postwar Physics》[4]에서 파인만 다이어그램이 어떻게 세계적으로 확산되었는지를 생생하게 보여준다. 이 다이어그램은 마치 유행성 독감처럼 확산되었다. 새로운 세대의 모든 젊은 과학자들이 파인만 병에 감염되었고, 이들이 만나는 사람들마다 전염되기 시작했다. 며칠 정도가 아니라 몇 년에 걸친 잠복기 탓에 파인만 전염병은 유행성 독감보다 훨씬 오래 지속되었다. 늙은 과학자들은 면역력이 있었지만, 새로운 언어가 보편화되자 어쩔 수 없이 유행의 대열에 합류했다.

파인만 다이어그램은 완성되고도 1년이 지나서야 발표되었다. 파인만은 만나는 모든 사람들을 붙들고 자신의 이론을 알리기에 여념이 없었지만, 정식으로 논문을 쓰기가 끔찍이도 싫어 더 이상 미룰 수 없을 때까지 미룬 것이다. 만약에 그가 친구인 버트[Bert]와 물라이카 코벤[Mulaika Corben]을 만나러 피츠버그를 며칠간 방문하지 않았더라면, 그의 독창적 논문 '양자전기역학에 관한 시공간 접근[Space-Time Approach to Quantum Electrodynamics]'[5]은 세상에 나오지 못했을지도 모른다. 코벤의 집에 머무는 동안 두 친구가 논문 쓰기를 독려하자, 그는 온갖 핑계를 대면서 거부했다. 자유분방하고 단호한 물라이카는 극단적인 조치를 취하기로 마음먹었다. 고집이라면 그녀도 파인만 못지않았다. 그녀는 파인만을 방에 가두고 논문을 완성할 때까지 감금했다. 이 일화는 물라이카가 나중에 내게 들려준 것이다. 파인만에 얽힌 다른 이야기들처럼 이 일화도 부풀려진 면이 없지 않겠다. 하지만 물라이카와 파인만을 알고 있던 이들은 충분히 있을 수 있는 일이었다고 생각한다.

파인만의 친구와 동료들은 그의 서간집이 나왔다는 소식에 깜짝 놀랐다. 우리는 그가 편지로 글을 쓰리라고는 생각지도 못했다. 그는 훌륭한 과학자였고 자신의 생각을 널리 알리는 사람이었지만, 그가 대중에게 접근한 방식은 글보다는 말을 통해서였다. 그는 말이라면 청산유수로 할 수 있지만, 문법에 맞게 글을 쓰는 일만은 극구 사양했다. 그의 이름으로 나온 많은 책들은 직접 쓴 것이 아니라, 누군가 받아 적었거나 녹음해 편집한 것들이다. 학술적인 책들은 강의 내용을, 대중적인 책들은 그의 이야기를 녹음해 편집했다. 파인만은 과학적 발견들을 논문보다는 강의형식으로 발표하길 좋아했다.

탁월한 소통가였던 로널드 레이건^{Ronald Reagan, 1911~2004}처럼, 서간집에서 드러난 파인만도 매우 다양한 사람들에게 개인적인 편지를 은밀히 쓰고 있었다. 동료 과학자들에게 보내는 편지는 거의 없었다. 하지만 가족들에게 많은 편지를 보냈으며, 알지도 못하고 만난 적도 없는 이들이 질문한 과학문제들에 답하는 편지들도 많다. 정확한 영어를 구사하지 못한다는 너스레에도 불구하고, 편지들을 보면 문법적으로 정확하고 명쾌한 문장을 구사하고 있다. 편지 내용에서 창의적인 과학자임을 드러내는 경우는 드물다. 자신이 어떤 연구를 하고 있는지에 대한 언급은 아예 없다. 이 편지들만 보면 파인만은 전형적인 교사다. 그는 오랫동안 교편을 잡았으며, 연구 못지않게 가르치는 일에도 전력을 다했다. 진정으로 알고자 애쓰는 이들을 돕기 위해 이 편지들을 썼던 것이다. 그가 즐겨 답장한 편지들을 보면, 파인만이라야 쉽게 설명할 수 있는 내용들이다. 질문 내용들은 대개 초보적인 수준이었지만, 그는 동료 과학자들이나 이해할 수 있을 높은 수준의 내용도 쉽게 풀어서 설명한다. 머리 좋은 것을 드러내려고 하지도 않았다. 오로지 쉽고 간단하게 설명하는 데에만 신경을 썼다.

모든 편지가 다 개인적이다. 그는 질문에도 충실히 답했지만, 질문한 이들의 개인적 요구를 파악하고 있었다. 그 한 예가 앞에서 언급한 고이치 마노에게 보낸 편지의 마지막 단락이다. 고이치는 과학자로서 기본적인 문제들도 해결하지 못하고 있는 자신의 모습에 힘들어하고 있었다. 파인만은 이렇게 답한다.

자네는 지금 자신을 무명이라고 생각하는군. 자네 부인과 아이들에게
자네는 결코 무명의 사람이 아니야. 동료들이 자네 연구실에 들러 불쑥 던
지는 질문들에도 대답을 해주는데, 동료들도 자네를 무명으로 여길 리 없
지 않은가. 내게도 자넨 결코 무명의 제자가 아니야. 스스로를 무명이라고
여기지 말게. 자기 스스로를 비하하는 것만큼 슬픈 일이 어디 있겠나. 지
금 자네가 서 있는 곳을 정확히 보고, 공정한 잣대로 스스로를 평가하길
바라네. 젊은이로서 갖고 있는 순진한 이상에 얽매이지도 말고, 자네 선생
이 갖고 있는 이상을 괜스레 넘겨짚지도 말게나.
자네에게 행운과 행복이 함께하길 비네.
리처드 파인만.

파인만의 딸 미셸은 편지에 자신의 간단한 의견을 덧붙였고, 딸로서
의 심경을 묘사한 서문을 썼다. 파인만이 사망하고 16년이 지나서야
발견된 편지들을 미셸도 남들처럼 놀란 심정으로 읽어 내려갔다. 그
편지들은 캘리포니아 공과대학 문서보관소의 서류 캐비닛 속에서 각
종 과학 논문들, 강의 노트들과 함께 뒤섞여 16년간 잠들어 있었다.
그 편지들을 읽자마자 그녀는 세상에 공개해야겠다고 다짐했다. 그 편
지들 속의 파인만은 완전히 새로웠다. 이전에 대중은 과학자로서 그리
고 유명한 익살꾼으로서 그를 기억했다. 1947년 코넬 대학에서 파인
만을 처음 만나고 일주일 후, 나는 부모님에게 쓴 편지에서 그를 '반은
천재고 반은 어릿광대'라고 표현했다. 지금 이 편지들을 보니 그는 천
재도 아니요, 어릿광대도 아닌 현명한 상담자로서 온갖 부류의 사람들

에게 관심을 갖고 그들의 질문에 대답했으며, 힘닿는 데까지 그들을 도우려 애썼다.

미셸이 쓴 서문은 문서보관소에 있던 편지의 한 구절로 끝을 맺는다. 그 글은 파인만이 스톡홀름에서 열린 노벨상 수상식에서 했던 수락연설의 한 대목이다. 스웨덴으로 향하기 전, 수상소식을 접한 그는 노벨상과 함께 스톡홀름에서 견뎌내야만 할 거추장스런 공식 의전을 싸잡아 헐뜯었다. 그는 상을 고사하겠다고 했으나, 상을 거부하면 더 달갑잖은 유명세를 타게 될 것이라는 부인의 말에 생각을 바꿨다. 그는 공식 의전을 혐오했으며, 특히 왕과 왕비 그리고 왕궁의 우월의식을 극히 싫어했다. 하지만 스톡홀름에 도착해 따뜻한 환대를 받은 후에는 자신의 감정을 최대한 솔직하게 공개적으로 표현했다. 수상 후에 쇄도한 엄청난 축하 메시지들도 언급했다.

신문을 손에 들고 아내들에게로 향하는 남편들, 소식을 전하러 이웃 아파트로 달려가 초인종을 눌러대는 딸들, 과학지식이 없으면서도 단지 저에 대한 믿음 하나로 노벨상 수상을 맞췄다면서 "그럴 거라고 내가 말했잖아"라고 의기양양하게 외치는 사람들, 친구들, 친척들, 학생들, 절 가르치셨던 선생님들, 동료들, 심지어 전혀 모르는 사람들까지도⋯⋯.

각각의 메시지들에서 저는 두 가지를 보았습니다. 하나는 기쁨이고, 다른 하나는 저에 대한 애정입니다(이 대목에서, 저는 지금까지 제가 지녔을지도 모를 겸손 따위는 싹 잊어버리고 잘난 체합니다).

이 상 덕분에 그 사람들은 자신의 감정을 표현하고, 저도 그들의 감정을 배우나봅니다⋯⋯. 이 점에 대해서 저는 알프레드 노벨과 그의 유지를 이런 특별한 방식으로 이어가려 애쓴 많은 이들에게 감사드립니다.

명예를 표현하는 방식과 각종 거창한 의전 그리고 황공하지만 국왕제도 등을 이해하지 못한 점에 대해 스웨덴 국민들께 용서를 구합니다. 저는 이런 것들이 마음의 문을 열어준다는 사실을 이제야 이해하게 되었습니다. 평화를 사랑하는 현명한 국민들 손길에서 이런 것들은 스웨덴뿐 아니라 다른 곳에서도 좋은 감정, 심지어는 사랑의 감정을 이끌어내는군요. 그런 연유로 저는 여러분께 깊은 감사를 드립니다.

이 서간집의 제목 《진부함에서 벗어나는 논리적인 방법*Perfectly Reasonable Deviations from the Beaten Track*》이란 표현은 그가 캘리포니아 주 교육과정위원회에 보낸 편지에서 빌려왔다. 그는 위원회 소속으로 초등학교용 과학교과서들을 평가했다. 당시 그의 아들 칼*Carl*은 세 살이었고, 3년 후면 초등학교에 가서 그 교재들을 공부해야 할 나이였다. 파인만은 많은 시간과 노력을 들여 교과서들을 읽고 단점들을 지적했다. 그는 교재에 달린 교사용 매뉴얼도 함께 살펴봤다. 매뉴얼은 교사가 교과서 내용을 충분히 이해하고 학생들을 가르치게 하려고 만들어진 것이다. 파인만은 특별히 교사용 매뉴얼에 메스를 들이댔다. 그가 시리즈로 나온 한 종류의 교재와 매뉴얼에 대해 평가한 글을 보자.

- 평가: 보통(잘잘못이 섞여 있음)
- 1학년용: 응결에 관한 단순하고 명쾌한 설명, 기타 등등. 하지만 동물에 관한 대부분 자료는 겉으로 보이는 동물들의 차이만 설명(어떻게 성장하고, 알이 되며, 새끼가 나오는지 등에 관한 내용은 전혀 없음)하고 있음.
- 5학년용: 화학·음향에 관한 내용은 명쾌하고 좋지만, 날씨와 전기에 관한 자료는 불충분함. 특히 교사용 매뉴얼의 날씨와 전기에 관한 내

용 가운데는 정답 외에 있을 수 있는 옳은 답들을 인정하지 않고 있으며, 교사지침을 보면 교사가 진부한 방식에서 타당하게 벗어날 가능성을 열어놓지 않음. 또한 이들 항목에서 제시하는 어려운 실험들은 기대하는 결과들을 쉽게 얻을 수 없을 텐데도, 그럴 경우에 교사들의 대처 방법을 제시하지 않음.

파인만이 특히 우려했던 부분은 매뉴얼에 의존한 교사들이 창의적으로 문제를 해결한 학생들의 점수를 깎을 수도 있다는 점이었다. 실제로 그런 일이 발생했다. 수년 후 미셸이 고등학생 때, 대수학 문제의 정답을 구했지만 기존의 풀이방식과 다르다는 이유로 점수가 깎였다. 파인만이 항의하러 학교를 찾아갔을 때, 교사는 오히려 그를 보고 수학에 관해서 아무것도 모른다고 비난했다. 그 일이 있은 후, 미셸은 집에서 아버지에게 대수학을 배웠고 시험 때만 학교에 갔다.

미셸은 두 자녀 중 막내로 아버지의 사랑을 독차지했고, 아버지를 사랑하고 존경했다. 오빠인 칼은 아버지와 함께 과학과 컴퓨터에 관한 관심을 공유할 만큼 지적이었다. 미셸은 아버지와 오빠가 전문적인 이야기를 주고받을 때면 두 사람 옆에서 조용히 걷기만 했다고 말한다. 한 번은 파인만이 내게 칼에 대해 불만을 털어 놓은 적이 있었다.

난 늘 괜찮은 아빠라고 생각했고, 내 아이들을 자랑스럽게 여겼어. 특별히 이런 사람이 되었으면 좋겠다고 강요하지도 않았지. 나처럼 교수가 되라고 한 적도 없어. 아이들만 좋다면 트럭 운전을 하든 발레를 추든 난 행복했을 거야. 그런데 애들이 기가 막히게도 내 기대를 저버리더군. 아들 칼을 말하는 걸세. MIT 학생인데 녀석 꿈이 뭔지 아나? 철학자가 되겠다는 거야, 이런 제길.

파인만은 실용적인 기술을 가진 사람들을 존경했으나 철학자들은 싫어했다. 다행히 철학에 대한 칼의 관심은 오래가지 않았다. 그는 아버지와 함께 기술적 정보와 생각들을 공유할 수 있는 컴퓨터 공학으로 곧 돌아왔다.

서간집에 대한 서평인 만큼 편지들에서 글을 인용하는 편이 낫겠다. 서간집 앞부분에는 파인만이 부모님에게 보낸 편지들이 나오는데, 그 중에는 21세의 파인만이 부친에게 보낸 장제법 문제와 관련된 상당히 고난이도의 산술 퍼즐도 있었다. 외판원이었던 그의 부친은 과학을 열정적으로 좋아했지만, 제대로 된 과학교육을 받진 못했다. 편지에 등장한 퍼즐은 아마도 부자간에 오랫동안 주고받던 퍼즐 내용의 일부였던 모양이다. 세월이 지난 후 그는 부친에 대해 이렇게 썼다.

부친께서는 별들과 숫자들 그리고 전기에 관한 멋진 이야기를 들려주셨다.

……내가 말도 배우기 전에 부친께서는 이미 블록으로 수학적 모형들을 만들어 내 관심을 유도하셨다. 그러니 나는 처음부터 늘 과학자였던 셈이다. 그런 멋진 재능을 즐거운 놀이로 전해주신 부친께 감사한다.

가족편지에 이어 파인만이 첫 부인 알린Arline과 주고받은 편지모음이 나온다. 편지는 결혼에서부터 아내가 폐결핵으로 사망할 때까지 3년 간의 어둡고 힘든 일상을 보여준다. 이 기간에 파인만은 로스앨러모스에 있는 원자폭탄연구소에서 맨해튼 프로젝트에 거의 전적으로 매달리고 있었다. 알린은 앨버커키에서도 9.6킬로미터나 떨어진 산속 요양시설에 머물고 있었다. 그는 1945년 5월에 부인에게 편지를 썼다.

의사가 특별히 내게 와 사상균과 스트렙토마이신 이야길 하더군요. 스트렙토마이신이 기니피그의 결핵치료에 효과가 있다고……. 사람을 상대로 임상실험도 했답니다. 신장을 막게 되면 위험하지만 다른 결과는 다 좋다고 하오. 의사 말로는 그 문제도 곧 해결될 것이고, 그렇게 되면 조만간 치료제로 쓰일 수 있다고…….

잘 견딥시다. 상황은 언제든지 좋아질 수 있잖소. 세상에 정해진 일이란 없는 법이오. 우리 멋지게 살아봅시다.

스트렙토마이신은 임상실험을 통과했고 곧 치료약으로 쓰이게 되었다. 하지만 알린은 그때까지 버티지 못하고 한 달 후에 세상을 떠났다.

다른 편지들과 별도로 분류된 다섯 통의 편지도 있다. 파인만이 여행지에서 셋째 부인 궤네스^{Gweneth}에게 쓴 편지들이다. 궤네스는 칼을 낳았고 미셸을 입양했다. 그는 궤네스에게 편지 쓰는 것을 좋아했던 것 같다. 편지 내용을 보면 대부분의 여행자들이 쓰지 않는 온갖 자잘한 이야기들이 적혀 있다. 그는 생전 처음 가본 장소에서도 그곳에서 벌어지는 일을 한눈에 파악하는 빼어난 능력을 가졌다. 정확한 관찰과 생생한 묘사 덕분에 이 편지들이 더욱 돋보인다. 이러한 그의 능력은 1986년에 있었던 챌린저 우주왕복선 참사를 조사하는 과정에서 유감없이 위력을 발했다. 참사원인 조사위원회에 합류해달라는 요청을 받고 거절하려 했을 때, 궤네스가 이렇게 말했다.

만약 당신이 안 하시면 12명이 무더기로 여기저기 헤집고 다닐 거예요. 하지만 당신이 합류한다면 11명이 무더기로 여기저기 헤집고 다닐 때, 나머지 한 명은 전체를 빠짐없이 둘러보고 조금이라도 이상한 점들을 다 확인하게 될 겁니다……. 당신처럼 일할 수 있는 사람은 아무도 없어요.[6]

파인만은 궤네스가 옳은 말을 한다는 걸 알았고, 합류하기로 결정했다. 위원회의 공식 보고서에 부록으로 출간된 '왕복선 사고의 책임에 관한 개인적 견해Personal Observations on the Reliability of the Shuttle'는 매우 지혜로운 관찰기록이다. 사고가 발생할 수 있는 다양한 경우를 살펴본 그는 왕복선의 치명적 사고율이 100회에 1회꼴이라고 결론을 내렸다. 2003년 2월 1일에 발생한 컬럼비아호 참사는 그의 추정이 상당히 정확했다는 사실을 입증했다. 하지만 정치인들과 NASA 관리자들은 그가 옳았다는 사실을 지금까지도 인정하지 않고 있다.

궤네스에게 쓴 다섯 통의 긴 편지는 발신지가 모두 달랐다. 그녀가 칼을 임신했을 때인 1961년에는 물리학회가 있었던 브뤼셀에서, 1962년에는 또 다른 물리학회가 열렸던 바르샤바에서, 1980년에는 강연차 방문했던 아테네에서, 1982년에는 방문 중이던 스위스에서 그리고 1986년에는 왕복선 조사위원으로 활동하던 워싱턴에서 쓴 것이었다. 각각의 편지는 완결된 작품으로, 한 장소와 시간을 완벽한 배경으로 삼고 자신이 만났던 사람들을 생생하게 그리고 있다. 브뤼셀에서 보낸 편지는 왕궁을 배경으로 왕과 왕비를 알현하는 모습과 왕궁 특유의 뻣뻣하고 형식적인 대화를 우스꽝스럽게 표현하고 있다. 다행히 여왕의 쾌활한 의전 비서와 마음이 맞은 파인만은 왕궁을 빠져나와 의전 비서의 시골집에서 그의 가족들과 행복한 오후 시간을 보낼 수 있었다.

바르샤바 편지는 그랜드 호텔 식당에서 벌어지는 이야기다. 파인만은 그곳에서 경험한 공산주의의 불필요한 요식절차에 대해 불만을 털어놓는다. 그는 '이론적으로는'이라는 말로 편지를 시작한다.

계획해서 나쁠 거야 없겠지만, 정부가 하는 멍청한 짓에도 뭔가 이유가 있어야 할 텐데 아무도 이유를 모른다오. 이유를 알아내고 대책을 세울 때쯤이면 모든 이상적인 계획은 유사流沙 속으로 사라져버릴 테지만 말이오.

아테네에서 보냈던 편지를 보면, 그리스의 교육제도가 고대 그리스의 영광을 지나치게 강조한다고 적혀 있다. 아이들에게 절대로 조상들의 업적에 필적하지 못하리란 점만 가르치고 있기 때문에, 아이들이 처음부터 패배의식을 갖고 인생을 출발하게 한다고 적고 있다.

나는 아이들에게 유럽 수학에서 가장 중요한 발견은 니콜로 타르탈리아Niccolo Tartaglia, 1499~1557가 했으며, 그 발견 덕에 너희들이 3차 방정식을 풀 수 있다고 말했소. 비록 실질적으로는 크게 활용되진 않지만, 이건 현대인도 고대 그리스인들처럼 뭔가 해낼 수 있다는 사실을 보여준 정신적인 승리라고도 말했소. 또 이 승리가 고대에 대한 두려움에서 인간을 해방시켰던 르네상스에 큰 도움이 되었다고 했더니, 아이들이 엄청 당혹스러워하더이다. 학교 교육이 아이들에게 위대했던 조상들을 따라가지 못할 거라는 생각을 심어주고 있었소.

파인만은 스위스의 이야기를 가장 길고도 가장 신중하게 썼고 '부의 저주The Curse of Riches'라는 제목까지 붙여놓았다. 편지를 보면, 파인만은

'엄청난 유산을 물려받은' 남아메리카 출신의 어느 백만장자의 시골별장을 방문했다고 나온다. 그 부자는 캘리포니아 산 시메온^{San Simeon}에 윌리엄 랜돌프 허스트^{William Randolph Hearst}의 성과 유사한 호화 별장을 짓고, 로마·마야·폴리네시아의 고가 미술품들로 잔뜩 치장해놓았다. 파인만이 처음 느꼈던 호의적 감정은 여기서 끝난다.

곧바로 초현실적인 공포 버전으로 돌변해버렸다오. 남자와 아내와 딸, 이렇게 단 세 사람이 기다란 방에서 식사를 하는데, 고대의 촛대에 꽂힌 양초가 어두운 불빛을 드리우고 ……로마시대 그림들이 페인트칠도 안 되어 있는 벽에 걸려 그들을 내려다보고 있다고 상상해보오. ……이 정도면 부의 저주라고 할 만하지 않겠소.

워싱턴 편지는 파인만이 죽기 2년 전, 두 번째 암수술에서 간신히 살아났을 때 쓴 것이다. 이 편지는 챌린저 조사위원회^{Challenger commission} 의장인 윌리엄 로저스^{William Rogers}와 연달아 싸우던 이야기를 들려준다. 당시 파인만은 조사결과가 어떻게 나오든 상관없이, 오직 사실관계만 조사하기로 마음먹었다. 반면 로저스는 파인만이 정치적으로 민감한 사안을 들춰내지나 않을까 노심초사해 견제의 고삐를 늦추지 않기로 결심했다. 파인만은 자신이 로저스보다 한 수 더 높다는 사실을 알고 있었다. 그는 아직 결론이 나기도 전에 승리를 예측하며 궤네스에게 편지를 썼다. 그 편지에서 로저스가 얼마나 자신을 온갖 자료와 시시콜콜한 자료들로 일 속에 파묻어버리고 싶어 하는지 설명했다.

위험하다 싶은 목격자를 구워삶으려고 시간을 벌려는 속셈이겠지만, 그렇게는 안 될 거요. 왜냐하면 (1) 내겐 정보를 구할 방법이 있고, 그들이 생각하는 것보다 내 이해력은 훨씬 예리하니까 말이오. (2) 나는 이미 어떤 낌새를 챘고, 그 낌새가 바로 이 흥분되는 사건의 실마리이니 내가 잊어버릴 리도 없지 않겠소.

나중에 그는 위원회의 보고를 옹호하려는 로저스에게도 편지를 썼다.

사실관계들을 펼쳐놓고 면밀히 살펴보았습니다. 부정적 의견이 이처럼 많은 까닭은 나사의 왕복선 프로그램이 처한 끔찍한 상황 때문입니다. 안타깝지만 그것이 사실입니다. 우리가 만약 이에 대해 솔직하지 않는다면 몹쓸 짓을 저지르고 말 것입니다.

우리는 왜 파인만에게 주목하는가? 그의 어떤 점이 특별한가? 어째서 그는 알베르트 아인슈타인, 스티븐 호킹과 함께 20세기 물리학의 성 삼위일체로 우뚝 섰는가? 우상을 고르는 대중의 안목은 대단하다. 이들 세 사람은 실로 위대한 과학자들이며, 빛나는 천재성은 물론 각자 확고한 업적을 이뤘다. 하지만 훌륭한 과학자라고 해서 모두 우상이 되지는 못한다. 아인슈타인만큼은 아니어도, 호킹이나 파인만보다 뛰어난 과학자들은 많다. 하지만 그들은 우상이 되지 못했다. 폴 디랙은 파인만보다 과학자로서 더 뛰어나다. 파인만은 기회가 있을 때마다 이렇게 밝혔다. 자기만의 방식의 입자물리학을 가능하게 한 '시공간 접근'은 디랙의 논문에서 직접 차용했다고.[7] 실제로 그랬다. 파인만은 디랙이 고안한 아이디어를 실용적인 도구로 바꾸어놓았다. 디랙은 더 대단한 천재였지만 우상이 되지 못했다. 그에게는 우상이 되려는 욕심도 없었거니와 대중을 즐겁게 하는 재능이 없었기 때문이다.

과학자가 우상이 되려면 단순히 천재이기만 해서는 안 된다. 대중 앞에서 공연도 하고, 그들이 보내는 갈채를 즐길 줄도 아는 연기자라야 한다. 아인슈타인과 파인만은 사생활을 침해하는 신문과 라디오 기자들을 달가워하지 않았지만, 대중이 원하는 바를 기자들에게 제공했다. 그들이 제공한 기지 넘치는 발언들은 그 자체로 훌륭한 헤드라인이 되었다. 호킹은 신체적 장애를 극복한 위대한 인물로, 독특한 방식으로 대중의 입맛을 맞췄고 그들의 과찬을 즐겼다. 나는 호킹이 일본에서 휠체어를 타고 거리 구경을 나갔던 그 유쾌한 아침을 잊지 못한다. 수많은 일본인들이 호킹의 뒤를 물결처럼 따르며 호킹의 휠체어라도 한 번 만져보려고 열광하던 그 장면을. 아인슈타인과 호킹 그리고 파인만에게는 일반인과의 장벽을 돌파하는 능력이 있었다. 대중이 이들 세 사람에게 호응한 것은, 이들이 천재일 뿐 아니라 호남아인데다 농담도 잘했기 때문이다.

과학자가 우상이 되기 위한 셋째 조건은 슬기로움이다. 파인만은 농담도 잘하고 소문난 천재이기도 했지만, 심각한 질문에 현명하게 대답할 줄 아는 슬기로운 사람이었다. 나에게 진실했던 것처럼, 그는 자신을 찾아온 수백 명의 학생들에게도 진실했다. 아인슈타인, 호킹과 마찬가지로 그에게도 큰 고통이 있었다. 병마와 싸우는 알린을 간호하고 그녀의 죽음을 지켜봤으며, 그로 인해 그는 더욱 강인해졌다. 비상한 열정과 삶에 대한 유희의 이면에는 비극을 아는 자만의 깨달음이 있었다. 현재 우리가 가진 지식은 불안정하고 오래 가지 못하리라는 비극 말이다.

대중이 그를 영웅으로 삼은 까닭은 단순히 그가 뛰어난 과학자이자 멋진 어릿광대였기 때문만이 아니다. 위대한 한 인간으로서 고난의 시대를 이끈 안내자였기 때문이다. 지금까지 파인만을 다룬 여타의 책들은 그를 과학의 귀재요 이야기꾼이라고 묘사했다.

이 서간집에서 우리가 처음 만나는 파인만은 부모님을 걱정하는 아들이요, 아내와 아이들을 걱정하는 남편이자 아버지이며, 학생들을 챙기는 선생이다. 그리고 그에게 글을 보낸 전 세계 모든 사람들에게 아낌없는 호의로 답장을 써준 작가다.[8]

4부

개인적이고 철학적인 소회

1

세상, 육체 그리고 악마

《세상, 육체 그리고 악마: 이성의 세 적은 어떻게 변할 것인가*THE WORLD, THE FLESH and the Devil: An Enquiry into the Future of the Three Enemies of the Rational Soul*》는 존 데즈먼드 버널이 28세였던 1929년에 처음으로 출간한 책이다.[1] 40년 후 그는 개정판의 서문에 이렇게 적었다. '이 짧은 책은 저의 첫 작품입니다. 개인적으로 이 책이 특별히 의미 있는 까닭은 저의 과학 생애를 관통하는 원초적 아이디어들이 들어 있고, 그 내용들이 여전히 유효하다고 생각하기 때문입니다.' 말년에 뇌졸중으로 수족이 불편하고 무력해진 버널에게, 젊은 세대의 독자들이 그의 책을 읽게 되었다는 사실은 큰 위안이 되었을 것이다.

책은 이렇게 시작한다. '두 가지 미래가 있다. 원하는 미래와 운명적 미래. 인간의 이성은 이 둘을 구분하는 법을 배우지 못했다.' 내가 읽은 그 어떤 영어로 된 문학작품도 이보다 멋진 문장으로 시작한 책이 없다. '여전히 유효하다고 생각'한다는 버널의 겸손한 표현은 1968년에도 그랬지만 1972년에도 여전히 유효하다. 그가 첫 책을 썼던 1929년 이후로 인간사에서나 과학에서나 엄청난 변화들이 있었다. 한 권의 책이 지난 40년 동안 벌어진 사건들로 인해 낡은 내용으로 판명되거나 새로운 내용으로 대체된 적이 전혀 없다면, 거의 기적에 가깝다고 할 수 있다. 놀랍게도 그의 책은 오늘날 우리가 중요하게 다루고 있는 것들과 다르거나 무관한 내용이 거의 없다.

버널은 장차 인간의 이성적 측면이 세 가지 적과 싸우게 되리라고 내다보았다. 그가 명명한 첫째 적은 '세상'이다. 물적 재화의 부족, 부족한 땅, 가혹한 기후, 사막, 습지 그리고 또 다른 물리적 장애물들이 인류를 빈곤으로 몰아간다. 둘째 적은 '육체'다. 생리적 결함으로 인해, 인간은 질병을 앓고 정신이 흐려지며 노화로 죽음을 맞는다. 셋째 적은 '악마'라 칭했다. 인간의 심리학적 본성에 내재된 비이성적 힘들이 인간의 인식을 왜곡한다. 그래서 헛된 희망과 두려움에 빠지게 하고 이성의 희미한 목소리를 지우려 할 것이다. 버널은 인간의 이성이 궁극적으로는 이 적들을 이겨내리라고 믿었다. 하지만 대가 없이 쉽게 승리를 거두리라고는 생각지 않았다. 그가 예측한 승리를 거두기 위해서는 이 적들과의 각각의 싸움에서 인간이 극단의 조치를 취해 대비한다는 전제조건이 있어야 했다.

버널이 처방한 극단의 조치들을 요약하면 다음과 같다. '세상'을 이기기 위해서는, 인류의 대다수가 이 행성을 떠나 우주 곳곳에 흩어져 자유롭게 떠도는 식민지 별들로 이주해야 한다. '육체'의 제약을 넘어서기 위해서는, 뇌와 기계가 공생하는 단계에 이를 때까지 병든 장기들을 인공장기들로 교체할 기술력을 갖춰야 한다. '악마'를 무찌르기 위해서는 우선 사회를 과학의 관점에서 재편성해야 한다. 또 기분이나 감정적 충동을 의식적이고 지적인 차원에서 통제하는 법을 연마하며, 새로운 기술적 수단으로 우리 뇌의 정서적 기능들을 간섭할 수 있어야 한다. 이렇게 요약하니 버널의 논의를 지나치게 단순화해버린 것 같다. 그는 자신의 처방이 인류의 문제를 해결하는 궁극적인 대책이 되리라고는 생각하지 않았다. 인간이 처한 상황이 달라질 때마다 새로운 문제들이 등장하고, 이성에 도전하는 새로운 적들이 생겨나리라는 점을 잘 알고 있었다. 하지만 그는 자기가 볼 수 있는 미래까지만 봤고, 그 너머의 보이지 않는 세상에 대해서는 논의를 멈췄다. '육체'에 관한 장은 이런 문장으로 끝을 맺는다. '이것이 끝일 수도 있고 새로운 시작일 수도 있다. 하지만 여기서부터는 보이지 않는다.'

1929년에 버널에게 보이지 않았던 것들이 우리에게는 얼마나 더 많이 보일까? 우리가 1972년이라는 유리한 입장에 서 있다고 해서 더 많이 볼 수 있을까? 1929년과 1972년의 가장 뚜렷한 차이라면, 우리는 기술의 영향을 견제하는 조직된 목소리를 갖고 있다는 점이다. 오늘날 사회의 선지자들은 기술이 인간을 해방시키기보다 파괴하고 있다고 여긴다. 버널 때와는 달리 1972년에는 우주식민지, 인공장기의 완성 그리고 대뇌생리학의 정복이 인간의 미래를 쥐고 있다는 생각은 시들해졌다. 지금은 우주보다 생태학이 과학을 윤리적으로 평가할 유일한 분야가 되었다. 그렇다고 해서 버널의 생각이 1972년보다 1929년 당시에 더 인기에 영합했다고 생각하면 오산이다. 버널은 결코 시류에 편승하는 사람이 아니었다. 1929년에 '기술'이라는 단어는 제1차 세계대전의 가스전을 연상케 했기 때문에 사람들로부터 관심을 받지 못했다. 이는 마치 현재 '기술'이 히로시마 원폭과 베트남의 고엽제를 상기시키기 때문에 인기 없는 현상과 비슷하다. 1929년에는 기술 혐오가 오늘날만큼 큰 목소리를 내진 않았지만, 그렇다고 오늘날보다 심각하지 않았다는 의미는 아니다. 버널은 인간과 사회를 바꾸자는 자신의 제안이 인간의 완고한 본성에 맞서는 일임을 알고 있었다. 그럼에도 불구하고 주장을 굽히거나 절충안을 찾지는 않았다. 미래에 대한 자신의 견해가 언젠가는 이성적으로 받아들여지리라 믿었고, 그 믿음만으로 족했다. 그는 인간의 종이 두 갈래로 나뉘리라 예측했다. 한 갈래는 자신이 처방한 기술의 길을 따를 것이고, 다른 한 갈래는 고대의 습속대로 자연스런 삶에 필사적으로 매달릴 것이다. 또한 그는 광대한 우주로 인간이 퍼져나갈 수 있어야만, 인간 종의 분화가 심각한 갈등과 붕괴 없이 이뤄진다고 인식했다. 1929년부터 1972년 사이에 기술의 폐해를 바라보는 우리의 관점은 넓어졌지만, 그의 핵심 주장에 대해서는 아무런 반론도 내놓지 못하고 있다.

1929년과 1972년의 또 다른 현저한 차이라면, 인간의 달 착륙을 들 수 있다. 이 사건도 버널의 관점을 거의 건드리지 못한다. 그는 1929년에 이미 저렴한 비용의 행성 간 대량이주를 생각했다. 그도 구체적인 실행방법은 알지 못했다. 하지만 방법을 모르기는 지금의 우리도 마찬가지다. 1969년에 인간을 달에 데려갔던 그 방법은 분명 아닐 것이다. 이론적으로, 사람들을 지구에서 우주로 보내는 에너지 비용은 뉴욕에서 런던으로 보내는 운송비용보다 더 많이 들 리가 없다. 여기서 '이론적'이라는 말을 현실에 적용하려면 두 가지를 충족해야 한다. 첫째는 극초음속 항공기 공학이 엄청나게 발전해야 하고, 둘째로는 거대 규모의 경제가 실현될 정도로 물동량이 커야 한다.

아폴로 우주선에서 미래의 저렴한 대량운송 우주선 사이의 거리는 1930년대의 경식 비행선과 오늘날 보잉 747기 사이의 거리와 비슷하다. 아폴로새턴 5 발사체가 그러했듯, 경식 비행선 R101은 터무니없을 만큼 크고 화려하고 비싸면서도 쉽게 부서졌다. 이런 비유가 맞는다면, 우주 운송비용은 지금부터 50년 내에 적정가격 수준에 도달할 것이다. 하지만 내가 이렇게 생각하는 근거는 1929년에 버널이 가졌던 소신보다 본질적으로 더 확고하다고 할 수도 없다.

1972년의 우리가 1929년의 버널보다 더 멀리 내다볼 수 있게 된 결정적인 변화는 분자생물학의 출현이었다. 분자생물학의 기초를 닦은 사람 중 한 명이 바로 버널이었다. 그는 1930년대에 X선을 이용해 큰 분자들의 구조를 파악하는 기술을 완성했다. 그는 이 기술이 생명의 물리적 기초를 이해하는 열쇠가 되리라는 사실을 알고 있었다. 그의 연구는 1953년 이중나선구조를 발견하게 한 직접적인 기술이 되었다. X선으로 DNA의 나선구조를 찍은 로절린드 프랭클린^{Rosalind Franklin,} ^{1920~1958}은 영국에 있는 버널의 연구소에서 일하고 있었다. 버널은 자신의 책 1968년도 판 서문에서 이중나선구조를 '과학 전체를 통틀어 가장 위대하고 포괄적인 아이디어'라고 말한다. 이 발견 덕에 우리는 살아 있는 세포가 기능하고 스스로 복제하는 기본적 원칙들을 알게 되었다. 아직 이해하지 못한 부분들도 많이 남아 있긴 하다. 하지만 다음 세기가 가기 전에 고등생물의 생성과 분화 과정을 포함해, 생명의 화학적 과정들을 이해하게 될 것이다. 나는 우리가 필연적으로 이 생명의 과정들을 목적에 따라 이용하게 되리라고 본다. 또 그렇게 하는 것이 바람직하다고 생각한다. 현재의 기술이 물리학의 원리들을 바탕으로 성장했듯, 다음 세기의 완전히 새로운 기술은 생물학의 원리들에 대한 이해를 바탕으로 성장할 것이다.

생물학의 새로운 기술은 세 방향으로 성장할 것이다. 우리는 그 세

방향 모두를 따를 수도 있고, 세 방향 모두가 각각의 목적에 맞는 성과를 이루게 될 수도 있다. 첫 번째 방향은 주로 인간에 대한 책임감을 느끼는 생물학자들이 지금까지 논의해왔던 방향이다. 그들은 이를 '유전자 수술genetic surgery'이라 부른다. 간단히 말해, 인간 정자와 난자 속의 DNA의 염기서열을 읽고 그 서열을 컴퓨터에 입력한다. 만약 유해한 유전자와 기형이 발견되면, 현미조작술micromanipulation을 통해 해가 없는 미세한 유전자 조각으로 대체한다는 것이다. 어쩌면 원하는 특성들을 골라 담은 DNA 유전자를 추가해 인간을 바꿔놓는 일도 가능할 것이다. 이 기술은 어렵고 위험하기도 하지만 격렬한 윤리 논쟁들을 촉발할 것이다. 자크 모노Jacques Monod, 1910~1979는 1971년에 《우연과 필연Chance and Necessity》에서 자신감 넘치는 목소리로 '분자유전학의 발전으로 치료가 가능할 것이라는 헛된 꿈을 꾸지만, 일부 얄팍한 자들이 퍼뜨린 이런 환상은 없애버려야 한다'고 일갈한다. 모노를 매우 존경하지만, 그의 냉소적 주장에 대해 감히 나의 소신을 밝히면, 인간의 미래에서 유전자 수술은 매우 중요한 역할을 하리라 생각한다. 하지만 나 역시 인간의 유전물질을 간섭하는 일은 극도로 세심한 주의를 필요로 한다는 생물학자 일반의 관점에 동의한다. 인간 세포 속에 존재하는 수천의 유전자들은 경이로우리만치 복잡하게 상호작용하고 있다. 따라서 유전자를 단순히 '좋다' 또는 '나쁘다'로 구분하는 컴퓨터 프로그램은 정밀한 결점들을 다루기에 적합하지 않다. 향후 100년간 또는 우리가 인간의 유전자에 관해 훨씬 더 잘 이해할 때까지 유전자 수술을 중지하자는 강력한 움직임도 있다.

이런 문제와는 별도로, 나는 유전자 수술보다는 덜 위험하지만 우리의 존재조건을 바꿔놓을 만한 또 다른 두 가지 생물학적 기술이 다음

100년 안에 개발될 것이라고 생각한다. 그래서 버널이 지목한 세 가지 적들의 공격에서 우리를 도와줄 막강한 동맹군이 되리라 믿는다. 내가 이름 붙인 그 기술들은 바로 '생물공학biological engineering'과 '자기증식 기계self-reproducing machinery'다. 생물공학이란 인간의 목적에 맞춰 살아 있는 유기체들을 인공적으로 합성한다는 의미다. 자기증식 기계는 살아 있는 유기체의 기능과 복제능력을 모사한 기계를 의미하는데, 이를테면 DNA 기능을 모사한 컴퓨터 프로그램 또는 단백질분자의 기능을 모사한 소형 공장과 같은 것들이다. 단순한 다세포 유기체의 구성과 발달 과정의 원리들을 이해하고나면, 이 두 가지 기술을 이용할 수 있는 대로가 활짝 열릴 것이다.

가장 근 시일 내에 논쟁을 거의 불러일으키지 않고 생물공학이 성공을 거둔다면, 발효산업 기술의 발전으로 이어질 것이다. 우리가 특정 목적에 맞는 효소 시스템을 장착한 미생물을 생산할 수 있다면 어떻게 될까? 그 유기체들을 이용해 훨씬 더 정교하고 경제적인 수준에서 화학적 공정들을 수행할 수 있을 것이다. 가령, 원유를 다양한 목적에 맞게 탄화수소이성질체hydrocarbon isomer(탄산수소와 분자식은 같지만 다른 물리적·화학적 성질을 갖는 화합물-옮긴이)로 물질대사하는 미생물들이 생산된다면, 정유시설에 투입할 수도 있다. 어떤 탱크에는 n-옥탄 미생물, 어떤 탱크에는 벤젠 미생물 등등을 넣는 것이다. 또 모든 벌레들이 물질대사를 통해 황을 원소 형태로 바꾸는 효소를 지니게 되면, 유황가스로 인한 대기오염은 완벽하게 통제될 것이다. 그런 발효 탱크들을 대규모로 관리하고 작동하는 일은 쉽지 않을 것이다. 하지만 경제적으로나 사회적으로 돌아올 이득이 워낙 클 것이기 때문에, 어떻게든 방법을 찾아낼 것이다. 생물학적 정유시설에서 성공을 거둔 후에는 더 중요한 응용분야들이 뒤를 이어 그 원리를 이용할 것이다. 값싼 원재료를 이용해 특정 식품을 생물학적으로 제조하는 공장들이 생겨나고, 폐기물들을 사용하기 편리한 고체와 순수한 물로 전환시켜주는 하수 처리시설도 등장할 것이다. 이런 작업들을 수행하기 위해서는, 의도된 화학물질만 먹고 배출하도록 훈련된 다양한 미생물 종들을 완비해야 한다. 이 유기체들의 물질대사에 '자기제거self-liquidation' 기능을 설계해 넣는다면, 음식물 공급이 중단되었을 때 서로를 잡아먹고 사멸할 수도 있다. 현재 기술력에서는, 유해물질을 먹어치우는 박테리아들은 임무를 마친 후 부패된 잔해를 폐수로 남긴다. 이 폐수는 사실상 그들이 먹어치운 유해물질과 유해성 면에서는 큰 차이가 없다. 하지만 새로운 생물공학에서는 그런 문제도 사라질 것이다.

이런 기대가 충족된다면, 생물학적 기술은 산업발달의 틀을 새로 짤 것이고, 인간의 삶은 건강하고 편안해질 것이다. 정유시설에서 악취를 풍길 일도 없고, 강이 하수구가 될 필요도 없다. 하지만 폐쇄된 탱크에서 인공유기체를 사용해도 해결하지 못하는 환경문제들이 있다. 예를 들어 광산업이나 폐차산업들이 망쳐놓는 환경은 공장을 깨끗하게 한다고 해서 해결될 문제가 아니다. 따라서 생물공학의 두 번째 단계는 인공유기체를 다 활용한 후에는 환경 속으로 풀어주는 일이다. 이것은 첫 단계 작업보다 한층 더 위험하고 다루기 힘든 문제가 분명하다. 환경에 미칠 영향을 충분히 이해한 후에나 도전할 과제다. 그럼에도 불구하고 인공유기체가 환경에 제공하는 이점이 지대하기 때문에, 이 과제를 무한정 미루긴 어려워 보인다.

인공유기체를 지상에 풀어놓으면 채굴과 청소의 수고를 덜게 된다. 야생의 자연경관이 아름다운 것은 균형 잡힌 환경 속에서 자연 유기체들이 광부와 청소부 역할을 훌륭히 해내기 때문이다. 채굴작업은 주로 식물과 미생물들에 의해 물, 공기, 토양을 상대로 이뤄진다. 땅속의 유기체들이 공기로부터 암모니아와 일산화탄소를 매우 효율적으로 채굴한다는 최근의 연구결과가 그 좋은 예다. 폐차장에는 버려진 차들이 산더미처럼 쌓이지만, 자연 상태의 숲에서 새들의 사체더미를 볼 수 없는 까닭은 자연의 청소부 덕이다. 인간이 자연의 아름다움을 망치는 가장 큰 이유는 채굴과 청소 능력이 없기 때문이다. 자연의 유기체는 자연환경 속에서 어떻게 효율적으로 채굴하고 청소할지를 잘 알고 있다. 인간이 만든 환경에서는 유기체와 인간 모두 그 방법을 알지 못한다. 하지만 자연과 인공이 세심하게 섞인 환경에서라면, 필요한 원자재를 모으고 쓰레기를 처리하는 인공유기체를 우리가 고안하지 못할 이유는 없다.

인공유기체가 해결할 수 있는 문제 중 하나로 호수의 부영양화富營養化를 들 수 있다. 물속에 다량으로 함유된 질소와 인을 먹고 사는 조류들이 급격히 성장하면서 오늘날 많은 호수들이 망가지고 있다. 이 문제는 질소를 분자 형태로, 또는 인을 불용성 고체로 바꿔놓을 수 있는 유기체가 있다면 막을 수 있다. 보다 바람직한 대안이라면 질소와 인을 먹이사슬의 최종 포식자인 물고기에게 먹잇감으로 전환해주는 유기체를 설계하는 것이다. 장기적으로는 호수의 광물자원을 통제하고 수확하는 일이, 인공적으로 호수를 '자연적인' 불모지 상태로 유지하는 것보다 바람직하다.

인공채굴유기체artificial mining organisms는 우리 광부들과는 다른 방식으로 일할 것이다. 그런 유기체들의 채굴 장소는 대부분 바다가 될 것으로 보인다. 이를테면 인공조개가 바닷물에서 금을 모으고 황금진주를 배설할 수도 있다. 이보다 낭만적이지는 않겠지만, 구리와 마그네슘 산호초로 자라는 인공산호는 더 실용성이 크다. 지렁이처럼 진흙과 점토 속을 파고들어 체내에 알루미늄, 주석 또는 철을 응축한 후, 인간이 채집하기 쉬운 방법으로 그 광석들을 배설하는 인공유기체도 가능하다. 땅을 파지 않고도 우리의 생존에 필요한 거의 모든 원자재들을 바다, 공기 또는 점토로부터 채굴할 수 있다. 기존의 광산에서도 광석을 먹고 정화하는 작업을 수행하는 인공유기체들을 이용할 수 있을 것이다.

대단한 상상력을 동원하지 않아도 청소부로서 인공유기체의 효율성을 예측할 수 있다. 강이나 호수의 유기수은을 무해한 불용성 고체로 전환하는 미생물도 생각해볼 수 있다. 폴리염화비닐을 왕성하게 먹는 인공유기체라면 현재 지구상의 모든 해안가에 널려 있는 플라스틱류들을 말끔히 청소해줄 것이다. 어쩌면 폐기된 자동차를 먹어치우는 동물 종도 충분히 상상할 수 있겠다. 하지만 자동차를 인공 먹이사슬에 편입시키기 전에 현재의 자동차들은 사라질지도 모른다. 인공청소부들이 맡아야 할 보다 중요하고 지속적인 역할은 환경 속의 잔류방사능을 제거하는 일이다. 스트론튬, 세슘, 플루토늄은 핵분열 원자로에서 생성되는 가장 위험한 방사능원소들이다. 이 원소들은 반감기半減期도 길 뿐만 아니라, 인간이 핵분열을 에너지원으로 사용하는 동안은 소량이라도 방출이 불가피하다. 인공유기체가 물이나 토양으로부터 이 원소들을 먹은 후 불소화성不消化性 물질로 바꿔놓는다면, 핵에너지가 내포한 장기적 위험은 현저히 감소할 것이다. 다행히도 이 세 원소들은 우리 몸의 화학적 작용에 필수적이지 않아서 불소화성 물질로 바뀌더라도 전혀 해가 안 된다.

지금까지 생물공학이 내디딜 첫 두 걸음을 살펴보았다. 생물공학은 두 단계를 거치면서 우리의 산업을 바꾸고 지상의 생태학을 바꾸게 될 것이다. 이제 세 번째 단계, 우주 식민지화를 이야기할 시점이다. 생물공학이야말로 인간을 우주로 확장시키고자 했던 버널의 꿈을 실현시킬 핵심 도구다.

거주지로서의 우주를 말하기에 앞서, 흔히 잘못 알고 있는 몇 가지 개념들을 정리해야 한다. 일반적으로 행성들이 중요하다고 생각하지만, 지구를 제외하고는 그렇지 않다. 화성에는 물이 없고, 다른 행성들도 다양한 이유로 인간이 살기 어렵다. 태양계를 벗어나 다음 항성까지 이르려면 텅 빈 공간을 빛의 속도로 수년간 달려야 한다. 사실 태양계 주위의 우주에는 생명에 꼭 필요한 화학물질들과 물을 충분히 가진 직경 몇 킬로미터 정도의 혜성들이 무수히 많다. 우리가 어쩌다 보는 혜성은 우연히 궤도를 벗어나 태양을 향해 돌진하는 것뿐이다. 혜성은 대략 1년에 하나꼴로 태양 근처로 접근했다가 결국 증발하고 붕괴한다. 태양계가 형성된 지 수십 억 년 동안 혜성이 지속적으로 날아왔다고 본다면, 태양에 느슨하게 묶여 있는 혜성은 수십억 개에 이를 것이다. 이런 혜성의 표면적들을 합산하면 지구 표면적의 천 배, 아니 만 배나 된다. 나는 이런 근거에서 행성이 아니라 혜성에다 생명의 둥지를 틀어야 마땅하다고 확신한다. 만약 다른 항성들도 태양처럼 수많은 혜성을 거느리고 있다면, 우리 은하는 온통 혜성들로 충만하다고 가정할 수 있다. 이러한 가설에 대해서는 찬성하거나 반대할 증거가 없다. 만약 그것이 사실이라면, 우리 은하계에서 항성과 항성을 오가는 일이 생각보다 쉬울 것이다. 우주라는 사막에서 서식이 가능한 오아시스 간의 평균거리는 몇 광년이 아니라, 빛의 속도로 며칠이거나 또는 그보다 짧아지기 때문이다.

그러므로 나는 은하계를 생명의 거처로서 삼을 것을 제안한다. 살아 있는 세포의 기본 구성물질인 물, 탄소, 질소가 넘쳐나는 무수히 많은 혜성들이 저 우주에 널려 있다. 태양 가까이 추락하는 혜성들을 살펴보면, 우리의 생존에 필요한 공통요소들이 그 안에 모두 담겨 있다. 인간 정착에 필수적인 요소 중 단 두 가지가 부족할 뿐이다. 온기와 공기다. 이제 생물공학이 우리를 구할 때다. 혜성에 나무가 자라게 하는 방법만 알면 된다.

공기도 없고 태양빛도 멀리 있는 우주에서 나무를 자라게 하자면 기본적으로 잎의 피막을 재구성해야 한다. 모든 유기체의 피막은 환경의 요구에 맞도록 섬세하게 설계된 중요한 부분이다. 우주공간에서 잎의 피막은 네 가지 요구조건을 충족해야 한다. 우선 방사능 위험으로부터 생체조직을 보호하기 위해서는 원자외선을 투과시키지 않아야 한다. 내수성도 필수다. 그리고 광합성 기관에는 가시광선을 전달해야 한다. 마지막으로, 원적외선 복사율은 극히 낮아야 열의 손실을 막아서 얼어 죽지 않는다. 이 네 가지 요구를 충족한 잎의 나무라야 목성이나 토성의 궤도만큼 태양 가까이 궤도를 도는 혜성에서 뿌리내리고 성장할 것이다. 토성보다 멀어지면 햇빛이 너무 약해서 단순한 구조의 잎은 살 수 없다. 하지만 복합한 구조의 잎을 가진 나무들은 토성보다 훨씬 더 멀리 떨어진 행성에서도 생장할 수 있다. 복합한 구조의 잎은 온기를 유지하는 광합성 조직과, 냉기를 유지하면서 동시에 광합성 조직에 빛을 모아줄 오목반사경 조직^{concave mirror part}으로 이뤄져야 한다. 나무에게 그런 잎을 만들어 정확하게 태양을 향하도록 지시하는 유전자 프로그램을 만들면 충분히 가능하다. 복잡한 것처럼 보이지만, 현존하는 많은 식물들의 구조는 이보다 훨씬 더 복잡하다.

일단 잎의 문제만 해결되면 나무의 둥치나 가지 그리고 뿌리 같은 나머지 부분은 큰 문제가 없다. 가지가 얼면 안 되니까 나무껍질은 단열성이 뛰어나야 한다. 혜성의 표면을 파고든 뿌리는 얼어붙은 내부 재료들을 녹여 필요한 물질을 만들어내야 한다. 잎이 생성한 산소는 허공이 아니라 뿌리 쪽으로 방출해, 둥치 주변에서 살아가는 인간에게 공급되어야 한다. 그런데 한 가지 의문이 아직도 남는다. 나무는 혜성에서 얼마나 높이 자랄까? 그 대답은 놀랍다. 직경이 약 16킬로미터가 채 안 되는 천체에서라면 중력이 약해 나무는 한없이 성장한다. 이 나무는 수백 킬로미터까지 높게 자라면서, 자기가 차지한 혜성 자체의 단위면적보다 수천 배 더 큰 단위면적에 해당하는 태양에너지를 모은다. 만약 멀리서 그 혜성을 보면 줄기와 잎이 잔뜩 자란 작은 감자처럼 보일 것이다. 인간이 혜성에서 거주할 때가 되면, 조상들이 그랬던 것처럼 수상樹上생활 시대로 돌아갈지도 모른다.

지구의 아름다운 환경을 혜성에 재현하려면, 나무뿐 아니라 엄청나게 다양한 동식물 군을 그곳으로 옮겨야 한다. 어쩌면 우리는, 인간이 밟아본 적이 없는 혜성들에다가 생명을 전파할 씨앗을 만들도록 식물을 가르쳐야 할지도 모른다. 우리가 일으킨 생명의 파도가 혜성에서 혜성으로 퍼져나가 은하계 전체를 녹색으로 물들일 수도 있다. 거기서 끝일 수도 있고 그게 시작일 수도 있겠다. 하지만 버널의 말처럼 우리는 아직 그 너머를 볼 수 없다.

우리는 생물공학 개발과 더불어, '자기증식 기계'라는 대안을 활용해서 또 하나의 대단한 산업혁명을 거둘는지도 모른다. 자기증식 기계란 생명을 가진 유기체처럼 증식과 자율형성 능력이 있되, 세포질과 두뇌 대신 금속과 컴퓨터로 만들어진 기계를 뜻한다. 수학자 존 폰 노이만은 자기증식 기계의 이론적 가능성을 처음으로 입증하고 그 구조의 이론을 개략적으로 밝혔다. 자기증식 기계의 구성요소는 살아 있는 세포의 요소와 꼭 닮았다. 세포의 두 기능인 유전물질(DNA)과 효소 역할을 하는 기계(단백질)는 자기증식 기계를 구성하는 소프트웨어(컴퓨터 프로그램)와 하드웨어(기계장치)의 기능에 정확히 상응한다.

나는 향후 100년 안에, 새와 같은 고등 유기체의 세포만큼이나 능수능란하게 번식하고 분화하며 행동을 조정하도록 고안된 자기증식 기계가 탄생할 것이라 추정한다. 일단 난자기계를 구축해서 적절한 컴퓨터 프로그램을 실행하면, 그 난자의 후손이 성장해 우리가 원하는 경제적 임무를 수행해줄 하나의 산업단지로 발전할 것이다. 그들은 도시와 식물원을 만들고, 전력생산시설을 건설하고, 우주선을 발사하거나 양계를 할 수도 있다. 하지만 전반적인 프로그램들과 시행과정은 항상 인간이 통제해야 할 것이다.

이런 막강하고 다채로운 기술이 인간에게 미칠 영향은 쉽게 예측할 수 없다. 어리석게 사용하면 환경재앙으로 직행할 것이요, 현명하게 활용하면 경제적으로 겪는 어려움들을 신속히 완화하게 될 것이다. 부유한 나라나 가난한 나라나 할 것 없이, 경제적 자원의 급격한 증가 덕분에 경제적 제약은 더 이상 사람들이 살아가는 방식을 좌우하지 못하게 될 것이다. 이 기술이 인류의 경제적 문제들을 영구히 해소한다고 봐도 크게 틀리지 않을 것이다. 과거에도 그랬듯이, 경제적 문제를 해결해도 예기치 못한 문제들이 그 자리를 대체하는 건 어쩔 수 없다.

미학이나 생태학적 이유로 자기증식 기계의 사용을 엄격히 제한하는 곳에서는 생물공학 방식을 택할 수도 있다. 가령, 자기증식 기계가 바다에서 증식해서 광물을 채집할 수 있다 해도, 산호와 굴을 이용해서 그 일을 평온하게 처리하길 원할 수 있다. 경제적으로 다급한 경우가 아니라면, 효율성이 조금 떨어지더라도 조화로운 환경을 우선시할 것이기 때문이다. 따라서 지구상에서 자기증식 기계는 최대한 모습을 드러내지 않는, 조용한 역할을 맡게 될지도 모른다.

자기증식 기계의 진정한 활동무대는 태양계 안에서도 인간의 생존이 어려운 행성들일 것이다. 철, 알루미늄, 실리콘 등으로 제작된 기계는 물이 필요 없다. 이 기계들은 달이나 화성 또는 소행성들에서도 성장하고 증식하면서, 지구 생태계에는 전혀 해를 끼치지 않고서도 거대한 산업을 수행할 수 있다. 햇빛과 암석을 양분으로 삼을 뿐, 구조 유지를 위해 어떤 원자재도 필요치 않다. 이 기계들은 버널의 꿈대로 자유롭게 떠다니는 우주도시를 건설해줄 것이다. 물이 남아도는 외계 행성의 위성들로부터 물을 가져와, 물이 부족한 태양계의 다른 행성에 공급할 수도 있다. 마침내 그 물로 화성의 사막에도 꽃이 피게 되고, 인간은 그 꽃밭을 거닐며 지구와 같은 공기를 마시게 될 것이다.

미래를 긴 안목으로 내다볼 때, 나는 태양계가 두 영역으로 나뉘게 될 것이라고 생각한다. 햇빛이 풍부하고 물이 부족한 내부 영역은 거대한 기계와 정부주도 사업체가 차지할 것이다. 이곳에서 자기증식 기계는 충직한 노예이고, 인간은 거대 관료체제로 편성된다. 태양이 미치지 않는 외부 영역은 물이 풍부하고 빛이 희박하다. 이곳에는 나무들이 띄엄띄엄 자라고 인간들이 소공동체를 이루며 살고 있는 혜성들이 드문드문 있다. 이곳에서 인간들은 지구에서 오래전에 사라져버린 원시세계와 문화를 다시 발견할지도 모른다. 사람들은 올망졸망 모여 국가 권력의 통제로부터 자유롭게 살게 된다. 그리고 태양에서 멀리 떨어진 외부 영역에서 광활한 미지의 공간을 끝없이 배회할 수 있다.

지금까지 세상과 육체를 어떻게 다뤄야 할지 이야기했지만, 악마에 대해서는 아무런 말도 하지 않았다. 버널로서도 악마를 다루기가 쉽지 않았던 모양이다. 그는 이 책의 1968년 서문에서 악마에 관한 장이 가장 마음에 안 들었노라고 토로했다. 악마는 항상 인간의 어리석은 구석을 찾아내 너무나 아까운 우리의 이성적인 꿈들을 망쳐놓는다.

악마의 농간을 막을 비책이 있는 척하기보다, 내가 지금껏 설명해온, 우리의 웅대한 목표를 방해하는 인간적 요인들을 살펴보는 것으로 끝맺으려 한다. 인류가 위대한 업적에 착수할 때면, 늘 인간의 세 가지 나약함이 악마처럼 나타나 우리의 노력에 찬물을 끼얹는다. 그 악마 중 첫째가 목표를 설정하거나 동의에 이를 수 없는 무능이고, 둘째는 충분한 기금을 조성하지 못하는 무능이다. 셋째는 비참한 실패에 이를까 하는 공포다. 이 세 악마가 최근 미국의 우주개발 프로그램을 눈에 띄게 방해하고 있다. 그럼에도 불구하고 이 프로그램이 여전히 중단되지 않았다는 것은 이 프로그램의 가치와 생명력을 방증하는 것이다. 생물학적 기술과 우주 식민화라는 더 원대한 미래 사업을 목전에 둔 상황이니만큼, 이 악마들은 틀림없이 또다시 발흥해 우리를 혼란스럽게 만들고 연구를 지연시킬 것이다.

이쯤에서 나는 우리가 이런 약점들을 극복했던 역사적 사례들을 살펴보고자 한다. 필그림 파더스^{Pilgrim Fathers}(미국 플리머스에 정착한 최초의 뉴잉글랜드 이민인-옮긴이)의 일원이었던 윌리엄 브래드퍼드^{William Bradford, 1590~1657}는 《플리머스 식민지의 역사^{Of Plimoth Plantation}》에서 매사추세츠에 초기 정착한 영국인들의 역사를 보여준다. 브래드퍼드는 28년간 플리머스 식민지 총독을 역임했다. 그는 정착한 지 10년 후부터 자신의 역사를 기록했다. 그는 이 책을 쓴 목적을 이렇게 밝히고 있다. '아버지들이 어떤 역경과 싸웠는지 자식들에게 알리고자 함이며, 여기서의 경험이 후일 누군가의 막중한 임무에 쓰이게 하려 함이다.' 브래드퍼드의 글은 200년이 지나서야 출판되었지만, 그는 이 책이 후손들에게 도움이 될 것을 의심하지 않았다.

브래드퍼드는 이 책에서 목표 설정과 동의에 이르지 못하는 무능에 관해 적고 있다. 다음은 1620년 봄, 필그림들이 항해를 시작한 바로 그해에 쓴 글이다.

하지만 모든 일이 그렇듯, 실제로 행동으로 옮기는 대목이 가장 어렵다. 이해관계가 다른 여러 사람들이 동의해야 하는 일에서는 특히나 그렇다. 지금의 상황도 그러하다. 출발할 사람들은 줄어들고 주저하는 기색이 역력했으며, 돈을 대겠다던 상인들과 친구들은 갖은 핑계를 대며 발을 뺐다. 기아나로 가지 않는다고 투덜대는 사람들도 있었고, 버지니아가 아니면 안 되겠다는 이도 생겼다. 가장 믿었던 사람들도 새삼 버지니아가 싫다고 노골적으로 나서며, 그리로 간다면 아무것도 안 하겠다고 버텼다. 이런 와중에 라이든에 부동산을 보류해놓고 돈을 투자했던 사람들은 재정이 궁핍해져서 사태가 어떻게 돌아갈지 두려움에 빠졌다.

다음 인용글에서는 끝없이 제기되는 자금문제를 언급한다. 브래드퍼드는 필그림들의 항해에 필요한 물자 구매를 담당했던 로버트 쿠시먼 Robert Cushman의 편지를 인용한다. 쿠시먼은 1620년 8월 17일에 다트머스에서 편지를 썼는데, 배들이 출발했어야 할 시기를 이미 몇 달이나 연기한 시점이었다.

마틴 씨 말이 이 조건과 관련해서는 1원 한 푼도 안 받았답니다. 상인들에게 빚진 일이 없다는 거죠. 상인 놈들이 거머리 같은 놈들이었음을 이제야 알았습니다. 이 양반은 아주 검소한 사람이고, 정말로 상인들과는 거래가 없었을 뿐 아니라 이야기도 나눈 적이 없답니다. 그런데도 돈은 햄프턴으로 날아왔다는 거죠? 그 사람 돈이었을까요? 과연 누가 그 사람인 것처럼 돈을 흥청망청 썼을까요? 그는 어떻게, 무슨 조건으로 그 돈을 갖게 되었을까요? 내가 오래전에 조정을 제안했고 그도 좋다고 했는데, 이제 와서는 발뺌하며 내가 그들을 노예로 팔아먹었다는 겁니다. 하여간 그 사람은 그들에게 빚진 일이 없고, 자기는 혼자서 배 두 척을 끌고 항해를 하겠답니다. 이게 좋은 사람일까요? 그는 수중에 50파운드밖에 없고 거래가 끊기면 무일푼이 될 텐데, 그의 말에도 일리가 있는 것 같습니다. 벗이여, 우리가 식민지를 만들기만 하면 신께서 기적을 행하실 겁니다. 특히 신께서는 우리에게 양식이 부족하다는 점과 좋은 지도자도 없는데, 수도 많지 않으면서 서로 의견까지 다르다는 점을 아실 테니까요.

다음은 미국으로 가자는 원안을 놓고 필그림들 사이에 벌어진 논쟁의 일부다.

다른 사람들은 공포심 때문에 반대하면서 계획을 틀어놓으려고 애썼다. 그들의 주장들은 있을 법하지도 않고 사리에도 맞지 않았다. 바다에서 목숨을 잃는 것은 차치하고라도(누구라도 당할 수 있는 일이니), 여자들과 허약한 노인들(많은 사람들이 실제로 그랬다)에게는 만만치 않은 긴 항해다. 설령 목적지에 도착한다고 해도 그곳의 땅은 너무나 척박해, 우리들 가운데 일부는 아니 어쩌면 전부가 죽도록 고생만 할 것이다. 모든 것이 부족해 굶고 헐벗을 일도 다반사다. 공기와 식사 그리고 물이 바뀌면 온몸이 아프고 끔찍한 질병에 걸린다. 이런 곤란을 피하거나 이겨내더라도 야만인과 맞닥뜨려야 한다. 이 야만인들은 잔혹하고 악랄하며 가장 믿을 수 없는 종자들이다. 화를 불같이 내고 잔악무도하다. 그들은 사람의 목숨을 빼앗는 것만으로는 만족하지 않고 인간을 피범벅이 되도록 고문하길 즐긴다.

브래드퍼드의 글을 더 길게 인용할 자리가 아니니 이쯤 해두자. 우린 그에게서 무엇을 배워야 할까? 분열, 자금 부족, 무지에서 비롯된 공포, 이 세 가지 악마는 우리 인류에게 너무나 친숙하다. 그것들은 언제나 우리와 함께했고, 앞으로 위대한 모험에 착수할 때마다 모습을 드러낼 것이다. 우리는 브래드퍼드로부터 이들을 물리칠 방법을 배우게 된다. 필그림들은 기술이라는 마법을 사용하지 않았다. 그들의 승리는 어려움에 처한 인간이 발휘할 수 있는 모든 미덕을 필요로 했다. 강인과 용기, 이타심과 상식 그리고 유쾌함이다. 그 미덕들 중에 브래드퍼드가 가장 앞세운 것은 바로 신의 섭리에 대한 믿음이었을 것이다.

끝으로, 버널의 견해를 짤막하게 반박하면서 나의 이야기를 마치고자 한다. 그는 사회주의 조직과 응용심리학을 조합해서 악마를 이겨내야 한다고 믿었다. 나는 브래드퍼드 시대부터 현재까지 변하지 않은 인간 본연의 성품에 기대야 악마의 공격을 막을 수 있다고 믿는다. 우리가 현명하다면, 앞으로도 수백 년간 이 성품들을 지켜내야 한다. 그래서 우리를 기다리고 있을 운명의 처참한 위기들을 안전하게 헤쳐 나아가야 한다.

이제 마지막 말은 버널에게 넘기고자 한다. 그의 마지막 말은 그 스스로도 자주 고민했으나 쉽게 답을 찾지 못했을 질문이었다. 미국 본

토에서 처음으로 태어나고 성장한 젊은이들이 아버지들의 삶의 방식
에서 멀어지는 모습을 보면서 그가 고민했던 질문이었다.

우리는 여전히 소심하게 미래를 바라보지만, 처음으로 미래가 우리의 행
동에 달려 있다는 사실을 깨닫는다. 그런 미래를 확인하고나면, 우리는 애
초에 가졌던 갈망의 본질과 상충하는 것들을 외면하게 될까? 아니면 우리
의 힘을 새롭게 인식함으로써 상충하는 것들이 가져올 미래를 위해 그런
갈망들을 변화시키게 될까?[2]

2

과학과 종교의 문제

이번 장에서는 두 명의 걸출한 과학자들의 과학과 종교에 관한 견해를 들어보고자 한다. 바로 1963년 시애틀의 워싱턴 대학으로부터 단츠 강연^{Danz Lectures}의 강연자로 초빙된 리처드 파인만과[1] 1996년 예일 대학의 테리 강연^{Terry Lectures}에 강연자로 초빙된 존 폴킹혼^{John Polkinghorne, 1930~}이다.[2] 이들 두 과학자의 성격은 극단적으로 다르다. 폴킹혼은 성실하기 이를 데 없는 학구파인 반면, 파인만은 한마디로 충동적인 반역가다. 폴킹혼은 강연원고를 준비할 때도 출판을 염두에 두기 때문에 논리정연하게 잘 다듬어진 논의를 들려준다. 파인만은 1963년에 워싱턴 대학출판부로부터 출판 가능한 강연원고를 준비해달라는 부탁을 받았지만 준비할 리 만무했다. 워싱턴 대학은 그 강연을 녹음해 테이프로 보관하고 있다.

여기서 우리가 참고하는 책은, 파인만이 쪽지만 들고 즉흥적으로 했던 강연을 말 그대로 옮겨 적은 복사본인 셈이다. 파인만의 목소리와 개성이 눈에 보이는 듯 선명하다. 그는 철학적 관념이 아닌, 진짜 사람들과 그들의 문제들에 대해서 이야기한다. 파인만은 사람들이 삶을 더 잘 이해하기 위한 방편으로 스스로 선택한 종교에는 관심이 있었지만, 신학에는 관심이 없었다. 폴킹혼은 그와 정반대의 성향을 보여준다. 폴킹혼은 과학자이면서 동시에 영국 국교회의 사제다. 그는 사제서품을 받기 위해 정식으로 신학을 공부했다. 그에게 신학은 과학 못지않게 현실적이고 진지하다. 그는 책에서도 종교보다 신학을 더 많이 언급한다.

나는 두 책의 대조적인 스타일을 보여주기 위해서 각 책에서 가장 눈에 띄는 구절들을 선별했다. 폴킹혼의 책에서는 두 번째 장 '진실을 찾아서: 과학과 종교 비교^{Finding Truth: Science and Religion Compared}'를 선택했다. 그의 책에서 가장 주목할 만한 역작이다. 폴킹혼은 두 건의 역사적인 지적 대결을 비교하는데, 한 건은 과학에서 다른 한 건은 종교에서 일어난 대결이다. 과학에서는 20세기 처음부터 끝까지 지속되었던 양자역학의 발견과 발전을 둘러싼 대결을 꼽았고, 종교에서는 예수의 본질에 대한 신학적 이해를 둘러싼 대결을 꼽았다. 종교에서의 대결은 예수가 죽은 직후에 사도바울이 서신들을 썼던 때부터, 다양한 시각들이 등장하고 확실성이 줄어든 현대 시대까지 이어지고 있다. 그는 두 건의 대결을 시기별로 5단계로 나눴다. 그리고 양자역학 발달의 각 단계들에서 일어난 사건들이 신학 발달의 사건들과 각각 세부적으로 절묘하게 일치하고 있음을 보여준다. 첫 번째 단계에서 고전역학의 와해, 원자 스펙트럼의 수수께끼 그리고 막스 플랑크^{Max Planck, 1858~1947}와 알베르트 아인슈타인의 광양자 발견은 각각 예수의 죽음, 예루살렘에서 제자들이 목격했다는 예수부활의 수수께끼 그리고 부활사건에 대한 사도바울의 새로운 해석에 대응된다.

두 번째 단계에서는 물리학과 신학에서 일어난 혼란을 다룬다. 물리학에서는 고전물리학과 양자물리학의 갈등을, 신학에서는 정교와 이단의 갈등을 그린다. 세 번째 단계에서는 1925년에 등장해서 물리학의 미해결 문제들을 해결한 양자역학의 승리를, 451년 칼케돈 공의회 Council of Chalcedon에 모인 신학자들이 예수의 본질과 관련된 교리를 기독교 정통교리로 공표하면서 그리스도론의 승리를 거둔 장면을 대비시킨다. 네 번째 단계는 미해결 문제들과의 끊임없는 사투를 그린다. 물리학에서는 양자역학의 해석에 대한 역설들을, 신학에서는 예수의 현현顯現에 대한 역설을 설명한다. 마지막 다섯 번째 단계에서는 물리학과 신학의 새로운 통찰들이 심오한 함의를 갖고 있지만, 우리는 그 최종 진리에 이르려면 아직도 멀었다는 사실을 말한다.

폴킹혼은 세목에 걸쳐 대응되는 두 대결을 통해서, 과학과 신학이 단일한 지적 모험의 두 양상이라고 주장한다. 그는 신을 다루는 신학이 자연을 다루는 과학과 본질적으로 같다고 본다. 실로 웅장한 관점이 아닐 수 없다. 이 관점을 뒷받침하기 위해 그가 제시하는 역사적 증거 역시 인상적이다. 하지만 나는 폴킹혼의 관점을 존중하지만 동의하지는 않는다. 그에게 동의하려면 과학과 신학의 중대한 차이점을 배제해야 하기 때문이다. 모든 것을 고려해볼 때, 과학은 사물을 다루고 신학은 말을 다룬다. 사물은 어느 곳에서나 같은 방식으로 작동하지만, 말은 그렇지 않다. 양자역학은 모든 국가와 모든 문화에서 똑같이 작동한다. 양자역학은 식물에게는 태양에너지를 잎과 열매로 바꿀 힘을 제공하고, 동물에게는 태양에너지를 망막과 뇌에 신경 이미지로 전환할 힘을 제공한다. 물론 이것은 도쿄에서나 말리의 팀북투 Timbuktu에서

나 공히 사실이다. 하지만 신학은 단 하나의 문화에서만 작동한다. '성육신incarnation'이라는 말과 '삼위일체'라는 말에 심오한 의미가 담겨 있다고 믿는 폴킹혼과 같은 문화권에서 성장한 사람이 아니면, 그의 관점에 수긍하기 어렵다.

파인만의 책에서 인상적인 부분은 그의 책 34쪽에서 48쪽까지다. 두 번째 장이라는 점과 과학과 종교의 관계를 명쾌하게 다루고 있다는 점에서 폴킹혼의 책과 닮았다. 그러나 두 책의 공통점은 거기서 끝이다. 파인만은 학구적 논쟁에는 관심이 없었다. 그의 관심은 오로지 인간의 문제들이다. 그가 종교를 깊이 존중하는 까닭은 사람들로 하여금 서로에게 바람직하게 행동하고 비극에 더욱 담대하게 맞서도록 돕기 때문이다. 파인만은 인간 본성의 중요한 일부로서 종교를 존중한다. 본인 스스로는 신을 믿지 않지만, 그렇다고 다른 사람들의 믿음까지 폄훼할 의도는 없다. 여기서도 그는 전문적인 과학자나 전문적인 종교 사상가들에 대한 이야기는 하지 않는다. 그의 이야기 대상은 종교적 믿음이 강한 가정에서 자라 대학에 와서, 종교적 믿음에 대한 의심을 요구하는 현대 과학과 마주하게 된 학생들이다. 파인만은 그런 학생들이 경험하는 극심한 고뇌를 직접 목격했다. 하지만 그 고뇌를 치료해 주겠다는 주장은 하지 않는다. 그는 무조건 믿기를 강요하는 전통적인 가족 종교와 모든 것을 의심하기를 강요하는 과학의 윤리 사이에 벌어지는 진짜 갈등을 이해한다.

기독교 근본주의 가정에서 성장한 학생들에게 그런 갈등은 더욱 첨예하다. 이 딜레마를 벗어나는 길은 과학을 전면적으로 부정하든지 아니면 종교적 전통을 버리든지 둘 중 하나다. 다행히 기독교인 중에서도 근본주의자는 소수에 불과하다. 대다수의 기독교인들은 신과 예수의 가르침과 그 세부적인 면들에 대해 적지 않은 회의론을 조화롭게 받아들인다. 이러한 다수에게 종교는 교리적인 믿음체계라기보다 삶을 살아가는 한 방편이다. 확실성 없이도 과학이 가능한 것처럼, 교리가 없어도 종교적 삶을 살 수 있다. 따라서 과학과 종교는 갈등 없이 동행할 수 있다. 파인만이 학생들에게 권고한 해법도 이것이다.

그러나 파인만은 근엄함으로 일관할 수 있는 사람이 아니었다. 우리는 책 곳곳에서 삶에 대한 통찰이 스민 사적인 이야기들을 진짜 파인만 스타일로 들을 수 있다. 눈치 빠른 독자라면 파인만에게 그런 삶의 이야기들이 철학보다 더 중요했음을 알게 될 것이다. 슬픈 이야기도 몇 편 있지만, 대부분의 이야기들이 재미있다. 그는 한 개인에게 가장 슬픈 비극조차 멋진 이야기로 만드는 방법을 아는 사람이다. 그중 가장 잊을 수 없는 것은 가짜 기적의 본보기로 삼아 들려준 이야기다. 그일은 파인만 인생에서 최악의 순간에 일어났다. 그의 첫 번째 부인은 결핵으로 오랜 투병 끝에 어느 날 밤 9시 22분에 눈을 감았다. 그런데 부인의 방에 걸린 시계도 공교롭게 9시 22분에 멈춰버린 것이다. 종교적인 사람이 이 일을 겪었다면 기적이라고 해석할는지도 모른다. 하지만 회의론적 정신의 소유자인 파인만은 그 순간 그 자리에 있었고, 실제로 무슨 일이 벌어졌는지 똑똑히 목격했다. 그 방에는 사망증명서에 부인의 임종시간과 사망 시 상태를 기록하기 위해 간호사도 한 명 동석해 있었다. 방 안에 있는 전등이 희미해서 간호사는 탁상시계를 들고 시간을 확인한 후 다시 시계를 내려놓았다. 그 시계는 오래돼서 낡았고, 조금만 흔들리거나 충격이 가해지면 곧잘 멈추곤 했다. 기적은 그래서 일어났다. 어쩌면 다른 기적들도 이런 식으로 일어나는지도 모른다. 파인만에게 종교는 신학보다 심리학과 관련이 있었다. 그리고 종교는 인간의 다른 현상들과 마찬가지로, 과학의 회의적인 눈으로 검증해야 할 인간 본성의 중요한 일부였다.

기독교가 신학과 강력하게 연루된 것은 역사적으로도 특이한 일이다. 그 외의 다른 종교들에서는 신과 인간의 추상적 특징과 관계를 애써 명확한 진술로 공식화할 필요가 없었다. 유대교나 이슬람교에는 신학과 유사한 어떤 것도 존재하지 않는다. 힌두교나 불교에 대해서는 아는 바가 거의 없지만, 나의 아시아인 친구들의 말에 따르면, 그런 종교들에도 신학이 없다고 한다. 믿음과 이야기·의식과 행동규범 등은 어느 종교든 존재하지만, 다른 종교들의 문헌은 분석보다 시에 가깝다. 지적인 분석을 통해 신에 가까이 다가가고 신을 이해할 수 있다는 개념은 기독교가 유일하다.

기독교에서 신학의 중요성은 과학의 역사에도 두 가지 중대한 영향을 미쳤다. 우선 서양 과학이 기독교 신학에서 발전했다는 점이다. 어쩌면 현대 과학이 세상의 다른 어느 곳보다 기독교적인 유럽에서 폭발적으로 발전한 것도 우연이 아닐 것이다. 1천 년에 걸친 신학적 논쟁은 분석적으로 생각하는 습관을 키웠고, 이러한 습관이 자연현상을 분석하는 데에도 적용되었을 것이다. 또 한편으로 과학이 다른 종교들과는 겪지 않는 갈등을 유독 기독교와 겪었던 까닭도 과학과 신학이 역사적으로 밀접하게 관련되어 있기 때문이다. 오늘날 과학자들이 폴킹혼처럼 독실한 기독교인이 되는 것은 노벨상을 받은 물리학자 압두스 살람처럼 독실한 무슬림이 되기보다 훨씬 더 어렵다. 살람은 자신이 무슬림이라는 사실을 자랑스레 선언했지만, 무슬림에 대한 책을 쓸 생각은 하지 않았다. 살람에게 종교와 과학의 갈등이라는 개념은 일고의 가치도 없는 것이었다. 무슬림 신앙은 과학과 아무런 관계가 없다. 그런데 폴킹혼은 자신의 신학과 과학이 조화롭게 양립할 수 있음을 증명하기 위해 책을 쓴다. 폴킹혼에게 갈등은 엄연한 현실이다. 그의 신학과 과학이 같은 뿌리에서 나왔기 때문이다. 현대 과학과 기독교 신학의 공통적인 뿌리는 그리스 철학이었다. 기독교가 신학적인 종교가 된 것은, 예수가 당시 그리스 문화가 깊게 스민 로마제국의 동쪽 지역에서 태어났다는 우연한 역사적 사건 때문이었다.

몇 년 전에 나는 이스라엘의 고고학 유적지 지포리Zippori를 방문할 기회가 있었다. 그것도 그 지역을 발굴 중이던 이스라엘 고고학자의 안내를 받는 행운까지 누렸다. 지포리는 그 도시의 히브리어 이름이다. 로마인은 이 도시를 그리스 이름인 셉포리스Sepphoris라고 불렀다. 지포리 방문은 기독교의 핵심에 있는 역설을 정확하게 꿰뚫게 해주었다. 그곳에서 나는 예수의 완강한 거부에도 불구하고 그의 사후에 즉각적으로 기독교에 침투해서 영원히 기독교를 지배하게 된, 그리스 문화의 광범위한 흔적들을 발견했다. 지포리는 예수가 소년에서 청년 시절까지 보냈던 곳과 매우 가깝다. 지포리에서 제일 높은 건물로 올라가 8킬로미터 가량 떨어진 이웃 언덕을 훑어보았다. 그 언덕 위에 있는 마을이 나사렛Nazareth이다. 현재 나사렛은 도시인 반면, 지포리는 폐허나 다름없다. 예수가 살았던 시절에는 지포리가 도시였고, 나사렛은 작은 마을에 불과했다. 나사렛에서 지포리까지는 걸어서도 갈 수 있다.

당장 나의 눈에 지포리의 두 가지 특징이 들어왔다. 하나는 집집마다 깊게 판 미크바mikveh 또는 침례용 웅덩이라고 하는 것들이 남아 있다는 점이다. 이 웅덩이들은 그곳의 주민들이 독실한 유대교인임을 증명한다. 둘째는 모자이크 장식들의 양식과 재료가 그리스풍이었다는 점이었다. 그중에는 세계에서 가장 정교한 모자이크로 알려진 것도 있었다. 특히 잘 보존된 모자이크 하나는 술 마시기 대회에서 우승한 그리스의 영웅 헤라클레스의 형상을 그린 것이다. 일부 모자이크에는 명문銘文이 새겨져 있었는데, 모두 그리스어였다. 이는 당시 거주자들이 철저히 그리스화되었다는 사실을 증명한다. 그 거주자들은 그리스어가 부와 교육의 언어로, 히브리어가 종교의 언어로, 아람어Aramaic가 소작농의 언어로 통하던 세상에서 풍족하게 살았다. 우리가 알고 있는 것처럼 예수는 아람어를 사용했다. 그의 삶을 묘사한 복음서들과 새로운 종교를 정의한 바울의 서신들은 그리스어로 쓰였다.

지포리의 생활방식을 보여주는 증거들을 조사하고나면, 서기 70년 로마에 대항한 유대인의 대대적인 반란에서 예루살렘은 파괴된 반면, 로마 편에 섰던 지포리가 안전했다는 사실이 그리 놀랍지 않다. 하드리아누스Hadrian가 로마의 황제로 있을 때 일어난 두 번째 유대인의 반란에서도, 지포리는 로마 편에 섬으로써 파괴를 면했다. 반란이 있고 얼마 안 있어서, 지포리의 대표 랍비는 로마 황제 카라칼라Caracalla의 친구가 되었다. 이 두 사람이 제국의 정사와 유대인 시민들에 대해 논의할 때 그리스어를 썼음은 자명하다. 결국 지포리가 파멸한 것은 전쟁 때문이 아니라, 로마제국이 공식적으로 기독교 국가가 된 후에 일어난 지진 때문이었다. 고고학자들은 지진을 매우 좋아한다. 왜냐하면 무너진 폐허의 잡석들 아래 일상생활의 패턴들이 고스란히 남아 있기 때문이다. 지진이 일어난 후에는 아무도 지포리로 돌아오지 않았다. 다시 말해, 아무도 폐허를 건드리지 않았던 것이다.

아랍 인근의 기독교 지방에 내려오는 전설에서는 예수의 어머니가 지포리에서 나고 자랐다고 한다. 이 전설은 우리가 마리아에 대해 알고 있는 사실들과 일치하는 부분이 거의 없다. 마리아는 도시에서 살다가 요셉과 약혼한 후에 나사렛 마을로 이주했을지도 모른다. 전설이 사실이든 아니든, 요셉은 자주 도시를 오가며 시장에서 생필품을 사거나 직접 만든 목공제품들을 팔았을 것이다. 물론 예수도 8킬로미터 정도를 걸어 다닐 만큼 자란 후에는 수시로 도시를 드나들었을 것이다. 대도시 반경 8킬로미터 안에서 자란 영리한 소년이 도시를 궁금해하지 않았을 리가 없다. 지포리는 당시 갈릴리 주에서 가장 큰 두 도시 중 하나였다. 다른 하나는 티베리아스였다.

성경이 들려주는 이야기에 따르면, 예수는 12세 때 가족과 함께 예루살렘에 갔고, 그곳 사원에서 3일 동안 박식한 학자들과 이야기를 나눌 기회를 얻었다. 모두가 어린 예수의 이해력에 감탄했다. 이야기가 사실이든 아니든, 틀림없이 예수에게는 지포리의 박식한 학자들과 토론하면서 지식의 날을 벼를 기회가 많았을 것이다. 내 생각이지만, 예수가 훗날 맹렬히 비난한 율법학자들과 바리새인Pharisee들을 알게 된 곳도 지포리가 아니었을까 한다. 청년 예수가 도시의 그리스 문화에 깊이 젖어들었을 가능성도 크다. 성인이 되어서는 그 문화에 격렬하게 대항했음은 분명하다. 비록 지포리가 그의 삶에 중요한 일부이긴 했으나, 성경에서는 단 한 차례도 언급되지 않는다.

나는 성경에서 가버나움이라고 일컫는, 갈릴리 호숫가의 '나훔의 동네Kefar Nahum'도 방문했다. 성서를 읽은 사람이라면, 그곳이 작은 어촌이었다는 사실을 기억한다. 또 예수가 그 마을에 갔을 때 평범한 어부였던 베드로와 안드레를 제자로 삼았다는 사실을 떠올린다. 실제 가버나움은 그리스 도시였다. 지포리만큼 큰 도시는 아니었지만 생활방식과 문화는 같았다. 그곳에는 지금도 그리스 사원과 비슷한 유대교 예배당이 잘 보존되어 있다. 가버나움은 그리스 스타일대로 널찍했다.

커다란 공공건물들이 있었고, 널따란 공터에서는 젊은 남자가 교수형에 처해지기도 했을 터였다. 그리고 철학이나 종교와 관련된 최신 지식들을 토론하기도 했을 것이었다. 가버나움에 가보니, 베드로와 안드레가 그냥 평범한 어부였다는 생각이 싹 사라졌다. 그들이 고기를 잡아 생계를 유지했던 마을의 젊은이였던 것은 맞겠지만, 그들 역시 도시의 그리스 문화에 푹 젖어 있었을 것이다. 예수가 언덕에서 내려와 집을 떠나 자신과 함께 순회 설교자의 굴곡진 인생을 살자고 했을 때, 그들은 자기들이 떠나야 하는 이유와 목적을 알고 있었다. 어쩌면 그들도 이미 예수처럼 도시의 위선적인 삶을 혐오했을지도 모른다. 그래서 예수가 그들을 불렀을 때 순순히 따랐는지도.

단편적인 고고학 증거들로 예수와 그의 제자들을 낭만적으로 그려보았다. 이 그림이 사실인지 확인할 길은 없으나, 두 가지 사실만은 확실하다. 첫째, 예수는 그냥 평범한 촌사람이 아니라, 도시와 맞닿은 곳에서 압도적인 그리스 문화를 접하며 성장했다. 둘째, 그는 그리스 문화에 대해 전면적인 거부를 하면서 사람들의 정신적 부흥을 꾀했다. 예수는 설교 때마다 구약성서의 율법과 예언들을 인용했다. 그리스 문화가 강요한 것이 무엇인지 깨달은 후에 예수는 다시 히브리의 뿌리로 돌아왔다.

예수는 죽으면서 대중운동의 물꼬를 틔웠고, 그 운동은 새로운 종교로 급속히 성장했다. 이 새로운 종교는 예루살렘에서 시작해 여행자들의 접근이 용이한 다른 도시들로, 그리스 문화가 더욱더 지배적이었던 도시들로 빠르게 번졌다. 예수의 추종자들은 처음에는 스스로를 그리스 도시 안티오크(안디옥이라고도 한다-옮긴이)의 기독교인이라고 불렀다. 게다가 이 새로운 종교의 책임을 진 타르수스의 사도바울도 철저히 그리스화된 유대인이었다. 사도바울은 아테네의 박식한 사람들에게 그들의 언어로 새로운 종교를 전파했다. 그는 정통 기독교 교리가 될 성서의 토대를 작성했다. 기독교는 헤브루에 대해 무지한 사람들뿐만 아니라 그리스 전통 안에서 교육받은 사람들의 종교가 되었다. 한 세기 만에 그리스 문화는 기독교를 압도해버렸고, 그리스 철학은 기독교 신학으로 탈바꿈했다.

이 역사는 기묘하게도 서양 문명에 둘로 나뉜 유산을 남겼다. 하나는 지금 복음서들에 기록된 가르침에서 보는 것과 같이, 험난한 세상을 헤쳐 나가려는 평범한 사람들을 위한 예수의 종교다. 다른 하나는 기독교를 지적 훈련을 통해 학자들, 궁극적으로는 과학자들까지 양성할 수 있는 온상으로 변모시킨 신학이다. 파인만은 전자에 대해 썼고, 폴킹혼은 후자에 대해 썼다. 이들 사이에는 연관성이 별로 없다. 예수라는 한 인물이 야기한 역사의 커다란 아이러니다.

폴킹혼은 과학자와 신학자가 공통적으로 갖고 있는 신념, 즉 인간의 이성으로 도달할 수 있는 신이나 자연에 대한 이해는 신뢰할 만하다는 신념을 분명하게 밝히면서 책을 마무리한다. 파인만은 교황 요한 23세 ^{Pope John XXIII}의 회칙 '지상의 평화^{Pacem in Terris}'를 지지한다는 힘찬 선언으로 책을 끝맺는다. 교황은 '지상의 평화' 회칙에서 국가 간의 진실, 정의, 자비 그리고 자유에 바탕을 둔 평화를 호소했고 올바른 사회구조의 필요성을 강조했다. 폴킹혼은 파인만의 선언에 틀림없이 동의할 것이다. 반면 파인만이 폴킹혼의 견해에 쉽게 동의했으리라고는 생각되지 않는다. 파인만은 인간의 모든 지식은 질문에 열려 있다고 믿었다. 인간의 이성에 바탕을 두고 지식을 쌓은 사람조차도 가끔은 실수를 하기 마련이다.

이 논평에서 '지금 복음서들에 기록된 가르침에서 보는 것과 같이'라는 구절을 쓸 때, 최초의 세 가지 복음서(〈마태복음〉, 〈마가복음〉, 〈누가복음〉을 말한다-옮긴이)를 염두에 두었다. 네 번째 복음서인 요한복음은 이 복음서들과는 상당히 다른 모습의 예수를 보여준다. 훨씬 더 그리스에 동화된 예수는 신학의 언어로 자신에 대해 설명한다. 이처럼 히브리인 예수와 그리스인 예수의 충돌은 신약성서의 세 복음서와 네 번째 복음서 사이에서 이미 존재한다. 사도요한의 복음은 확실히 더 나중에 쓰였고, 사도바울로부터 나왔음직한 그리스 개념들의 영향을 받았다. 기독교 전반과 특히 요한복음에 대한 나의 지식은 대부분 일레인 페이절스^{Elaine Pagels}와의 대화에서 얻은 것이다.

3

파인만을 기리며

'나는 그를 우상 숭배하듯 사랑했
노라.' 이 글은 엘리자베스 시대의 극작가 벤 존슨 Ben Jonson, 1572~1637이 쓴
것이다. 글 속의 '그'는 존슨의 친구이자 스승이었던 윌리엄 셰익스피
어였다. 존슨과 셰익스피어는 둘 다 성공한 극작가였다. 존슨이 배우
고 갈고닦은 작가였다면, 셰익스피어는 대충 써도 훌륭한 글이 나오는
천재였다. 그러나 둘 사이에 질투 따위는 없었다. 셰익스피어는 존슨
의 말마따나 '솔직하고 개방적이며 자유로운 영혼'이었고, 젊은 친구
에게 격려뿐만 아니라 실질적인 도움도 아끼지 않았다. 셰익스피어가
가장 큰 도움을 주었던 일은 1598년 존슨의 첫 번째 희극 〈십인십색
Every Man in his Humour〉이 상영될 때였다. 그때 셰익스피어는 주인공 격인
배역을 맡아주었다. 이 희극은 대성공을 거뒀고 극작가로서 존슨의 이
름을 세상에 알리는 계기가 되었다. 그때 존슨은 25세였고, 셰익스피
어는 34세였다. 1598년 이후 존슨은 꾸준히 시와 희곡을 집필했고, 셰

익스피어 극단을 통해 여러 편의 희곡을 무대에 올렸다. 존슨은 시인으로 학자로 자수성가했으며, 죽은 후에는 웨스트민스터 사원의 묘지에 묻히는 명예도 얻었다. 그렇지만 그는 나이 많은 친구에게 진 빚을 한시도 잊지 않았다. 셰익스피어가 죽었을 때 그는 '나의 사랑하는 스승 윌리엄 셰익스피어를 기억하며To the Memory of My Beloved Master, William Shakespeare'라는 제목의 시를 헌사했다. 그 시는 다음과 같은 시구로 시작한다.

> 한 세대가 아니라 길이 남을 사람!
> 온 우주도 그를 창조했음을 자랑스러워 하고
> 그의 글로 지은 옷을 즐거워했노라.
> 그러나 나는 자연에게 아무것도 줄 것이 없으니,
> 나의 정다운 셰익스피어여, 그대의 예술 한 조각을 즐기리.
> 시의 본질이 자연이기는 하나
> 살아 있는 한 줄의 글로 자연에 옷을 입힌 그대여, 그대의 수고로
> 한 편의 좋은 시가 태어나고 만들어졌노라.

　존슨과 셰익스피어의 관계가 나와 리처드 파인만과 무슨 관계가 있을까? 한마디로 이렇다. 존슨이 말한 것처럼, 나도 "우상을 숭배하듯 그를 사랑했노라"고. 운명은 파인만을 스승으로 삼을 수 있는 엄청난 행운을 안겨주었다. 1947년에 영국에서 코넬 대학으로 온 파인만은 대충 해도 훌륭한 학생이었고, 나는 배우고 갈고닦은 학구적인 학생이었다. 나는 그의 천재성에 홀딱 반해버렸다. 그리고 호기롭게 셰익스피어 세상에서 존슨이 되기로 결심했다. 그때까지도 내가 미국 땅에서

셰익스피어 같은 존재를 만나리라고는 상상도 하지 못했다. 그러나 나는 파인만을 보자마자 단번에 그를 알아보았다.

나는 파인만을 만나기 전에 다수의 수학논문들을 발표했는데, 제법 능란한 기교들이 넘치긴 했지만 하나같이 시시했다. 파인만을 만났을 때, 내가 또 다른 세계에 들어섰음을 단박에 느꼈다. 자연의 작동방식을 이해하기 위해 물리학을 처음부터 다시 쓰면서 그토록 치열하게 분투하는 사람을 한 번도 본 적이 없었다. 장장 8년에 걸친 그의 분투가 거의 끝날 무렵에, 내가 파인만을 만난 것은 적잖은 행운이었다. 7년 전 파인만이 존 휠러의 제자였을 때, 머릿속에 그렸던 새로운 종류의 물리학들이 마침내 자연을 설명하는 일관된 통찰로 합체되고 있었다. 파인만은 그 통찰을 '시공간 접근법'이라고 불렀다. 이 통찰은 1947년까지도 미진한 부분들과 모순들로 가득 차 있었지만, 나는 그의 통찰이 옳을 수밖에 없음을 직감했다. 기회가 닿을 때마다 파인만의 말을 귀담아들으면서 쏟아지는 그의 아이디어 안에서 헤엄치는 법을 배워나갔다.

파인만은 거의 1년 동안 통찰의 미진한 부분들을 채우고 모순들을 제거해갔다. 그때 내가 본 것은 그림과 도표들로만 자연을 묘사하던 파인만의 모습이었다. 파인만은 그런 다음에야 비로소 도표들이 안내하는 대로 숫자들로 계산을 시작했다. 그는 그야말로 경이로운 속도로 물리량들을 계산해냈고, 곧바로 실험과 비교했다. 실험들은 그의 숫자들과 일치했다. 1948년 여름에 우리는 존슨의 시가 현실이 되는 장면을 목격했다. '온 우주도 그를 창조했음을 자랑스러워 하고/ 그의 글로 지은 옷을 즐거워했노라.'

그해에 나는 파인만과 산책하면서 대화를 나누는 한편, 물리학자 줄리언 슈윙거와 도모나가 신이치로의 연구에 대해 조사하고 있었다. 슈윙거와 도모나가는 각기 파인만이 도표들에서 쉽게 이끌어낸 물리량을 계산하는 데 성공했지만, 그들의 방법은 좀 더 품이 들고 복잡했다. 두 물리학자는 물리학을 재건축하지 않았다. 자신들이 알고 있는 물리학에 새로운 수학적 기법을 도입해 물리현상으로부터 숫자들을 추출했을 뿐이다. 두 사람의 계산결과가 파인만의 결과와 일치한다는 것이 확실해졌을 때, 나는 세 사람의 이론을 통합할 유일한 기회가 내게 주어졌음을 간파했다. 나는 '도모나가, 슈윙거, 파인만의 복사이론The Radiation Theories of Tomonaga, Schwinger and Feynman'이라는 제목으로 논문을 발표했고, 세 이론이 다르게 보이지만 근본적으로 같은 이론인 까닭을 논문에 설명했다. 이 논문은 1949년에 〈피지컬 리뷰〉에 실렸고, 〈십인십색〉의 상영으로 존슨이 극작가 대열에 합류한 것처럼, 나도 그 논문으로 전문가 대열에 이름을 올렸다. 그 당시 나는 존슨처럼 25세였다. 파인만은 1598년의 셰익스피어보다 세 살이 적은 31세였다. 내 나름대로는 세 주인공들을 공평하게 예우하고 존경하려고 애썼지만, 마음 깊은 곳에서는 파인만을 셋 중 최고로 여기고 있다는 걸 부인할 수 없었다. 게다가 내 논문의 1차적 목적은 파인만의 혁명적 아이디어를 온 세상의 물리학자들에게 알리는 것이었다. 파인만은 자신의 아이디어를 공개하도록 적극적으로 나를 격려했고, 내가 그의 번개를 훔친 데 대해 단 한 번도 불평하지 않았다. 그는 나의 희곡에서 주인공이었다.

영국에서 미국으로 건너올 때 보물처럼 간직했던 책이 하나 있었다. 존 도버 윌슨John Dover Wilson, 1881~1969의 《셰익스피어의 참모습The Essential Shakespeare》이다.[1] 셰익스피어의 짧은 전기였는데, 앞에서 인용했던 존슨의 글들도 대부분 이 책에 실려 있다. 윌슨의 책은 픽션이라고 보기도,

역사적인 서술이라고 보기도 어렵다. 그 중간쯤에 해당한다고 볼 수 있다. 존슨을 비롯한 여러 사람의 직접 진술을 토대로 하고 있지만, 빈약한 역사적 자료에 자신의 상상력을 가미해 셰익스피어의 삶에 생기를 불어넣었다. 특히 셰익스피어가 존슨의 희곡에 배우로 출연했다는 사실은 1709년 자료에서 최초로 발견되었는데, 실제 그 일이 있은 지 거의 100년 이상 지나서 기록된 것이다. 셰익스피어는 극작가로서뿐 아니라 배우로서도 유명했으니, 윌슨의 그 이야기를 굳이 의심할 필요는 없을 것이다.

파인만은 과학에 대한 발군의 열정 외에도 농담과 인간적인 쾌락에 대한 욕구도 남달랐다. 자연의 법칙들을 이해하기 위해 용감무쌍한 노력을 기울이는 와중에도, 친구들과 느긋하게 휴식을 즐기고 봉고를 두드렸다. 그리고 장난이나 이야기로 모든 이를 즐겁게 해주었다. 이 점에서도 파인만은 셰익스피어와 닮은꼴이다. 윌슨의 책에서 존슨의 증언을 읽는 것으로 이 장을 마치고자 한다.

그는 글을 쓸 때면 밤과 낮을 구분하지 않았다. 스스로를 엄격하게 구속하고, 열정이 식을 때까지는 그 구속을 괘념치 않았다. 그리고 일단 펜을 놓으면 온갖 운동을 하며 해방감을 즐겼다. 그럴 때 그의 앞에 책을 드밀면, 그는 거의 절망에 빠졌다. 그러나 일단 책을 잡으면 더욱 단호해졌고 금세 진지해졌다.

이것이 셰익스피어였다. 그리고 내가 우상을 숭배하듯 사랑했던 파인만도 그랬다.[2]

4

초자연현상과 과학적 방법의 연관성

《신비의 사기꾼들 *Debunked!*》[1]은 짧으면서도 가독성이 매우 뛰어난 책이다. 이 책은 과학으로 위장한 인간의 어리석음을 통쾌하고 재미있게 들려준다. 그뿐 아니라 독자들에게 이성과 비이성을 구별할 수 있는 안목도 제공한다. 프랑스에서 출간되었을 때 제목은 《*Devenez sorciers, devenez savants*》[2]였다. 글자 그대로 번역하면 '마법사가 되어 전문가 되기', 조금 더 의역하면 '마법을 배워서 마법을 간파하는 법 배우기' 정도가 되겠다. 그런데 영어판 제목은 요점을 놓쳐버렸다. 이 책이 말하려는 요점은 마법적인 속임수에 속지 않으려면 마법을 제대로 알아야 한다는 것이다.

이 책의 번역자는 의과대학의 교수로, 임상실험을 계획하는 의사들을 위한 확률론에 대해서도 책을 쓴 바 있다. 프랑스의 언어와 문화에 대한 그의 지식은 가족에게서 배운 것이다. 그는 서문에서 번역상의 문제들을 어떻게 다뤘는지 간략하게 설명했다. '프랑스 특유의 길고 화려한 수사학적 문장들은 완전히 생략하지 않고 고쳐 쓰는 방식으로 축소했다. 문체의 보존보다는 이해를 선택했다.' 그의 번역에는 곤혹스러울 만큼 긴 문장도 거의 없고 난해한 문장도 없다. 작가들이 자기들의 의견을 반박하는 사람들을 거만하게 경멸하면서 쓴 몇몇 단락들은 프랑스 특유의 수사학적 문장 그대로 살려놓았다. 책 속의 작가들은 이렇게 묻는다. '나태함 때문에 엄격함도 잃고 권한을 행사하지도 못하며 그저 언론의 관심만 바라는 대학 동료들이, 오류와 불성실과 비이성과 거짓에 동조하고 거기에 명예로운 관점이라는 이름을 붙인다면 인정할 수 있겠는가?' 번역자는 우아한 문체를 잘 살려서 프랑스어 본래의 묘미를 느끼게 해준다. 하지만 이 질문에 대한 반론을 다룬 단락은 거의 없다. 그보다 더 이 책을 돋보이게 하는 것은 꾸밈없는 스토리텔링이다. 이야기들은 구성도 좋을뿐더러 살아 있는 듯 생생하다.

조르주 샤르파크^{Georges Charpak, 1924~2010}라는 이름은 나의 기억을 50년 전으로 돌려놓는다. 당시 나는 몽블랑^{Mont Blanc}에서 멀지않은 레 우쉬^{Les Houches} 마을 북부의 산 허리께에 살면서 여름학교에서 물리학을 가르치고 있었다. 그때만 해도 신설된 지 3년밖에 안 되었던 여름학교 제도는 지금까지도 꾸준히 성황을 이루고 있다. 여름학교 제도는 당시 박사후연구생이었던 세실 드윗^{Cécile DeWitt}이 프랑스 물리학의 재건이라는 거창한 목표를 내걸고 창안했다. 지금 세실은 여름학교 일선에서는 손을 뗐지만, 여전히 물심양면으로 제도 운영을 돕고 있다. 1951년에 세실이 여름학교를 설립했을 때에 프랑스 이론물리학은 침체기였다. 일류 대학들의 교수 자리도 최신 지식이나 정보에 어두운 늙은 교수들이 독점하고 있었다. 세실은 얼마 안 되는 자산을 털어서 파리 관료들의 간섭을 피해 프랑스 오지에 학교를 설립했다. 학교라고 해봐야 버려진 농장을 사서 간신히 주거가 가능하도록 개조한 것이 전부였다. 유럽 각지에서 학생들이 여기로 몰려왔다. 내가 그해 여름에 가르친 학생들은 지금까지 만났던 최고의 학생들이었다. 그때 학생들 중 상당 수가 각자의 고국에서 과학계의 저명한 지도자들이 되었다. 조르주 샤르파크는 그중에서도 최고였다.

우리는 축사에서 생활했고 헛간에서 가르쳤다. 나는 '고급 양자역학 Advanced Quantum Mechanics'이라는 제목으로 제법 어려운 교과과정을 지도했다. 나는 선생으로서 열심히 가르쳤고, 학생들은 열심히 배웠다. 하지만 정규 강의는 여름학교에서 가장 시시한 시간이었다. 진흙과 비와 매일 씨름하면서도 모두가 함께했던 비공식 토론들과 식사시간, 도보 여행들이 우리에게는 더 잊지 못할 기억으로 남았다. 신설된 지 몇 해 만에 그 학교는 프랑스에서뿐만 아니라 유럽 전역에서 물리학을 부흥시키는 원동력이 되었다. 재능 있는 학생들이 끝없이 여름학교로 모여들었고, 학교는 학생들에게 평생의 우정을 쌓으면서 서로 힘을 합쳐 연구하고 배울 기회를 제공했다. 축사가 있던 자리에는 벌써 오래전에 튼튼한 건물들이 들어섰고, 질퍽거리던 농가 마당은 현대식 조각들로 장식된 테라스로 변했다. 내가 레 우쉬에서 가르치던 1954년에는 세 실도, 강사들도 그리고 학생들도 모두 젊었다. 우리는 삶의 환희에 취해 있었다. 우리는 유럽인이었고, 전쟁에서 살아남았고, 전쟁 후에 이어진 암울한 가난도 견뎌냈다. 그리고 마침내 유럽이 잿더미에서 다시 일어서고 있는 장면을 목격했다. 레 우쉬는 유럽이 물질뿐만 아니라 정신까지도 재건되고 있음을 보여주는 상징이었다. 우리가 그 일부였다는 게 얼마나 큰 행운인지, 우리는 알고 있었다.

샤르파크는 농장 어디에서 찾았는지 뿔이 달려 있는 오래된 황소 해골을 머리에 쓰고 다니곤 했다. 뿔 달린 황소 해골은 체격이든 성격이든 황소를 닮은 그에게 잘 어울렸다. 샤르파크가 그 해골을 머리에 쓰고 황소울음 소리를 흉내 내면서 진흙 마당을 뛰어다니던 모습이 지금도 생생하다. 그와 결혼한 지 얼마 안 된 도미니크^{Dominique}는 부엌에서 기다란 숟가락을 들고 나와 투우사처럼 휘두르곤 했다. 샤르파크는 생애 대부분의 시간을 프랑스와 스위스 국경에 위치한 유럽원자핵공동연구소^{Conseil Européen pour la Recherche Nucléaire}, 일명 CERN의 실험들을 지휘하면서 보냈다. 레 우쉬에서 멀지 않은 곳에 있는 CERN도 유럽 과학이 생기를 되찾았음을 상징적으로 보여주는 곳이다. 1992년에 샤르파크가 여름학교 학생들 중 최초로 노벨 물리학상을 받았다는 사실을 들었을 때, 나는 하나도 놀랍지 않았다. 물론 그의 책에서 과학적 이성을 훼손하는 적들에 맞서 맹렬히 싸우는 샤르파크를 다시 만났을 때도 전혀 놀랍지 않았다.

《신비의 사기꾼들》의 공동저자 앙리 브로슈^{Henri Broch}는 니스 대학의 물리학 교수다. 물리학자로서는 샤르파크만큼 유명하지 않지만, 초감각과 텔레파시와 같은 초자연적 현상을 파헤치는 전문가로 유명하다. 그는 소위 초자연적인 힘을 갖고 있다고 믿는 사람들의 주장을 면밀히 조사했다. 브로슈가 그들의 주장을 일거에 격퇴할 수 있었던 것은 브로슈 자신이 마술사 소질을 갖고 있었기 때문이다. 마술적 묘기들을 통달한 그는 공개공연에서 이른바 초자연적 현상이라는 것들을 재현하기도 한다.

미국에 어메이징 랜디^{Amazing Randi}(본명은 제임스 랜디^{James Randi}이며, 검증할 수 없는 초능력을 믿지 말라고 주장하는 대표적인 회의론자다─옮긴이)가 있다면, 프랑스에는 브로슈가 있다. 브로슈도 그렇지만, 랜디는 노련한 마술사다. 그는 초능력을 갖고 있다고 주장하는 사람들에게 자기가 따라할 수 없는 초능력을 시현해보라고 내기를 건다. 샌디에이고에서 어메이징 랜디와 이스라엘 출신의 일명 '스푼 밴더spoon-bender' 유리 겔라Uri Geller가 대결을 펼친 적이 있었다. 어마어마한 크기의 대강당이 관객들로 가득 차 있었다. 나도 가족들을 모두 데리고 그 공연을 보러 갔다.

겔라는 손가락 하나 대지 않고 초능력만으로 숟가락이나 열쇠 같은 금속물질을 구부리는 공연을 펼쳤다. 그는 공연에 감동을 더하기 위해 '염동현상telekinesis'(다른 힘의 작용 없이, 오직 정신의 힘으로 떨어져 있는 물체를 움직이게 하는 심령현상의 하나-옮긴이)이라는 말로, 평범한 사람들이 숟가락을 구부리는 현상을 설명했다. 그리고 여느 공연 때와 마찬가지로 관객 중에서 지원자들을 뽑아 숟가락이나 열쇠를 갖고 무대 위로 올라오게 했다. 당시에 12세였던 나의 딸 에밀리Emily가 손을 번쩍 들고는 미리 가져온 낡은 열쇠를 들고 무대 위로 올라갔다. 그 열쇠는 더 이상 쓸모 없는 것이라서 겔라가 구부려도 상관이 없었다. 겔라는 열쇠를 찬찬히 살피더니 다시 에밀리에게 돌려주면서 잘 쥐고 있으라고 했다. 그리고는 관객들에게 염동현상에 대해 설명을 늘어놓았다. 열쇠의 원자들이 자신의 초능력에 반응해서 재배열된다는 둥 설명하는 동안 에밀리는 무대 위에서 기다리고 있었다. 겔라는 갑자기 에밀리에게 돌아서서 이렇게 말했다. "자, 네 열쇠를 한 번 보자." 에밀리가 건넨 열쇠는 정말 구부러져 있었다. 그는 열쇠를 다시 에밀리에게 돌려주었고, 에밀리는 무대에서 자리로 돌아왔다. 에밀리는 맹세코 자기는 무대에 서 있는 동안 단 1초도 열쇠에서 눈을 떼지 않았다고 했다. 그 후에도 겔라는 다른 지원자들이 가지고 올라온 다양한 물건들을 구부렸다. 겔라가 무대에서 내려가고, 랜디의 공연이 시작되었다.

랜디는 겔라가 했던 마술들을 그대로 따라했고 똑같이 성공했다. 무대에 올라갔던 지원자들도 에밀처럼 신기해했다. 그러고나서 랜디는 마술이 성공한 경위를 설명했다. 사실 열쇠를 구부리는 것은 쉽다는 것이다. 그는 또 다른 열쇠의 구멍에 열쇠의 끝부분을 끼우고 한 손으로 두 열쇠를 꽉 눌러서 구부렸다. 관객들에게 초능력에 대해 설명하는 동안 그렇게 열쇠를 구부린 것이다. 이 마술에서 진짜 어려운 부분은 열쇠를 바꿔치기 하는 기술이다. 열쇠 바꿔치기는 두 번 이뤄진다. 한 번은 지원자가 열쇠를 건네줄 때 그리고 마지막에 열쇠를 지원자에게 돌려줄 때, 재빨리 다른 손에 감추고 있던 열쇠와 바꿔치기 한다. 이렇게 할 때마다 목소리를 높이거나 다른 손을 돌발적으로 움직이면서 지원자와 관객의 주의를 산만하게 한다. 마술사의 진짜 능력은 속임수를 부리는 순간에 주의를 산만하게 하는 기술에 있다. 에밀리는 랜디의 설명을 듣지 않았다면, 자기가 그토록 속임수에 쉽게 넘어가는 사람이라고 생각하지 못했을 거라고 투덜댔다. 랜디는 겔라의 마술을 다 재현하고 원리를 설명한 후에, 그보다 훨씬 놀라운 속임수들로 관객들을 즐겁게 했다. 물론 그 마술들에 대해서는 설명하지 않았다.

브로슈는 '텔레파시 능력자가 되어보자'라는 제목의 장에서 몇 킬로미터 떨어져 있는 공범자에게 텔레파시로 메시지를 전달하는 능력을 멋들어지게 시연해 보인다. 시연은 이 마술과 아무런 관련이 없는 친구들을 한집에 모아놓고 시작된다. 우선 브로슈는 카드 한 패를 주고 완벽하게 섞으라고 한 다음, 무작위로 한 장을 뽑으라고 한다. 그러는 동안 브로슈는 카드를 섞을 때 자신이 아무런 영향을 주지 않는다는 걸 보여주기 위해 방 한쪽에 앉아 있다. 어떤 카드를 뽑을지 사전 논의도 없다. 만약 그들이 클럽 5 카드를 뽑았다고 가정해보자. 그러면 브로슈는 주머니에서 수첩을 꺼내 공범자의 이름과 전화번호를 적은 후, 친구들에게 다른 방에서 그 전화를 걸 사람을 정하라고 말한다. 친구가 전화를 거는 동안, 브로슈는 극도로 집중한 표정으로 카드를 노려보면서 텔레파시를 보내는 시늉을 한다. 공범자는 전화를 받아서 여러 사람 중 누구와 통화하고 싶으냐고 묻는다. 그러면 전화를 건 친구는 아무개 이름을 대면서, 자신들이 카드 한 장을 뽑았는데 브로슈가 그 카드의 이미지를 텔레파시로 보내고 있다고 설명한다. 극적 효과를 내기 위해 잠시 숨을 고른 후, 공범자는 "당신들이 뽑은 카드는 클럽 5입니다"라고 말한다. 친구는 브로슈와 나머지 친구들에게 달려와 메시지가 완벽하게 전달되었다고 소리친다.

이 마술을 지켜본 사람도 그렇거니와 전문 마술사가 아니라면 이 마술을 꿰뚫어볼 수가 없다. 특별한 지식이 없는 사람들에게는 텔레파시를 과학적으로 증명한 공연처럼 보인다. 하지만 거의 모든 사람이 놓친 결정적인 단서는 브로슈가 공범자의 이름을 쓰기 전에 흘끗 본 수첩에 있다. 수첩에는 카드 한 패에 있는 53장의 카드 목록이 적혀 있고, 각각의 카드 명칭 앞에는 프랑스에서 흔한 성이 적혀 있다. 공범자 역시 똑같은 목록을 갖고 있다. 그러니까 공범자는 이름이 불리는 순간 어떤 카드인지 바로 알게 되는 것이다.

'기이한 우연의 일치'라는 제목의 장도 매우 흥미롭다. 우연의 일치로 일어나는 사건들은 일상생활에서도 초자연적인 힘이 작동하는 증거처럼 보인다. 그런 사건들은 속임수나 마술 같은 정교한 묘기의 결과가 아니라, 단지 확률법칙의 결과일 뿐이다. 확률법칙은 사건들이 의외로 자주 일어나지 않는 것처럼 보이게 만드는 역설적인 특징이 있다. 리틀우드의 기적의 법칙Littlewood's law of Miracle은 이 역설을 간단하게 설명한다. 존 리틀우드^{John Littlewood, 1885~1977}는 내가 학생이었을 때, 케임브리지에서 수학을 가르친 유명한 수학자였다. 그는 이 법칙을 제안하기 전에 이미 기적을 정확하게 정의했다. 그의 정의에 따르면, 기적은 일어났을 때 특별한 의미를 가지는 어떤 한 사건을 의미하는데, 그 사건이 일어날 확률은 1/100만이다. 이 정의는 우리가 흔히 '기적'이라는 말로 이해하는 의미와도 일치한다.

리틀우드의 기적의 법칙은 평범한 사람의 일상생활에서 대략 한 달에 한 번꼴로 기적이 일어난다고 설명하다. 증명하는 것도 어렵지 않다. 우리가 보통 하루에 활동하는 시간은 약 8시간이고, 그 시간 동안 약 1초에 한 번꼴로 무언가를 보거나 듣는다. 따라서 우리에게는 하루에 약 3만 번, 한 달에 100만 번 정도의 사건이 발생하는 셈이다. 거의 예외 없이, 이렇게 일어나는 사건들은 너무 사소하기 때문에 기적이 아니다. 기적은 약 100만 번 중에 한 번 일어난다. 그러므로 평균적으로 한 달에 한 번 기적이 일어난다고 예상할 수 있다. 브로슈는 자신과 친구들에게 우연의 일치로 일어난 놀라운 사건들을 들려주면서, 그 모든 우연의 일치를 리틀우드의 기적의 법칙으로 간단하게 설명했다.

자칭 초심리학자라고 하는 수많은 사람들은 엄격한 과학적 방법을 이용해서 초자연적 현상들을 연구해왔다. 그들이 즐겨 쓰는 도구는 25장짜리 카드 한 벌이다. 각각의 카드에는 5가지 상징이 하나씩 그려져 있다. 5가지 상징은 정사각형, 원, 별, 십자가, 구불구불한 선 모양이다. 텔레파시를 검증하는 이상적인 실험은 텔레파시 전송자와 수신자가 세심하게 통제된 별개의 방에서 이뤄져야 한다. 이때는 두 사람 사이는 물론이고 실험자와 두 사람 사이의 소통도 완벽하게 차단해야 한다. 또 전송자와 수신자는 정밀한 시계에 맞춰서 동시에 행동해야 한다. 사전에 정한 일정한 시각에 전송자가 잘 섞은 카드 한 벌에서 카드들을 뽑고 한 번에 한 장씩 응시한다. 그리고 확인한 카드를 순서에 맞게 기록한다. 그와 동시에 수신자도 카드를 추측해서 그 순서에 맞게 기록한다. 실험이 끝나면 실험자가 아닌 제3의 무관한 목격자가 두 사람의 기록을 비교하고 추측의 정확도를 계산한다. 텔레파시가 작동하지 않았다면 그 비율은 20에 가까울 것이다. 만약 비율이 20보다 월등히 높으면 실험자는 텔레파시의 증거를 발견했다고 주장해도 무방할 것이다.

이 이상적인 텔레파시 검증실험이 현실성이 있다면, 우리는 이미 오래전에 텔레파시의 진위를 가려냈어야 마땅하다. 내 경험상, 현실적으로 이런 실험을 수행하는 방식은 이상과는 매우 다르다. 내가 십대였을 때 초심리학이 유행이었다. 나도 초심리학 카드 한 벌을 사서 친구들과 카드 맞추기 실험을 해봤다. 우리는 몇 시간씩 서로 역할을 바꿔가며 카드를 응시하고 추측하기를 반복했다. 브로슈와 달리, 우리는 텔레파시가 존재한다고 가정했고 우리에게 텔레파시 능력이 있다는 걸 증명해보고 싶었다. 처음 실험을 시작했을 때만 해도 추측의 정확도가 상당히 높았다. 그런데 시간이 갈수록 정확도는 20을 향해 떨어졌고 우리의 열정도 바닥을 드러냈다. 몇 달 동안 드문드문 실험에 매달리다가 결국 우리는 카드를 치워버리고 기억에서도 지워버렸다.

경험을 돌아보건대, 거기에는 우리가 넘지 못한 세 개의 커다란 장애물이 있었다. 첫 번째 장애물은 지루함이었다. 그 실험들은 정말이지 견딜 수 없을 만큼 지루했다. 결국 우리가 실험을 포기한 것도 몇 시간씩 앉아서 카드를 노려보고 추측하는 일을 견딜 수 없었기 때문이었다. 두 번째 장애물은 제대로 통제된 실험을 하기가 어려웠다는 것이다. 심지어 우리는 전송자와 수신자 사이의 소통을 엄격히 통제할 생각도 하지 못했다. 그런 통제 없이 얻은 우리의 결과들은 과학적으로 아무 의미가 없었다. 하지만 장난이나 농담을 주고받지 못하도록 엄격한 통제규칙을 정했다고 해도, 실험을 더욱더 지루하게 만들었을 테니 포기하기는 마찬가지였을 것이다.

세 번째는 편향된 샘플링이었다. 그런 실험의 결과는 실험을 중단하는 시점에 따라 결정된다. 만약 기막히게 높은 비율이 나왔던 실험 초반에 중단한다면 결과는 매우 긍정적이었을 것이다. 하지만 지루함에 죽을 지경이 된 후에 중단한다면 결과는 당연히 매우 부정적일 것이다. 공정한 결과를 얻는 유일한 방법은 중단할 시점을 사전에 정해놓는 것이다. 물론 우리는 그렇게 하지 않았다. 그때 우리는 사전에 실험을 중단하는 시점을 정할 만큼 노련한 실험자가 아니었다. 우리는 세 개의 장애물 중 어느 것 하나도 넘지 못했다. 우리가 만약 세 장애물을 모두 극복했다면, 어떤 식으로든 과학적으로 신뢰할 만한 결과를 얻었을지도 모른다.

듀크 대학의 조지프 라인Joseph Rhine, 1895~1980이 처음 시작해 그 후 수많은 실험자들이 따라한 카드 추측실험의 역사는 한마디로 안쓰럽다. 긍정적인 결과를 얻었다고 주장하는 수많은 실험들이 나중에는 모조리 부정행위였다는 게 증명되었다. 부정행위 없이 이뤄진 실험들은 우리의 실험을 망친 바로 그 세 가지 장애물의 덫에 걸렸다. 부정이나 속임수의 개연성을 엄격하게 차단할 수 있는 통제 시스템은 시행하는 데 비용도 많이 들뿐더러 어렵고 따분하게 여긴다. 게다가 그런 통제 시스템을 갖췄다고 해도, 일련의 실험들에 대한 판단들은 결과를 선택적으로 보고하는 과정에서 편견이 심하게 개입될 수 있다. 리틀우드의

기적의 법칙은 일상생활에서 일어나는 사건들뿐만 아니라 실험결과
에도 적용된다. 추측의 정확도가 두드러지게 높은 회 차의 실험은 리
틀우드의 정의에 따르면 기적이다. 다양한 그룹이 다양한 조건에서 방
대한 횟수의 실험을 실시한다면, 가끔 기적이 일어날 것이다. 기적이
선택적으로 보고된다면, 실제로 텔레파시로 일어난 사건과 실험적으
로 구별할 수 없을 것이다.

샤르파크와 브로슈는 오늘날 우후죽순으로 자라고 있는 점성술을
비롯해 여타의 사이비과학들을 싸워서라도 뿌리 뽑아야 할 위협적인
존재로 여긴다. 그리고 비과학적 사고가 오늘날 프랑스 학생들 사이에
횡행하는 현상을 대단히 우려한다. 두 사람은 이런 비합리성에 대해
예의 프랑스풍 문체로 이렇게 요약해 대답한다. '이 질문은 회피할 수
없다. 하늘을 향한 시시한 주문뿐만 아니라, 논리적인 행위들로 표현
된 소위 지혜나 명확한 사고 그리고 그런 가치들에 대한 애정에까지
과학적 사고가 필연적으로 수반되어야 할까?' 두 사람은 여기서 문제
의 핵심에 다가가는 질문을 살짝 언급했다. 과연 과학의 바람직한 한
계는 어디까지일까?

인간을 이해하는 과학의 역할에 대해 두 가지 관점이 있다. 한쪽 극
단에는 환원주의 관점이 있다. 이 관점은 물리학과 화학에서부터 심리
학, 철학, 사회학, 역사학, 윤리와 종교에 이르는 인간의 모든 지식은
과학으로 환원될 수 있다고 믿는다. 이들은 과학으로 환원될 수 없는
것은 지식이 아니라고 주장한다. 환원주의 관점은 에드워드 윌슨Edward
Wilson, 1929~이 1998년에 출간한 《통섭Consilience》에 가장 극명하게 드러난
다. 다른 한쪽의 극단에는 전통주의적 관점이 있다. 이 관점에서 볼 때
지식은 수많은 개별적인 원천에서 출발하며, 과학은 단지 그 원천들

중 하나다. 세상에는 수많은 지식들이 있다. 예를 들면 선과 악, 품위와 아름다움, 윤리와 예술적 가치, 역사와 문학 또는 가족이나 친구와의 친밀한 관계에서 유추한 인간 본성, 명상이나 종교를 통해 얻은 사물의 본성 등에 대한 지식들이 그렇다. 이 모든 지식의 원천들은 과학과 나란히 어깨를 겨루고 있을 뿐만 아니라, 과학보다 영원히 지속될 인간 유산의 일부다. 대부분의 사람들은 이런 양극단의 중간 즈음에서 지식을 바라본다. 샤르파크와 브로슈는 극단적인 환원주의에 가까운 반면, 나는 극단적인 전통주의에 가깝다.

과학의 바람직한 한계를 묻는 질문은 초자연적 현상이 실재할 가능성과도 밀접하게 관련되어 있다. 샤르파크와 브로슈와 나는 초능력과 텔레파시를 과학적 방법으로 검증하려는 시도들이 실패했다는 데에는 동의한다. 샤르파크와 브로슈는 초능력과 텔레파시가 과학적으로 검증될 수 없기 때문에 그것들이 존재하지 않는다고 말한다. 그들의 결론은 명쾌하고 논리적이지만, 나는 그에 동의하지 않는다. 왜냐하면 나는 환원주의자가 아니기 때문이다. 나는 초자연적 현상들이 실재할 수도 있으나 과학적 방법으로는 접근할 수 없는 것인지도 모른다고 생각한다. 이것은 하나의 가설이다. 진실이라는 말이 아니라 지지할 수도 있는 가설이라는 말이다. 개인적으로는 설득력도 있다고 생각한다.

초자연적 현상들이 과학의 범위 밖에 있지만 실재한다는 가설을 뒷받침하는 증거들은 의외로 많다. 그 증거란 영국의 심령연구협회Society for Psychical Research를 비롯해 여러 나라의 유사한 단체들이 수집해온 자료들을 말한다. 런던 협회에서 발행하는 저널에는 초자연적 능력을 경험한 평범한 사람들의 사건들이 넘친다. 물론 그 증거들은 하나도 입증되지 않았다. 통제된 조건하에서 재현되지 않았기 때문에 과학과는 아무런 관련이 없다. 하지만 증거는 분명히 있다. 협회 회원들은 가능하면 사건이 일어난 직후에 직접적인 목격자들을 인터뷰한 후 세심하게 기록하는 일에 수고를 아끼지 않는다. 그들 이야기들마다 분명하게 드러나는 한 가지 사실이 있다. 적어도 초자연적 현상이 일어났다고 하는 모든 경우에, 당사자들은 엄청난 스트레스 상태였거나 감정이 극도로 고조된 상태였다는 것이다. 잘 통제된 조건하의 과학적 실험에서 초자연적 현상이 관찰되지 않는 까닭도 이런 사실이 설명해줄 수도 있다. 고조된 감정과 스트레스는 통제된 과학적 절차들과 본질적으로 양립할 수 없다. 전형적인 카드 추측실험의 경우에도 참가자들은 처음에 매우 흥분된 상태에서 실험에 임할 테고 정확도도 높게 나올 수 있다. 그러나 시간이 갈수록 흥분은 지루함으로 바뀌고, 정확도도 20퍼센트까지 떨어질 것이다.

　나는 초자연적 정신능력과 과학적 방법은 서로 상보적이라고 생각한다. ‘상보적complementary’이라는 말은 닐스 보어가 물리학에 도입한 기술적 용어다. 어떤 특성을 묘사한 두 가지 설명이 모두 타당하나 동시에 관찰되지 않는 성질을 의미한다. 상보성의 전형적인 예는 빛의 이중성이다. 빛은 어떤 하나의 실험에서는 끊임없는 파장으로 관찰되기도 하고, 또 다른 실험에서는 입자들의 무리처럼 행동한다. 그러나 하나의 실험에서 파장성과 입자성이 동시에 관찰될 수는 없다. 물리학에서 상보성은 확정된 사실이다. 상보성이라는 개념을 정신적 현상으로 확장시키는 것은 순전히 나의 개인적 추론이다. 하지만 나는 정신적인 현상의 세계가 존재하나 너무 유동적이고 쉬이 사라지기 때문에, 육중한 과학의 도구들로 포착되지 않는 것이라는 쪽에 마음이 기운다.

　여기서 이 문제에 대한 나의 개인적 관심을 분명히 말해야 할 것 같다. 나의 할머니들 중 한 분은 제법 유명한 기도치료사였다. 나의 사촌 중 한 명은 수년간 심령연구협회 저널의 편집자였다. 이 두 여인은 교육 수준도 높았고 매우 지성적이었으며, 초자연적 현상을 열렬히 신봉했다. 어쩌면 그들이 망상에 사로잡혔었는지 모르지만, 분명한 것은 두 사람 모두 바보가 아니었다는 점이다. 그들의 믿음은 개인적 경험과 증거들에 대한 면밀한 조사에 바탕을 두고 있었다. 그들이 믿었던 그 어떤 것도 과학과 양립하지 못할 것은 없었다.

초자연적 현상이 실재하든 아니든, 그것들의 실재를 증명하는 증거들은 터무니없는 말들과 노골적인 속임수들로 오염되었다. 우리는 그 증거들을 평가하기 전에, 풀리지 않는 미스터리들로 잇속을 챙기려는 장사치들과 사기꾼들을 먼저 제쳐놓아야 한다. 샤르파크와 브로슈는 과학의 사원에서 환전상들을 쓸어버리고 그들의 속임수를 폭로하는 임무를 훌륭히 수행했다. 내 생각에 두 사람의 책은 초능력을 믿는 사람과 회의적인 사람 모두가 읽어볼 만하다. 점성술을 믿든 안 믿든, 일단 재미있지 않은가!

후기

이 서평에 대해서는 실로 엄청난 편지들이 쇄도했다. 정통 과학자들은 내가 텔레파시의 가능성을 염두에 두고 있다면서 맹렬하게 비난했다. 텔레파시를 진심으로 믿는 사람들은 그것의 실재가 증명되지 않았다는 말에 발끈했다. 그것은 수많은 독자들도 깊이 고민해볼 질문이다. 그중에서도 가장 인상적인 것은 루퍼트 셸드레이크^{Rupert Sheldrake}가 개를 대상으로 텔레파시를 실험하고 쓴 논문이었다. 실험 대상으로서 개는 몇 가지 점에서 인간보다 유리하다. 우선 지루해하지도 않고, 수다도 떨지 않으며, 무엇보다 실험결과에 전혀 관심이 없다. 셸드레이크의 실험은 텔레파시가 과학적으로 검증될 수 없다는 나의 주장과 배치된다. 하지만 불행히도 그 실험 역시 개가 아닌 인간이 실험자였고 인간의 편견이 개입되었으므로 선별적 보고에서 자유롭지 못했다. 그러나 셸드레이크의 말마따나 실험은 과학적이었다. 제3의 실험자가 다른 개들을 대상으로 반복 실험이 가능했으니까. 이 실험에 대해 더 알고 싶다면 셸드레이크의 책《주인이 언제 집에 오는지 알고 있는 개, 동물이 갖고 있는 미지의 힘*Dogs That Know When Their Owners Are Coming Home, and Other Unexplained Powers of Animals*》(Crown, 1999)과 그의 최신 논문들에 나와 있는 증거들을 확인해보는 것도 좋겠다.

5

여러 개의 세상, 다중우주론

인생은 때로는 예술을 모방한다. 지금으로부터 66년 전에 올라프 스테이플던Olaf Stapledon, 1886~1950은 철학적 개념을 극화시킨 《스타메이커Star Maker》를 썼다. 66년이 지난 지금, 우주학자들은 우리가 거주하고 있는 우주의 유력한 모델로 이 책과 비슷한 시나리오를 제시한다.

스테이플던은 과학자가 아닌 철학자다. 그는 철학이 오랫동안 매달려왔던 고질적인 문제를 참신하고 우아하게 풀기 위해 《스타메이커》를 썼다. 그 문제란 우리 세상에 존재하는 악과 전능하지만 완전히 사악하다고 할 수는 없는 창조주를 화해시키는 것이다. 그가 찾은 해법은 우리 우주가 여러 우주들 가운데 하나라는 것이다. 창조주는 우주를 연이어 창조하면서 우주설계도도 개선하고 있다. 우리 우주는 초창기에 창조주가 만든 어설픈 우주 중 하나이고, 우리 주변의 악 역시 창조주가 만든 결함이다. 창조주는 이 결함들을 수정해 다음 우주 제작에 반영한다. 끝에서 두 번째 장 '창조주와 그의 작품들'에서 이야기는 클라이맥스로 치닫는다. 이 장에서는 인간을 기술 연마의 재료로 이용하는 공예가로서 창조주의 막강한 이미지를 보여준다. 이 책의 주인공은 진화된 지적 생명체가 사는 우주 안의 세계들을 최초로 탐험하고 마침내 스타메이커와 대면하게 되는 인간 관찰자다. 그렇지만 그 궁극의 대면의 순간은 유쾌하지가 않고 비극적이다. 회오리바람으로 욥에게 대답한 신처럼, 스타메이커 역시 인간 관찰자를 쓰러뜨리고 거부한다. 스타메이커는 자신의 작품을 사랑하지만 자비 따위는 없다. 결국 우리 우주는 그 웅장함과 아름다움에도 불구하고 실패한 실험이다. 스타메이커는 이미 우리 우주의 결함들을 보정해 다른 우주들을 설계하는 데에 마음을 뺏긴 것이다.

지난 몇 년 동안 리 스몰린^{Lee Smolin, 1955~}과 마틴 리스^{Martin Rees, 1942~}를 비롯한 우주학자들은 지금까지와는 상당히 다른 철학적 문제를 고민했다. 이들은 도덕적 판단이야 어찌되건, 과학적 사실에만 관심이 있다. 그 과학적 사실이란 우리 우주가 생명과 지능의 발달에 신기하리만치 우호적이라는 것이다. 물리학과 화학에서 발견된 세밀한 법칙들은 우리 우주를 생명에 친화적인 우주로 만들려고 일부러 서로 짜 맞춘 것처럼 보인다. 만약 핵력과 중력 그리고 화학적 힘들이 아주 약간만 달랐더라면 지금 우리가 알고 있는 생명은 결코 진화하지 못했을 것이다. 지구의 생명체는 본래 출현한 이 우주에서 스스로 적응할 수 있었다. 하지만 별들과 행성들이 탄생할 시간도 없이 불타오르는 시공간에서 붕괴한다든가, 수소보다 무거운 원자들이 형성되기도 전에 차갑고 희박한 가스로 팽창하는 그런 우주라면, 그 어떤 생명체도 적응할 방도가 없다. 우리 우주는 어떻게 된 일인지 중력붕괴와 우주팽창이 거의 정확하게 평형을 이루도록 미세조정이 되었다. 그 덕분에 별들과 행성들이 진화할 시간이 넉넉했으며, 생명에 필수적인 다양한 원자들이 형성될 시간도 충분했다. 우리 우주가 생명에 우호적인 이유를 설명하는 철학적 문제는 결국 미세조정fine-tuning(우주의 물리상수들이 생명 유지에 적합하게끔 특정한 방법으로 미세조정되었다는 것-옮긴이) 문제로 귀결된다.

우주학자 리 스몰린은 미세조정 문제에 최초로 다중우주 개념을 도입했다. 그는 이렇게 가정했다. 우리 우주는 여러 우주들 중 하나다. 아기들이 태어나듯, 늙은 우주들 안에서 새로운 우주들이 태어나고 있다. 아기 우주들은 부모 우주를 닮았으나 무작위로 갖가지 종류의 물리법칙과 화학법칙들을 타고난다. 이러한 가정을 전제로, 다윈의 진화 과정을 따라서 수명이 긴 우주들이 선택된다. 따라서 인간과 같은 생명체가 수명이 긴 우주 중 한 곳에 존재하게 된 것도 우연이 아니다. 수명이 긴 우주는 생명과 지능의 발달에 맞춰 물리와 화학 법칙들이 미세조정된 곳이다. 수십억 개의 우주들 가운데 극소수만이 생명이 진화할 수 있도록 미세조정되었으며, 그 극소수의 우주들 중 하나가 바로 우리의 고향인 것이다. 스몰린의 다중우주론many-universe cosmology에는 스타메이커 같은 설계자가 필요 없다. 우주의 진화를 안내할 자연선택의 은밀한 손과 생명에게 서식지를 제공할 만큼 적당하게 불규칙적으로 변화하는 행운만 있으면 된다.

천문학자 마틴 리스는 자연이 미세조정 문제를 해결했음직한 또 하나의 방법을 제안했다. 그는 다중우주가 존재한다면, 그중 몇몇 우주는 우리보다 정신작용에서 훨씬 더 진보한 생명체의 진화를 허용할 가능성도 있다고 말했다. 초지능 생명체는 어쩌면 자신의 두뇌로 또는 슈퍼컴퓨터로 복잡성 수준이 조금 낮은 또 다른 우주의 역사를 완벽하게 모의실험^{simulation}할 수 있을지도 모른다. 여기서 리스는 질문을 던진다. 우리와 이 우주는 초지능 생명체의 뇌 안에서, 물질적 재료가 전혀 없이 오직 정신적 구조로 모의실험된 것일 수 있지 않을까? 그리고 리스는 이렇게 말한다. '이 개념은 새로운 종류의 가상 시간여행의 가능성을 열어준다. 진보된 존재들이 창조한 모의실험은 사실상 과거를 재생할 수도 있기 때문이다. 이들이 창조한 모의실험이란 고전적인 개념의 시간고리^{time-loop}(일정 시간의 기간을 무한에 가깝게 반복하는 현상-옮긴이)가 아니다. 자기들의 역사를 탐구하기 위해 과거를 복원한 것이다.' 리스는 미래의 초지능 생명체들로 하여금 과거를 미세조정하게 함으로써 미세조정 문제를 풀어낸다.

만일 현재 우리 우주가 물리법칙들의 대안적 결과들에 관심을 가진 지적 외계인에 의해 모의실험된 것이라면, 우리가 관찰한 물리법칙들도 우리 우주를 흥미롭게 만들기 위해 선택된 법칙들일 수도 있다. 그렇다면 우리 우주에는 다양성을 극대화할 수 있는 구조와 작용들이 허락되었다고 예상할 수 있다. 지구의 한없이 풍부한 생태환경들은 리스의 견해를 뒷받침한다. 수많은 행성들, 별들, 은하들 그리고 이 천상의 동물원을 메우고 있는 진기한 거주자들 역시 리스의 후원자인지도 모른다. 우리는 이 우주가 생명에 친화적일 뿐만 아니라 생명의 다양성을 극대화하는 데에도 우호적이라는 사실을 알고 있다. 생물학자 존 버든 샌더슨 홀데인도 언젠가 언급했듯이, 창조주는 딱정벌레를 극단적으로 애호하는 것처럼 보인다. 초지능을 가진 미래의 존재도 어쩌면 딱정벌레 애호가일지도 모른다.[1]

진짜 놀라운 일은 여기서부터다. 우리 우주가 지적 외계인의 두뇌 안에서 창조된 모의실험이라고 상상한 리스의 제안은 스타메이커의 창작품이라고 상상한 스테이플던의 제안과 놀라울 만큼 유사하다. 하지만 이 두 제안은 각기 다른 철학적 문제를 다루고 있다. 스테이플던은 악의 문제를, 리스는 미세조정 문제를 다룬다. 두 사람이 제기한 문제는 각기 다른 문화에서 출발한 것이다. 스테이플던은 도덕 철학이라는 문화에서, 리스는 과학적 우주론에서 출발한다. 그런데 이렇게 상이한 문화에서 상이한 고민으로 출발했지만, 스테이플던과 리스의 질문은 하나의 해답으로 수렴되었다. 명석한 과학자들이 반세기쯤 뒤에야 겨우 논의 대상으로 삼을 법한 현실에 대해, 공상과학소설 작가가 비약적인 시각을 제기하는 경우는 이것이 처음이 아니다. 쥘 베른^{Jules Verne, 1828~1905}의 네모 선장^{Captain Nemo}과 허버트 조지 웰스^{Herbert George Wells, 1866~1946}의 모로 박사^{Doctor Moreau}처럼, 스테이플던의 스타메이커는 시간이 흐를수록 더욱 현실감이 더해지는 가상의 인물이다.

시간이 갈수록 현실적이 되는 또 다른 가상의 등장인물은 시리우스^{Sirius}이다. 《스타메이커》의 뒤를 잇는 스테이플던의 역작 《시리우스》의 주인공 시리우스는 초지능을 가진 개다. 스테이플던은 1944년에 《시리우스》를 출간했다. 이 책도 철학적 문제를 극화시킨 작품이라고 할 수 있다. 《시리우스》에서 제기하는 철학적 문제는 동물들의 도덕적 경지다. 동물들도 우리 인간과 유사한 감정과 기분을 갖는데, 어째서 동물들에게는 우리와 유사한 법적 권리라든가 도덕적 기준이 없을까? 《시리우스》가 활자화된 지 반세기가 지난 지금, 여러 나라에서 동물의 권리와 해방을 위한 운동들이 힘을 얻고 있다. 야생의 동물들이 풍부한 감정과 사회성을 갖고 있다는 사실이 속속 밝혀짐에 따라, 동물의 권리를 인정하지 않고 가둬 기르는 일은 정당성을 잃어가고 있다. 게다가 급속도로 발전하는 유전공학은 다가오는 세기 안에 초지능을 가진 개나 고양이의 출현 가능성에 무게를 더해줄 것이다. 스테이플던의 시리우스는 종의 경계를 흐릿하게 만들었을 때 야기될 수 있는 비극적 결말을 경고한다.

팻 맥카시Pat McCarthy가 《스타메이커》의 자매편으로 《시리우스》의 개정판을 편집해주길 바란다. 개인적으로 나는 《시리우스》가 스테이플던의 작품 중 단연 최고라고 생각한다. 하지만 출간 당시에는 책의 가치에 비해 독자들의 관심을 받지 못했다. 아마도 1944년의 독자들 대다수가 보다 시급한 문제들에 정신을 쏟아야 했기 때문일 것이다. 문체도 《스타메이커》보다 설교적인 색채도 덜하고 좀 더 인간적이다. 《시리우스》는 스테이플던이 잘 알고 또 사랑했던 노스 웨일즈의 한 지방을 배경으로 펼쳐지기 때문에 생동감도 크다. 등장인물들도 유체에서 이탈된 정신이 아니라 실제 인간과 개들이다. 개와 인간의 세계를 모두 이해하나 그 어디에도 속할 수 없는 피조물이 처한 고립무원의 상태, 그것이 《시리우스》가 들려주는 비극이다.

하지만 사실 《시리우스》에게 지나치게 높은 점수를 줄 수는 없다. 《스타메이커》에게 불공평하기도 하거니와 우열을 가릴 수도 없기 때문이다. 《스타메이커》는 지금 우리가 우연히 살게 된 우주처럼 결함이 있는 역작인지도 모른다. 그러나 역작임에는 틀림없다. 우리의 현재를 돌아보게 하는 상상문학 작품의 진수이기 때문이다. 배움에 열망이 있는 사람이라면 반드시 읽어야 할 명저라 할 만한 책이다. 맥카시도 이 책 서문에 이은 소개글에서 언급했지만, 《스타메이커》는 단테Dante, 1265~1321의 《신곡The Divine Comedy》에 비견할 만한 책이 분명하다.

6

종교, 어떻게 바라볼 것인가

그동안 종교라는 마법의 주문을 깨는 경기에는 많은 선수가 참여해왔다. 하지만 내가 알고 있는 한, 그 경기에서 고드프리 해럴드 하디 교수를 앞지를 사람은 없다. 세계적으로 유명한 수학자인 하디는 공교롭게도 열혈 무신론자다. 무신론자에는 신을 믿지 않는 평범한 무신론자와 신을 적으로 여기는 열혈 무신론자 두 유형이 있다. 내가 케임브리지 트리니티 칼리지의 주니어 펠로^{junior fellow}(하버드 대학의 특별연구생-옮긴이) 교수로 있을 때, 하디는 나의 지도교수였다. 비록 주니어 펠로였으나, 나는 세계적으로 유명한 노老교수들과 상석에 앉아서 저녁식사를 하는 특권을 누렸다. 내가 그곳에 재임했던 당시에 유명한 노교수 중 한 분이었던 심슨 교수가 운명했다. 심슨은 트리니티 칼리지에 남다른 애정을 쏟았고 종교적으로도 신실한 분이었다. 그는 유언으로, 자신의 시신을 반드시 화장해서 생전에 자주 산책하고 명상했던 대학의 펠로스 가든^{fellows' garden}에 뿌려줄 것을 당부했다. 그가 사망하고 며칠 후에 대학부속 예배당에서 엄숙한 장례식이 거행되었다. 수년간 대학에 끼친 그의 공로와 기독교인 학자로서 보여준 모범적인 태도를 기리는 자리였다.

나는 그날 저녁에도 상석에서 식사를 기다리고 있었다. 옆 테이블에는 자리 하나가 비어 있었다. 하디 교수가 여느 때와 달리 저녁식사 시간에 늦은 것이다. 모두 자리에 앉아 라틴어로 감사기도를 드린 후에야, 하디가 여봐란 듯이 목재바닥에 신발 끄는 소리를 내며 식당으로 천천히 들어왔다. 그러더니 모두가 들으란 듯 큰 목소리로 불평을 해댔다. "대체 펠로스 가든에 무슨 그런 으스스한 걸 뿌렸담?" 물론, 하디도 그 으스스한 것의 정체가 무엇인지 모를 리 없었다. 그는 언제나 전반적으로 종교를 싫어했고, 심슨의 독실함은 특히 더 못마땅해했다. 기회는 이때다 싶어 소심한 복수를 한 셈이다.

폴 에르되시Paul Erdös, 1913~1996는 세계 일류 수학자이면서 또 열혈 무신론자였다. 에르되시는 언제나 신을 SF라고 불렀는데, 다름 아닌 극단적 파시스트Supreme Fascist의 약자였다. 에르되시는 몇 년 동안 이탈리아와 독일, 헝가리의 독재자들보다 언제나 한발 앞서서 포위망을 뚫고 이 나라 저 나라로 피해 다녔다. 그가 신을 SF로 부른 까닭은 무솔리니Mussolini와 같이 막강하고 포악하면서도 미련한 파시스트 독재자들과 닮았다고 생각했기 때문이다. 에르되시는 요리조리 장소를 자주 바꿈으로써 SF를 한 수 앞서 나갈 수 있었고, 자신의 활동들을 전혀 예측하지 못하도록 했다. 여느 독재자들과 마찬가지로, SF 역시 멍청해서 에르되시의 수학을 이해하지 못했다. 하디와 에르되시는 본인들에게 주어진 몫 이상으로 인류의 희극에 공헌한 매력적인 인물들이다. 두 사람 모두 위대한 수학자로서의 재능뿐만 아니라 익살꾼으로서의 재능도 풍부했다.

현재 마법의 주문을 깨는 경기의 배턴은 대니얼 데닛^{Daniel Dennett, 1942~}이 이어받았다. 데닛은 철학자다. 그는 《주문을 깨다^{Breaking the Spell: Religion as a Natural Phenomenon}》[1]에서 현대 사회의 종교에서 비롯된 철학적 문제를 마주한다. 종교가 존재하는 이유는 무엇일까? 종교가 수많은 나라에서 사람들을 그토록 강력하게 사로잡는 이유는 무엇일까? 종교는 과연 대중이 도덕성의 기반으로 삼기에 유익한가? 우리가 위험하다고 여기는 종교운동들의 확산에 대해 우리는 어떻게 대처할 수 있을까? 종교를 일종의 자연적인 현상으로 이해하는 데에, 과학의 도구와 방법들이 도움이 될까? 데닛은 책의 서두에서 이렇게 밝혔다.

이 모험적 시도 전체를 시작하게 만든 큰 질문들에 대해 답변하기보다, 최대한 신중하게 질문들을 던지면서 진행해갈 것이다. 그 질문들에 대해 이미 우리가 알고 있는 대답들을 짚어보고, 우리가 그 질문들에 반드시 답변해야 하는 이유를 보여줄 것이다.

나는 철학자다. 생물학자도 고고학자도 아니고, 사회학자도 아니며, 역사학자나 이론가도 아니다. 우리 철학자들은 질문에 답변하기보다는 질문을 던지는 것을 더 잘한다.

데닛은 자신이 설파한 대로 실천한다. 질문에 답변하지 않고, 장장 400여 쪽에 걸쳐 질문을 던지고 있다. 그의 책은 편안한 대화체로 여담들도 곁들여가며 느긋하게 진행된다. 책은 크게 3부로 나뉘는데 1부는 과학적 연구의 본질을, 2부는 종교의 역사와 진화를, 마지막 3부에서는 오늘날의 종교를 다룬다. 데닛은 1부에서 과학적 연구를 재현과 검증이 가능한 증거들의 모음으로 협소하게 제한해 정의한다. 대신 역사와 신학이라는 인문학적 분야와 과학을 예리하게 구분한다. 또한 역사적 서술과 개인적 경험들로 오염된 태반의 증거들은 과학적 증거로 인정하지 않는다. 그런 증거들은 통제된 조건하에서 재현이 가능하지 않기 때문에 과학의 범주에 편입될 수 없다. 데닛은 1902년에 윌리엄 제임스William James, 1824~1910가 심리학자의 관점에서 종교를 설명한 고전《종교적 경험의 다양성 The Varieties of Religious Experience》의 몇몇 단락에 찬성과 경의를 표하면서 그것을 인용하고 있다. 그는 제임스의 책을 '최근 들어 너무 간과된 통찰과 주장들의 보고'라고 설명하지만, 제임스의 통찰과 주장들을 과학으로 인정하지는 않는다.

제임스는 마치 의사가 환자의 눈으로 세상을 관찰하듯, 종교를 내부인의 시각에서 검증하고 있다. 제임스는 심리학 교수가 되기 전에 의학박사 과정을 밟았다. 그는 시공간을 초월한 정신의 영역에 무언가가 실제 존재한다는 증거로, 성자와 신비론자들의 개인적 경험들을 연구했다. 데닛이 제임스를 존경하는 까닭은 인간의 조건을 탐구하는 학자이기 때문이지 정신세계를 탐구해서가 아니다. 데닛은 성자와 신비론자들의 통찰들은 증거로 삼을 가치가 없다고 판단한다. 재현과 검증이 가능하지 않기 때문이다. 데닛은 과학의 규칙들에 따라 종교를 외부에서 검증한다. 그에게는 성자와 신비론자들의 통찰력도 일종의 현상에 불과하다. 마치 피부색에 따른 사람들의 호불호나, 병리학적으로 간주되거나 되지 않을 수도 있는 정신적 현상처럼 말이다.

2부는 가장 길기도 하거니와 데닛의 핵심적 주장이 담겨 있는 부분이다. 그는 원시부족의 신화에서부터 최근 미국의 시장주도형 복음주의 대형 교회들에 이르기까지, 종교가 진화해온 역사의 여러 단계들을 살펴본다. 데닛은 이런 진화의 과정을 외부자의 시각으로 바라보면서, 그것을 과학적으로 이해할 방법들을 고민한다. 그는 매우 조심스럽게 종교의 진화과정을 신앙체계들의 다윈주의 경쟁, 다시 말해 가장 적응도가 높은 신앙체계만 살아남는 생존경쟁으로 설명한다. 신앙체계의 적응도는 개종자 수를 늘리고 그들의 충성도를 유지하는 능력으로 정의된다. 물론 신앙의 주체자인 인간의 생물학적 적응도나 그 신앙의 진위 여부와는 아무런 관련이 없다. 데닛은 종교의 진화에 대한 자신의 설명이 과학적인 방법으로 검증 가능하다는 점을 강조한다. 각 신앙체계의 전파력과 지속력을 정량적으로 측정함으로써 생존한 종교들이 사멸한 종교들보다 실제로 적응도가 높은지, 객관적이고 과학적인 수치로 확인할 수 있다는 것이다.

데닛은 종교의 진화와 관련해서 또 다른 가설도 제시한다. 그는 임의의 교리를 진리로 인정하는 신앙과 임의의 교리를 합당하다고 여기는 믿음의 신앙을 구분한다. 그가 발견한 증거에 따르면, 종교를 믿는다고 여기는 대다수의 사람들은 자신들이 믿는 종교의 교리를 실제로 믿기보다는 바람직한 하나의 목표로서의 신앙을 믿는다. '믿음의 신앙' 현상은 종교에 관심조차 갖지 않을 많은 사람들에게 종교를 매력적으로 보이게 만든다. 어떤 한 종교에 소속되기 위해서 반드시 그 종교를 믿어야 할 필요도 없고, 그저 믿기를 원하거나 믿는 척만 해도 된다. '믿기'는 어렵지만 '믿음의 신앙'은 쉽다. '믿음의 신앙'은 종교가 전파력을 증대하고 그에 따라 적응도를 높일 수 있도록 해주는 중요한 현상 중 하나다. 데닛은 믿음의 신앙과 종교의 적응도와의 관계를 과학적 사실로서가 아니라 검증해야 할 가설로서 제시한다. 그는 지금까지 이와 관련된 연구가 거의 없는 현실을 개탄한다. 《주문을 깨다》라는 제목에는 종교에 대한 과학적 분석이 완결될 때 인간의 이성을 위압하는 종교의 마력도 깨지리라는 그의 바람이 담겨 있다.

데닛은 신도 숫자에만 신경 쓸 뿐 그들의 종교적 삶의 질에 대해서는 무관심한 오늘날 복음주의 대형 교회들을 거리낌 없이 조롱한다. 이런 교회들의 지도자들은 각자의 종교관을 경쟁시장에 내놓고 팔고 있으며, 그런 시장에서는 판매기술이 가장 뛰어난 지도자들이 이기게끔 되어 있다. 시장은 순수하고 거룩한 삶에 대한 진지한 헌신보다는 실질적인 편리를 선호한다. 데닛은 외부자로서 종교단체들의 지도자들이 돈과 권력에 어떻게 물들어가는지 똑똑히 보았다. 데닛은 사회학자로서 미국의 종교단체들과 관행들을 연구한 앨런 울프[Alan Wolfe, 1942~]의 말을 인용한다.

복음주의의 인기는 교리에 대한 확신뿐만 아니라, 대중의 욕구에 영합하는 경향(신도들이 원하는 바를 정확히 간파하고 그것을 제공하는 경향)에서도 비롯된다. 교회는 '강력한 종교적 함의'를 갖고 있는 '성소[sanctuary]' 라는 말을 원치 않는다. 성서의 문장들을 정확하게 해석하기보다는 더 큰 주차장과 더 쾌적한 육아실을 제공하는 데에 더 신경을 쓴다.

하디와 에르되시처럼, 데닛도 종교를 우스꽝스럽게 보이게 함으로써 마법의 주문을 깨뜨리고 있다. 나의 과학자 친구들과 동료들 대부분이 그와 유사한 선입관을 갖고 있다. 내가 깊이 존경하는 한 유명한 과학자는 내게 이렇게 말했다. "종교는 누구나 한 번쯤 앓고 지나가는 소아질병이다." 공공연히 인정된 그런 선입견들이 그 자체로 잘못된 것은 아니다. 종교의 진화에 대한 데닛의 설명은 전반적으로 정당하고 공평하다.

데닛은 3부의 마지막 부분에서 현대 사회의 종교에 대해 자신의 입장을 밝힌다. 그는 '도덕과 종교'라는 장에서, 현세기에 벌어진 가장 부도덕한 일들의 상당부분을 종교의 탓으로 돌린다. 그는 종교가 강요한 테러 명령에 복종해 살인을 저지른 극소수의 광신도들을 비난한다. 그뿐 아니라 광신도들의 행위를 공개적으로 규탄하지 않은 대다수의 평화롭고 온건한 신도들까지도 탓한다. 그가 말하는 광신도가 벨파스트^{Belfast}의 아일랜드 가톨릭 광신도를 뜻하든, 영국과 스페인의 무슬림 광신도를 뜻하든, 여기에는 심각한 문제가 있다. 데닛은 물리학자 스티븐 와인버그의 유명한 말을 인용하면서 적극적으로 동의를 표한다. '착한 사람들은 선한 일을 하고, 나쁜 사람들은 나쁜 일을 한다. 하지만 착한 사람들이 나쁜 일을 할 때도 있다. 바로 종교를 갖는 것이다.' 와인버그의 말이 어느 정도는 사실이지만, 완전한 사실이라고 보기에는 불충분하다. 그의 말이 완전한 사실이 되려면 이런 구절을 덧붙여야 할 것이다. '그리고 나쁜 사람들도 좋은 일을 할 때가 있다. 바로 종교를 갖는 것이다.' 기독교의 핵심은 죄인을 위한 종교라는 점이다. 예수는 이 핵심을 분명하게 밝혔다. 바리새인이 그의 제자에게 "어찌하여 당신의 주인은 세리와 죄인들과 함께 먹느냐?" 물었더니, 예수는 이렇게 대답했다. "나는 의인을 부르러 온 것이 아니요, 죄인을 회개케 하려고 왔노라." 죄인들 가운데서도 회개하고 좋은 일을 하는 사람은 극소수지만, 착한 사람들 가운데 종교 때문에 나쁜 짓을 저지르는 사람도 극소수다.

나는 대차대조표를 그리는 법도, 종교로 인한 선과 악을 비교할 방법도, 어떤 것이 더 위대한지 공평무사하게 결정하는 방법도 알지 못한다. 종교를 내부자의 시선으로 보고 있는 나는, 선이 악보다 압도적으로 많다는 선입관을 갖고 있다. 빈부의 격차가 날로 더 심각해지고 있는 미국에서, 교회와 유대교 예배당들은 사람들을 공동체로 묶어주는 거의 유일한 단체들이다. 교회나 유대교 예배당 안에서는 다양한 부류의 사람들이 모여 음악을 연주하거나 아이들을 가르치기도 한다. 또 자선을 목적으로 돈을 모으거나 질병이나 재난으로 고통 받는 이웃들을 돌보기도 한다. 종교가 없다면, 한 국가의 삶 전체가 몹시 피폐해질 수 있다. 여러 사람들이 이슬람 세계에 대해 한 말을 종합해볼 때, 이슬람 국가들의 모스크^{mosque}나 미국 내의 모스크나 과부와 고아를 보살피고 공동체를 유지하는 역할은 비슷하다.

종교를 외부자의 시선으로 바라보고 있는 데닛은 정반대의 결론을 내리고 있다. 그는 젊은 청년들을 테러리스트로 양성하는 극단적인 종교분파들과 그자들을 경찰에 넘기지 않음으로써 도덕적 지원을 하고 있는 평범한 신도들을 나란히 놓고 본다. 그는 종교를 법률적 용어로 '유인적 위험물^{attractive nuisance}', 즉 어린이와 젊은이를 유혹해서 위험한 사상과 범죄의 충동에 노출시키는 구조로 여긴다. 종교에 대한 나의 견해와 데닛의 견해는 모두 거짓이 아니지만 편향되어 있다. 나는 종교를 인류 유산의 소중한 일부로 생각한다. 데닛에게는 우리가 기꺼이 버려야 할 불필요한 정신의 짐짝일 뿐이다.

데닛은 종교와 관련된 도덕적 해악을 거침없이 설파한 후에, 마지막 장 '우리는 무엇을 해야 하는가?'에서 온화하고 회유적으로 말한다. '그래서 결국, 내가 제시하고자 하는 권고방침은 바로 이것이다. 세상 사람들이 각자의 삶에 대해 지혜롭게 선택할 수 있도록 우리가 온화하면서도 확고하게 가르쳐야 한다는 것이다.' 그의 권고방침은 충분히 유익하게 들린다. 그런데 왜 우리는 전적으로 그 권고에 동의할 수 없을까? 안타깝지만 그의 권고에는 근본적으로 동의할 수 없는 모호한 의미가 숨어 있다. 그 의미를 확고히 하려면 '우리'라는 말의 의미를 구체적으로 정의해야 한다. 세상 사람들을 가르치는 '우리'는 과연 누구인가? 결국 이 문제는 종교가 현대 사회에 던져놓은 사안들 중에서 가장 논쟁적인 문제, 즉 종교적 교육에 대한 정치적 통제로 귀결된다. '우리'는 아이들을 가르치는 부모일 수도 있고, 지역 교육위원회나 한 국가의 교육부장관일 수도 있다. 또는 합법적인 교회단체들이 될 수도 있으며, 데닛의 견해에 동조하는 국제적인 철학자협회들이 될 수도 있다. 이 모든 가능성들 중에 마지막 가능성은 가장 희박할 테지만 말이다. 데닛의 권고방침은 종교교육과 관련된 실질적인 문제를 해결하지 못한다. 우리가 '우리'의 의미에 동의하지 않는 한, '온화하면서도 확고하게 세상 사람들을 가르치자는' 권고는 종교인들과 선의의 철학자들 사이에 더욱 첨예한 갈등만 초래할 것이다.

교육의 통제는 종교인들과 시민권력자들 간의 정치적 싸움을 더욱 치열하게 만드는 투기장이다. 미국에서 이러한 싸움들은 교회와 학교를 분리하고 공립학교의 종교적 교육을 금지하는 법률적 정책으로 인해 더욱 고질화되었다. 공립학교에 교육비를 내면서 자녀의 믿음이 파괴되는 것을 지켜봐야 하는 근본주의적 신앙의 부모들은 불만을 갖지 않을 수가 없다. 영국에서는 찰스 다윈의 절친한 친구이자 진화론을 열렬히 지지했던 토머스 헉슬리Thomas Huxley, 1825~1895의 지혜로, 그런 불만들을 일찌감치 잠재웠다. 다윈의 이론이 공개되고 11년 후 공교육이 제도화된 1870년에, 헉슬리는 공립학교 교육과정을 결정하는 왕립위원회의 회원이었다.

헉슬리는 불가지론자不可知論者였으나, 위원회 회원으로서 학교에서 과학과 종교를 함께 가르쳐야 한다고 강력히 주장했다. 모든 영국의 어린이들은 영국 문화의 필수불가결한 일부로서 기독교 성서를 배워야 한다고 주장한 것이다. 최근 영국에서는 종교교육의 범위를 유대교와 이슬람교까지로 확대했다. 이런 정책 덕분에 1870년부터 오늘날까지 영국에서는 종교를 가진 부모와 공립학교 사이에 심한 적대감이 없다. 공립학교에서의 종교교육 정책으로 종교적 신앙은 축소된 동시에 종교적 관용은 증대되었다. 공립학교에서 종교에 처음 노출된 어린이들은 종교를 엄숙한 규범으로 받아들이지 않는다. 헉슬리는 영국의 종교가 축소될 것이라 예견했는지 모른다. 하지만 자신의 교육 정책이 거둔 뜻하지 않은 결과를 환영했을 것만은 분명하다.

종교교육에 대한 헉슬리의 해법은 불행히도 미국에서는 통하지 않는다. 출신 국가가 다르고, 특히 종교교육 문제와 관련해서는 한 가지 해법이 두루 통할 수가 없다. 그러므로 각 나라마다 고유문화의 규범 안에서 서로 상반되는 입장들을 정치적으로 중재할 수 있는 해법을 찾아야 할 것이다. 효과적인 해법이라고 해서 반드시 과학이나 철학적일 필요는 없다. 오래전 내가 영국의 소년이었을 적에, 사람들은 개를 데리고 기차를 탈 때 개 차표도 끊어야 했다. 나는 거북이를 한 마리 데리고 기차를 타야 했던 적이 있었는데, 개 차표를 사야 하는지 헷갈렸다. 차장은 내게 이렇게 답해주었다. "고양이는 개와 비슷하고 토끼도 개와 비슷하지만, 거북이는 곤충과 닮았지. 그러니까 그냥 태워가렴." 종교교육을 통제하는 규범들은 이처럼 해석의 자유에 따라 집행될 수밖에 없다.

데닛은 종교 연구 또한 과학적 견지에서 실시되어야 한다고 강력하게 주장한다. 여기서 우리는 또다시 그의 권고에 전반적으로는 동의하지만, '연구'의 의미에 대해서는 선뜻 동의하기 어렵다. 데닛은 사회적 현상으로서 종교 활동과 조직을 연구하는 데 있어서도 과학적 조사방법으로 제한한다. 내 생각에, 외부자의 시선으로 종교를 보면서 시작한 연구는 유익할지는 모르나 핵심적인 미스터리에는 결코 다가갈 수 없다. 핵심적인 미스터리란 고대로부터 현재까지 모든 인류사회에서 종교적 관행과 신앙들이 끊임없이 발생한다는 점이다. 나의 어머니는 나처럼 회의적 기독교인인데 자주 이렇게 말씀하셨다. "종교를 대문 밖에 갖다 버릴 수 있지만, 언제나 창문으로 다시 돌아온단다." 최근에 나는 어머니의 그 말씀이 사실이라는 걸 생생히 경험했다. 아내와 함께 모스크바 북쪽의 세르기예프포사트에 있는 러시아 정교회의 본부 격인 수도원을 방문한 적이 있었다. 우리를 안내한 젊은 가이드는 고풍스러운 건물이나 예술작품들에 대해서는 한마디도 안 했다. 대신 한 시간 내내 자신의 신앙과 고대 성자들의 수도원 묘지에서 뿜어져 나오는 신비로운 힘에 대해 이야기를 늘어놓았다. 무신론 정부가 들어서고 공식적으로 종교를 억압한 지 3세대가 지났어도 종교는 그 뿌리에서 다시 싹트고 있었다.

데닛의 견해와 상반되는 나의 철학적 선입견을 솔직하게 털어놓고자 한다. 우리는 암흑 속을 더듬거리며 이 미지의 우주를 이해할 단초들을 찾고 있다. 우주를 이해하는 데는 수많은 방식이 있으며, 과학은 그중 하나에 불과하다. 우리의 사고과정에서 논리에 기반을 둔 과정도 극히 일부에 지나지 않는다. 대부분 감정과 욕망, 사회적 상호작용들이 복잡하게 어우러져 사고과정을 형성한다. 우리가 지식을 얻었던 방법은 '축적'이다. 그 '축적'은 원시동굴에서 살 때 모닥불 주위에 둘러

앉아 서로에게 들려주던 이야기들에서 시작되었다. 오늘날의 방법도 변함없이 '축적'인데, 문학·역사·예술·음악·종교 그리고 과학이 모두 여기에 포함된다. 과학은 물질적 우주를 이해하고 다루는 데 이례적인 성공을 거둔 특별한 장비 일습襲이다. 종교는 우리에게 물질적 우주를 초월한 정신이나 영적 우주에 대한 단서를 제공하는 또 다른 장비 일습이다. 종교를 이해하기 위해서는 윌리엄 제임스가 《종교적 경험의 다양성》을 통해 그랬듯, 내부자의 시선으로 바라볼 필요가 있다. 세르기예프포사트의 젊은 가이드를 포함한 신비론자들과 성자들의 증언은 종교를 더 깊이 이해하는 데 필요한 재료일지도 모른다.

성스러운 기록들, 이를테면 바가바드기타Bhagavad Gita(인도의 힌두교 서사시-옮긴이), 코란Koran 그리고 성서는 종교 조직들에 대한 그 어떤 과학적 연구보다 종교의 본질에 대해 더 많은 것을 말해준다. 데닛이 주장하는 그 연구는 본래 다른 목적으로 설계되었던 과학의 도구들만을 이용해야 하므로 언제나 표적을 빗나갈 것이다. 우리 모두 종교가 자연적인 현상이라는 사실에 동의할 수는 있겠지만, 자연은 우리가 과학적 방법으로 이해할 수 있는 것보다 더 많은 것을 포함하고 있는지도 모른다.

내가 알기로, 현대의 이슬람 테러리스트들에 대한 정보를 알 수 있는 최고의 책은 마크 세이지먼Marc Sageman의 《테러의 네트워크 이해 Undrstanding Terror Networks》다.[2] 세이지먼은 미국무부 소속의 전직 외국근무 장교로, 아프가니스탄과 파키스탄에 본거지를 둔 무자헤딘Mujahideen(아프가니스탄 반군조직-옮긴이)과 상대했다. 세이지먼은 이 책 5장에서 2001년 9월 미국을 공격한 조직에 대해 자세히 설명한다. 설명에 따르면, 함부르크에서 조직이 형성될 당시에 이들을 결속시킨 힘은 정치보다는 개인적인 이유들이었다. 그는 이렇게 결론을 내린다. '9·11 가해자들에 대한 언론의 통속적인 설명과 달리, 그들의 행동은 외집단에 대한 증오보다 내집단에 대한 애정으로 설명해야 할 것이다.'

최근에 출간된 또 한 권의 책을 소개하면서 이 서평을 마무리하고자 한다. 오누키-티어니 에미코Ohnuki-Tierney Emiko의 《가미카제 일기: 일본 학도병의 기억Kamikaze Diaries: Reflections of Japanese Student Soldiers》이다.[3] 이 책에는 제2차 세계대전 막바지에 자살특공대 또는 가미카제 전투기 조종사로 임무를 수행하다 죽은 7명의 젊은이들의 일기가 발췌되어 실려 있다. 일기에는 죽을 운명이라는 걸 분명히 알고 있는 젊은 병사들의 생각과 감정이 그대로 드러난다. 그들의 생각과 감정은 놀라우리만치 이성적이다. 환상이나 망상 따위는 없다. 몇몇은 자신의 감정을 시로 표현했다. 모두가 교육 수준도 높았고, 짧은 생애에도 불구하고 꽤 많은 시간을 글을 읽고 쓴 덕에 서구의 몇 개 언어권 문학에도 조예가 깊었다. 그중 한 사람, 하야시 이치조Hayashi Ichizo는 일본의 기독교 가정에서 성장해 신앙심도 깊었다. 그에게는 기독교인으로서 자신보다 타인을 위한 자기희생을 값있게 여기는 신념이 엿보였다. 그는 키에르케고르Kierkegaard, 1813~1855의 《죽음에 이르는 병Sickness unto Death》을 읽고 마지막 임무를 수행할 때 성경과 함께 지니고 있었다.

하야시를 포함해 모든 조종사들은 삶에 대해 매우 비극적 관점을 갖고 있었고, 가족과 친구들과 함께했던 어린 시절의 추억을 회상하며 마음의 위안을 얻었다. 당시 가미카제 전투기 조종사들에 대한 미국인들의 이미지와 달리, 그들은 결코 세뇌당한 좀비들이 아니었다. 그들은 종교나 국가주의에 빠진 미치광이가 아니라 사려 깊고 감성적인 젊은이들이었다.

여기서 나머지 이야기를 들려줄 조종사들 중 나카오 타카노리^{Nakao} ^{Takanori}에게 지면을 할애하려고 한다. 그는 '밤의 적막을 깨는 시계 초침소리마저 고독하여라'라고 시작하는 시를 남겼다. 사망하기 일주일 전, 부모님에게 보내는 마지막 편지에서 나카오 타카노리는 이렇게 적는다.

마지막 작별 파티에서 사람들은 저에게 용기를 주었습니다. 저도 기죽지 않으려고 마음을 굳게 먹었습니다. 저의 부조종사 우노 시게루는 이제 19세가 된 잘생긴 해군병장입니다. 고향이 효고 현이라고 합니다. 저를 형처럼 따르고, 저도 그 친구를 동생처럼 챙겨줍니다. 한 몸이 되어, 저희는 적군의 배를 침몰시킬 것입니다. 비록 지금까지 많은 일을 하지 못했지만, 누추한 기억을 남기지 않고 순결한 삶을 살고 싶었던 저의 소망을 이뤘다는 것에 기꺼이 만족합니다.

우리는 9·11 공격을 감행한 젊은이들의 증언을 직접 들은 바 없다. 그들은 가미카제 조종사들보다 교육 수준도 그리 높지 않았고 사려 깊지도 않았으며, 무엇보다 종교에 지대한 영향을 받았다. 하지만 그들 역시 세뇌당한 좀비들이 아니었다. 그들은 삶의 의미와 목표를 제시해준 비밀결사에 입대한 병사들이었다. 그리고 이 세상에서 가장 강력한 세력에 대항해 한 몸처럼 힘을 합쳐 작전을 수행했다. 세이지먼에 따르면, 그들도 가미카제 조종사들처럼, 적에 대한 증오보다는 동료에 대한 충성에서 더욱 큰 동기를 얻었다. 일단 작전의 계획이 완료되고 명령이 떨어졌을 때는 생각할 겨를도 없었을 것이다. 그리고 작전을 수행하지 못하는 것이 더 부끄럽게 느껴졌을지도 모른다.

가미카제 조종사들의 일기는 2001년 우리에게 비통한 슬픔을 안긴 그 젊은이들의 정신상태를 파악할 수 있는 단초가 되리라고 생각한다. 1945년과 2001년의 상황이 매우 다르다는 점을 인정하더라도 말이다. 현대 사회의 테러리즘 현상을 이해하고 싶다면, 이상주의에 빠진 젊은이들을 테러리즘의 유혹으로부터 차단할 수단을 찾고 싶다면, 가장 시급하고 필요한 일은 우리의 적을 이해하는 것이다. 우리가 적을 언제까지나 멸시한다면, 우리가 적을 이해하기도 전에 용감하고 유능한 병사들이 사악한 명분에 동조하게 될 것이다.

가미카제 일기가 우리에게 보여주는 것이 바로 그것이다. 상호존중과 이해를 쌓기 위한 토대.

주
—

1부 과학의 현안들

1 과학자가 반역자여야 하는 이유

1 로빈슨 제퍼스의 〈양날의 도끼〉는 11편의 금지된 시와 함께 《양날의 도끼와 다른 시들 *The Double Axe and Other Poems*》(Liveright, 1977)에 실려 있다.

2 존 버튼 샌더슨 홀데인의 《다이달로스》 원제는 '*Daedalus, or Science and the Future*' (London: Kegan Paul, 1924)이다.

2 과학이 야기한 윤리적 문제와 불평등

1 알프레드 카진Alfred Kazin이 편집한 《블레이크 선집 *The Portable Blake*》(Viking, 1946)에서 인용했다.

3 현대 과학에는 이단자가 필요하다

1 (Springer-Verlag, 1999).

2 H. P. 스콧Scott 외, 〈지구 맨틀 안에서 메탄의 생성: 고온-고압하에서 탄산염 환원측정Generation of Methane in the Earth's Mantle: In Situ High Pressure-Temperature Measurements of Carbonate Reduction〉, 〈미국 국립과학원 회보*Proceedings of the National Academy of Science*〉, 101권, 39호(2004. 9. 28), pp. 14023~14026.

4 미래의 신기술에 대한 원칙

1 (HarperCollins, 2002). 한국어판은 《먹이》(김진준 옮김, 김영사, 2004)-옮긴이.

2 빌 조이와의 토론 내용은 2004년 버지니아 대학에서 했던 강연에서 발췌했다. 이 강연은 《*A Many-Colored Glass: Reflections on the Place of Life in the Universe*》(University of Virginia Press, 2006)로 출간되었다. 한국어판은 《그들은 어디에 있는가》(곽영직 옮김, 이파르, 2008)-옮긴이.

5 생물권은 중요하다

1 (MIT Press, 2002).

2 블라디미르 버나드스키, 《생물권》, D. B.랭뮤어Langmuir 번역(Copernicus, 1998).

3 윌러스 브뢰커, 〈열염분 순환, 기후 시스템의 아킬레스건: 인간이 방출한 이산화탄소는 현재의 균형을 깨뜨리는가?Thermohaline Circulation, the Achilles Heel of Our Climate System: Will Man-Made CO$_2$ Upset the Current Balance?〉, 〈사이언스〉, 278권(1997), pp. 1582~1588. 스밀이 인용한 문헌이다.

6 전쟁이 남긴 두 개의 집단기억

1 (Random House, 2003). 한국어판은 《알베르트 아인슈타인》(김혜원 옮김, 해냄, 2005)-옮긴이.

2 뒤늦게나마 레마르크의 책을 읽은 그 여성은 나의 장모님 기셀라 융Gisela Jung이다. 그녀는 2003년 3월에 돌아가셨다. 이 서평의 몇 문장은 유리 마닌의 《수학과 물리학》에 관한 서평(3부 1장)과 중복을 피하기 위해 수정했다.

2부 전쟁과 평화, 그 불안한 줄타기

1 묵시록적 경고와 국가주의

1 (Meridian Books, 1963).

2 이 글은 1964년에 썼으며, 이 책에서 가장 오래된 글이다. 이 글을 포함시킨 까

닭은 1964년이나 지금이나, 이 글이 말하는 딜레마가 유효하기 때문이다.

2 파괴를 숭배한 군인정신의 딜레마

1 루이제 요들Luise Jodl, 《한계 너머: 육군 연대장 알프레드 요들의 삶과 죽음 *Beyond the End: Life and Death of Colonel-General Alfred Jodl*》(Vienna: Molden, 1976)(독일어 원제는 'Jenseits des Endes: Leben u. Sterben des Generaloberst Alfred Jodl'이다). 영어판은 출간되지 않았으며, 이 글에서 인용한 문장들은 내가 직접 번역했음을 밝힌다.

2 피에르 스프레이Pierre Sprey와의 인터뷰에서 인용한 헤르만 발크의 회고록은 바텔 콜럼버스 연구소Battelle Columbus Laboratories와 오하이오 콜럼버스의 전술기술 센터Tactical Technology Center에서 1979년 1월과 4월, 두 편의 기록으로 발표되었다.

3 로버트 루이스 스티븐슨, 〈영국 제독들〉, 《젊은이를 위하여 *Virginibus Puerisque*》 (London, Chatto and Windus, 1897)에 실렸다.

4 2부의 2장에서 4장까지는 1984에 출판된 나의 책 《무기와 희망》(Harper and Row)에서 발췌한 내용이다. 소련의 붕괴로 의미가 없어진 몇 단락은 생략했다.

3 러시아인들에게 새겨진 전쟁의 상흔

1 레프 톨스토이, 《전쟁과 평화》, 콘스탄스 가넷Constance Garnett 번역(Random House, 1931). 한국어판은 동서문화사와 범우사를 비롯해 몇몇 출판사의 번역본들이 있다-옮긴이.

2 《러시아 시집》, 모리스 바링Maurice Baring 편집(Clarendon Press, 1924).

3 알렉산드르 블로크, 《블로크 시집 *The Twelve and Other Poems*》, 존 스톨워시John Stallworthy, 피터 프랑스Peter France 번역(Oxford University, 1970).

4 정치강령으로서 평화주의가 나아갈 길

1 《로버트 헤인즈 대령의 바베이도스 일기 *The Barbadian Diary of General Robert Haynes, 1787~1863*》, 에이브릴Evril M. W. 편집(Medstead: Azania Press, 1934).

2 《무고한 피를 흘리지 않기 위해》(Harper and Row, 1979)의 원제는 '*Lest Innocent Blood be Shed: The Story of the Village of Le Chambon and How Goodness Happened There*'이다.

7 누구를 위한 전쟁이었나

1 맥스 헤이스팅스의 《아마겟돈》의 원제는 '*Armageddon: The Battle for Germany, 1944~1945*'(Knopf, 2004)이다.

2 한스 에리히 노사크의 《끝》의 원제는 '*The End: Hamburg, 1943*'이다. 영어판은 조엘 에이지가 번역하고 서문을 썼으며, 사진은 에리히 안드레스 작품이다(University of Chicago Press, 2004).

3부 과학의 역사와 과학자들

1 20세기의 물리학자와 수학자

1 이 책의 영어판은 앤Ann과 닐 코블리츠Neil Koblitz가 번역했다(Brikhäuser, 1981).

2 (University of Pennsylvania Press, 1971).

3 (Shambhala, 1975). 한국어판은 《현대 물리학과 동양사상》(김용종, 이성범 옮김, 범양사, 개정3판 2006)-옮긴이.

2 에드워드 텔러에 대한 재발견

1 이 책은 에드워드 텔러와 유디트 슐러리Judith Shoolery가 함께 출간했다(Perseus, 2001). 텔러는 이 회고록이 출간된 지 2년 만인 2003년에 95세를 일기로 생을 마감했다.

3 아마추어 과학자들에게 박수를

1 (Simon and Schuster, 2002). 한국어판은 《우주를 느끼는 시간》(이충호 옮김, 문학동네, 2013)-옮긴이.

2 (Random House, 2002).

3 아마추어 생물학에 관한 더 심도 있는 논의는 곧 출간할 나의 책《그들은 어디
에 있는가》(University of Virginia Press, 2006)에서 논할 것이다. 한국어판
은《그들은 어디에 있는가》(곽영직 옮김, 이파르, 2008)-옮긴이.

4 입체적으로 바라본 뉴턴의 삶

1 존 메이너드 케인즈의 '인간 뉴턴'은 《뉴턴 탄생 300주년 기념 회보*Newton
Tercentenary Celebrations*》(Royal Society of London, Cambridge University
Press, 1947) pp. 27~34에 실렸다. 케인즈가 1946년에 사망했기 때문에, 300주
년 기념회에서는 그의 동생 제프리 케인즈*Geoffrey Keynes*가 그의 강연 내용을 낭
독했다.

2 (Cambridge University Press, 1983).

3 《아이작 뉴턴》(Pantheon, 2003). 한국어판은 《아이작 뉴턴》(김동광 옮김, 승
산, 2008)-옮긴이.

4 (Oxford University Press, 1974).

5 아인슈타인과 푸앵카레

1 (Norton, 2003).

2 (A. K. Peters, 2002).

3 1905년의 혁명을 주도했던 것이 도구냐 과학이냐에 관한 논의는 나의 책《태
양, 지놈, 그리고 인터넷 *The Sun, the Genome and the Internet*》(Oxford University
Press, 1999)의 '과학 혁명의 도구들'이라는 장에서 더 심도 있게 논의했다. 거
기서 나는 대부분의 혁명이 도구로 추동되었으나, 1905년의 혁명은 주목할 만
한 예외 중 하나였다고 결론 내렸다. 한국어판은 《태양, 지놈 그리고 인터넷》
(류소 옮김, 사군자, 2001)-옮긴이.

6 두 개의 세상, 고전역학과 양자역학

1 (Knopf, 2004). 한국어판은 《우주의 구조: 시간과 공간 그 근원을 찾아서》(박

병철 옮김, 승산, 2005)-옮긴이.

7 오펜하이머, 그는 누구인가

1 앨리스 스미스와 찰스 바이너가 편집했다(Harvad University Press, 1980).

8 20세기 핵물리학이 걸어온 길

1 브라이언 캐스카트의 《대성당 안의 파리》(Farrar, Straus and Giroux, 2004)의 원제는 'The Fly in the Cathedral: How a Group of Cambridge Scientists Won the International Race to Split the Atom'이다.

2 (Pantheon, 2005).

3 3부 2장을 참고한다. 에드워드 텔러는 자신의 회고록에서 단 한 차례 러더퍼드와 만났다고 설명한다. 러더퍼드는 1934년에 한 강연에서, 핵에너지를 실질적으로 이용할 수 있다고 상상하는 사람은 미치광이라고 공공연하게 비난했다. 그 강연은 텔러가 영국으로 망명한 직후에 런던에서 열린 것이었다. 텔러도 청중석에서 그 강연을 들었는데, 그다지 좋은 인상을 받진 못했다. 나중에야 텔러는 러더퍼드가 비난한 그 미치광이가 자신의 친구 레오 실라르드였다는 걸 알았다. 실라르드는 러더퍼드에게 중성자 연쇄반응이 실제로 일어날 수 있고 위험을 초래할 가능성도 있다고 설득하려 했으나 실패했다. 만약 러더퍼드가 실라르드의 경고를 진지하게 들었다면, 지난 한 세기의 역사가 어떻게 달라졌을지 매우 궁금하다.

9 천재였던 노버트 위너의 삶과 비극

1 (Simon and Schuster, 1953).

2 (Doubleday, 1956).

3 (John Wiley, 1948).

4 (Houghton Mifflin, 1950). 한국어판은 《인간의 인간적 활용》(이희은, 김재영 옮김, 텍스트, 2011)-옮긴이.

5 플로 콘웨이와 짐 시걸맨의 《정보시대의 우울한 영웅》(Basic Books, 2005)의

원제는 '*Dark Hero of the Information Age: In Search of Norbert Wiener, the Father of Cybernetics*'이다.

6 (MIT Press, 1980).

7 (Birkhäuser, 1990).

10 대중이 열광했던 물리학자, 리처드 파인만

1 (Norton, 1985). 한국어판은 《파인만 씨 농담도 잘하시네 1·2》(김희봉 옮김, 사이언스북스, 2000)-옮긴이.

2 (Addison-Wesley, 1963~1965)(총 3권). 한국어판은 《파인만의 물리학 강의》 (박병철 외 옮김, 승산, 2004~2009)(총 5권)-옮긴이.

3 《진부함에서 벗어나는 논리적인 방법》의 원제는 '*Perfectly Reasonable Deviations from the Beaten Track: The Letters of Richard P. Feynman*'이 다. 미셸 파인만Michelle Feynman이 소개하고 편집했다(Basic Books, 2005).

4 (University of Chicago Press, 2005).

5 〈피지컬 리뷰〉, 76권, 6호(1949. 9. 15).

6 리처드 파인만, 《남이야 뭐라 하건! *What Do You Care What Other People Think?*》 (Norton, 1988), p.117. 한국어판은 《남이야 뭐라 하건!》(홍승우 옮김, 사이언 스북스, 2004)-옮긴이.

7 〈진부함에서 벗어나는 논리적인 방법〉 159쪽에 허버트 질레Herbert Jehle에게 쓴 편지에서도 밝혔다.

8 이 장에서는 파인만의 일면만을 그렸다. 4부 2장과 3장에서 파인만의 여러 면 면들을 볼 수 있다.

4부 개인적이고 철학적인 소회

1 세상, 육체 그리고 악마

1 (개정판, Indiana University Press, 1969).

2 이 강연은 본래 내가 런던 버벡 칼리지Birkbeck College에서 했던 강연이다. 버벡 칼리지는 본래 직장인들을 위한 야간대학으로 설립되었다. 근본적인 마르크스주의자였던 버널은 버벡의 설립 취지를 마음에 들어 했고 연구 인생 대부분을 이곳에서 보냈다. 1971년 버널이 사망하고 1년 후에 열린 기념추도식에서 이 강연을 했다. 이 강연에서 제안한 아이디어는 미래에 대한 나의 저작들의 기본 틀이 되었고, 특히 《프리먼 다이슨 20세기를 말하다 *Disturbing the Universe*》(Harper and Row, 1979)의 '사고실험'(18장)과 '은하계 녹화 사업'(21장)의 바탕이 되었다.

한국어판은 《프리먼 다이슨 20세기를 말하다》(김희봉 옮김, 사이언스북스, 2009)-옮긴이.

2 과학과 종교의 문제

1 《파인만의 과학이란 무엇인가》의 원제는 '*The Meaning of It All: Thoughts of a Citizen-Scientist*'(Addison-Wesley, 1998)이다. 한국어판은《파인만의 과학이란 무엇인가》(정무광, 정재승 옮김, 승산, 2008)-옮긴이.

2 《과학시대의 신론 *Belief in God in an Age of Science*》(Yale University Press, 1998). 한국어판은《과학시대의 신론》(이정배 옮김, 동명사, 1998)-옮긴이.

3 파인만을 기리며

1 (Cambridge University Press, 1932).

2 제프리 로빈스Jeffrey Robbins이 편집한 파인만의 자서전《발견하는 즐거움*The Pleasure of Finding Things Out: The Best Short Works of Richard Feynman*》(Perseus, 1999)에 실린 이 서문을 쓴 이후로, 파인만에 대한 수많은 책들이 출판되었다. 3부 10장에 서평을 쓴 서간집도 그중 하나다. 파인만은 역사 속으로 저물어가면서도 오히려 동시대 과학자들보다 더욱더 진가를 발휘하는 듯하다. 마치 셰익스피어처럼. 한국어판은 《발견하는 즐거움》(김희봉, 승영조 옮김, 승산, 2001)-옮긴이.

4 초자연현상과 과학적 방법의 연관성

1 조르주 샤르파크, 앙리 브로슈가 쓴 이 책의 영어판 제목은 '*Debunked! ESP, Telekinesis, and Other Pseudoscience*'이다. 바트 홀랜드Bart K. Holland가 번역했다(Johns Hopkins University Press, 2004). 한국어판은《신비의 사기꾼들》(임호경 옮김, 궁리, 2002)-옮긴이.

2 (Paris: Éditions Odile Jacob, 2002).

5 여러 개의 세상, 다중우주론

1 창조주가 딱정벌레를 극단적으로 애호했다는 말이 홀데인의 말인지 다윈이 한 말인지 잘 모른다. 《스타메이커》의 개정판 편집자인 팻 맥카시Pat McCarthy가 들려준 바에 따르면, 옥스퍼드 인용문 사전 *The Oxford Dictionary of Quotations*에는 그 출처가 홀데인으로 명시되어 있다. 하지만 홀데인이 다윈에게서 그 말을 들었을 가능성도 배제할 수 없다.

6 종교, 어떻게 바라볼 것인가

1 (Viking Penguin, 2006). 한국어판은《주문을 깨다》(김한영 옮김, 동녘사이언스, 2010)-옮긴이.

2 (University of Pennsylvania Press, 2004).

3 (University of Chicago Press, 2006).

참고문헌

1부 과학의 현안들

1   This essay, which appeared in *The New York Review of Books*, May 25, 1995, was originally a lecture given at a conference in Cambridge, England, in November 1992. It was published in the proceedings of the conference, *Nature's Imagination: The Frontiers of Scientific Vision*, edited by John Cornwell (Oxford University Press, 1995).

2   This essay, which appeared in *The New York Review of Books*, April 10, 1997, is an abbreviated version of a lecture given at the Hebrew University of Jerusalem in May 1995. The lecture was published as Chapter 5 in Freeman Dyson, *Imagined Worlds* (Harvard University Press, 1997).

3   Foreword to Thomas Gold, *The Deep Hot Biosphere* (Springer-Verlag, 1999).

4   Review of Michael Crichton, *Prey* (HarperCollins, 2002), in *The New York Review of Books*, February 13, 2003.

5 Review of Vaclav Smil, *The Earth's Biosphere: Evolution,Dynamics, and Change* (MIT Press, 2002), in *The New York Review of Books*, May 15, 2003.

6 Review of Thomas Levenson, *Einstein in Berlin* (Random House, 2003), in *Nature*, April 24, 2003.

2부 전쟁과 평화, 그 불안한 줄타기

1 Review of Tom Stonier, *Nuclear Disaster* (Meridian Books, 1963), published in *Disarmament and Arms Control* (1964), pp. 459~461.

2 "Generals," from Chapter 13 in Freeman Dyson, *Weapons and Hope* (Harper and Row, 1984).

3 "Russians," from Chapter 15 in Dyson, *Weapons and Hope.*

4 "Pacifists," from Chapter 16 in Dyson, *Weapons and Hope.*

5 This essay, which appeared in *The New York Review of Books*, March 6, 1997, is another piece of the same lecture from which Chapter 2 was taken, also published in Chapter 5 of Dyson, *Imagined Worlds.*

6 Preface to *Ending War: The Force of Reason: Essays in Honor of Joseph Rotblat*, edited by Maxwell Bruce and Tom Milne (Palgrave Macmillan, 1999). Reproduced with permission of Palgrave Macmillan.

7 Review of Max Hastings, *Armageddon: The Battle for Germany,*

1944~1945 (Knopf, 2004); and Hans Erich Nossack, *The End: Hamburg, 1943*, translated from the German and with a foreword by Joel Agee and with photographs by Erich Andres (University of Chicago Press, 2004), in *The New York Review of Books*, April 28, 2005.

3부 과학의 역사와 과학자들

1   Review of Yuri Manin, *Mathematics and Physics*, translated from the Russian by Ann and Neil Koblitz (Birkhäuser, 1981); and Paul Forman, *Weimar Culture, Causality, and Quantum Theory, 1918~ 1927: Adaptation by German Physicists and Mathematicians to a Hostile Intellectual Environment*, Vol. 3 of *Historical Studies in the Physical Sciences* (University of Pennsylvania Press, 1971), published in *Mathematical Intelligencer*, Vol. 5 (1983), pp. 54~57.

2   Review of Edward Teller with Judith Shoolery, *Memoirs: A Twentieth-Century Journey in Science and Politics* (Perseus, 2001), published in *American Journal of Physics*, Vol. 70 (2002), pp. 462~463.

3   Review of Timothy Ferris, *Seeing in the Dark: How Backyard Stargazers Are Probing Deep Space and Guarding Earth from Interplanetary Peril* (Simon and Schuster, 2002), in *The New York Review of Books*, December 5, 2002.

4   Review of James Gleick, *Isaac Newton* (Pantheon, 2003), in *The New York Review of Books*, July 3, 2003.

5   Review of Peter Galison, *Einstein's Clocks, Poincaré's Maps: Empires of Time* (Norton, 2003), in *The New York Review of*

Books, November 6, 2003.

6   Review of Brian Greene, *The Fabric of the Cosmos: Space, Time, and the Texture of Reality* (Knopf, 2004), in *The New York Review of Books*, May 13, 2004.

7   This chapter is the text of a talk given at the Institute for Advanced Study in Princeton on October 27, 2004, to celebrate Oppenheimer's hundredth birthday. The extract from Lansing Hammond's letter of 1979 was previously published in a preface that I wrote for *Atom and Void*, a collection of Oppenheimer's public lectures (Princeton University Press, 1989). Other parts of the chapter are borrowed from Chapter 11, "Scientists and Poets," of my book *Weapons and Hope*.

8   Review of Brian Cathcart, *The Fly in the Cathedral: How a Group of Cambridge Scientists Won the International Race to Split the Atom* (Farrar, Straus and Giroux, 2004); and Alan Lightman, A Sense of the *Mysterious* (Pantheon, 2005), in *The New York Review of Books*, February 24, 2005.

9   Review of Flo Conway and Jim Siegelman, *Dark Hero of the Information Age: In Search of Norbert Wiener, the Father of Cybernetics* (Basic Books, 2005), in *The New York Review of Books*, July 14, 2005.

10   Review of Richard Feynman, *Perfectly Reasonable Deviations from the Beaten Track: The Letters of Richard P. Feynman*, edited and with an introduction by Michelle Feynman (Basic Books, 2005), in *The New York Review of Books*, October 20, 2005.

4부 개인적이고 철학적인 소회

1 Bernal Lecture given at Birkbeck College, London, May 1972, published as Appendix D, pp. 371~389, to *Communication with Extraterrestrial Intelligence*, edited by Carl Sagan (MIT Press, 1973).

2 Review of Richard Feynman, *The Meaning of it All: Thoughts of a Citizen-Scientist* (Addison-Wesley, 1998); and John Polkinghorne, *Belief in God in an Age of Science* (Yale University Press, 1998), in *The New York Review of Books*, May 28, 1998.

3 Foreword to *The Pleasure of Finding Things Out: The Best Short Works of Richard Feynman*, edited by Jeffrey Robbins (Perseus, 1999). Copyright © 1999 by Michelle Feynman and Carl Feynman. Reprinted by permission of Basic Books, a member of Perseus Books, LLC.

4 Review of Georges Charpak and Henri Broch, *Debunked! ESP, Telekinesis, and Other Pseudoscience*, translated from the French by Bart K. Holland (Johns Hopkins University Press, 2004), in *The New York Review of Books*, March 24, 2004.

5 Preface to Olaf Stapledon, *Star Maker*, edited and with an introduction by Pat McCarthy (Wesleyan University Press, 2004).

6 Review of Daniel C. Dennett, *Breaking the Spell: Religion as a Natural Phenomenon* (Viking Penguin, 2006) in *The New York Review of Books*, June 22, 2006.

과학은 반역이다

1판 1쇄 인쇄 2026년 2월 5일
1판 1쇄 발행 2026년 2월 25일

—

지은이 프리먼 다이슨
옮긴이 김학영

—

펴낸이 백성빈
펴낸곳 반니출판
주소 서울 서초구 서초중앙로 69 806호
전화 02-6204-0491
전자우편 banni@banni.co.kr
출판등록 2025년 10월 13일 (제2025-000266호)

—

ISBN 979-11-24280-28-7 03400

—

책값은 뒤표지에 있습니다.
잘못된 책은 구입하신 곳에서 교환해드립니다.